主要猪病净化策略与实践

ZHUYAO ZHUBING
JINGHUA CELÜE YU SHIJIAN

曾 政 邴国霞 主编

中国农业出版社
北 京

图书在版编目（CIP）数据

主要猪病净化策略与实践 / 曾政，邴国霞主编.
北京：中国农业出版社，2024. 11. -- ISBN 978-7-109-
32742-9

Ⅰ. S858.28

中国国家版本馆 CIP 数据核字第 202548AN55 号

中国农业出版社出版

地址：北京市朝阳区麦子店街 18 号楼
邮编：100125
责任编辑：贾　彬　汪子涵　　文字编辑：耿增强
版式设计：王　晨　　责任校对：张雯婷
印刷：中农印务有限公司
版次：2024 年 11 月第 1 版
印次：2024 年 11 月北京第 1 次印刷
发行：新华书店北京发行所
开本：700mm×1000mm　1/16
印张：23.25
字数：440 千字
定价：138.00 元

本书编委名单

主　　编：曾　政　邴国霞

副 主 编：黄　念　黄　律　董春霞

参编人员：骆　璐　凌洪权　孙　燕　胡　健　陈忠琼　洪浩舟

费　磊　周庆新　胡玉龙　唐闫利　李超斯　杨泽林

蒋佳利　欧阳吴莉　王羽新　付　雯　刘林青　陈汇鑫

张远亮　程光胜　蒲　强　李　芬　唐颜林　贺青松

姜东平　任远志　闫修魁　余小利　卜新宇

随着畜牧业生产规模的不断扩大以及日渐频繁的动物和动物产品跨区域贸易，动物传染病的传播速度更快，发生概率增加，流行范围更广，严重威胁着畜牧业健康可持续发展，影响农民增收致富。鉴于此，国家根据实际情况在 2021 年修订了《中华人民共和国动物防疫法》，将动物防疫方针调整为"预防为主，预防与控制、净化、消灭相结合的方针"，特别强调了动物疫病净化工作。国务院办公厅《关于促进畜牧业高质量发展的意见》也要求推进动物疫病净化，提升种畜禽质量和种畜禽场管理水平。多年的流行病学调查显示，猪瘟、猪繁殖与呼吸综合征、非洲猪瘟、猪口蹄疫和猪伪狂犬病等是当前造成生猪养殖损失的主要烈性传染病。因此，编者组织行业专家编撰《主要猪病净化策略与实践》一书，希望能将实践经验总结归纳，推广重点猪病的净化知识，提升规模猪场疫病综合防治效果。

本书的目标读者群是生猪养殖从业者及动物疫病防控技术人员。撰写本书前，编者进行了较为广泛的需求调研，充分考虑了读者对生猪规模养殖场疫病净化的实际需求，将动物疫病净化技术的理论知识与实践经验相结合，还对猪场净化成功的经典案例进行了细致分析，供读者参考。

本书包含 8 章内容，包括概述（第一章）、主要猪病净化的关键措施（第二章）、猪伪狂犬病的控制与净化（第三章）、猪瘟的控制与净化（第四章）、猪繁殖与呼吸综合征的控制与净化（第五章）、非洲猪瘟的防控与净化（第六章）、口蹄疫的控制与净化（第七章）、猪伪狂犬病净化成功案例（第八章）。涉及主要猪病流行现状、净化现状、净化理论知识、净化方法及净化实践等，阐述主要猪病净化策略并指导净化实践是编者编撰本书的初衷。

　　本书在编写过程中得到多位学者和一线技术专家的无私支持。周磊、高飞、戈胜强三位老师对本书提出了宝贵的修改意见，在此表示诚挚的感谢！

　　鉴于当前的猪病形势和动物医学迅猛发展，新发和再现猪病不断出现，新的医学理论和诊断防治技术也喷薄涌现。限于作者知识范围和经验，书中难免有不妥和疏漏之处，敬请读者批评指正，不胜感激。

编　者

二〇二二年九月十五日于重庆

CONTENTS 目 录

第一章

概　述

第一节　我国生猪产业概况

一、生猪养殖概况

我国养猪业历史悠久，根据考古发掘证实，早在新石器时代早中期，野猪就开始被华夏先民驯化。现今被证实最早的家猪出现在位于河北磁县的遗址，该遗址经碳 14 测年，距今约 8 000 年。我国自古就有"穷养猪，富读书"的传统观念，新中国成立以来，养猪业成为农业中的重要产业。改革开放后，我国养猪业得到蓬勃发展，规模化程度持续提升，不少投资相继涌入，为行业发展带来了新技术新模式。目前，我国生猪产量稳居世界第一位，其生产总量占全球一半。

随着我国生猪产业持续发展，规模化程度也不断扩大，2011 年，我国生猪行业的规模化程度约为 36.6%，到 2020 年这一占比急剧涨至 57%，2023 年，我国生猪养殖规模化率达到 68% 左右，比 2020 年提升 11 个百分点，大大高于常年提升 2 个百分点的速度。同时，生猪出栏量呈逐年上升趋势，根据《2021—2027 年中国生猪养殖行业竞争格局分析及发展趋势预测报告》显示，2020 年全国生猪存栏量达 4.07 亿头，较 2019 年增加了 0.96 亿头，同比增长 30.96%，2021 年生猪存栏量继续保持增长，且已超过 2018 年全年水平，2021 年末全国生猪存栏量已完成 4.49 亿头。生猪产能加快释放，生猪出栏同比大幅增长。2021 年，生猪出栏 16.72 亿头，同比增长 31.53 个百分点。2023 年，生猪出栏 18.31 亿头，同比增长 3.17 个百分点。目前，我国生猪养殖行业有近 40 家上市企业，上市率达 0.21%，总体产能占比可高达 1/4。能繁母猪存栏量是保障生猪产能的核心基础，1 年前的能繁母猪存栏量直接决定了来年的生猪出栏量。2019 年，受非洲猪瘟疫情影响，我国能繁母猪存栏量大幅下降，2020 年，中国生猪产能迅速恢复，2022 年底，我国能繁母猪存栏量总计约 4 390 万头，同比增长 1.41%。

二、猪肉生产概况

我国是世界上最大的猪肉消费国，猪肉是老百姓菜篮子中的重要肉食品，自古就有"猪粮安天下"的说法，即便现在，在评价物价变化的指数中，猪肉的价格也是肉类的代表，具有举足轻重的地位。猪肉是我国居民第一大消费肉类，根据美国农业部（USDA）数据显示，2019 年全球猪肉消费量达到 1.009 亿 t，我国猪肉消费量 4 486.6 万 t，占全球猪肉消费量比例高达 44.5%。据统计，2020 年我国猪肉需求量达 4 542.29 万 t，较 2019 年增加了 90.54 万 t，同比增长 2.03%。受非洲猪瘟疫情影响，自 2019 年起我国猪肉产量下滑明显，2020 年猪肉产量为 4 113 万 t。2021 年以来，全国产能迅速恢复，猪肉生产量达 5 296 万吨，增长 28.8%。

三、生猪养殖成本

不同的养殖模式、不同的养殖阶段以及不同的养殖品种在生猪养殖成本构成中均存在一定差异。生猪养殖的完全成本主要包括饲料成本、人工成本、仔猪成本、厂房折旧和其他费用，从生猪养殖成本的占比来看，饲料成本、仔猪成本和人工成本在总成本中占比最大，饲料成本占比约为 56%、仔猪成本占比约为 20%、人工成本占比约为 20%。据调查，2022 年全国生猪养殖成本约为 15.5～19.5 元/kg。

总的来看，自非洲猪瘟传入我国以来，规模场在生物安全方面的投入大幅增加，从成本来看，2019 年全国大规模生猪养殖直接费用为 1 622.91 元/头，较 2018 年增加了 242.12 元/头；散养生猪养殖直接费用为 1 465.48 元/头，较 2018 年增加了 102.93 元/头。2019 年全国大规模生猪养殖间接费用为 39.52 元/头，较 2018 年增加了 3.77 元/头；散养生猪养殖间接费用为 12.49 元/头，较 2018 年增加了 0.77 元/头。2019 年全国大规模生猪养殖人工成本为 398.64 元/头，较 2018 年增加了 297.98 元/头；散养生猪养殖家庭用工费用为 460.73 元/头，较 2018 年减少了 37.84 元/头。生猪价格的周期性特征明显，生猪养殖业面临较大的价格波动风险，降低成本，提高生产效益，是生猪养殖企业长久发展的核心竞争力。从历史走势来看，一轮猪周期一般持续 3～4 年，当生猪价格处于上涨周期，企业对于成本的关注度有所下降，而当生猪价格处于下跌周期，企业对于成本的敏感度有所提升，只有存在成本优势的生猪养殖企业才能从容面对猪价的涨跌周期，并能得以持续发展。

四、生猪产业面临的问题

由于受非洲猪瘟疫情影响，再加上一些地方出于环保因素而实施限养措施，使得 2019 年全国生猪存栏量陡降，猪肉价格大涨。为了恢复生猪产能，确保老百姓"碗里有肉"，中央出台鼓励和扶持生猪养殖的政策，金融监管部门也推出相应措施，为生猪养殖企业提供金融支持。在一系列政策措施支持下，投资生猪养殖业的热情高涨，已经上市的生猪养殖企业纷纷扩建养猪场，扩大生猪产能，甚至一些科技企业也跨界进入生猪养殖业。在各类企业的努力下，我国生猪产能发生了逆转。根据农业农村部数据，2020 年 6 月和 7 月，能繁母猪和生猪存栏量先后实现同比增长，这成为生猪产能恢复的重要时间拐点。也正是从这个时候起，猪肉市场供应改善，肉价开始震荡回落，自 2021 年第二季度开始，生猪价格持续走低，养殖户出现亏损局面。反复的生猪市场波动，暴露了产业发展中存在的问题，主要有抵抗疫病风险能力差，供应和需求衔接不好，肉食品加工业滞后等。随着国家对猪肉自给率目标的明确以及生猪产业支持制度的健全，要实现产业整体竞争力的提升，对散养户来说，要设法降低养殖成本，解决养殖污染的问题，提高生物安全水平，避免"一哄而起、一哄而散"现象；对规模养殖户来说，要提高产业化程度，打通养殖、加工、运销环节。整体看，国家层面在继续支持引导散养户的基础上，出台适应规模养殖主体的支持政策，实现两类主体共享共生、共同发展。

此外，尽管近年来，我国生猪养殖规模化趋势明显，一大批高水平的规模场快速崛起，但在规模化养殖的同时，我国生猪养殖的数字化、智能化和无人化水平却一直很低，这也使得我国很难从生猪养殖大国变成生猪养殖强国。欧美一些发达国家，其生猪养殖的科技含量以及由此带来的生猪养殖标准化、自动化以及生猪养殖规模的稳定为我国生猪养殖业的未来提供了借鉴。

第二节　我国主要猪病流行现状

一、猪瘟

猪瘟（classical swine fever，CSF）是一种高度接触性传染性动物疫病，世界动物卫生组织（World Organization for Animal Health，WOAH）将其列为必须报告的动物疫病，我国将其列为二类疫病。在新中国成立早期一直是生猪产业中的头号猪病，造成大量的生猪死亡和经济损失。19 世纪 50 年代科学家周泰冲等研制出猪瘟弱毒疫苗（C 株，HCLV），随着以免疫预防为主的猪瘟防疫计划的推行和群众性卫生防疫工作的开展，我国猪瘟大规模的暴发流行基本停止，但一直未彻底根除，后在 1998 年又有上升趋势。2007 年我国对猪瘟全面实施强制免疫措施，猪群免疫密度达 95% 以上，但由于猪繁殖与呼吸综合征、猪伪狂犬病、猪圆环病毒病等免疫抑制性疫病感染、母源抗体的影响、猪瘟疫苗质量参差不齐、免疫程序不合理等一系列问题，导致一些猪场免疫失败，呈现暴发流行。但相较强制免疫措施实施前，疫情数量每年已至少减少50%，且呈逐年下降的趋势，发病猪临床症状以多种免疫抑制性疫病混合感染症状为主，其次是非典型猪瘟、繁殖障碍型猪瘟、急性猪瘟症状。张志等对2010—2014年主动监测的血清学检测数据分析显示，免疫猪场的猪瘟抗体阳性率平均为52.65%，远低于农业农村部及学术界对猪瘟免疫抗体阳性率应达到70%~80%的要求。多项研究表明，我国猪瘟病毒（Classical swine fever virus，CSFV）已进化出了多个基因型并在全国广泛分布，包括2.1、2.2和1.1基因型，台湾的3.4基因型，2.3基因型也有报道。目前我国流行的毒株是与疫苗毒株（1.1）系统发育最远的2.1b和在南方流行的2.1c，毒株2.2和2.3逐渐退出流行，持续的免疫压力可能导致猪瘟病毒持续进化，有可能导致猪瘟再次在我国暴发流行。2017年猪瘟疫苗退出强制免疫，由猪场自主采购免疫。从近几年的报道看，国内猪瘟疫情多呈点状散发流行，未形成地方性流行，免疫猪场的猪瘟抗体阳性率一直维持在70%以上，未有明显变化。2018—2020年国内多个实验室猪瘟病毒核酸检出率分别为9.42%、3.97%、1.26%，猪瘟净化成为可能，但要完全根除、净化还存在以下问题和挑战：一是疫苗生产厂商众多，导致疫苗质量参差不齐；二是无法区分感染和免疫动物的抗体；三是不合理的免疫程序和免疫抑制性疾病的存在，导致免疫失败；四是养殖户根深蒂固的以免疫防病的意识；五是猪场的生物安全水平参差不齐。

二、非洲猪瘟

非洲猪瘟（African swine fever，ASF）是一种急性、热性、高死亡率的烈性传染病，我国将此病列为一类动物疫病，WOAH将其列为必须上报的疫病，是养猪行业的"头号杀手"。自2018年8月第一例非洲猪瘟确诊病例报告以来，短时间内疫情迅速肆虐全国，导致生猪存栏量急剧下降，养殖密度降低，给生猪产业带来巨大经济损失。纵观近4年来非洲猪瘟的流行和发展情况，可以将非洲猪瘟的流行情况分为3个阶段。第一阶段即早期暴发扩散阶段（2018年8月至2019年4月）。非洲猪瘟是高度接触性传播的疫病，传播速度慢，易于控制净化。但非洲猪瘟病毒在环境中存活能力极强，目前非洲猪瘟无任何疫苗和药物可以防治，在临床症状上也与猪瘟等疫病相似且不易区分。在猪价持续高位运行的背景下，养殖场（户）为了经济利益，存在瞒报和私自处置疫情的现象，延误了早期发现疫病的时机，加上长期以来我国养殖场（户）规模化率较低，生物安全防护措施薄弱等原因，导致非洲猪瘟病毒在养殖场内、养殖场之间、跨区域传播迅速，其中屠宰场也起到了疫情放大器的作用，造成传染源和传播链复杂多样，疫情快速扩散至全国。这一阶段疫情中感染猪多呈现高发病率、高病死率的特点，疫情发生和传播的主要因素：一是饲喂带病毒的泔水与餐厨剩余物；二是带病毒生猪的调运和交易；三是带病毒的猪肉及其制品；四是病毒污染的运输工具、人员及其物品；五是病毒污染的饲料、水源。同时野猪引起的疫情也有多起，一些地区的野猪可能已受到非洲猪瘟病毒的感染。第二阶段即遏制流行阶段（2019 年 5 月至 2020 年 4 月）。在疫情暴发和扩散流行后，我国生猪存栏量急剧下降，给生猪产业带来严重冲击。随着国家各项防控措施和促进生猪产能恢复政策的制定及相继落地，各级政府、部门、企业、养殖场（户）对非洲猪瘟重视程度明显提高，基层生产单位相应主动监测及应急处置能力进一步加强。养殖环节持续加大对人员、运输工具、物资、饲料、食材等可能污染源的消毒控制力度，屠宰环节普遍建立入场检测和官方兽医驻场检疫制度，降低了猪场与猪场、猪场与屠宰场之间的传播。部分受非洲猪瘟病毒侵袭的猪场采取精准根除技术，有效控制了疫情在场内的扩散，非洲猪瘟疫情报告情况总体趋缓。第三阶段即常态化防控阶段。随着国家对非洲猪瘟分区防控方案的出台，以及常态化防控指南的相继制定，多个无非洲猪瘟小区陆续建成，新报告疫情大多由调运生猪引起，养殖场（户）报告疫情数量大大减少。但在一些地区检测出低致病力的变异毒株，以及非自然变异的非洲猪瘟基因缺失毒株，这类毒株表现出临床症状不典型、发病晚、感染猪排毒不规律、低致死率、高传播力等特性，说明非洲猪瘟病毒仍在我国广泛传播，且呈现多毒株共同流行的情况。非洲猪瘟在我国长期定殖基本已成定局，总体呈现局部区域流行和散发的特点，根据全球防控非洲猪瘟的经验，防控和根除净化工作任重而道远。

三、猪繁殖与呼吸综合征

猪繁殖与呼吸综合征（porcine reproductive and respiratory syndrome，PRRS），俗称猪蓝耳病，是一种病毒性传染病，以母猪发热、厌食、早产、流产、死胎、弱仔等繁殖障碍及各种日龄猪的呼吸系统疾病和高死亡率为特征。在 2018 年我国发生非洲猪瘟以前它是影响生猪产业发展的首要疫病，因其垂直传播和水平传播的特性，流行范围极广。很多人一直以来对"一针定天下"即完全依赖疫苗防病的观念根深蒂固，据统计目前在我国使用的猪繁殖与呼吸综合征疫苗种类高达 10 种，其中灭活疫苗 2 种、弱毒疫苗 7 种、基因工程苗 1 种。灭活疫苗具有相应的免疫效力，但在实际生产中控制效果并不令人满意。弱毒疫苗对不同毒株存在交叉保护效力，但应用效果的反映也各有不同。由于有些弱毒疫苗本身就存在安全性问题，能产生免疫抑制和继发其他疫病，不符合传统活疫苗的安全标准，加上养殖户不科学、不合理以及高频度使用弱毒疫苗，继发细菌性疫病的现象也十分普遍。根据 2014—2019 年杨汉春实验室检测数据，我国猪繁殖与呼吸综合征血清学抗体场群阳性率常年在90%以上，个体阳性率常年在80%左右，其中2016年的猪繁殖与呼吸综合征的病毒检出率高达60.2%。上述因素的多重叠加使我国出现了高致病性猪繁殖与呼吸综合征野毒株、疫苗毒株、类NADC30毒株、重组毒株等多个毒株同时流行的现象，对生猪产业持续发展造成极大阻碍。根据分子流行病学特征和临床症状表现，我国分别经历了经典毒株流行风暴阶段（1996—2006年）、高致病性毒株流行阶段（2006—2013年）、类NADC30/34等多毒株混合流行阶段（2013—2020年）。随着国家对种猪场疫病净化工作的推动，以及猪繁殖与呼吸综合征疫苗退出政府采购计划，无序使用减毒活疫苗的状况有所改善，中小型养殖场使用猪繁殖与呼吸综合征疫苗的频率也在逐年下降，在做好生物安全措施的基础上，母猪群的产仔率、猪群的生长性能得到了很大改善。当前猪繁殖与呼吸综合征的临床症状，主要是以散发性流产、产死胎和弱仔增多等繁殖障碍和保育猪呼吸道症状为主。临床样本的猪繁殖与呼吸综合征病毒检出率也自2016年以后逐年下降至10%左右，猪繁殖与呼吸综合征的防控工作取得初步成效。

四、猪伪狂犬病

猪伪狂犬病（Pseudorabies，PR）是一种接触性传染病，以母猪流产、死胎等繁殖障碍和仔猪高死亡率为特征，易感种群广泛，猫、牛、猪、山羊、貂、犬、老鼠等动物都有感染猪伪狂犬病的报道。猪伪狂犬病在我国的流行分为经典毒株流行阶段（2011年以前）和变异毒株流行阶段（2011年以后）。第一阶段：20世纪80年代以前，猪伪狂犬病经典毒株在我国广泛传播，但未造成重大经济损失。随着规模化养猪业的发展，养殖规模和数量的扩大，猪伪狂犬病出现了几次发病率和死亡率较高的暴发，感染猪群新生仔猪的发病率和死亡率高达70%～100%，对生猪产业发展的危害日益显现。随着从匈牙利引进商业化疫苗Bartha-K61（减毒活疫苗），感染猪群新生仔猪的发病率和死亡率降至10%以下，随着疫苗的持续多年使用，猪伪狂犬病野毒感染机体阳性率和病原检出率分别降至1.8%和1.1%，猪伪狂犬病初步得到控制。第二阶段：从2011年春季开始，猪伪狂犬病变异毒株出现并在我国华北地区猪场流行和暴发，其后逐渐蔓延至华中、华东、华南以及西南地区。由于变异毒株与以往流行的毒株基因组有很大的不同，传统的Bartha-K61疫苗并不能给猪群提供有效的免疫保护，致使新生仔猪的死亡率高达50%，猪伪狂犬病再次在我国流行，并对生猪产业造成重大影响。随着猪场对疫苗免疫控制的持续重视，对后备种猪的监测和对阳性猪群的更替，净化工作持续推进，全国范围内猪群的gE野毒抗体阳性率持续下降。2021年重庆、甘肃、黑龙江3个省份gE野毒抗体阳性率已经低于10％，其他省份 gE 野毒抗体阳性率介于10％～50％，随着生物安全理念深入整个生猪产业和生物安全措施的不断完善，阴性种猪场总体数量也呈现逐年增加的趋势。

五、猪口蹄疫

口蹄疫（foot-and-mouth disease，FMD）是一种临床上偶蹄动物发生急性水疱症状的疫病，易感动物达70多种。临床特征是在口腔黏膜、蹄部和乳房皮肤发生水疱性疹。该病发病急，传播快，发病后仔猪死亡率很高，其他阶段的猪死亡率较低，但会造成猪跛行等症状，大大降低猪的生产性能，从而造成严重的经济损失。口蹄疫是世界动物卫生组织规定需要上报的动物疫病之一。我国对口蹄疫采取免疫为主和区域净化疫病控制策略，属于联合国粮食及农业组织（FAO）和 WOAH 联合推行的口蹄疫逐步控制路径的第三阶段。当前我国猪群中流行的口蹄疫毒株是 O 型的 Cathay 毒株和 Mya-98 毒株，主要呈零星散发状态，其中 Cathay 毒株是在东南亚和我国重组变异的产物，Mya-98 毒株在2010年前后分别经历了由主要感染牛羊等反刍动物向主要感染猪的转变。2013年猪 A 型口蹄疫病毒首次在广东报告，根据《兽医公报》数据，2013—2014年共暴发 A 型口蹄疫疫情22次，波及山东、青海、西藏、新疆、云南和江苏6个省份，流行趋势为先上升，后逐年下降，2019—2020年已连续两年猪群中无 A 型口蹄疫报告。2021—2023年，我国共报道了8起口蹄疫疫情，均发生在调运环节。试验条件下，口蹄疫 A 型 Sea-97 毒株主要感染牛，但同样可致猪感染发病且 G2 分支毒株对猪致病性更强，因此仍需对 A 型 Sea-97/G2 口蹄疫毒株在猪群中的流行加以重视。近年来引发我国口蹄疫疫情的3个流行毒株均来自东南亚国家，波及我国及周边国家（如日本、韩国、朝鲜、蒙古、俄罗斯等），而且每一次境外传播都会导致我国口蹄疫疫情的高发。及时发现新的流行毒株，采取免疫策略，是快速控制疫情的重要手段之一，而高效的被动监测是及时获取疫病毒株的重要途径。由于各方面原因，我国口蹄疫的被动监测能力仍需进一步提升。随着非洲猪瘟常态化防控措施的不断强化，我国猪场生物安全防控疫病能力有了大幅度提升，但口蹄疫疫苗只能阻止动物发病，不能阻止动物感染排毒，长期使用疫苗已经造成我国口蹄疫病毒污染面扩散、病原长期定殖，净化根除难度较大。

六、冠状病毒引起的部分猪腹泻疫病及部分细菌性疫病

猪流行性腹泻（porcine epidemic diarrhea，PED）是一种主要通过口粪传播的传染性肠道疫病，自2010年10月，我国在临床上分离到猪流行性腹泻病毒 G2b 毒株以来，经过分子流行病学研究证实，病毒遗传分类主要聚类在Ⅱ

群，属猪流行性腹泻病毒变异毒株，而 2008 年分离的毒株、疫苗毒株、韩国疫苗毒株 DR13 聚类在 I 群，遗传关系很远，导致现有疫苗很难提供有效的保护力，我国多地都有很高的流行率，主要通过加强生物安全管理、疫苗免疫等方式进行防控。猪传染性胃肠炎是一种高度接触传染性肠道疾病，主要以引起 2 周龄以下仔猪呕吐、严重腹泻和高死亡率为特征。除安徽和重庆以外，其他省份流行率均在 7％以下，主要通过加强生物安全管理、疫苗免疫等方式进行防控。副猪嗜血杆菌病、传染性胸膜肺炎、链球菌病、大肠杆菌病、巴氏杆菌病是我国养猪生产中主要的细菌性疾病，其中副猪嗜血杆菌病、传染性胸膜肺炎是连续多年危害我国养猪业的主要细菌性疫病，这与我国养殖业长期大量使用抗生素治疗疾病有很大的关系，有报道称，猪场使用高致病性猪繁殖与呼吸综合征弱毒疫苗与继发细菌性感染呈正相关，这可能与疫苗产生的免疫抑制有关。随着近年来兽药减量化行动的实施，细菌性疫病可能会呈现上升流行的趋势。

第三节　种猪场主要疫病净化的意义和进展

一、种猪场动物疫病净化概述

动物疫病防控工作关系国家食物安全和公共卫生安全，关系社会和谐稳定，是政府社会管理和公共服务的重要职责，是农业农村部门工作的重要内容。任何动物疫病的防控都要经过控制、净化和消灭三个阶段，其中动物疫病净化，是指通过监测、检验检疫、隔离、扑杀等一系列综合措施在特定场群或区域场所有计划地消灭和清除病原，从而达到并且维持在该范围内动物个体达到无感染和不发病状态，实现动物疫病的源头控制。实施动物疫病净化消灭，是动物疫病防控的重要路径，也是动物疫病防控的最终目标。

按照《农业农村部关于推进动物疫病净化工作的意见》（农牧发〔2021〕29 号）、《动物疫病净化评估技术规范》等文件要求并结合近年来国内生猪实际生产情况，目前种猪场主要疫病净化病种包括猪伪狂犬病、猪繁殖与呼吸综合征、口蹄疫、非洲猪瘟等。按照国家总体战略部署，各省份结合辖区实际生猪生产情况，逐步明确各相关单位职责分工、细化工作内容、提出工作要求，从而确保种猪场各项疫病净化措施的协调推进。

二、种猪场动物疫病净化的意义

作为我国养猪行业来说，生猪稳产保供一直是"三农"工作的重点任务。近年来，党中央、国务院高度重视生猪生产，陆续出台《关于稳定生猪生产促进转型升级的意见》《加快生猪生产恢复发展三年行动方案》《关于保障生猪养殖用地有关问题的通知》等一系列生猪稳产保供文件，2020 年 9 月，农业农村部在对十三届全国人大三次会议第 7111 号建议"关于大力提高养猪业集约化水平的建议"的答复中明确指出，将把生猪生产纳入国家安全战略。

俗话说"母猪好，一窝好，公猪好，一坡好"，优质种源的疫病净化成为重中之重，伴随着现代养猪集约化、规模化程度不断提高，生猪及产品的流通日益频繁，随之而来的是感染病原机会增多，病原变异概率增大。面对这种趋势，2012 年 5 月 20 日，国务院办公厅正式印发《国家中长期动物疫病防治规划（2012—2020 年)》，将控制重大动物疫病、控制主要人畜共患病、净化种畜禽重点疫病和防范外来动物疫病传入作为重点任务。2021 年 4 月，农业农村部印发《国家动物疫病监测与流行病学调查计划（2021—2025 年)》，对非洲猪瘟、口蹄疫等开展监测，以掌握疫病感染和流行情况，分析病毒遗传变异特征，发现传播风险因素，评估群体免疫水平和对区域净化效果持续监测等。2021 年 5 月 1 日修订施行的《中华人民共和国动物防疫法》（以下简称《动物防疫法》），明确将"疫病净化消灭"纳入动物防疫的方针和要求，并提出"推动动物疫病从有效控制向逐步净化消灭转变"。至此，我国动物疫病的防治方针开始从有效控制逐步向净化消灭过渡，并不断积极探索保持与国际兽医规则相协调的动物卫生保护能力和水平。

我国是生猪养殖大国，猪病病种繁多、病原复杂、流行范围广、防控难度大，特别是非洲猪瘟传入我国后，传统的防控手段和措施受到了前所未有的挑战。当前和今后一段时期，开展种猪场疫病净化，是深入贯彻落实《动物防疫法》，强化养殖场生物安全管理，推进动物防疫工作转型升级的重要举措；是减少环境病原和死亡淘汰生猪数量，降低资源消耗和兽药使用量，促进畜牧业高质量发展的必然要求；是提高生猪产能和产品质量，促进产业提质增效和农牧民增产增收，助力乡村振兴战略实施的重要抓手。

三、国内主要动物疫病净化进展

近年来，国家先后下发并不断完善动物疫病净化场评估标准、规模化养殖场主要动物疫病净化相关工作制度等一系列重要文件。通过做基础、推示范、搞宣传，推出了一系列适应国情的动物疫病净化技术方案，并建立了评估体系和专家队伍，创建了一批动物疫病净化场和无疫小区。动物疫病净化工作的整体思路逐渐清晰，推动了各地区开展动物疫病净化工作，提高了养殖场参与净化的积极性、主动性，疫病净化效果显著，为动物疫病净化工作营造了良好的氛围，随着工作的不断推进，已呈现出由场点净化拓展到区域净化的趋势。

现阶段，规模猪场动物疫病净化的主要方式为：一是实施猪场疫病净化策略。按照"政府引导、企业参与"的原则，调动各方面力量参与推进猪场疫病净化。出台重点疫病净化标准，定期发布无特定病原场（群）名录、猪场疫病监测情况。探索猪场净化评估与市场准入相衔接，逐步建立猪场疫病净化长效机制。二是严格规模猪场动物疫病风险管理。深入推进标准化规模养殖，健全动物疫病净化场和无规定动物疫病小区建设标准，完善相关评估制度；出台差异化流通监管措施，促进形成养殖场所持续改善生物安全措施的内生动力机制；综合利用金融保险杠杆，结合养殖补贴等项目和动物防疫条件管理，支持符合条件的企业建设无规定动物疫病净化场和无规定动物疫病小区。三是深化无规定动物疫病区建设。完善无疫区管理制度，支持有条件的地区开展无疫区建设。加强区域内动物疫病监测、动物卫生监督、防疫屏障和应急反应体系建设，优化流通控制模式，加强易感动物调入监管。健全完善评估验收工作机制，鼓励已通过评估验收的无疫区增加净化规定动物疫病病种，在巩固现有无规定动物疫病区建设成果的基础上，推动区域化管理在更大范围实施、向更高水平跨越。四是提升动物疫病监测预警处置能力。重点强化市（县）级及以下动物疫病预防控制机构监测、诊断能力。优化监测和流行病学调查措施，增强动物疫病监测诊断信息采集传递的及时性、分析应用的科学性。加强动物疫病应急管理，完善应急预案，健全各级应急预备队，探索建立与养殖业保险相结合的动态调整的动物扑杀补助标准机制，合理配置应急资源，全面提升突发动物疫情应急处置能力和水平。

新阶段我国动物疫病防控的重大任务是以预防、控制、净化、消灭相结合，以动物疫病净化工作为抓手，提高动物疫病防控能力和水平，从根本上做好动物疫病防控工作，成为新阶段我国动物疫病防控的重点。为进一步巩固《国家中长期动物疫病防治规划（2012—2020 年）》成果，结合实际发展需求，继续探索与实际生产需求相匹配的动物疫病净化模式，推动疫病净化工作，并加以示范和推广，是当前和未来动物疫病防控的主要方向。

（一）猪瘟（classical swine fever, CSF）

CSF 基因组比较稳定，变异的频率较低，且只有一个血清型，这对该病毒的清除是一个有利的条件。在猪瘟进化过程中，种猪（主要是能繁母猪）的持续性感染是仔猪感染猪瘟的主要原因。按照"免疫-检测-淘汰"的程序，监测种猪群的感染与免疫状态，坚决淘汰感染母猪，可有效减少仔猪发生猪瘟。由于监测抗体比检测病毒容易，加上持续感染的母猪在注射疫苗后抗体水平通常上升不明显，所以也可以只进行抗体监测，淘汰无抗体反应或抗体反应低下的母猪，从而达到净化的目的。

1. 国外猪瘟净化情况

根据全球各地区生猪饲养量、猪瘟流行病程等可将猪瘟分为三大流行区：一是东南亚流行区，该区域属于老疫区，由于防疫制度不健全，技术手段落后，加上经济欠发达等因素，疫情较为严重。二是中南美洲流行区，该区域属于疫情稳定区，疫病流行逐年呈下降趋势。三是欧洲流行区，属于流行活跃区，即使采取了严密的防控措施，仍经常暴发猪瘟疫情。由于该地区养殖业发达，是世界生猪与猪肉产品的主要输出地，因此该区域 CSF 的暴发对全球该病流行有着重要影响。自 1833 年猪瘟首次在美国发现并传播以来，世界各地一直在为猪瘟的防控工作而努力，先后颁布了关于控制和净化 CSF 的法律法规，并为之付出了巨大努力。截至 2021 年，全球已有 38 个国家和地区宣布无猪瘟，其中美国用 16 年时间通过疫病控制与准备（1961—1966 年，确定诊断，提高免疫水平）、降低发病率与清除（1966—1970 年，逐步禁止疫苗，实施清除）和防止再感染（1970—1977 年，广泛调查，实施疫情报告）3 个阶段，彻底根除了存在一个多世纪的猪瘟，并且没有再暴发过，美国猪瘟的消灭为全世界消灭猪瘟树立了典范。

2. 国内猪瘟净化进展

（1）国内猪瘟防控现状。

近年来，大量研究表明，我国猪瘟流行暴发特点和感染后的临床症状已经发生了明显变化。死亡率明显降低，感染时间明显延长，以非典型猪瘟为主，较少发生急性猪瘟，大规模暴发流行明显减少，由种猪垂直感染引起的案例增多。这种由种猪垂直感染引起的猪瘟，导致仔猪免疫力低下，免疫疫苗无法使仔猪产生抗体，成为引起新生仔猪死亡的重要原因之一。另外，混合感染引起并发症导致死亡成为猪瘟疫情蔓延的新趋势。混合感染后仔猪免疫耐受性差，引发呼吸系统疾病、消化道疾病，同时受到大肠杆菌、伤寒病等感染，导致病情复杂，症状不明显，很难找到合理的治疗手段，治疗效果不佳。

（2）国内猪瘟净化现状。

CSF 作为一种计划消灭的重大动物疫病受到国家高度重视，2007 年全国开始实行强制免疫政策。多年来，各地各有关部门按照国家总体部署，坚持预防为主，实施免疫与扑杀相结合的综合防治措施，加大防控工作力度，全国猪瘟疫情得到有效控制，疫情报告数量明显下降，流行态势比较平稳，感染率较低，防控工作取得显著成效。据监测，2015 年全国猪场个体感染率为 0.15%。2017 年 3 月 21 日农业部印发了《国家猪瘟防治指导意见（2017—2020 年）》，标志着正式将猪瘟免疫净化付诸行动，这是我国猪瘟防控政策历史性的重大转变。

随着研究的不断深入，我国猪瘟防控技术日趋成熟，在防控技术集成方面，一是 20 世纪 50 年代中期我国首创了著名的猪瘟兔化弱毒疫苗（C 株），并通过后期的不断改良、优化，使其安全性、免疫效力等得到了进一步提升，这为我国 CSF 的控制和净化提供了稳定的技术保障。二是近年来我国开展不间断的分子流行病学跟踪调查，实时跟踪病毒变异特征及抗原性变异程度，监测新流行毒株的情况和疫苗对流行毒株的有效性。三是我国成为继德国之后第二个建立了 CSF 流行病学信息系统数据库（CSFinfo）的国家，基于数据库的流行数据与统计分析，为政府和养殖户科学防控 CSF 提供可靠指引。四是近年来我国 CSF 诊断技术取得突破性进展，病原分子诊断技术已经达到国际水平，同时建立了抗体阻断酶联免疫吸附试验（ELISA）方法和抗体间接 ELISA 方法。至此，我国 CSF 诊断、疫情监测、分子流行病学调查分析等所需的检测方法已经系统建立。五是欧洲作为 CSF 流行的一个重要区域，在 CSF 的研究中处于领先地位。近年来，我国不断加强与欧洲的交流合作，提升了科技创新能力，解决了 CSF 准确诊断的关键问题，建立了良好的国际合作渠道，提升了国际地位，建立并完善了系列 CSF 诊断技术，进而改进和完善了 CSF 预防控制净化策略。

防控成效方面，CSF 是我国计划根除的严重危害养猪业的重要传染病，近年来相关科研经费投入力度逐年加大，国内多所高校及研究单位依托"十一五"支撑计划《猪瘟/猪伪狂犬病综合防控集成与示范》，在 15 个规模化养猪场示范开展了 CSF 及猪伪狂犬病的综合控制及净化工作，按照准备阶段、控制阶段、强制净化阶段、监测阶段、认证阶段的 5 段净化程序，通过对 CSF 快速诊断试剂盒、疫苗毒株和致病毒株鉴别诊断方法的筛选和整合，免疫程序的调整，生物安全措施的综合实施，并根据病原污染程度，将养猪场分为严重污染场和一般污染场，分类实施净化，成功地在部分种猪场实现了 CSF 的控制与净化，生产指标得到了全面改善。依次建立了严重污染场和一般污染场不同净化模式，形成了一系列的指导方案，建立完善了猪瘟净化场评估技术规范，取得了重要的创新性成果。

（二）非洲猪瘟（African swine fever, ASF）

ASF 是由非洲猪瘟病毒（African swine fever virus，ASFV）感染家猪和各种野猪（如非洲野猪、欧洲野猪等）而引起的一种急性、出血性、烈性传染病。有统计显示，截至 2021 年，全球已有数十个国家发生了非洲猪瘟。该病自 1921 年首次报道以来，各国科学家不懈地探索研制 ASF 疫苗，尽管很多不同类型的候选疫苗展示了一定的可行性，但由于安全性、免疫效价等多种原因，目前仍没有任何一种商业化的 ASF 疫苗，而且一旦种群发病，也没有任何有效的药物可以治疗。因此，预防、早期发现、及时反应和后期监测在非洲猪瘟净化中起着关键作用。

1. 非洲猪瘟国外净化情况

非洲猪瘟病毒是一类古老的病毒，1921 年在非洲肯尼亚首次发现。非洲猪瘟主要存在于非洲大陆，目前已知的 23 个基因型在非洲大陆内部都存在。只有两种基因型的非洲猪瘟病毒出现在非洲大陆以外，即基因 I 型和基因 II 型。1957 年，基因 I 型首次出现在葡萄牙，随后在欧洲大陆传播，并波及美洲大陆。2007 年，基因 II 型病毒出现在格鲁吉亚，随后在欧洲东部和北部一些国家传播，并于 2008 年进入亚洲。在此期间已有一些国家完成了对该病的净化。

根据文献统计，1954—1999 年，已有 9 个国家（葡萄牙、西班牙、法国等）成功对非洲猪瘟进行了控制和净化，净化过程短的历时几个月，长的超过 35 年。整体而言，非洲猪瘟是个很难净化的疾病。在 1950 年的第一波疫情时，即使没有现代先进的科学技术，仍然可以实现 ASF 净化，这证明经典的监测战略，如农场和屠宰场层面的主动和被动监测、有针对性的监测以及传统的生物安全防护措施，是可以净化 ASF 的，这也反映出动物种群的监测数据对于非洲猪瘟的防控和净化是至关重要的。

2. 非洲猪瘟国内净化进展

（1）国内防控现状。

2018 年 8 月，我国首次暴发非洲猪瘟，众多规模化猪场受到冲击，生猪产能大幅下滑。2019 年猪肉产量为 4 255 万吨，同比下降 21.26%；2019 年全国生猪出栏量为 54 419 万头，同比下降 21.57%，年末生猪存栏 31 041 万头，同比下降 27.5%。中国动物卫生与流行病学中心研究表明，传入我国的非洲猪瘟病毒属基因 II 型，与格鲁吉亚、俄罗斯、波兰公布的毒株全基因组序列同源性为 99.95% 左右。

（2）国内净化现状。

由于有效疫苗的缺失，我国非洲猪瘟的净化主要依托猪场的生物安全升级改造，改变原有的养殖理念，坚持消灭传染源、切断传播途径的防控净化方法。目前看来，ASF 的净化将是一场持久战。2019 年，农业农村部办公厅印发《无非洲猪瘟区标准》和《无规定动物疫病小区管理技术规范》，加强对各地建设非洲猪瘟等动物疫病无疫区和无疫小区的指导。2020 年 6 月，农业农村部印发《关于加快推进非洲猪瘟无疫区和无疫小区建设及评估工作的通知》，鼓励生物安全水平较高的养殖企业示范建设无非洲猪瘟小区，在全国掀起了建设无非洲猪瘟小区的热潮。全国动物卫生风险评估专家委员会办公室和各省份高度重视，积极响应，认真组织，指导生猪养殖企业扎实开展建设和评估，先后有 29 个省份和新疆生产建设兵团的 123 家企业提出建设非洲猪瘟无疫小区的意愿。2020 年，山东、吉林、广东等 25 个省份的 62 个非洲猪瘟无疫小区通过国家评估。2021 年 2 月，农业农村部发布 395 号公告，宣布建成首批国家级非洲猪瘟无疫小区，这标志着我国在非洲猪瘟净化工作中取得了从无到有的实质性进步，以此为契机，各地均在积极总结经验，继续大力推行非洲猪瘟无疫小区的建设和评估工作。

（三）猪繁殖与呼吸综合征（porcine reproductive and respiratory syndrome，PRRS）

猪繁殖与呼吸综合征主要传播途径是接触感染、空气传播和精液传播，也可通过胎盘垂直传播，由于大多数猪群可以长期带毒，因而一旦感染上该病，很难根除。2017年3月20日农业部印发《国家高致病性猪繁殖与呼吸综合征防治指导意见（2017—2020年）》，指出"要按照'一场一策、一病一案'要求，根据场点实际，制定切实可行的净化方案，有计划地实施监测净化"。目前，国内PRRS的净化，诊断监测是重要的防控前提。其次是科学引种，做好后备猪入群前管理以及综合防控（生物安全、科学免疫、控制继发感染），有效降低或阻断PRRS在猪场的循环和传播，逐步实现猪繁殖与呼吸综合征阴性猪场的建立。

1. 猪繁殖与呼吸综合征国外净化情况

1987年，美国最先报道了这种在猪群中发生的猪传染性疾病，随后加拿大（1987年）也报道出现了该疾病，其后3年，美国共19个州1 611个猪场、加拿大3个省187个猪场遭受侵害。20世纪90年代初该病在欧洲开始流行，德国（1990年）、荷兰（1991年）、西班牙（1991年）等养猪业发达国家相继暴发该病，短短几年时间几乎席卷了整个北美和欧洲大陆。

自1991年荷兰、美国相继分离到猪繁殖与呼吸综合征病毒以来，美国对这种疫病的控制既有诸多成功的经验，也有不少失败的教训。1994年，美国首次采用检测与淘汰相结合的部分清群措施，率先在一些猪场开展该病净化工作，但净化后的再感染问题接连出现，而后经过经验总结，美国开始实施猪繁殖与呼吸综合征协调农业项目（PRRS CAP），通过闭群饲养措施，从单个猪场入手，成功净化了部分场（点）的PRRS。其后多年，美国不断研究总结，目前最常用防控方法为"猪繁殖与呼吸综合征防控五步法"，即利用完善的检测方案了解猪场猪繁殖与呼吸综合征病毒的流行状况，绘制病毒发育树，了解场内病毒存在的情况，再制定个性化的免疫方案，然后对病毒的循环进行检测跟踪。五步法的实施，首先通过检测与淘汰改变场内猪繁殖与呼吸综合征多毒株混合感染的状况，再利用疫苗免疫将流行毒株单一化，之后再稳定和净化单一的毒株。此种技术让不少大型猪场成功地控制住了猪繁殖与呼吸综合征。

2. 猪繁殖与呼吸综合征国内净化进展

（1）国内防控现状。

我国自1995年华北地区规模猪场首次报道PRRS以来，该病迅速在国内许多猪场广泛传播，1996 年我国首次从发病猪群的流产猪及胎儿中成功分离到了猪繁殖与呼吸综合征病毒。2006 年，我国南方大部分地区暴发了一种急性传染性疾病，发病猪出现持续发热、嗜睡、身体及耳朵发绀、咳嗽以及腹泻等症状，后经诊断致病的病原是高致病性猪繁殖与呼吸综合征病毒（HP-PRRSV），疫情波及 25 个省份，造成了巨大的经济损失。截至目前，我国多数地区都有暴发过 PRRS 的报道，由于该病毒会持续性感染猪免疫器官，造成猪免疫抑制，并且具有很强的抗原变异性等生物学特性，且在临床上容易出现与其他病原混合感染的现象，使得该病病例越来越复杂。由于国内对其免疫机制及致病机理尚不明确，所以对它的防治很难取得满意效果。相关疫苗的开发也进展缓慢，使它也成了我国养猪行业的一大难题。

（2）国内净化现状。

目前国内疫苗应用是防控 PRRS 的手段之一。近年来的生产实践显示，猪场发生 PRRS 时，紧急采用 PRRS 疫苗免疫的确能减少猪场损失，但猪繁殖与呼吸综合征病毒具有遗传多样性，非常容易与疫苗毒株发生变异重组，目前国内对 PRRS 的免疫特性、保护的机理以及抗体在病毒清理和免疫记忆的研究进展缓慢，主要的保护性应答目前仍有待研究，生产实践中难以用现有活疫苗或灭活疫苗来稳定控制 PRRS 的传播。而且采用弱毒疫苗紧急免疫和野毒净化，将在猪场引入新毒株，潜在疫病反复暴发的风险，造成的经济损失可能大于净化场建设产生的费用，这是猪场应该考虑的核心问题，因此不同的猪场应根据猪群具体情况采用符合本场流行特性的免疫策略。

经过多年的实践总结，目前国内对于 PRRS 的防控与净化，部分学者提出了建立"PRRS 评估和追踪体系"的策略。PRRS 评估与追踪体系分为 3 个部分：首先是追踪后备母猪是否驯化成功，追踪母猪群稳定性以及生长育肥猪感染状况；其次是追踪母猪群 PRRSV 感染状态的稳定性，确切了解母猪群 PRRSV 是否稳定，了解 PRRSV 对实际生产的影响程度，为母猪群制定和优化防控方案提供依据；最后是追踪生长育肥猪的感染状况，准确分析育肥猪 PRRSV 感染状态、感染阶段及严重程度的变化，分析 PRRSV 对其生产性能的影响。理清生产中影响 PRRSV 活跃的因素，为评估、选择、优化防控措施提供依据。近年来，我国持续推进 PRRS 净化工作，优化建立了免疫净化和非免疫净化两条技术路线，持续提升养猪场生物安全管理水平。

（四）猪伪狂犬病（Pseudorabies，PR）

猪伪狂犬病传染性较强，可引起猪严重的繁殖障碍，对种猪业危害极大。目前国内外净化防控工作难点主要集中于传统毒株疫苗免疫效果不理想以及感染后终生带毒并持续性排毒。我国在《国家中长期动物疫病防治规划（2012—2020 年）》中将 PR 列为优先防治的动物疫病病种，并将其列为种畜禽重点净化病种。近年来，我国大力发展生猪生产，引种调运频繁，对该病的防控带来了挑战。因此，找出规模场 PR 关键风险点，提出针对性的防控措施，对规模场 PR 的净化具有十分重要的意义。

1. 猪伪狂犬病国外净化情况

该病广泛分布于世界各地，早在 1813 年美国学者 Ratz 就首次描述了该病，但直到 1902 年，匈牙利兽医病理学家、微生物学家 Aladar Aujeszky 在患病公牛、犬和猫身上首次分离到病原。病原自 1902 年发现以来，英国、丹麦、荷兰等一些主要 PR 流行国家相继启动了根除计划，并通过"免疫→检测→淘汰→补充阴性后备猪→免疫→检测→淘汰"的净化措施成功根除了 PR。美国作为全球生猪养殖和消费的第二大国，其 PR 的根除用了将近 30 年时间，其中的经验教训值得我国学习借鉴。美国家畜保护协会（American Livestock Breed Conservancy，ALBC）于 1975 年首次提出 PR 净化，并于 1977 年发布首个《猪伪狂犬病净化草案》，但由于多方利益不平衡，难以推进。1985 年美国国家猪伪狂犬病病毒控制委员会成立，并于 1986 年编制了完整的 PR 病毒净化方案：一是准备阶段。成立猪伪狂犬病委员会并确定当地 PRV 流行率。二是控制阶段。落实监测项目以发现感染的猪群并将其隔离。三是根据养殖场（点）情况制定并落实猪群净化方案。四是根除所有已知感染猪群之后的监测阶段，最终根除 PR。1991 年，PR 净化项目正式开始实施，后通过近 15 年的免疫、监测、清除阳性猪等方式，于 2004 年正式宣布成功净化 PR。其成功主要有 3 个关键因素：一是有针对不同种群的特定净化方案。二是有专门的疫苗，可区分野毒感染与免疫活疫苗，并可提供肌内注射和滴鼻免疫两种给药方式。三是有区分 PRV 基因缺失疫苗抗体的诊断检测办法。

2. 猪伪狂犬病国内净化进展

（1）国内流行现状。

PR 病毒在我国猪群中广泛存在，从 2000 年开始，我国开始大面积使用疫苗，很多猪场的 PR 流行得到了控制。但 2011—2013 年出现的一种 PR 病毒变异毒株，因其变异后存在免疫逃逸现象而且毒力基因发生了位点的缺失或突变，使其毒力得到增强，致使东北、华北、华南、华东和华中、西南等地的部分养猪场 PR 再度流行，给我国种猪业带来了极大的损失。近几年来，随着国内猪场规模化程度提高，PR 的发病率呈明显上升趋势，并出现新的流行特点：流行范围广，国内多个省份的 PRV 野毒感染严重；多数规模化猪场突发疫病，蔓延迅速，疫情严重。不同日龄阶段的猪均可感染，以母猪流产、产死胎和新生仔猪典型的神经症状为主要特征，发病率和病死率显著升高。

（2）国内净化现状。

2013 年，中国动物疫病预防控制中心启动规模场动物疫病净化示范场和创建场评估工作，将 PR 列为首先净化病种，经过多年实践与总结，目前国内常用净化方法包括"直接淘汰清群法""后代隔离饲养法""反复检测淘汰法"以及"管理免疫法"。这四种方法，除第一种方法外，其余三种方法在不同阶段可以交替应用，许多猪场能做到该病转阴往往是后三种方法的穿插应用。目前国内一般以 15％的阳性感染率为临界线来淘汰阳性种猪，商品猪感染率较低时采取一次性全群检测，直接淘汰性价比最高；而种猪群感染率较高时必须考虑经济因素，多采用管理免疫法，即加强饲养管理，做好生物安全措施，确保每次引进的种猪都是 PR 阴性种猪，同时用 PR 病毒基因缺失弱毒疫苗对全场猪群进行免疫接种，逐渐降低种猪群中的感染率，直至种群达到净化标准。虽然这种方式净化时间较长，但考虑到经济因素则更容易被广大养殖场所接受。

（五）猪口蹄疫（foot-and-mouth disease，FMD）

口蹄疫是一种传播途径多、速度快的烈性接触性传染病，曾多次在世界范围内暴发流行，造成巨大政治、经济损失。口蹄疫一旦发生，如未能早期扑灭，疫情常迅速扩大并且很难根除，因而该病始终被各国政府高度重视。几十年来我国长期致力于该病的防治，取得了较好成绩，基本控制了该病不发生大规模流行。多年防控经验表明，猪口蹄疫病毒具有"强""多""弱""敏感"4个特性。首先是感染性强，猪是口蹄疫病毒气溶胶的最大制造者，可以通过空气远距离传播、接触传播（直接、间接）。其次是血清型多，目前已发现口蹄疫病毒有 7 种主型，即 A、O、C 型，南非 1、2、3 型（SAT1、2、3 型），亚洲 I 型。各主型都有多个亚型，并且各血清型不能提供交叉免疫保护。再次是病毒免疫原性弱，口蹄疫疫苗能引起免疫应答的性能低。最后是对温度、酸碱度敏感，导致口蹄疫疫苗稳定性差。目前，我国对口蹄疫坚持预防为主的方针，实行区域化管理，遵循"因地制宜、分区防治、分型控制"的原则，大力推进综合防治策略，严格落实免疫预防、监测净化、流通监管、应急处置、无害化处理、检疫监督等措施。

1. 猪口蹄疫国外净化情况

2009 年 6 月在巴拉圭亚松森举行的世界动物卫生组织/联合国粮农组织全球口蹄疫会议，世界动物卫生组织和联合国粮农组织共同制定一项关于口蹄疫的全球控制策略，并于 2012 年 1 月正式发布。在此之后，各国成功协调和实施了适应区域的控制和根除战略。目前，通过使用包括家畜疫苗接种在内的常规动物疫病控制措施，FMD 已在部分国家或地区被成功控制和净化。然而，FMD 感染特征和其流行病学的固有因素使得其在部分国家和地区仍然存在。

自 1987 年起，南美洲作为口蹄疫的传统重灾区，启动了以免疫为主的口蹄疫控制和根除计划。随着计划的实施，整个南美洲大陆的病例显著减少，阿根廷、智利、乌拉圭等已被国际社会承认为口蹄疫非免疫无疫国家。然而，2001 年，口蹄疫在阿根廷、乌拉圭等地重新大范围流行。至此，南美洲不得不对口蹄疫控制计划进行调整，即将无疫区分为非免疫无疫区和免疫无疫区，并分别进行管控。

南美洲对口蹄疫的成功控制及疫情的复发，为世界口蹄疫防控提供了宝贵的经验。一个成功的口蹄疫根除计划，除了高水平的免疫、有效的应急反应能力和易感动物迁徙和运输控制外，还应考虑基于风险分析的区域控制，而非以国家为单位实施统一控制策略。在边境等风险区实施疫苗免疫的策略，也是实现和保持区域无疫状态的关键。目前国外防控口蹄疫主要分为免疫和扑杀的策略。其中免疫策略可将大范围的流行在一次性成本支出不是很大的情况下逐步得到控制，目前这一有效手段仍在广泛应用。然而其具有耗时长、免疫持续时间短、抗原变异快等特性，从长期来看，经济损耗巨大。扑杀策略由于可在短期内根除疫情，恢复无口蹄疫国家或地区地位，目前仅在常年无口蹄疫的发达国家采取，因其一次性经济损耗巨大，并且需要有完善的兽医防疫体制和较高素质的防疫队伍，所以该项措施在部分国家难以实施。

2. 猪口蹄疫国内净化进展

（1）国内流行现状。

2016 年，农业部印发的《国家口蹄疫防治计划（2016—2020 年）》中提到，我国是口蹄疫危害较为严重的国家之一，流行情况比较复杂。O 型、A 型、亚洲 I 型 3 种血清型口蹄疫病毒并存，猪牛羊等为易感动物。其中，O 型呈地方性流行，A 型零星散发，亚洲 I 型持续多年无疫，加之周边国家或地区常年发生口蹄疫，境外疫情传入风险极大，对我国构成严重威胁，特别是来自境外的 O 型、亚洲 I 型、A 型变异毒株以及 O 型、SAT1 型、SAT2 型、SAT3 型等其他血清型传入风险较大，内防反弹、外防输入压力较大，口蹄疫控制和消灭任重道远。

（2）国内净化现状。

1997 年 9 月，世界动物卫生组织启动"东南亚口蹄疫控制行动"（SEAFMD），2010 年 5 月，中国正式加入该计划，此时 SEAFMD 更名为"东南亚-中国口蹄疫控制行动计划"（SEACFMD）。目前，SEACFMD 工作已取得重要进展，已有国家和地区先后被世界动物卫生组织认可为口蹄疫无疫区，其他成员国也通过 SEACFMD 平台进一步强化兽医双边合作，完善跨境动物疫病联防联控机制，逐步推进口蹄疫防控净化工作。至此，我国正式开启了口蹄疫净化之旅。

我国作为 WOAH 成员，2012 年在《国家中长期动物疫病防治规划（2012—2020 年）》中对 A 型、O 型和 Asia1 型 FMD 的防控提出了具体目标。2014 年我国向 WOAH 提交了 FMD 官方控制计划，并于 2015 年 5 月经WOAH 验证通过。我国推进 FMD 防控将参照 WOAH 推出的口蹄疫逐步控制路径（PCP-FMD）路线图，继续坚持"预防为主的方针"，遵循"因地制宜、分区防治、分型控制"的原则，对 FMD 实行区域化管理大力推进整合防治策略。

依据 PCP-FMD 评估规定，种猪场口蹄疫净化主要通过 4 个阶段开展：一是本底调查阶段。通过调查各年龄段猪群健康状态、口蹄疫免疫保护水平和非结构蛋白抗体水平，评估口蹄疫发生和传播风险。二是免疫控制阶段。采取免疫、监测、分群、淘汰和严格后备猪管理相结合的综合防控措施，保障养殖管理科学有效、生物安全措施得力和环境可靠，将口蹄疫的临床发病控制在最低水平甚至免疫无疫状态，为下一步非免疫无疫监测净化奠定基础。三是免疫净化阶段。以猪口蹄疫抗体合格和病原阴性的种猪构建假定阴性群，并对其分期开展全群普检，构建真正的猪口蹄疫阴性群。四是净化维持阶段。定期监测种猪群口蹄疫反毒情况，若发现口蹄疫隐性带毒或临床疑似病例时，应按照国家有关规定处理，并做好消毒及生物安全控制。我国目前处于防控计划的第三阶段，离净化口蹄疫还有很长的路要走。

四、国内种猪场疫病净化效益

国内多年动物疫病净化实践表明，实施疫病净化，探索"减针减负""健康养殖"的疫病防控模式，将实现经济效益和社会效益双丰收。以某猪场（核心母猪群约 500 头）猪伪狂犬病净化为例，研究表明，规模化猪场通过猪伪狂犬病净化有效提高了养殖场的产出水平，其配种受胎率提高 9.7 个百分点、每头母猪平均产仔数量提高 1.8 头、出生仔猪平均窝重提高5.2kg、21 日龄平均断奶窝重提高 14.59kg、60 日龄个体重提高 2.7kg、每头母猪平均年出栏生猪提高 5.2 头、仔猪发病率降低 5.1 个百分点、仔猪死亡率降低 5.5 个百分点、保育猪发病率降低 4.6 个百分点、保育猪死亡率降低 2 个百分点。另有研究表明，实施猪瘟净化后的养猪场与未净化养猪场相比，保育猪群药费降低 4.75 元/头，增重成本降低 6 元/头；育肥猪群药费降低 7 元/头，增重成本降低 45 元/头；纯种猪售价提高 750 元/头、二元杂猪售价提高 155 元/头、肉猪售价提高 35 元/头，每头商品猪平均利润提高140.15 元/头。

五、行业提升意义

种猪场重大动物疫病给我国生猪产业带来了重大损失。依托净化场建设，开展动物疫病防控、净化，不仅能帮助养殖企业（户）挽回经济损失，更将推动防疫制度和养殖模式的迭代升级，给行业发展带来深远变革，这无疑将让我国生猪产业发展迈向更高的台阶。

一是加速国内生猪养殖全产业链整合。生猪养殖处于产业链中游环节，重大动物疫病的出现以及疫病防控净化需求，促使产业链上下游加速整合，集中度提升，从饲料到养殖再到肉制品加工环节，发展得更为全面，更加平稳。未来，"生猪产业链一体化"战略将会成为行业发展的必然趋势，相关企业将向上游或下游进行延伸，各环节的竞争将更加激烈。

二是促进国内养殖模式的发展。近年来，随着动物疫病的不断增多，特别是 2018 年非洲猪瘟传入我国以来，大部分中小型养殖户由于生物安全防控措施不足而陆续退出养猪行业，大型养殖场为减少猪群外部转运和运输途中的感染风险，采用一条龙生产模式，这无疑加速了我国养殖业集约化进程。此外，由于新时代对动物疫病防控净化工作要求的不断提高，智能化、品牌化、环保化、绿色化等养殖新模式应运而生，机械智能化、品牌鲜明化、环保绿色化养殖都将成为今后养殖业的必然选择。

三是国家基础冷链设施的完善。我国过去以生猪调运为主的运输模式是引起重大动物疫病扩散的主要原因之一，为了能够在短时间内控制动物疫情，限制活猪调运是必要手段。目前来看，今后全国活猪跨省调运将会受到越来越严格的限制。加快猪肉产业链的转型升级、提升生猪就近屠宰加工能力、依托冷链模式开展跨省猪肉运输，将会是未来我国猪肉产业链的显著发展趋势。在政策支持上，《国务院办公厅关于进一步做好非洲猪瘟防控工作的通知》提出运输生猪等活畜禽的车辆不再享受鲜活农产品运输"绿色通道"政策，但运输鲜、冻畜禽肉等动物产品的车辆可继续享受原有的"绿色通道"政策，且在国家鼓励各生猪屠宰企业推行集中屠宰、冷链运输、冷鲜上市的模式下，为我国基础冷链设施发展营造了前所未有的新机遇。

四是国家动物疫病防控、净化相关政策的不断完善。经过多年的探索和实践，我国已经初步建立起适合国情的动物疫病净化理论体系、技术体系、标准体系和工作体系，推动全国开展了动物疫病净化工作。在此项工作的不断推动下，引导监督机制、财政激励机制以及组织保障机制不断完善，通过政策、项目、技术等多方面支持，引导企业主动参与动物疫病净化，形成多方参与的新型合作模式和组织形式，推进了动物疫病净化长效机制建设。

六、小结

《国家中长期动物疫病防治规划（2012—2020 年）》发布以来，我国动物疫病净化工作逐步与世界接轨。2021 年，新修订的《动物防疫法》正式实施，农业农村部陆续出台了《国家动物疫病监测与流行病学调查计划（2021—2025 年）》《关于推进动物疫病净化工作的意见》等一系列动物疫病净化重要文件，其中指出今后一段时期内，我国动物疫病净化主要从种畜禽场入手，通过在全国建成一批高水平的动物疫病净化场的方式，由点到面，逐步实现全国主要动物疫病的净化。这进一步表明从国家层面而言，我国动物疫病净化工作已经全面启动，正逐步向世界领先水平靠近。

第四节　政策法规对净化工作的支持和要求

我国动物疫病防控工作是以《动物防疫法》为核心，实行预防为主以及预防与控制、净化、消灭相结合的动物疫病防控方针，开展动物疫病净化，促进养殖业健康发展，提高产业生物安全水平，保障公共卫生安全和人体健康，缓解动物疫病防控压力的重要举措。近年来，随着国民经济发展，畜牧业转型升级步伐加快，集约化、大规模的养殖模式对动物疫病防控提出了更高的要求，为此急需加强动物疫病净化工作。我国现已出台了各种政策法规和相关措施促进动物疫病净化工作，为构建完善我国科学、系统、全面、适宜的动物防疫管理体系奠定了基础。

一、《中华人民共和国动物防疫法》

动物疫病防控工作是我国国民经济发展的重要支撑环节，我国饲养动物量大面广，养殖方式相对落后，随着动物及动物产品贸易增加，基层动物防疫体系的薄弱点逐渐显露，动物疫病防控形势严峻。《动物防疫法》是涉农法律中的基础性法律，它的修订与实施对于加强动物防疫活动管理，预防、控制和消灭动物疫病，促进养殖业发展，保障公共卫生安全和人体健康发挥着重要作用。

1997 年 7 月八届全国人大常委会第二十六次会议通过《动物防疫法》，标志着动物防疫工作立法层次从行政法规上升为了法律。在 2004 年高致病禽流感的突袭和 2005 年国务院发布《关于推进兽医管理体制改革的若干意见》的背景下，《动物防疫法》于 2007 年 8 月 30 日十届全国人大常委会第二十九次会议进行了第一次修订，此次修订确立了行政管理、监督执法和技术支持"三驾马车"的动物防疫机构设置框架，国务院和省、市、县三级地方人民政府均设立了兽医主管部门，县级兽医主管部门可以向乡镇派驻站点、人员，在乡村建立村级动物防疫员队伍具体承担强制免疫工作。为确保全国动物防疫工作得到加强，2013 年 6 月 29 日十二届全国人大常委会第三次会议和 2015 年 4 月 24 日十二届全国人大常委会第十四次会议对《动物防疫法》进行了两次修订。近年来，随着我国畜牧业转型升级步伐加快，畜禽生产组织方式和经营模式创新发展，畜禽饲养量和畜禽产品消费量不断攀升，动物防疫工作压力日渐增大，防疫工作模式急需提档升级，在我国动物疫病得到有效控制的背景下，做好动物疫病净化、消灭工作是转变传统动物疫病防控理念，实现养殖业高质量发展的必经之路。为此 2021 年 1 月 22 日十三届全国人大常委会第二十五次会议对《动物防疫法》进行了第二次修订，由 10 章 85 条修订为 12 章 113 条，并于 2021 年 5 月 1 日正式实施。

新修订的《动物防疫法》首次明确了对动物疫病的净化、消灭工作，在全面防控的基础上，推动动物疫病从有效控制到逐步净化、消灭转变，实行了以预防为主，预防与控制、净化、消灭相结合的方针，取二者之长，最大限度提升动物防疫水平和效果；明确了国务院农业农村主管部门、县级以上地方人民政府、动物疫病预防控制机构的职责以及鼓励和支持饲养者自愿开展规划外的动物疫病净化。

二、《国家中长期动物疫病防治规划 (2012—2020 年)》

2012 年 5 月，国务院办公厅印发《国家中长期动物疫病防治规划 (2012—2020 年)》（国办发〔2012〕31 号），依据《动物防疫法》等相关法律法规，对动物疫病防治工作进行中长期规划。该规划虽对我国动物疫病防治工作取得的显著成效进行了肯定，但也指出我国在面对未来一段时期人口增长、人民生活质量提高和经济发展方式转变的情况下，对养殖业生产安全、动物产品质量安全和公共卫生安全的要求不断提高，动物疫病流行状况日趋复杂，动物疫病防治工作需要从有效控制向逐步净化消灭过渡。

该规划要求统筹安排动物疫病防治、现代畜牧业和公共卫生事业发展，积极探索有中国特色的动物疫病防治模式，着力破解制约动物疫病防治的关键性问题，建立健全长效机制，强化条件保障，实施计划防治、健康促进和风险防范策略的方式，努力实现重点疫病从有效控制向净化消灭转变。其中对重大动物疫病和重点人畜共患病计划防治策略中的净化工作提出要求：有计划地控制、净化、消灭对畜牧业和公共卫生安全危害大的重点病种，推进重点病种从免疫临床发病向免疫临床无病例过渡，逐步清除动物机体和环境中存在的病原，为实现免疫无疫和非免疫无疫奠定基础。并且将净化种畜禽场重点疫病纳入了 2012—2020 年动物疫病防治重点任务中，明确要求引导和支持种畜禽企业开展疫病净化。建立无疫企业认证制度，制定健康标准，强化定期监测和评估。建立市场准入和信息发布制度，分区域制定市场准入条件，定期发布无疫企业信息。引导种畜禽企业增加疫病防治经费投入。

三、《关于促进现代畜禽种业发展的意见》

为提升畜牧业综合竞争力，保障畜产品供给安全，2016 年 6 月，农业部发布《关于促进现代畜禽种业发展的意见》。该意见指出，我国畜禽种业通过认真贯彻《中华人民共和国畜牧法》及配套法规，启动生猪等主要畜种遗传改良计划，实施良种补贴、良种工程、资源保护等政策，推动完善了畜禽良种繁育体系，进一步夯实了种业基础，但我国畜牧业正处于转型升级的关键时期，畜禽种业长期积累的矛盾和问题愈发凸显。要求各地畜牧兽医部门充分认识促进现代畜禽种业发展的重要性和紧迫性，坚持问题导向和需求导向，加快科技攻关和自主创新，全面提升畜禽种业国际竞争力，为建设畜牧业强国奠定坚实的种业基础。

该意见将加强种畜禽疫病净化作为六大主要任务之一，明确了以核心育种场为重点，加强种用动物健康管理，推动主要动物疫病净化，从生产源头提高畜禽生产健康安全水平的任务。采取坚持政府政策引导、企业自主参与、多方技术支撑，采取从场入手、分步实施、示范带动、合力推动等方式，开展种畜禽疫病净化。将疫病净化与核心育种场建设、标准化示范创建等相结合，在政策、项目、技术等方面给予支持。积极开展种畜禽场主要动物疫病净化试点、示范，推动种畜禽场主动开展疫病净化，保障种畜禽质量。

四、《全国兽医卫生事业发展规划（2016—2020 年）》

2016 年 10 月，农业部为贯彻落实《中华人民共和国国民经济和社会发展第十三个五年规划纲要》和《全国农业现代化规划（2016—2020 年）》，做好"十三五"时期兽医卫生工作，更好地保障养殖业生产安全、动物产品质量安全、公共卫生安全和生态安全，制定了《全国兽医卫生事业发展规划（2016—2020 年）》。该规划要求通过深化兽医管理体制机制改革、加强兽医卫生、提高动物疫病防治能力法治建设、加强动物产品质量安全风险管理、推动兽药产业转型升级、促进生猪屠宰行业健康发展、强化兽医科技创新能力、构建全链条兽医卫生监管服务信息化体系等八项重点任务，达到有力保障兽医事业发展、增强动物疫病防治能力、大幅提高从养殖到屠宰全链条兽医卫生监管能力、健康发展兽药行业和畜禽屠宰行业的目标。

在提高动物疫病防治能力这项重点任务中，对动物疫病净化工作提出相关指导意见：按照分类指导的原则，根据生物学特点和流行病学规律，制定实施优先防治动物疫病的防治计划和指导意见，有计划地控制净化重点病种；采取实施种畜禽场疫病净化策略，按照"政府引导、企业参与"的原则，调动各方面力量参与推进种畜禽场疫病净化，出台种畜禽重点疫病净化标准，定期发布无特定病原场（群）名录、种畜禽场疫病监测情况，探索种畜禽场净化评估与市场准入相衔接制度，逐步建立种畜禽场疫病净化长效机制从而强化动物疫病综合防治能力。

五、《关于创新体制机制推进农业绿色发展的意见》

2017 年 9 月，为贯彻新发展理念、推进农业供给侧结构性改革、加快农业现代化、促进农业可持续发展、保障国家食物安全、资源安全和生态安全，中共中央办公厅、国务院办公厅印发了《关于创新体制机制推进农业绿色发展的意见》。该意见指出，党的十八大以来，党中央、国务院作出一系列重大决策部署，农业绿色发展实现了良好开局。但总体上看，农业主要依靠资源消耗的粗放经营方式没有根本改变，农业面源污染和生态退化的趋势尚未有效遏制，绿色优质农产品和生态产品供给还不能满足人民群众日益增长的需求，农业支撑保障制度体系有待进一步健全。为达到农业绿色发展，采取优化农业主体功能与空间布局、强化资源保护与节约利用、加强产地环境保护与治理、养护修复农业生态系统、健全创新驱动与约束激励机制等措施，实现更加节约高效利用资源、更加清洁产地环境、更加稳定生态系统、明显提升绿色供给能力的目标。

该意见指出，实施动物疫病净化计划，推动动物疫病防控从有效控制到逐步净化消灭转变，是建立农业绿色循环低碳生产制度、优化农业主体功能和空间布局的重要组成部分；加大政府和社会投资主体在农业绿色发展领域的推广应用，引导资金投向农业资源节约、废弃物资源化利用、动物疫病净化和生态保护修复等领域，能有效完善农业生态贴补制度，健全创新驱动和约束激励机制。

六、《关于大力实施乡村振兴战略加快推进农业转型升级的意见》

为深入贯彻党的十九大精神，落实中央经济工作会议、中央农村工作会议和《中共中央 国务院关于实施乡村振兴战略的意见》决策部署，2018 年 1 月，农业部提出了《关于大力实施乡村振兴战略加快推进农业转型升级的意见》。该意见指出，党的十八大以来，粮食产能迈上新台阶，现代农业建设迈出新步伐，农业绿色发展开拓新局面，农村改革展开新布局，农民收入实现新提升，农业农村发展取得了历史性成就、发生了历史性变革，为党和国家事业全面开创新局面提供了有力支撑。为贯彻落实党的十九大精神、实施乡村振兴战略，决胜全面建成小康社会，2018年和今后一个时期农业农村经济工作关键是要实现工作导向的重大转变和工作重心的重大调整。按照高质量发展的要求，推动农业尽快由总量扩张向质量提升转变，唱响质量兴农、绿色兴农、品牌强农主旋律，加快推进农业转型升级。

该意见明确提出坚持抓产业必须抓质量，抓质量必须树品牌，而加强动物疫病净化防控工作就是坚持质量第一、推进质量兴农、品牌强农的重要任务之一。该意见要求继续抓好重大动物疫病和人畜共患病防控。启动动物疫病净化工作，逐步推动全国规模养殖场率先净化。强化动物疫病区域化管理，有序推动东北三省和内蒙古自治区无疫区建设，鼓励具备条件的省份建设无疫区和无疫小区。探索建立动物移动监管制度，降低动物疫病传播风险。

七、《加快生猪生产恢复发展三年行动方案》

2019年，在非洲猪瘟疫情的影响下，我国生猪生产大幅度下降，为了遏制生猪存栏下滑势头，加快恢复生猪生产，国务院办公厅印发了《关于稳定生猪生产促进转型升级的意见》，农业农村部印发了《关于稳定生猪生产保障市场供给的意见》，将生猪稳产保供作为农业工作的重点任务来抓。在市场拉动和政策推动下，生猪生产已出现止降回升的积极变化，但恢复生产发展保障市场供给仍面临不少困难和挑战，任务十分艰巨。

为切实把生猪生产抓上去，确保各项既定目标如期实现，2019年12月农业农村部印发了《加快生猪生产恢复发展三年行动方案》。该方案提出了实现生猪生产恢复目标：2019年尽快遏制生猪存栏下滑势头，确保年底前止跌回升，确保2020年元旦春节和全国两会期间猪肉市场供应基本稳定，2020年底前产能基本恢复到接近常年的水平，2021年恢复正常。该方案要求各级农业农村部门压实养殖场（户）防疫主体责任，督促养殖场（户）落实物理隔离、化学消毒、生物免疫等综合措施，实施养殖场动物疫病净化工程。支持第三方检测监测和养殖加工企业自检，发展专业化社会化动物防疫服务组织。

八、《关于促进畜牧业高质量发展的意见》

为促进畜牧业高质量发展、全面提升畜禽产品供应安全保障能力，2020年9月，国务院办公厅印发了《关于促进畜牧业高质量发展的意见》（国办发〔2020〕31号）。该意见指出，近年来，我国畜牧业综合生产能力不断增强，在保障国家食物安全、繁荣农村经济、促进农牧民增收等方面发挥了重要作用，但也存在产业发展质量效益不高、支持保障体系不健全、抵御各种风险能力偏弱等突出问题。意见提出畜牧业发展目标：畜牧业整体竞争力稳步提高，动物疫病防控能力明显增强，绿色发展水平显著提高，畜禽产品供应安全保障能力大幅提升；猪肉自给率保持在95％左右，牛羊肉自给率保持在85％左右，奶源自给率保持在70％以上，禽肉和禽蛋实现基本自给；到2025年畜禽养殖规模化率和畜禽粪污综合利用率分别达到70％以上和80％以上，到2030年分别达到75％以上和85％以上。意见提出，我国畜牧业应加快构建现代养殖体系、建立健全动物防疫体系、加快构建现代加工流通体系，持续推动畜牧业绿色循环发展。

该意见将建立健全分区防控制度，支持有条件的地区和规模养殖场（户）建设无疫区和无疫小区。推进动物疫病净化，以种畜禽场为重点，优先净化垂直传播性动物疫病，建设一批净化示范场，作为建立健全动物防疫体系重要任务提出。

九、《非洲猪瘟等重大动物疫病分区防控工作方案（试行）》

为贯彻落实《动物防疫法》和《国务院办公厅关于促进畜牧业高质量发展的意见》（国办发〔2020〕31号）有关要求，进一步健全完善动物疫病防控体系，农业农村部在总结2019年以来中南区开展非洲猪瘟等重大动物疫病分区防控试点工作经验的基础上，于2021年4月16日印发了《非洲猪瘟等重大动物疫病分区防控工作方案（试行）》，决定自2021年5月1日起在全国范围开展非洲猪瘟等重大动物疫病分区防控工作。以加强调运和屠宰环节监管为主要抓手，强化区域联防联控，提升动物疫病防控能力。统筹做好动物疫病防控、生猪调运和产销衔接等工作，引导各地优化产业布局，推动养殖、运输和屠宰行业提档升级，促进上下游、产供销有效衔接，保障生猪等重要畜产品安全有效供给。

该方案的总体思路是：综合考虑行政区划、养殖屠宰产业布局、风险评估情况等因素，对非洲猪瘟等重大疫病实行分区防控。

十、《推进肉牛肉羊生产发展五年行动方案》

为贯彻《关于实施重要农产品保障战略的指导意见》《国务院办公厅关于促进畜牧业高质量发展的意见》，落实2021年中央一号文件关于积极发展牛羊生产的要求，促进肉牛肉羊生产高质高效发展，增强牛羊肉供给保障能力，2021年4月，农业农村部制定了《推进肉牛肉羊生产发展五年行动方案》。该方案要求以牛羊肉增产保供，坚持数量和质量并重，在巩固提升传统主产区的基础上，挖掘潜力发展区，拓展增产空间，多渠道增加牛羊肉供给为目标，统筹牧区、农区、南方草山草坡地区牛羊生产，加快转变肉牛肉羊生产方式，围绕增加基础母畜产能、推进品种改良、扩大饲草料供给、发展适度规模养殖、加强重大动物疫病防控、强化质量安全等关键环节，压实地方责任，加大政策支持，强化科技支撑，不断提升牛羊肉综合生产能力、供应保障能力和市场竞争力。并将建设一批动物疫病净化场、无规定动物疫病区和无疫小区作为加强重大动物疫病防控的重要组成部分等内容，明确写进了行动方案中。

十一、《关于促进生猪产业持续健康发展的意见》

2019 年以来，针对生猪产能严重下滑、猪肉价格大幅上涨等严峻形势，各有关部门均出台了一系列稳定生猪生产、保障市场供应的政策措施，逐步将生猪生产恢复到常年水平。但长期困扰生猪产业发展的产能大幅波动问题尚未根本破解，产能恢复后市场价格再度陷入低迷，部分生猪养殖场（户）亏损，一些地方政策出现反复，生猪稳产保供的基础仍不牢固。为巩固生猪产能恢复成果，防止产能大幅波动，促进生猪产业持续健康发展，经国务院同意，2021年 8 月，农业农村部、国家发展和改革委员会、财政部、生态环境部、商务部、中国银行保险监督管理委员会联合印发了《关于促进生猪产业持续健康发展的意见》（农牧发〔2021〕24 号）。该意见提出用 5～10 年时间，基本形成产出高效、产品安全、资源节约、环境友好、调控有效的生猪产业高质量发展新格局，产业竞争力大幅提升，疫病防控能力明显增强，政策保障体系基本完善，市场周期性波动得到有效缓解，猪肉供应安全保障能力持续增强，自给率保持在 95％左右的发展目标。要求各相关部门稳定生猪生产长效性支持政策，建立生猪生产逆周期调控机制，完善生猪稳产保供综合应急体系，持续推进生猪产业现代化。

该意见指出，为完善生猪稳产保供综合应急体系，农业农村部、国家发展和改革委员会、公安部、财政部、交通运输部等相关部门应按职责分工负责抓好生猪疫病防控；落实动物防疫地方政府属地管理、行业部门监管和生产经营者主体等三方责任；强化非洲猪瘟常态化防控，实行闭环管理，及时堵塞漏洞；分类推进口蹄疫、高致病性猪繁殖与呼吸综合征、猪瘟等重点猪病防控，做好仔猪腹泻等常见病防控；以种猪场为重点，深入推进猪伪狂犬病等垂直传播疫病净化；加强部门协作，联合开展案件查处、溯源追踪等工作；推进非洲猪瘟等疫病疫苗和诊断试剂科研攻关；建立基于防疫水平的养殖场（户）分级管理制度，鼓励和支持具备条件的地区和养殖场创建重点猪病无疫区、无疫小区；加快推进非洲猪瘟等重大动物疫病分区防控。

十二、《新一轮全国畜禽遗传改良计划》

2021 年 4 月，农业农村部印发了新一轮全国畜禽遗传改良计划，包括生猪、奶牛、肉牛、羊、蛋鸡和肉鸡 6 种畜禽，力争通过 15 年的努力，建成比较完善的商业化育种体系，自主培育一批具有国际竞争力的突破性品种，确保畜禽核心种源自主可控，筑牢农业农村现代化和人民美好生活的种业根基。

在生猪、奶牛、肉牛、羊、蛋鸡和肉鸡 6 种畜禽遗传改良计划中，均提出了强化生物安全防控体系，做好动物疫病防控工作，分别将非洲猪瘟、口蹄疫、猪瘟、猪繁殖与呼吸综合征、猪伪狂犬病、布鲁氏菌病、结核病、鸡白痢沙门菌病、禽白血病等主要动物疫病监测结果，作为育种场等场点遴选和核验的考核标准，推进疫病净化工作，创建无疫区、无疫小区或净化示范场，大幅度提高生物安全水平和畜禽健康水平。

十三、《关于推进动物疫病净化工作的意见》

2021 年 10 月，农业农村部为贯彻落实《动物防疫法》有关要求，推进动物疫病净化工作，不断提高养殖环节生物安全管理水平，促进畜牧业高质量发展，印发了《关于推进动物疫病净化工作的意见》（农牧发〔2021〕29 号）。面对我国作为畜牧业大国，动物疫病病种多、病原复杂、流行范围广、防控难度大，特别是非洲猪瘟传入我国后，传统防控手段和措施受到了前所未有的挑战的现实背景，该意见结合《动物防疫法》，明确将"净化消灭"纳入动物防疫的方针和要求，指出实施动物疫病净化消灭是动物疫病防控的重要路径和最终目标，当前和今后一段时期，开展动物疫病净化，是深入贯彻落实《动物防疫法》，强化养殖场生物安全管理，推进动物防疫工作转型升级的重要举措；是减少环境病原和死淘畜禽量，降低资源消耗和兽药使用量，促进畜牧业高质量发展的必然要求；是提高畜禽生产性能和产品质量，促进产业提质增效和农牧民增产增收，助力乡村振兴战略实施的重要抓手。该意见提出了主要目标，力争通过 5 年时间，在全国建成一批高水平的动物疫病净化场，80% 的国家畜禽核心育种场（站、基地）通过省级或国家级动物疫病净化场评估；建立动物疫病净化场分级评估管理制度，构建多种疫病净化模式，健全多方合作、协同推进的动物疫病净化机制；猪伪狂犬病、猪瘟、猪繁殖与呼吸综合征、禽白血病、禽沙门菌病等垂直传播性动物疫病，布鲁氏菌病、牛结核病等人畜共患病，以及非洲猪瘟、高致病性禽流感、口蹄疫等重大动物疫病净化工作取得明显成效，明确了净化的范围，要求集成净化技术、完善净化模式、做好净化指导、开展净化评估，并首次针对净化工作单独明确了组织领导、政策支持、评估管理等保障措施。要求将动物疫病净化与畜牧业发展支持政策相结合，申请种畜禽生产经营许可证、申报畜禽养殖标准化示范场、实施国家畜禽遗传改良计划等，优先考虑通过动物疫病净化评估的养殖场。各级农业农村部门在统筹安排涉农项目资金时，优先支持开展动物疫病净化相关工作。鼓励各地实施动物疫病净化补助，对通过评估的动物疫病净化场进行先建后补、以奖代补。该意见还要求省级农业农村部门要落实属地管理责任，建立健全净化评估评价机制，开展抽样检测，落实管理措施。

该意见首次将净化工作从技术层面上升到了行政层面，统一将动物疫病净化创建场、示范场改为国家级动物疫病净化场和省级动物疫病净化场，由农业农村部和省级农业农村主管部门组织评估并公布名单；中国动物疫病预防控制中心和省、市、县三级动物疫病预防控制机构作为实施和技术支持机构。该意见的出台标示着我国动物疫病净化工作正式成为由政府保障实施的动物疫病防控工作之一。

十四、《动物疫病净化场评估管理指南》和《动物疫病净化场评估技术规范（2023 版）》

2021 年 10 月，按照《农业农村部关于推进动物疫病净化工作的意见》（农牧发〔2021〕29 号）要求，结合职能职责规定，中国动物疫病预防控制中心制定并发布了《动物疫病净化场评估管理指南》，并于 2023 年更新发布了《动物疫病净化场评估技术规范（2023 版）》。《动物疫病净化场评估管理指南》明确了开展净化评估工作的相关部门和单位的职能职责分配，国家级动物疫病净化场的有效期以及国家级动物疫病净化场实行动态监测制度。《动物疫病净化场评估技术规范（2023 版）》明确了评估的场点范围〔种猪场、种鸡场、种牛场、奶牛场、种羊场、种公猪站、种公牛站和规模养殖场（不含畜禽场、奶畜场）〕，主要动物疫病净化效果评估的病种（猪伪狂犬病、猪瘟、猪繁殖与呼吸综合征、口蹄疫、非洲猪瘟、禽白血病、鸡白痢、新城疫、支原体病高致病性禽流感、布鲁氏菌病、牛结核病），以及净化应达到的标准、抽样方案和现场综合审查要点。

十五、《"十四五"全国畜牧兽医行业发展规划》

畜牧业是关系国计民生的重要产业，是农业农村经济的支柱产业，是保障食物安全和居民生活的战略产业，是农业现代化的标志性产业。"十四五"时期是开启全面建设社会主义现代化国家新征程、向第二个百年奋斗目标进军的首个五年，是全面推进乡村振兴、加快农业农村现代化的关键五年，也是畜牧业转型升级、提升质量效益和竞争力的重要五年。为推进畜牧兽医行业高质量发展，2021 年 12 月 14 日，农业农村部制定了《"十四五"全国畜牧兽医行业发展规划》。该规划肯定了我国畜牧兽医行业在"十三五"期间取得的成就，指出了"十四五"时期面临的重大挑战和发展机遇，提出了引领"十四五"发展的总体思路、扶持的重点产业、推进的重点任务、落实的重大政策以及保障规划落地的措施。

该规划指出，"十三五"期间我国重大动物疫病得到了有效防控，疫病防控由以免疫为主向综合防控转型，强制免疫、监测预警、应急处置和控制净化等制度不断健全，重大动物疫情应急处置方案逐步完善，动植物保护能力提升工程深入实施，动物疫病综合防控能力明显提升，非洲猪瘟、高致病性禽流感等重大动物疫情得到有效防控，全国动物疫情形势总体平稳。但同时也明确了依旧存在动物疫病防控能力与畜禽饲养量不平衡，生产安全保障能力不足，生产经营主体生物安全水平参差不齐，周边国家和地区动物疫病多发常发，内疫扩散和外疫传入等风险长期存在。为此该规划将大幅度提高动物疫病综合防控能力作为保障产业安全的重要目标之一，要求提升防疫主体责任意识，落实重大动物疫病防控措施，落实全国强制免疫计划，做到应免尽免。积极开展重大动物疫病分区防控，健全省际间协调机制，加强部门间联防联控，强化生猪调运监管，降低非洲猪瘟等重大动物疫病跨区域传播风险。加快无疫区建设，推进非洲猪瘟无疫小区评估建设，发挥示范带头作用，逐步推动动物疫病净化。强化防疫应急制度、技术、物资储备，完善应急预案体系，提升应急处置能力。坚持"人病兽防、关口前移"，防治人畜共患病，强化布鲁氏菌病防控分类指导，启动布鲁氏菌病无疫小区评估建设。加强种畜禽重点疫病净化，以国家畜禽核心育种场和种公畜站为重点，探索建立区域净化新机制，加强种用动物健康管理，建立种用动物卫生标准，从源头强化畜禽生产安全。坚持政府政策引导、企业自主参与、多方技术支撑，采取从场入手、分步实施、示范带动、合力推动等方式，实行净化评估管理制度，开展种畜禽疫病净化。积极开展种畜禽场主要垂直传播动物疫病净化试点和示范，推动种畜禽场提升生物安全防护水平，保障种畜禽质量。

第二章

主要猪病净化的关键措施

第一节　选址及猪舍布局

猪场的选址和布局是猪病防控净化措施中的"先天条件"，一旦建成便很难更改。此后猪场所有的生物安全管理措施，均是建立在这个物质条件之上。例如，猪场是否容易被外界环境污染，场内不同风险区域是否分隔合理，出猪台是否能够有效阻断交叉污染等。只有在选址、场地布局时合理规划，猪病方可做到可防、可控、可净化。

一、猪场选址

场址的选择是猪场生物安全的第一步，也是最重要的一个环节。场址选择主要评估猪场 10km 范围内猪场的数量、类型、规模以及猪的数量。

高效收集被评估猪场周围猪群信息是做好评估的关键。第一步，使用软件（电脑端可使用 Google earth，手机端可使用奥维互动地图）定位猪场坐标，以猪场为中心，在地图上标记方圆 2km、5km 和 10km 内的村庄信息，目标是调查这些村庄的养殖信息。第二步，细致拜访猪场周围的村庄，尤其是方圆 2km 内的所有村庄。对于方圆 2～5km 的村庄，即使不能所有都走访到，仍需通过不同渠道收集所有信息。除了与村民进行面对面沟通外，还可通过与饲料经销商、兽药经销商、疫苗经销商和当地政府人员（县级和镇级）沟通，获得区域内养猪信息。该项工作需要细致、耐心和良好的沟通能力。这是完成调查的必要条件。

（一）被评估猪场不同范围内猪的数量

分别统计方圆 0～2km、2～5km、5～10km 村庄范围内的猪场数量，通过实地调查预估各个范围内猪的数量。至少标记 5km 之内年出栏 500 头及以上的猪场。离被评估猪场越近，公共道路交叉越多，生物安全威胁越大。标记出离猪场最近的规模化猪场的位置，如果其在上风向，并且与被评估猪场道路交叉多，那么其健康水平越差，对被评估猪场的威胁就越大。

（二）当地猪的密度

统计猪场 5km 范围内猪的数量，计算出每平方千米猪的密度（注：不包括被评估猪场的猪数量）。密度划分见表 2-1-1。

表 2-1-1　密度划分指标

密度划分	指标
低密度	<100 头猪/km^2
中等密度	100~200 头猪/km^2
高密度	200~400 头猪/km^2
超高密度	>400 头猪/km^2

（三）区域猪的密度

以被评估猪场为圆心，分别以 20km 和 50km 为半径，在 20~50km 的外圈区域，猪的密度划分见表 2-1-1（被评估的猪场，可能周边 5km 内猪的密度较低，但是在 20~50km 范围处于高密度区域）。

（四）地形和地势

被评估猪场的地形和地势，位于高山还是丘陵区域，位于上风向还是避风向，如果是位于平原地带，是否有防风林或者沟壑毗邻。以下情况的生物安全级别依次下降：高山>丘陵（避风向优于上风向）>平原（沟壑优于防风林，有防风林优于无遮挡的平原）。

（五）与污染源的距离

猪场与可能污染源的距离也是考虑的因素，比如，与屠宰场的距离应大于 5km，与垃圾处理场的距离应大于 1km，与死猪处理处的距离应大于 2km，与活畜禽交易市场的距离应超过 10km，与运输车辆洗消点的距离应至少 1km，与其他猪场粪污运输施肥点的距离应至少 2km。

（六）与公共道路的距离

被评估猪场与最近的公共道路的距离也十分重要，最好超过 500m。离公共道路越近，其经过运猪车的可能性会越大，一般认为运猪车数量≤5 辆/d，定义为很少；中等为 6~15 辆/d；很频繁为≥16 辆/d。

（七）与其他养殖场的距离

被评估猪场与其他动物（如马、牛、羊、禽）养殖场的距离也应纳入考量，至少应相距 500m。

上述 7 个场址选择指标的重要性排序见表 2-1-2。

表 2-1-2 场址选择指标的重要性排序

指标	重要性
被评估猪场周围 10km 猪的数量	****
被评估猪场周围 5km 猪的密度	***
离被评估猪场最近的规模化猪场的距离和规模	**
被评估猪场的地势/地形	**
被评估猪场周围 20～50km 区域内猪的密度	**
猪场与最近道路的距离和每天运猪车经过的数量	**
被评估猪场的规模	*
5km 猪场的数量	*
其他动物的影响	*

注：星号越多，证明指标越重要。

以上评估工作除在场址选择时进行外，在猪场建成之后也应定期进行评估，1～2 次/年。有利于全面了解猪场周围生物安全风险，也有利于猪场生物安全管理。

二、猪场布局

猪场布局应明确外界和生活区、生活区和生产区的分界线。猪场生物安全等级由高到低依次是公猪舍、母猪舍、保育舍、育肥舍和出猪台。猪和工作人员都应从高生物安全级别区域往低生物安全级别区域流动，单向流动，严禁反方向流动。

在猪场整体生物安全管理中，脏区与净区的概念是相对的，而非绝对。比如，猪场外区域相对于生活区，猪场外是脏区，生活区是净区。而生活区对比生产区，生产区是净区，生活区是脏区。所以员工在猪场要时刻铭记脏区和净区的概念，以便指导日常工作。

国内猪场一般分为一点式、两点式和多点式。良好的猪场布局有利于生物安全设施的排布和运行。

猪场、猪舍及附属功能区域布局示意图如图 2-1-1 所示。

前置多功能区（也被称为外生活区、隔离区），包括以下设施：

①边界围墙。

②前置门卫：门卫宿舍、门卫仓库、大门及消毒池。

③猪场厨房。

④外生活区＋隔离房。

⑤淋浴间：场外进入隔离区淋浴间。

⑥中转料塔：根据猪场布局不同，也可置于内生活区围墙内。

⑦物资消毒间。

⑧隔离猪舍。

猪场厨房的主体（烹饪间、仓库、外部食堂）处于前置多功能区，但同时连接生产生活区的食堂。此外各区域的淋浴间、物资消毒间，均会横跨两个区域。

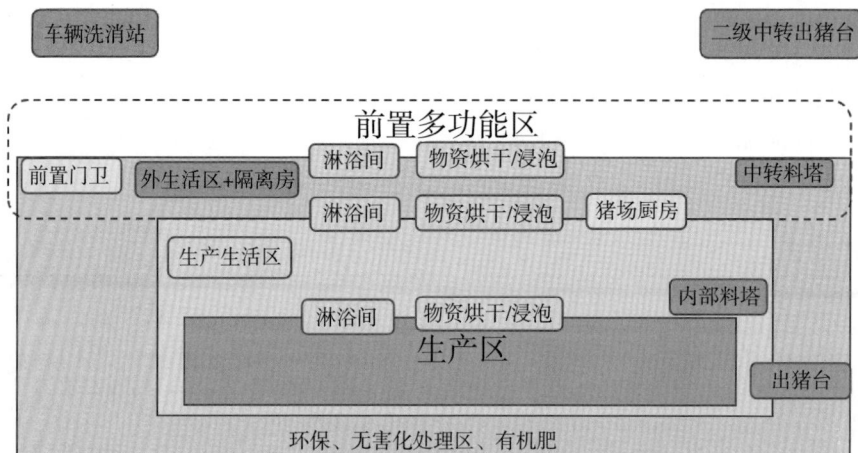

图 2-1-1　猪舍及附属功能区布局示意图

（一）边界围墙

猪场边界围墙一般分为 3 层：

（1）猪场与外界之间的边界场。一般猪场以围栏、天然屏障、实体围墙等形式将猪场与外界隔开。但是，围栏有较大空隙，野生动物、外来猫狗容易进出，特别是非洲猪瘟疫情后，防止外来动物进入猪场尤其重要。

（2）前置多功能区与内生活区之间的围墙。一般以实体围墙或横排宿舍形式隔开。

（3）内生活区与生产区之间的围墙。一般以实体围墙隔开，也有猪场不建设围墙，以物理距离隔开。

很多猪场大门是伸缩门，这种门看似美观，但易容易有外来动物进入，应更换为可以密闭的大门。

（二）门卫区域及管理

门卫管理是重要的生物安全环节，人员进出登记、物资进出管理、入场员工衣服和鞋的管理、外来车辆的清洗消毒和售卖猪管理，都需要门卫参与。需要聘用做事细致、有责任心、执行力强的人来负责。

靠近门卫区域应有"限制进入"的标识，以防止外来人员误闯。

门卫区域包括：门卫室、车辆消毒池、外隔离舍区淋浴间、物资消毒间及其他附属设施。

所有外出回来的人员都应将外面的鞋存放在门卫区域。根据出入猪场人数的需要，可建设单个或多个淋浴间。淋浴间布局、设施设备准备应符合要求，详细内容见下文。

物资消毒间：所有进场物资都要放入消毒间消毒，消毒方式包括臭氧消毒、紫外线消毒，消毒液喷淋、擦拭或浸泡，高温加热。洗澡前从脏区将物品放入物资消毒间，进入消毒间前换消毒间专用拖鞋，消毒完成后从生活区一侧将物资取回生活区，详见第十节相关描述。

车辆消毒池：一般设在大门处，带雨棚，一些猪场消毒池带梯架，便于门卫消毒车辆顶部。消毒前车轮要清洗干净，单纯浸泡泥泞的车轮无法达到彻底消毒的效果。长期存放的消毒液可能会失效，应根据产品厂家指示定期更换。

（三）食堂设置和管理

食堂管理的重点有两个，一是食材的供应和采购，二是食材的消毒。

猪场的饮食物资，一般从固定供应商（超市，蔬菜、水果批发商和禽鱼供应商）渠道采购。猪场应对供应商明确规定，供应给猪场的物资应禁止与猪肉等食品混合储存，并不定期对供应商供货储存场所进行环境采样，检测是否含有 ASF 病原。

由兽医制定猪场食材采购清单及进入猪场的消毒方式，详见物资管理相关内容。

猪场的食堂布局一般为：①外隔离区：加工区、仓库、隔离区小食堂。②内生活区：食堂（饭菜通过出菜窗传递至食堂）。

有条件的猪场，可将食堂设置在猪场区域之外的附近村庄，将做好的饭菜装在密封好的不锈钢桶中，转至猪场内。

（四）淋浴间

外来人员进入猪场，需要经过隔离区淋浴间（横跨外部区域和外隔离区）、内生活区淋浴间（横跨外隔离区和内生活区）、生产区淋浴间（横跨内生活区和猪舍）。

合理的淋浴间布局，应为"三段、贯穿式"（图 2-1-2），分为外部更衣室（脏区），淋浴间（灰区），内部更衣室（净区）描述如下：

（1）淋浴间入口处张贴淋浴流程，并在日常保持锁闭状态，用长凳将外部和淋浴区隔开。

（2）脏区-外部更衣室：①墙壁上设有壁挂、开放式衣柜。②与淋浴区以防水门帘或玻璃推拉门隔开。③地面应有挡水板，淋浴区域污水不可流入脏区。

（3）淋浴区：①有通畅的下水地漏，使得淋浴后污水能迅速排干。②地面铺有镂空垫板。③有通向脏区的排风扇。④洗漱用品放置在墙壁的镂空架子上。⑤淋浴区不放置任何拖鞋、毛巾用品。

（4）净区-内部更衣室：①墙壁上设有壁挂、开放式衣柜，放置干净、消毒后的衣物。②与淋浴区以防水门帘或玻璃推拉门隔开。③地面应有挡水板防止淋浴区域污水流入净区。④地面铺设镂空垫板。

（5）整个淋浴区域应具备良好的保暖设备，特别是地暖、浴霸等。

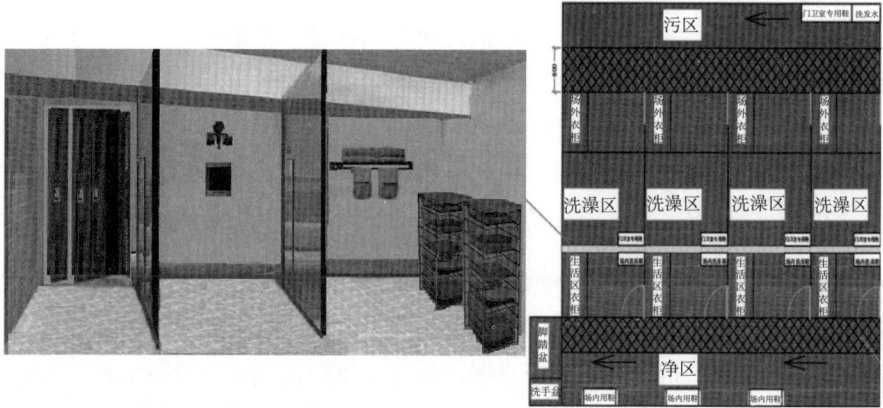

图 2-1-2　三段式淋浴间结构

（五）出猪台及二级中转中心

出猪台是猪场与外界接触的地方，其设计至关重要。外部引种时，后备猪经由出猪台转运至猪场隔离舍。断奶仔猪、淘汰母猪向外销售时，需先从猪舍转到猪场围墙处的一级出猪台，由一级出猪台中转直接运送到下游猪场，或者转运至距离猪场1km左右的二级中转中心，与社会车辆对接并销售。

出猪台的布局设计、流程设计、人员管理是猪场最重要的生物安全环节。

1. 出猪台布局

一些猪场，猪只从猪舍经由场内车辆运输到猪场围墙处的出猪台；另一些猪场，直接修建转猪走廊，连接猪舍和猪场出猪台。

猪场外围建立两个出猪台，或同一出猪台有2个独立、实体墙隔开的出猪通道。一个用于高健康等级的断奶猪、保育猪运出，一个用于低健康等级的育肥猪、淘汰猪运出，有条件的猪场在各生产阶段均设出猪台。不同用途的出猪台不能混用，每次使用后彻底清洁消毒，每次使用前可喷雾消毒。

出猪台设有3个区域，各区域间设有人员不能跨越的红线，由净区走向脏区的猪只禁止逆行。

①净区：场内靠近猪舍一侧，猪进入的区域。

②灰区：猪暂时存放的中转区域，一般此处安装有地磅。

③脏区：场外一侧，猪离开进入运猪车的区域。

赶猪通道具有一定坡度，并在两侧和底部设置地漏或排水沟，便于污水向脏区方向排出。赶猪通道最好为全封闭式，或者在矮墙两侧设置防鸟网防止鸟类进入。三段式出猪台结构示意图如图 2-1-3 所示。

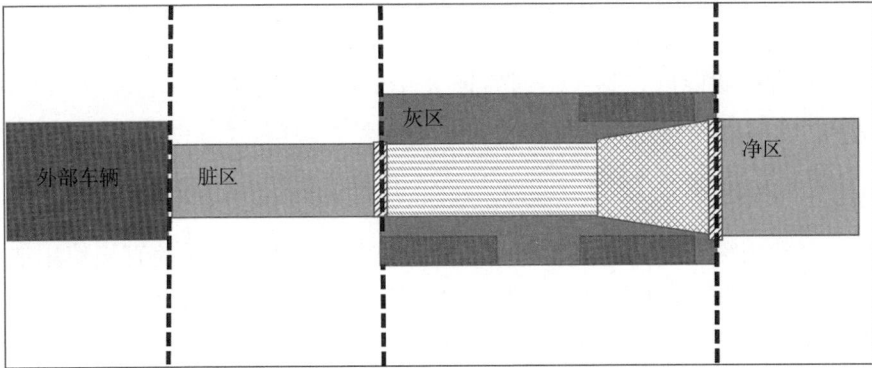

图 2-1-3　"三段式"出猪台（净区、灰区、脏区）

2. 二级中转中心

运输猪至下游保育育肥场、母猪场的车辆，在经过严格清洗、消毒、检查后，可以靠近母猪场外围的出猪台和转运猪。除此之外的社会车辆、屠宰场车辆，任何条件下均不允许靠近母猪场，必须经过二级中转。

二级中转中心距离猪场 1~2km，有专用道路，无社会车辆经过。二级中转台，根据其简易程度有以下 3 种类型，安全等级依次降低。

①固定二级中转中心：建造猪舍并带有进（出）猪台，布局类似猪场出猪台，专人管理。

②临时二级中转中心：无固定猪舍，由赶猪道连接进猪台和出猪台，无专人管理。

③车辆直接对接：场外空地，使用廊桥等设备对接内（外）部车辆实现转猪。

二级中转中心，无论有专用猪舍还是中转廊桥，均遵循"三段式"原理，即净区、灰区、脏区。一般要求二级中转中心区域地面进行硬化或者铺垫石子等，便于使用烧碱等进行消毒。此区域也应注意污水、粪污的排放，避免泥泞、污垢积累。

二级中转中心的设施设备，相较一级中转中心可以简陋一些，但必须能够实现其既定功能，达到期望的效果。

（六）隔离舍

隔离舍是母猪场不可或缺的附属设施，即使母猪场每年仅引种 1~2 次，也应建有隔离舍，将外来猪暂存在隔离舍中进行观察、检测。隔离舍的目的是避免外来疾病（包括路途上感染的疾病）传入猪场。

隔离舍最好距离现有猪群350m以上，但是由于土地资源的限制，一般猪场难以达到此要求。因此大多数的猪场是将隔离舍建在猪场区内或猪场附近偏僻区域，以自然屏障、防风林、实体围墙等与其他区域相隔开。隔离舍应有独立道路，粪污地沟深度足够隔离时使用（例如，足够储存60d的猪粪、污水）。

隔离舍的功能区包括：①饲养栋舍及料塔。②物资药品仓库及工作间。③淋浴间。④简易出猪台或吊桥。⑤一些隔离舍还设有宿舍。

三、水源水质要求

尽量使用深井水（100～150m）或经处理的自来水，避免直接使用地表水，如河水、湖水、水库水、池塘水和浅井水（一般不超过20m）。

了解附近畜禽场和粪污处理场分布，避免使用其周边的地下水。如只能选择地表水，应选择水库、湖泊，或远离村落的河流、山泉。了解水源地周边野生动物尤其是野猪的活动情况，做必要的防护。定期派人进行风险检查评估（表2-1-3）。

表 2-1-3　水质指标的要求

指标	最佳范围	可导致问题
总大肠菌群（MPN/100mL 或 CFU/100mL）	不得检出	
耐热大肠菌群（MPN/100mL 或 CFU/100mL）	不得检出	
大肠埃希菌（MPN/100mL 或 CFU/100mL）	不得检出	
菌落总数（CFU/mL）	200	>1 000 000
pH	6.8～7.5	<5.5 或 >8.5
固体可溶物（mg/L）	<500	>3 000
总碱度（mg/L）	<400	>5 000
硫酸盐（mg/L）	<250	>2 000

第二节　引种及出猪管理

在猪场的人员、物资、猪群流动管理中，外部猪的引入及内部猪只的转出、销售是最容易引入疾病风险的环节。

一、引种猪的来源

猪是猪病最主要的传染源，而引种外来后备猪又是最大的风险来源。因而计划引种前，引种场应制定明确的种猪健康标准，并就此与供种场进行明确沟通。同时，还可要求供种场提供过去 1 年的生产数据，从侧面评估供种场的猪群健康情况。

一般而言，引种时对供种场有以下要求：

（1）供种场应为特定猪病野毒抗原、抗体阴性，并提供相应证明，例如，猪繁殖与呼吸综合征抗原、抗体阴性，猪伪狂犬病病毒抗原阴性，gE 抗体阴性，PED 抗原阴性等。

（2）常见疾病免疫抗体阳性率不应低于 85%，例如，猪伪狂犬病病毒 gB 抗体、CSF 抗体、FMD 抗体等。

（3）供种场的健康等级应高于引种场。即使引种场某种疾病为阳性，也应尽量避免引入不同毒株，例如，猪繁殖与呼吸综合征、传染性胸膜肺炎等。

（4）引种来源应尽量单一。若不得不从多个猪场引种，则应充分预留隔离期、康复期。多来源引种并同时混群，可能会导致某些疾病的暴发。

二、隔离舍管理要求

隔离舍在使用前，应做好修葺及物资充分准备。

（1）隔离舍所有环境控制设备、栏位、料线、水线等应确保能够正常工作，对料线、水线、圈舍进行清洁、消毒。

（2）重要附属功能区，例如物资消毒间、淋浴间，应确保其能正常运转。淋浴间应有良好的保暖设施，以便管理人员夜间进入隔离舍巡视。

（3）检查粪污处理区域，隔离期间若出现粪污处理故障，任何维修等相关活动都可能带来巨大的风险。

（4）检查死猪解剖区域及相关解剖工具、消毒试剂和工具。

（5）提前储备好一般性生产耗材、药物疫苗等，隔离期间此类物资只进不出。应在严格避免交叉污染的前提下，降低饲料供应频率。

（6）饲养人员最好居住在隔离区专用宿舍。若无住宿条件，则应严格淋浴、更衣，居住在场外生活区与其他区域交叉较少的房间，且隔离饲养期间严格限制其活动范围。

引种隔离期间的管理，避免任何交叉污染，遵守"只进不出"的原则。在所有可能的交叉污染途径中，以病死猪、粪污传播病原的"含量"最大，以空气传播途径最难以控制。

隔离舍清洁、消毒完毕后，可以通过病毒 PCR 检测、菌落培育等实验手段验证圈舍的清洁程度。

三、引入流程管理

选种结束后，在供种场对猪进行特定猪病野毒抗原检测，如猪繁殖与呼吸综合征、流行性腹泻检测，同时对猪伪狂犬病、猪瘟、口蹄疫免疫抗体检测，检测合格的猪可以运输。

引种猪的运输车辆管理是重中之重。应由项目主管兽医对整个车辆使用流程进行管控。若有必要，应对参与运输的司机和其他相关人员进行培训，包括行车路线、饮食要求、中途下车、与其他车的车距、其他紧急情况处理、实时沟通等方面。

运输车辆的车厢（与猪接触部分），不得采用木质材质。车身的暗箱、工具箱应全部清空，避免司机"习惯性"使用这些工具与猪产生接触。除与运输有关的工具之外，驾驶室不得有任何杂物。

运猪车辆应进行严格的清洗、消毒，获得买方审核通过后方可使用。

引种的装猪、运输、卸猪 3 个环节，都必须"事先计划好、培训好，事中监督好"，负责人必须在现场监督。

引种猪到达场外隔离舍，根据所需控制病原的要求可隔离 30～90d，针对ASFV 至少需要隔离 42d。分别在引种猪到达后 1 周和 6 周进行特定猪病野毒抗原检测，合格的个体可以引入场内隔离舍。

引种猪隔离期间，兽医需要每日观察猪群，发现疑似特定猪病临床症状的个体应立即汇报、采样检测，禁止私自剖检。饲养人员在每日工作结束后，将标准格式的工作日志，发送给隔离负责人、兽医等人员。

健康管理团队应制定健康管理计划表，包含各重要节点时间、负责人、具体事项等信息，并发送给所有相关团队人员，以便协调工作。

表 2-2-1 列举了部分传染病病原感染猪后的潜伏期。

表 2-2-1　部分传染病病原感染猪后的潜伏期

疾病	潜伏期	带毒时长	隔离期内的可行措施
猪流行性腹泻/猪传染性胃肠炎	1～4d	4 个月	血清检测，病毒分离
猪伪狂犬病	3～8d	2 年	血清检测，病毒分离
猪繁殖与呼吸综合征	2～5d	4 个月以上	血清检测，病毒分离
猪瘟	5～10d	数月	血清检测
非洲猪瘟	4～19d	数月	血清检测
细小病毒病	5～14d	未确定，长时	血清检测，免疫
口蹄疫	2～5d	1～2 个月	
流感	1～3d	数月	血清检测
丹毒	1～7d	数月	免疫，治疗
肺结核	14～28d	未确定，长时	结核菌素试验

（续）

疾病	潜伏期	带毒时长	隔离期内的可行措施
钩端螺旋体病	7～10d	6 个月以上	血清检测，免疫，治疗
布鲁氏菌病	1～2 周	未确定，长时	血清检测
萎缩性鼻炎	1～2 个月	12 个月	多杀性巴氏杆菌 D 型分离
猪痢疾	1～3 周	3 个月	细菌分离、治疗
回肠炎	1～2 周	未知	粪便检测，免疫，治疗
沙门菌病	2～5d	4 个月	细菌分离、治疗
猪链球菌病	1～3 个月	12 个月	免疫，治疗
支原体肺炎	2～10 周	6 个月	血清检测，屠宰场检查，治疗
胸膜肺炎	1～3d	2～3 个月	血清检测，屠宰场检查，治疗

备注：1. 血清检测包括 PCR 抗原检测和 ELISA 抗体检测。

2. 有报道 2021 年出现在我国的非洲猪瘟弱毒株，其潜伏期可超过 30d。

四、精液引入管理

在当前的疫情压力下，母猪场应以使用本场公猪站精液，或者是独立、长期合作的公猪站提供的精液为主。当需要从第三方公猪站采购精液时，应关注：

（1）外购精液时，供应方无特定猪病抗原，并出具检疫合格证明。

（2）对每个外购批次的精液采样检测 ASFV、CSFV、PRRSV、PRV。

（3）精液运出公猪站前需用双层塑料袋包装，到达母猪场时，在场外去除第一层塑料包装，进入生产区前去除第二层塑料包装。

（4）精液运输时应放置于专用的恒温设备（易于清洁、消毒）。

（5）每批精液需留样，以备猪群出现健康异常时进行回溯调查。

五、出猪台管理

出猪台每次使用完毕后，应立即清洗、消毒，下一次使用前喷雾消毒。每次装卸猪时，都必须有主管或兽医在场进行督查。

猪在出猪台装卸时，需注意 4 个关键点：①严禁猪逆行回流。②各区域人员无接触。③各区域工具无接触。④清洗时，灰区、脏区污水避免飞溅到净区。

出猪台布局请参阅本章第一节的猪场布局部分。装卸具体流程如下：

（1）转运区域划分为净区、灰区、脏区 3 段，共设置 3 组人员，区域间设置禁止人员跨越的实体围栏、隔挡。

（2）脏区人员为随车人员，灰区人员一般来自外生活区或内生活区，净区人员为生产区人员。灰区、净区人员在执行任务前淋浴，更换新的工作服和靴子。当需要运送猪至下游猪场时（非前往屠宰场的猪），脏区一侧人员应淋浴、更换工作服，穿隔离服、手套、鞋套。

（3）净区人员驱赶或运输猪到达、进入中转灰区时，净区人员不得跨过净区与灰区的界限。

（4）猪进入灰区后，由灰区人员（提前从净区一侧进入）进行驱赶，并进入脏区，灰区人员不能越过灰区与脏区的红线。

（5）脏区人员将猪赶入车辆或栏舍，完成猪只转移。

（6）整个转运过程中，必须严格确保猪的单向流动，禁止任何掉头逆行行为；各区人员仅在本区域内操作，不能跨越红线；各区域的工具，仅限本区域内使用。

（7）净区人员负责洗消净区，灰区人员洗消灰区，再进入脏区清洗。

（8）冲洗时，先用低压水，从净区向灰区方向，将大块粪污冲洗掉。喷洒去污剂，附着 20min，再用高压水，从净区向灰区方向冲洗。洗消过程中要避免灰区、脏区的粪污、污水飞溅或倒流到净区。

（9）灰区人员洗消脏区后，消毒衣服、靴子，按照场外人员进场流程入场。灰区工作人员一般为猪场外围工作人员或非生产区工作人员。

第三节　生产管理

猪场的生物安全分为外部生物安全和内部生物安全。外部生物安全指通过一系列的管理措施、设施设备防止猪场之外的病原传入猪场内。而内部生物安全指防止猪场已经存在的病原进一步扩散到其他区域或猪群。例如，当猪场的妊娠猪群发生不明流产时，希望通过采取一定措施避免扩散到其他妊娠母猪群。当猪场处于仔猪腹泻疾病控制期时，希望病原不会进一步扩散到其他产房。公猪站采集准备精液时，希望环境中的病原或常在细菌不会污染精液。或是在母猪人工授精时，希望环境中的病原不会因为人工操作不当而导致母猪配种感染。

因此，日常生产过程中的操作、管理也是猪场疾病控制、净化的关键所在。本节对猪场常规生产流程、操作进行了阐述，并对与内部生物安全相关的内容进行了解释。

一、配种妊娠舍母猪饲养管理程序

母猪从产房断奶之后，转入妊娠舍进行饲养、配种、怀孕，直至临产时再转至产房。在此期间，母猪接受妊娠检查、返情检查、免疫等操作程序。工作频率可区分为每日发生、每周发生。

（一）周工作计划

猪场周工作主要包括：猪的转运、疫苗接种、妊娠检查、盘点库存。

1. 猪的转运计划

（1）断奶母猪。猪场每周断奶1～2次，母猪断奶后从产房转至妊娠舍断奶区域的定位栏中，并将相应卡片挂在限位栏。

（2）临产母猪。临产妊娠猪只转出妊娠舍。根据预产期，将临产母猪提前3～7d转入产房待产。转出前，用温水、洗涤剂将母猪清洗干净，并用无刺激性消毒水全身消毒。

（3）待淘猪。待淘母猪包括体况不好、瘸腿、窝均产仔数低、泌乳性能差、断奶后长期不发情（25d以上）、空怀不发情、连续两次以上返情或流产、严重炎症、超过300日龄仍未发情的后备母猪。待淘公猪包括年龄老化、精液量少、精液质量低、体况差的公猪。将待淘猪转入待淘区域等待销售，全群普免时，若待淘猪尚未离舍，也应一并免疫。

2. 疫苗接种程序

具体免疫程序，请参阅本章第七节。

母猪免疫时，每头母猪更换1个针头。大栏猪免疫时，每个大栏更换1次针头。使用无针注射器可避免共用针头导致的交叉感染。

3. 妊娠检查

妊娠检查包括使用公猪查母猪返情和B超检查。使用公猪查返情应每周至少对妊娠（即配种）14～50d的母猪进行检查。

使用B超进行妊娠检查时，对妊娠28～35d的猪进行第一次妊娠检查，对妊娠40～46d的猪进行第二次妊娠检查，对妊娠47d以上的可疑猪进行复查。

当猪场在进行疾病净化时，例如猪伪狂犬病，可每日对查情工作进行口鼻采样检测是否排毒。

4. 盘点库存

每周日进行如下盘点库存工作：

（1）统计本周的配种数（其中包括返情流产配种数、断奶母猪配种数、后备母猪配种数）。

（2）转入猪的数量（包括后备母猪转入和断奶母猪转入）。

（3）转出猪的数量（转入产房的母猪数、淘汰或死亡的母猪数量）。

（4）计算出配种妊娠舍、产房母猪存栏数，核对与实际盘点数量是否匹配。

（二）日工作程序

1. 喂料

早上上班后，尽快将料槽清扫干净并饲喂饲料。

如果条件受限制的话，先喂妊娠20d左右的母猪，因为这是精卵结合和胚胎形成、附植期，如果加料不及时，母猪长时间嘶叫且烦躁不安，容易造成早期流产，或降低母猪受胎率。

饲喂之后检查母猪进食的反应、采食量。躺卧不起身采食或剩料超过1/3的母猪，应重点关注是否有健康问题。

2. 检查猪的健康

工人在饲喂时发现异常猪，应予记录并告知治疗人员。治疗人员应巡视整个妊娠舍，寻找异常猪，并根据兽医给出的方案进行处理、治疗。一般步骤包括：

（1）逐头巡视整个妊娠舍，观察是否有不吃料、生病、瘸腿、返情、流产等情况的猪。

（2）对上述非正常猪做好记录。

（3）对生病猪和瘸腿猪进行有效的药物治疗。对流产、腹泻、便血的猪，除了进行治疗外，还应使用石灰粉撒在异物（流产物、腹泻物等）上，避免踩踏和进一步传播污染。

（4）当发现有猪异常死亡时，应在汇报主管或兽医，获得相应指示后方可处理。

返情猪初次返情且在正常的返情周期内（18~22d），可以立即配种；初次返情但返情期在23d以上的，则需等下次发情时再配种。连续返情流产3次以上的，则需淘汰。流产母猪初次流产且无返情记录的则需等下次发情时再配种。

3. 卫生管理

（1）清扫走道：操作人员需穿戴防水靴、手套、口罩和工作服清扫，避免直接接触污染物。清扫时，应分区操作，工具专用，防止病原扩散。

（2）加水：待猪只吃完料后，再将水槽加满水，水深一般为3~5cm。非洲猪瘟疫情之后，一些猪场更改为每个妊娠栏位安装饮水嘴，从而降低病原传播概率。

4. 发情检查

（1）发情检查程序：发情检查至少需2~3人，让公猪在待查情母猪前过道走过，前后各一名员工牵引，一名技术人员在母猪后面检查母猪是否发情，公猪行走速度应缓慢。

（2）待查情母猪：断奶7d以内的母猪、后备母猪、断奶7d以上尚未发情的母猪。

不足 220 日龄，体重不到 130kg 的发情后备母猪，发情信息记录在母猪卡片上，此类后备母猪不配种。220 日龄以上、体重达到 130kg 的后备母猪，可根据当周的配种计划及断奶母猪的发情情况决定是否配种。如果不配种则在母猪卡上记录发情信息。

断奶 7d 以上尚未发情的母猪，其数量一般占断奶母猪数量的 10% 左右，将其赶至大栏，一般 3～4 头母猪放在一大栏里比较合适，再赶 1 头公猪至大栏同母猪进行混群，爬跨、刺激发情。

将所有发情母猪信息整理并报至妊娠舍主管、公猪站主管。

5. 人工输精

从公猪站取回配种所需的精液。开始输精时，先给复配母猪输精，再给新发情的母猪输精。

人工输精步骤见图 2-3-1 所示。

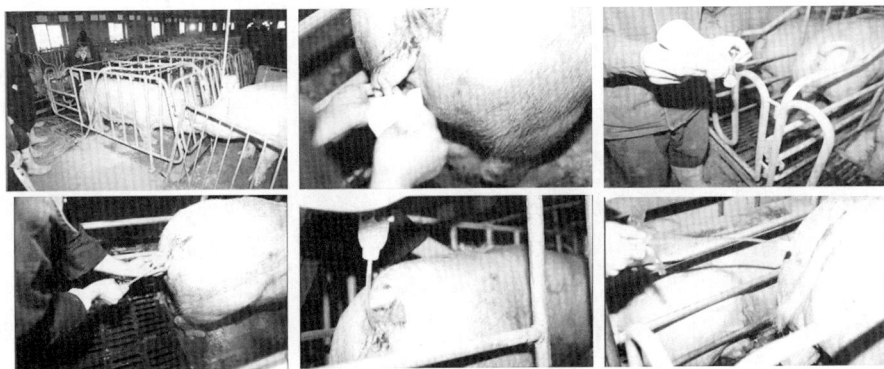

图 2-3-1　人工输精

（1）将公猪赶到发情母猪前，对母猪进行背压、抚摸乳房等刺激，待母猪出现静立反应后开始准备输精。

（2）用干净纸巾擦拭母猪阴唇，以防止在输精过程中将粪污带入到母猪子宫。当母猪后身特别脏时，可以使用清水清洗，但应擦拭干。

（3）在输精管头部的凹槽处涂上润滑剂，掰开阴唇将导管沿着阴道上部插入。

（4）当导管不能再往里插入并锁定时，轻轻地将导管拉出一点，然后再往里插入，边旋转边插入，直到锁定不能再深入为止。

（5）开始输精，每头母猪人工输精时间 5～10min，等待母猪将精液吸入，禁止挤压精液瓶。出现精液倒流体外时，可稍微平放精液瓶，减缓输精速度。

（6）精液被吸收后，缓慢地拉出输精管，或者让输液管留在母猪体内 10～15min 后再拉出。

（7）配种完成后详细填写配种记录并记录配种时的异常状况。记录当天所有配种情况（包括母猪耳牌、此情期内的第几次配种、使用公猪的耳号）。记录当天发生的其他事件，包括返情、流产、空怀、死亡等信息，及转入断奶猪或转出临产母猪数量等。

6. 最佳配种时间

母猪的排卵时间一般在整个发情期的 2/3 阶段，发情持续时间的长短与母猪个体、猪群、日龄、发情检查强度等因素均有关。最佳输精时间应在排卵前 24h。

例如，如果一头母猪在断奶后第 4 天开始发情（静立反应），发情持续 2d（48h），则可在发现发情当天开始输精，第二天再次输精。而如果一头母猪在断奶后第 3 天开始发情，发情持续 3d，则可以在发现发情的第 2 天进行第 1 次输精，次日再进行输精。

在实际生产中，可能出现员工在母猪发情期末尾或发情已经结束后仍旧对母猪进行输精。这种情况下，精液往往不能完全被母猪吸收，而会在配种后 1~2d 流出，并被误诊为流脓。生产人员应对此类情况进行记录，并在母猪配种后 18~24d 时重点观察母猪是否返情。

7. 妊娠母猪的饲养管理

（1）妊娠初期：妊娠初期是指配种至妊娠 30d 这段时间。这一时期的前 21d 是精卵结合、胚胎形成期及附植期，应提供合适的营养及安静的环境。

输精母猪不再静立后，应立即转入妊娠舍或妊娠蛇形阵，母猪在妊娠 30d 内不能有任何调动，不能有嘈杂声响的干扰，待妊娠 30d 后才可以做适当调整。其间在查情、调栏时，动作要轻，不能强行赶打。

此阶段以营养适量为核心，摄入营养过多过少均会破坏妊娠早期激素平衡、代谢产物偏高等，导致胚胎附着，这段时期的饲料摄入量最好保持 2.18kg，赖氨酸 0.6%，能量 3.233kJ/kg。

（2）妊娠中期（妊娠 31~90d）：此阶段胎儿逐渐发育但总体生长较平缓，此阶段的营养需求没有后期那么高，为调整母猪膘情的主要阶段，建议饲养量为 1.82kg，目标是将膘情控制在 3 分。

（3）妊娠后期（妊娠 91~110d）：此阶段是胎儿生长高峰期，60% 都是在此阶段生长的，对营养水平要求也特别高，妊娠母猪饲料投喂量需改为每天 2.73kg 以上。

上述饲喂营养标准引用自《PIC 母猪饲喂》手册。由于不同品系猪的营养需求存在较大差异，应遵照各种猪公司的营养及饲喂标准。此外，不同饲料厂家营养浓度也有一定差异。实际生产中，遵照前、中、后期饲喂的重点，同时兼顾控制母猪膘情，使其不得过胖或过瘦。可参考 5 分体况评分系统（图 2-3-2），临产时应以 3～3.25 分为宜。

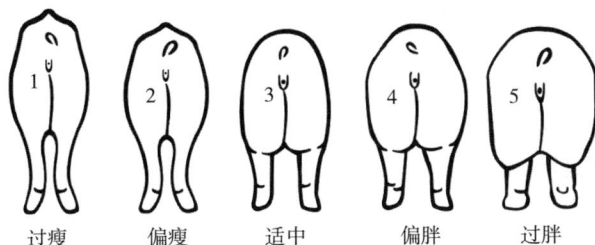

图 2-3-2　妊娠母猪体况标准及评分

二、产房饲养管理程序

产房饲养管理的对象包含母猪和仔猪，而由于此阶段的仔猪主要依赖母猪获得营养和免疫力，保障仔猪健康的关键之一在于照顾好母猪。

在此阶段，母猪适宜温度约为 23℃，而仔猪却需要 30℃ 且对"贼风"敏感。如何兼顾二者，是产房管理的一个难点。此外，仔猪免疫力比较弱，一旦感染则后果严重，因此需要员工在生产过程中格外注意避免交叉污染。

（一）母猪临产前管理

1. 产房准备

（1）将清空的产房彻底清洗干净，具体要求详见本章第四节清洁消毒相关内容。

①所有栏圈地板及其他杂物清洁、消毒。

②地沟污水彻底排放，无任何脏物。

③料槽、仔猪补料槽干净清洁、无积水。

④天花板、墙壁、窗户等干净、清洁。

（2）维修及检查：对那些有裂纹的地面或损坏的地面用混凝土抹平，以便清洗。对脱焊的栏圈和地网进行重新焊接、更换。检查饮水器，将不好的饮水器进行维修或更换。检查所有电器，及时更换、维修损坏的电路或电器等。

2. 临产母猪进产房

根据猪群平均妊娠时间及栏位周转情况将临床母猪转入产房，一般以提前 3d 为宜。例如，若妊娠期为 116d，则在 113d 左右转入产房。

将母猪全身清洗干净，要用温和的肥皂水或清洁剂清洗。用刺激性较小的消毒药物全身喷洒，例如过硫酸氢钾类。此操作对产房发生严重仔猪葡萄球菌类皮炎问题的猪场，有一定改善效果。

3. 临产母猪产前饲喂

母猪产前 3d 以前（例如，妊娠 113d 以前），按妊娠后期喂养标准饲喂。

临产前 3d 内（例如，妊娠 114d 至分娩），饲喂量为 1.8kg/d。

临产前，母猪肠道蠕动缓慢，排便比正常要缓慢且多伴随一定程度的便秘。饲喂过多，不仅加大母猪腹腔的压力，而且过多的粪便积累在肠道内，长时间得不到排泄，粪便中的细菌所产生的大量副产物会被母猪吸收，从而影响母猪的泌乳能力。

（二）母猪分娩

1. 分娩准备

开启加热灯，使栏舍更加干燥、温度上升。准备好相关药物及器材。

①温和的肥皂、长臂助产手套：用于清洗母猪阴户和助产。

②消毒毛巾或干净纸巾：用于擦干净初生仔猪。

③母猪分娩卡、电子手表：记录每一头仔猪出生的时间、仔猪数量及胎衣下落情况，同时掌握母猪分娩间隔时间，判断母猪是否属于难产，以便及时处理。

④抗生素及消炎药物：10%恩诺沙星，防止母猪产后感染。氟尼辛葡甲胺，用量为 2.2mg/kg。

⑤催产素：用于难产、泌乳不良母猪。

⑥耳刺、油墨或耳缺剪（适用于种猪场）：初生仔猪打耳刺或耳缺。

⑦剪牙断尾钳：初生仔猪断尾剪牙，仅限仔猪打斗严重窝。

2. 分娩程序

（1）母猪分娩时间一般为 2～6h，受个体差异、胎次、体况肥瘦、胎儿大小与多少等多个因素影响。

每头母猪开始分娩时，在母猪分娩卡上记录其分娩过程，母猪分娩卡悬挂在产床栏片上。母猪分娩卡应记录：母猪耳号、胎次、上胎分娩数量、本次分娩开始时间、每头仔猪出生时间、最后一头仔猪出生时间、胎衣下落情况、助产次数、助产时间、助产操作人等信息（图 2-3-3）。

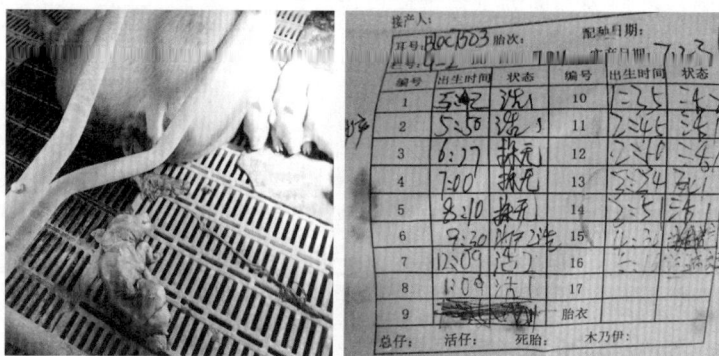

图 2-3-3　母猪分娩记录卡

正常情况下，每头仔猪的分娩间隔为 30～50min。若超过 30min 仔猪尚未出生，则应予以关注。如果超过 40min 仔猪仍旧未出生，此时应观察母猪是否继续在宫缩。若母猪紧张且强烈努责但无仔猪出生，应考虑是否需要进行助产。可使用干净的输精管，轻轻插入母猪产道试探，如果探到仔猪，则可进行人工助产。如果超过 40min 仍未分娩，且母猪焦躁而宫缩并不强烈，可以考虑抚摸母猪乳房或注射缩宫素。

仔猪越早出生越好，超过产仔时间范围出生的仔猪往往体况差，抵抗力弱，易生病，早期死亡的风险也比较大。

（2）仔猪出生后，用干净纸巾将仔猪口鼻上的黏液擦干净，身上撒密斯陀干燥粉，脐带长度保留约一指长，以不拖地为宜，不应过短。剪脐带以较钝的剪牙钳为好而非锋利的刀片，也可用指甲轻轻掐断。若脐带出血，可用手指按压直至凝血。脐带使用 5%～10% 的碘制剂消毒，制剂浓度不足或脐带过脏时，可能会导致消毒效果不佳、脐带感染。

（3）发现母猪分娩出现困难时，应决定是否需要进行助产。

助产时需保证母猪身后干净无粪便，且母猪处于躺卧姿势。生产人员将衣袖卷至肩部，穿戴好兽用助产手套，涂上润滑剂，手握成鱼头样并缓慢进入母猪子宫，探明情况。如果是胎儿头部向外，用中指扣下颌，拇指和食指捏住鼻子处，然后抓住时机进行助产。

助产的最佳时机是：当母猪努责时，及时抓住机会将仔猪顺势往外拽。如果是后腿向外，则直接用手抓住后腿按上述方法助产。如果两只仔猪重合在一起，应先将一头仔猪向里推，再将另一头仔猪拖出。如果母猪产道不是很狭窄则不必等母猪努责就可直接将仔猪拖出（图 2-3-4）。

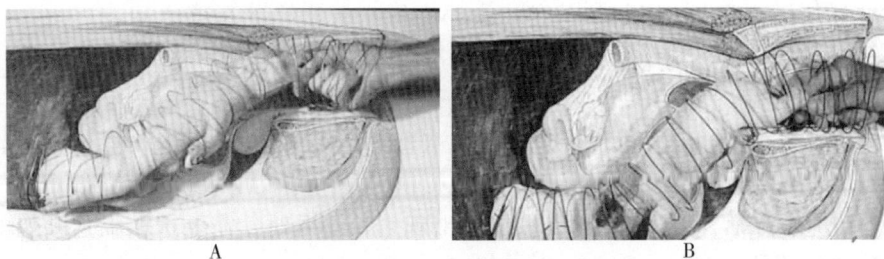

图 2-3-4　助产操作技术
A. 头位助产操作技术　B. 后位助产操作技术

给母猪助产接生要特别细心。母猪在产仔时，外阴户及阴道充血、肿胀，不小心就会将之碰破，引发炎症，造成不良的后果。

助产后，应给母猪注射缩宫素和恩诺沙星类抗生素，一方面促进子宫内剩余胎衣碎片排出，一方面防止细菌感染。

（4）难产母猪一定要将子宫内的仔猪、死胎、胎衣、木乃伊胎等清理干净，否则母猪会出现发热、不吃料或少吃料、泌乳量少或没有奶水等情况，严重的甚至感染死亡。

母猪分娩后，一般 3d 内均会出现少量恶露，超过 3d 仍有恶露一般为子宫感染，应进行积极治疗。如果恶露量特别大，或者带血脓，则无论时间长短，均应观察母猪是否存在子宫感染问题。

（三）仔猪护理

1. 初生仔猪的护理

（1）称重、剪牙和断尾：剪牙时，剪牙钳应锋利，剪去犬牙尖端 1/3 处，避免伤及髓质。当剪牙钳不够锋利或剪牙长度过多时，往往容易压碎牙齿，最终导致牙齿感染。目前已有越来越多的猪场取消了这项操作。

断尾操作则选在尾根向后 2cm 处，用钳子一次性剪断，剪完尾后用消毒药水进行消毒。

注意：每完成一头仔猪的剪牙、断尾后，其所用器械、工具均应放在事先准备好的酒精杯里消毒，然后才能进行后续操作。

（2）编写耳刺号或耳缺号：根据仔猪的品种、出生日期和当天的同一品系的窝数进行编号。然后打耳刺或耳缺，每打一头猪要更换一次编号。

2. 初生仔猪的寄养（产后 12～24h）

初生仔猪应在出生后 12～24h 内进行寄养，寄养对象必须是分娩 24h 内的母猪。出生 12～24h 的仔猪，一般已经在亲生母猪身边吃够了初乳，此类初乳中不仅含有高水平的 IgG、IgA，而且含有免疫细胞。研究表明，当新生仔猪吃够约其体重 30％的初乳后，即使出生体重较轻，其存活率也会大大增加。反之亦然。很多猪病控制、净化的关键在于仔猪的初乳管理。

耳刺打好后，按仔猪的品种、大小在同一天出生的母猪之间相互交叉寄养，根据母猪的泌乳量及有效乳头数来决定母猪的带仔数。

3. 弱仔猪寄养

仔猪一般出生 5～7d 后要进行第二次寄养。此时一些健康情况不佳、泌乳能力不足、单乳道奶头的母猪开始不能提供充足的母乳，导致其哺育的个别仔猪出现生长滞后。当 14 日龄左右仔猪出现生长滞后时，需要选取临近断奶的母猪进行哺乳、寄养。

需要注意的是，在寄养时仅转移母猪而非仔猪。

寄养流程如下：

①统计 5～7 日龄中掉队仔猪数量、泌乳不良母猪数量，以便决定母猪的数量。

②选择哺乳 14d 左右、低胎龄、泌乳好的母猪。

③从 20 日龄左右单元中挑选低胎龄哺乳、泌乳好、仔猪均一度好、个体

大的母猪，进行断奶。

④将母猪转至 14d 产房单元，哺乳前述 14 日龄仔猪。

（四）环境温度管理

初生仔猪产房环境温度应保持在 23～25℃，而保温灯下的温度需达 30～35℃。初生仔猪皮下脂肪少，温度过低会导致仔猪迅速消化仅存的能量，降低活力、延缓生长，最终降低存活率。然而环境温度过高会导致母猪采食量下降，降低母猪的泌乳量，母猪最适应的环境温度是 16～18℃。

若产房内温度过高，可适当开窗或打开排风窗进行降温，不能关掉保温灯，否则达不到仔猪需求的温度。通风不畅会导致房间湿度过高，增加细菌繁殖机会，影响仔猪健康，例如腹泻、皮炎等。在开窗户和开排风扇时，避免贼风吹向仔猪。

（五）仔猪操作

猪场将仔猪去势、剪牙、补铁、新生仔猪保健、剪尾等操作合并在一起进行，统称为"仔猪操作"，一般在 3～5 日龄为宜。仔猪去势过早，会导致"漏肠"概率偏高（部分仔猪腹腔和阴囊之间的隔膜，尚未完全长好），过晚则增加仔猪应激、延缓康复。去势过程如下：

（1）准备去势所用器具，包括无菌手术刀片，酒精棉球，碘伏。

（2）操作者的手用酒精等消毒药品消毒。

（3）对去势部位喷洒消毒剂进行消毒。

（4）用无菌刀片将阴囊切开，从上向下成直线，刀口长度 1～1.5cm，刀口越小越好，两个睾丸分两次切割。

（5）将睾丸由切口向外挤出，不要硬拉，用两手轻轻拽断输精管及其附属物，喷洒碘伏等消毒剂。

（六）减少断奶前仔猪死亡

1. 冻死、饿死、压死

7 日龄以内仔猪更易受寒冷、饥饿应激影响。饥饿仔猪会围在母猪身下，此时若母猪突然躺下，就容易压死仔猪。降低此类死亡情况发生的措施有以下几点：

（1）加强保温工作，仔猪休息区域需达到适宜的温度。

（2）保证仔猪吃到足够量的初乳，有时需采取分批吃初乳、饲喂人工代乳粉、寄养等方法。

（3）如果个别母猪烦躁不安或咬仔猪，要将仔猪全部转移到保温箱。同时每隔一小时喂一次奶，待母猪安静后再将仔猪移到产仔栏。

（4）安装防压杆能够一定程度降低仔猪被压死的比例。

2. 疾病或中毒

大肠杆菌、梭菌引起的腹泻是仔猪断奶前最常见的疾病，具有传染性，如不及时治疗，死亡率会增加。相关措施如下：

（1）保持栏内干燥、地面干净，清除蚊蝇，室温稳定，避免贼风进入。

（2）提供有效的治疗药物。大肠杆菌为革兰氏阴性菌，一般庆大霉素类有较好治疗效果；而梭菌类为革兰氏阳性菌，一般注射阿莫西林。

（3）在治疗腹泻猪时，往往很难分辨同一窝内具体哪一头仔猪发病，可对整窝仔猪都给予治疗。

（4）暂停教槽料、哺乳料等饲喂，改为饲喂干净酸化剂。

在生产实践中，有时个别仔猪腹泻久治不愈，死亡率增加，很可能是中毒或栏内"微环境"不佳所致。

（1）栏内温度太低，湿度大，遇到这种情况要及时采取措施，增加加热灯，尽量减少地面冲洗，及时清除粪便。

（2）若母猪摄入霉菌毒素过高的饲料，由于其抵抗力较强，有时并不表现中毒的临床症状，但毒素会进入乳汁，进而影响仔猪健康，包括中毒、免疫力下降、消化不良。此时应：①检查饲料来源及仓库里饲料存放情况。②检查料槽是否打扫干净（母猪料槽及仔猪补料槽）。③检查加料工具是否清洁（料车、加料铲等）。

必要时，可送饲料样品至专门机构检测霉菌毒素含量。

猪场应制定专门针对产房仔猪问题的治疗方案，具体见表2-3-1。

表2-3-1　仔猪治疗方案

症状和标记	治疗药物	治疗剂量	给药途径
跛行L	方案1：30%林可霉素＋5%氟尼辛葡甲胺	10mg/kg＋2.2mg/kg	肌内射注
	方案2：5%盐酸头孢噻呋＋5%氟尼辛葡甲胺	3mg/kg＋2.2mg/kg	肌内射注
咳嗽K	30%氟苯尼考	15mg/kg	肌内射注
腹泻S	5%恩诺沙星＋补液盐饮水	2.5mg/kg	肌内射注
皮肤苍白	左旋糖酐铁	1mL	肌内射注
外伤	5%盐酸头孢噻呋＋碘伏	3mg/kg＋适量	肌内射注＋喷涂

（七）仔猪饲喂教槽料

美国养猪业一般不饲喂仔猪教槽料，而欧洲养猪业则较多饲喂仔猪教槽料。两种做法各有利弊且观点并未统一。但比较公认的是，产房饲喂教槽料主要是让仔猪学会吃饲料，以便在断奶阶段能够迅速适应保育舍环境。

一般猪场在7～14d的时候开始添加教槽料，每天需增加0.05～0.1kg。仔猪在诱食及开口吃料阶段，大多数时间会在料槽里玩耍，将饲料弄脏。因此，饲养人员必须做到少加勤添，一天加料3～4次，可将剩余饲料倒给母猪后，再加上新鲜的仔猪料，仔猪补料槽必须每天进行一次全面清洗。

（八）仔猪断奶

仔猪 21～23 日龄，平均体重 5.5kg 以上，即可断奶。产房的每个单元，应严格做到全进全出。不可将未达到断奶体重的仔猪挑选出来转移至其他未断奶的单元进行饲养。

在不影响配种目标且空余产房充足的情况下，可在本批次中挑选部分母猪，继续哺乳体重不到 4.5kg 且日龄在 21～23d 的仔猪，继续哺乳 5～7d 后断奶。

断奶时先将母猪赶至妊娠舍，再将同一间猪舍的仔猪集中在一起，对公猪或母猪作不同的记号，以便分别转运至保育舍。

断奶仔猪运转程序：

①将转猪车清洗干净并彻底清洗、干燥、空置。

②转猪车厢要求能保温，厢内地板要防滑。

③每次断奶仔猪不要装得过密，按每平方米 6～8 头为宜。

④在转猪过程中产房工作人员不得与装猪车接触，司机也不得进入产房"净区"。

三、保育舍生产管理程序

（一）圈舍清洁、消毒

猪进入保育舍之前，猪舍及单元内的环圈舍、水线应清洁、消毒。

将房间的所有栏板、饲料槽拆开，用高压冲洗机对窗帘、天花板、地面、墙壁、料槽、水管、加药器进行彻底冲洗，将下水道污水排放掉，并用高压冲洗机将下水道冲洗干净。

修理栏位、饲料槽，检查每个饮水器是否通水，加药器是否正常工作、所有的电器、电线是否损坏、窗帘是否可以正常升降。

将栏板、料槽组装好。喷洒消毒剂，并投放灭鼠药、灭蝇药。将房间的温度升至 27～29℃，等待干燥，以准备进猪。

具体内容参照圈舍清洁消毒部分。

（二）猪的引进

引进猪按照品种、品系、体重大小、公母进行分栏。例如，所有纯繁公猪、母猪分开各放一组，所有阉猪放一组，杂交猪放一组，在房间的中间保留两个机动栏，一栏放置弱猪，另一栏放置病猪。

向料槽中投放少量保育一阶段饲料，同时在大栏中的塑料垫上撒一些饲料（图 2-3-5）。用绳子捆绑饮水嘴，使其少量滴水，以便断奶仔猪寻找水源。

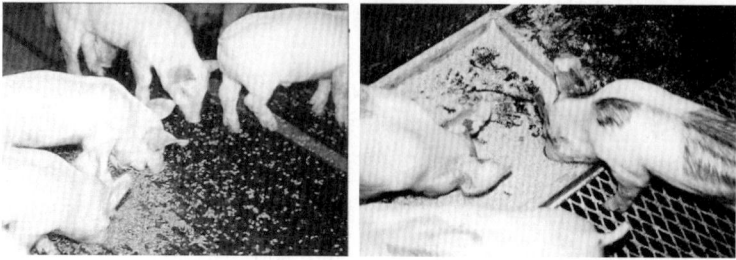

图 2-3-5　断奶仔猪，在塑料垫上撒料饲喂

猪栏设置见图 2-3-6。

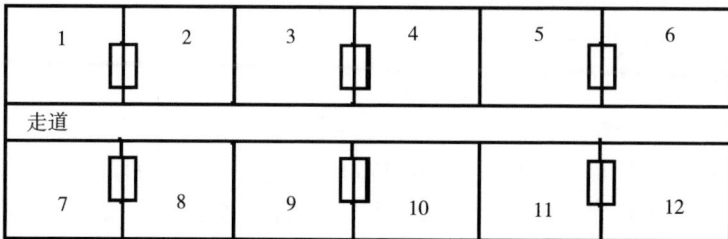

图 2-3-6　猪栏设置

将弱小的仔猪放在第 4 栏和第 10 栏，将病猪放在第 3 栏。对于弱小仔猪，在饲喂的同时应使用小料盆添加粥料，每日少量多次。

制作以下日常信息记录卡：

①饲料消耗卡，记录每天的饲料消耗情况。

②温度记录卡，记录每天上午和下午温度变化情况。

③疫苗注射记录卡，记录每次使用疫苗的种类和日期。

④药品消耗卡，记录药品使用情况。

⑤猪死亡信息卡，记录猪死亡原因及日期。

（三）饲喂管理

猪断奶后需要根据不同日龄的营养需求喂不同种类的饲料，以促进猪的正常生长，同时为了控制饲料单价成本，保育阶段一般有 3～4 个阶段饲料。保育舍要少喂多添，避免饲料放置时间过长降低饲料营养成分。

一般饲喂程序如下：

（1）断奶至 10kg 体重，饲喂教槽料，每日投料 5～6 次或自动料线饲喂。

（2）10～18kg 体重，饲喂保育前期料，每日投喂 4～5 次或自动料线饲喂。

（3）18～30kg 体重，饲喂保育后期料，每日投喂 4～5 次或自动料线饲喂。

在不同饲料转换时，将前、后两种饲料混合2天作为过渡期。例如，第1天两者比例为2∶1，第2天两者比例为1∶2。

猪在此生长过程中，还要在饮水中加入一些防止猪生病的药物和抗应激药物，例如，硫酸新霉素等。加药器的使用方法如下：

（1）加药器在使用之前，先关掉加药器上面的水阀。

（2）将加药器下端的吸药水管放入盛药桶中。

（3）设置分流比率，一般在1%～5%。

（4）打开加药器两边的水阀，使水流畅通。

（5）按下加药器顶部的放气按钮，放掉空气，加药器便开始工作。

（6）吸药水管在盛药桶中开始吸入药水，让猪自由饮用。

为了使猪有一个良好的生长环境，需密切关注保育舍内的温度、氨气浓度和通风状况，并予以适时调整。此期，猪适宜的温度和体重范围见表2-3-2。

表2-3-2　猪适宜的温度和体重范围

日龄（d）	17	25	32	39	46	53	60
体重（kg）	5	7	9	12	15	19	20
温度（℃）	29	26	24	22	21	21	21

猪在生长过程中，发现轻微疾病时，应保留在原栏位治疗、饲养。若出现较严重的疾病，应转至病猪栏进行治疗直至康复。康复后的猪不应继续养在病猪栏（以免其欺负其他病猪），或是再转回原栏位（由于其体质较弱，可能会被原栏猪欺负），可转至专门的弱猪栏中饲养。

猪场应制定专门的保育病猪治疗方案（表2-3-3）。

表2-3-3　保育病猪治疗方案

症状和标记	治疗药物	治疗剂量	给药途径
发热	阿莫西林＋氟尼辛葡甲胺	10mg/kg＋2.2mg/kg	肌内注射
跛行L	30%林可霉素	10mg/kg	肌内注射
腹泻S	10%恩诺沙星	2.5mg/kg	肌内注射
咳嗽K	30%氟苯尼考	15mg/kg	肌内注射
猪丹毒	阿莫西林	10mg/kg	肌内注射
神经症状	10%盐酸头孢噻呋	3mg/kg	肌内注射

（四）猪的转运

当猪生长到70日龄时，根据圈舍类型，可能需要转移至育肥舍。近年来越来越多猪场采取保育育肥一体式圈舍，以减少转运猪的需求。在转运猪之前，需收集如下资料：

(1) 各栏的存栏数量。

(2) 每个品系的公猪、母猪、阉猪数量。

(3) 猪的平均体重。

(4) 饲料消耗记录。

(5) 用药记录。

(6) 室温记录。

(7) 各栏死亡记录。

保育转至育肥后尽量保持原栏位分组，不要并栏。转运猪的时候，动作应轻柔，以免发生应激。转运尽量避开中午天气炎热的时间段。

四、育肥舍生产管理程序

育肥舍的目标是用最小的成本生产最多的猪肉，即最佳的日增重、饲料转化率。以下措施或因素是达到这个目标的先决条件：

(1) 加强饲养管理。

(2) 适宜的环境。

(3) 疾病防治。

(4) 猪减少不必要的移动。

(5) 完整的记录。

(一) 饲养管理

育肥舍进猪前的准备、修葺、清洗、消毒同保育舍。

进猪后应限饲半天但保障充足饮水，前 2～3d 可继续饲喂保育最后阶段的饲料，尽量保持猪舍的安静。

育肥猪的饲喂程序一般为：

(1) 30～55kg 体重，饲喂小猪料，自由采食。

(2) 55～75kg 体重，饲喂中猪料，自由采食。

(3) 75kg 体重至出栏，饲喂大猪料，自由采食。

料槽每天都要进行检修（检查下料器的松紧程度），每天下料两次，要保证料槽里有料，每周尽量空料槽一次，检查有无霉变饲料。

喂料时应做到当天的料第二天早晨尽量吃完，以防霉变，发现料线堵料、卡料应及时处理。应做到减少浪费，大猪舍的饲料浪费明显增加猪场的支出。每天必须检修饮水器，发现堵塞或漏水要及时修理。

水电工每年至少检修一次供电系统，防止因电压不足而造成水的供给减少。

（二）适宜的环境

猪舍的环境包括温度、湿度、空气的新鲜度和圈舍清洁卫生等。

使用温度计、湿度计，每日记录猪舍温度和湿度。另外，观察猪的身体和行为也可以推测猪舍温度、湿度的高低。若猪打堆，说明温度太冷；猪呼吸快、散睡、浑身粪污，说明温度过高。猪的皮毛明显潮湿说明湿度太大。

大猪舍进猪时的最佳温度是21℃，然后逐渐降到17～18℃。冬夏季难以调整，冬季可在猪舍内加保温灯，夏季如有条件可采用喷雾降温，否则将影响猪的食欲和健康生长，猪舍内应尽量保持干燥。

饲养员应对圈舍中氨气和粉尘浓度定期监测，保障圈舍良好通风。

猪舍、走廊等区域应保持干净、干燥，可调教猪在固定区域睡觉、排便，有利于猪舍、猪群的清洁卫生。

（三）疾病防治

巡视猪舍之前，应准备好医药箱、记录本、笔、动物喷漆等工具。

抵达猪舍之后，应先在舍外通过门窗观察舍内猪的行为、躺卧姿势是否存在异常。进入猪舍后，应仔细检查舍内各种设施，以防因其破损而对猪造成意外伤害，发现其损坏应及时修复，同时应进入猪栏内对猪逐头进行观察，特别关注那些躺卧在粪污区、饮水器下的猪，应赶起来观察。

健康猪背毛柔顺，皮肤饱满呈粉红色。

病猪的主要表现：食欲下降，体温异常，有异常行为（如嗜睡），低头耷耳，垂尾，腹部褶皱，颤抖，流泪，跛行，偏瘫，咳嗽，呕吐和腹胀等。皮肤苍白，皮肤发红或皮下出血，咬尾，咬耳，烂耳，脱肛，明显偏瘦等。

当猪看起来有不健康的表现时，先测量其体温，然后用合适的抗生素进行治疗，有其他症状时，尽量对应治疗，连续治疗一个疗程或听从兽医的指导。猪的治疗处理，应严格按照公司制定的技术方案进行，包括治疗次数、治疗剂量。具体操作方法可参照表2-3-3。如果出现治疗效果不佳时，应及时与公司相关的兽医沟通、调整。

当外观健康的猪突然死亡时，应找出死亡原因。进行药物治疗时要注意出栏上市前的停药期。当个别猪明显不能成活或没有饲养价值时，应及时处理。

每个饲养员和管理员进入猪舍都应该认真观察，一旦发现可能有流行病发生时，应及时上报，以便兽医及时处理。

（四）猪的移动

猪自保育舍转入育肥舍后，其所在猪栏应尽量保持不动，因每次调栏均会打破栏内原有的"等级"，从而导致猪群打斗、应激、生长延滞。若必须调整，也应尽量短距离移动。

在出栏上市阶段，部分栏位尚有剩余猪时，尽量不并栏，以防发生打斗，甚至应激死亡。

(五) 完整的记录

每个单元批次应有生产记录表。

（1）存栏记录表：记录猪的转入、转出、死亡情况。

（2）饲料消耗记录表：记录每天消耗的饲料品种和数量。

（3）治疗记录表：记录每天疾病治疗和药品使用情况。

五、后备舍公猪、母猪饲养管理程序

后备公猪、后备母猪决定着猪场未来的发展潜力和规模，历来是管理的重点。一个猪场的后备猪，可以来自本场繁育也可以来自外场引种。但无论哪种引种模式，其在后备阶段的管理目标均为：

（1）良好的营养、生产管理，使后备猪在生理上为繁育做好准备。

（2）良好的免疫、驯化管理，使后备猪更好地适应本场的健康压力，并且不会给现有猪场造成健康冲击。

（一）隔离舍后备猪的饲养管理

1. 饲养密度

如果后备猪为本场繁育，则后备猪在断奶后便会转移至本场的保育舍，不需要进行任何隔离。如果后备猪来自外场引种，则需要历经 30d 的隔离期。

后备猪的饲养量应与后备舍的面积相适应，尤其是后备猪自场外引种时，需历经 30d 的隔离期。随着时间的延长和猪的生长发育，其所需栏位空间也将随之增加，因此应统筹考虑后备舍的面积和后备猪的饲养量。

后备猪周龄和所需栏位面积关系见表 2-3-4。

表 2-3-4　后备猪周龄及栏位最小需求面积

周龄	需求面积/（m²/头）
5～8	0.2
9～12	0.33
13～16	0.33
17～20	0.57
21～24	0.9
25～28	1.2
29～31	1.2/定位栏
32～34	定位栏

2. 饲喂

现代品系的后备猪一般采取自由采食的方式，通过良好的饲养管理，使后备猪达到个体整齐度高、肢蹄和体型良好、骨骼健壮并且膘情合适的标准。

后备猪各阶段理想体重见表2-3-5。

表2-3-5 后备猪各阶段体重和日增重

周龄	日龄/d	体重/kg	日增重/g
11	77	30	
15	105	50	750
19	133	75	850
23	161	93	650
27	189	111	650
31	217	130	650
35	245	150	650

3. 饲养环境要求

养猪生产中，许多疾病的发生与环境因素有关。

后备猪饲养环境要求如表2-3-6所示。

表2-3-6 后备猪饲养环境要求

环境因素	保育舍	生长舍	后备舍
温度	断奶时26.5℃	21℃	19℃
通风量	15cfm/头	35～50cfm/头	60cfm/头
湿度		65%（50%～75%）	
头均饲养空间	>0.33m²	>0.7m²	>1.11m²
饮水嘴水流速	>1L/min	>1.5L/min	>2L/min

注：cfm（立方英尺每分钟）为通风量的计量单位，其换算为法定计量单位：1cfm＝1.7m³/h。

在现代化养殖中，温度和通风对猪均非常重要。然而，许多猪场在生产中经常过分牺牲空气质量去换取温度的改善。例如，为了将后备舍的温度维持在21℃，而将风机的通风量调得非常低，导致舍内湿度高达80%，氨气浓度严重超标。在这种情况下，可在保证猪群基本健康的前提下，适当调低温度以改善空气质量，例如，将目标温度下调到19℃，甚至17℃，从而使空气质量和温度之间取得较好的平衡。

表2-3-7是健康猪群的不同体重后备猪可接受的下限和上限温度。

表2-3-7 不同体重后备猪的热中性区域温度

体重范围/kg	下限温度/℃	上限温度/℃
20	20	28
40	16	26
100	14	20

高氨气浓度、高湿度、空气流动速度慢等因素，一方面会严重刺激猪的上呼吸道黏膜，另一方面会更有利于各种病原的保存、繁殖，使猪场得不偿失。因此，最佳解决方案是对猪舍的保温、取暖设施设备进行改善，满足猪群对新鲜空气、适宜温度的需求。

（二）免疫、驯化

在后备舍阶段，除隔离期防止引种猪将外来病原引入猪场外，主要任务是对后备猪群进行免疫、驯化、康复，使其中的母猪在进入妊娠舍与基础母猪群混合之前，既拥有良好的抗体又不向环境排毒、排菌。

具体做法是利用免疫学原理，针对诸如链球菌病、大肠杆菌病等某些局限于一定地域或个别养殖场内的常发病、多发病，既缺乏对应专用疫苗，又效果不佳的现状，通过对母猪进行先期接种、感染，经过一段时间康复后，其不再排毒、排菌，同时还能产生特异性抗体，使得其所产仔猪通过初乳获得免疫保护。为此，可选取本场一胎、二胎年轻母猪等作为病原种子猪，移至后备舍内，通过与后备母猪接触而使其获得感染，直至后备母猪自行康复。为此，猪场需要预留约60d作为后备驯化后到完全康复的时间。如果是对本场的猪繁殖与呼吸综合征毒株进行驯化，则需要至少预留90d时间。

六、公猪舍生产管理程序

（一）饲养管理

1. 饲喂程序

（1）清除料道内的脏水，并清扫料道。

（2）按压喂料器，投放饲料到料道中。

（3）巡视公猪进食情况，并在其站立时观察其健康状况。

（4）对于食欲不振的公猪，检查记录其体温并做及时有效的药物治疗。

（5）重新添加饲料到半自动喂料器中：每头日喂料1.8～2.2kg（根据个体体况酌情增减），饲料种类为公猪专用料。

（6）将料道外的饲料扫入料道中，并将未吃完的饲料转给其他公猪。

（7）待所有公猪将饲料吃尽后，将料道放满水。

2. 公猪的使用

公猪的采精频率应遵守以下规则：

（1）10 月龄以下，1 次/周。

（2）10～12 月龄，3 次/2 周。

（3）12 月龄以上，2 次/周。

（4）所有未使用的公猪每周至少采精 1 次。

3. 清扫圈栏

（1）每日上下午清扫并冲洗圈栏两次。

（2）采精后应及时清洗采精栏，使其保持干净整洁。

4. 环境控制

（1）每日早晚检查舍内的温度，调整空调温度，使其冬季温度保持在20～22℃，夏季温度保持在 24～25℃。

（2）检查光照情况，使舍内光照强度达到 120～160lx 且保持 12h。

（二）精液采集

在人工授精中，技术员必须理解精子产生的自然过程，提供良好的精液处理、包装条件，以保证精子能够维持较高的受精能力。

1. 采精用品与设备

（1）采精容器，应该使用那些能够保温并且容易消毒和清洗的容器。

（2）专业兽医过滤纸。

（3）一次性乳胶手套或尼龙手套。注意，有些种类的手套对精子有毒害作用。

（4）消毒、干燥和贮存设备。

2. 采精

（1）采精前洗净并擦干采精的手，双手戴手套，采精操作手带 3 层手套。

（2）排空积尿，用干净的毛巾擦净公猪的下身。

（3）引导公猪爬上假台畜。摘下脏手套，使用下一层干净手套进行操作。

（4）用戴手套的手抓住其阴茎，模仿母猪的子宫颈形成一个有力的螺旋，锁住阴茎并顺势拉出；一旦成功，公猪将稳定下来，开始射精。射出的精液可分为几个不同的部分：

①首先的胶体部分：含精子量少，不收集。

②清亮部分：含精子量少，不收集。

③富精部分：呈乳状，含有大部分精子，需要完全收集。

④最后的胶体部分：不收集。

（5）在采精过程中，包皮液和尿液会沿着阴茎流下来混入精液中，杀死精子，可以用纸巾缠绕在阴茎上予以避免。

（6）公猪射精时间可能持续 5～15min。因此要有耐心，在公猪完全射精完毕之前不要松开采精的手。

（7）采精后应马上冲洗采精区，避免残留的精液污染生殖道和胶体。

（三）精液的处理

精液处理是为了以高效、低成本的方法最大数量的获取高质量精液，从而最大程度利用优秀的公猪基因。

1. 人工授精实验室基本设备

（1）显微镜：包括 100 倍、400 倍、1 000 倍物镜（油镜），双筒目镜，恒温载物台。

（2）盖玻片、载玻片和毛细吸管。

（3）电子秤。

（4）温度计：两根 30cm 的温度计。

（5）若干广口容器：体积 1～5L 的玻璃或塑料广口容器。

（6）精液包装设备。

（7）光密度仪。

（8）水浴锅：用来控制稀释液的温度。

（9）精液分装袋或输精瓶及瓶盖。

（10）精液贮存设备。

（11）消毒设备。

（12）输精管：橡胶输精管或一次性输精管。

（13）净水制造系统。

（14）烘干设备：用来干燥和贮存所有精液采集与检测的仪器、设备。

2. 精液质量评估

精液采集后，在稀释前后需要进行以下项目检测（表 2-3-8）。

表 2-3-8　精液质量评估

原精检测项目	稀释后的检测项目
气味、体积	稀释后的活力
数量、最初活力	贮存后的活力
最初形态	混合精液的活力

（1）原精活力：用显微镜将原精样本放大到 100 倍和 400 倍来评估原精活力。观察的时候要选取载玻片上的几个不同点，以使样本具有代表性。若原精活力不高，可再制作一个样本进行核检，须保证载玻片、盖玻片及吸管的温度为 35℃。

（2）稀释后精液的活力：取一滴稀释后的精液放在显微镜下，可观察到样本中的单个精子。稀释精液的活力可以用样本中向前直线运动精子的百分比表示。如果活力低于 60％就抛弃原精。

3. 精液稀释

精液稀释有两个目的：增大体积以提高其利用率，为精子提供一个有利于贮存的环境。

（1）准备稀释液：按照生产商使用说明，用电子秤称取一定量的稀释剂粉剂，然后加入适量蒸馏水中，蒸馏水预热到 30～35℃，有助于稀释剂更快地溶解。注意稀释液浓度不正确会杀死精子。

稀释液应每日新鲜配制，最好 60min 内用完，不可使用配置超过 24h 的稀释液。

（2）稀释精液：在稀释精液前，测量精液和稀释液的温度（精液温度大约为 35℃），两者温度相差不超过±1℃。每包装头份应至少含有 20 亿个有效精子，至多含有 45 亿个有效精子，输精体积至少为 70mL。

分装稀释好的精液，贴好写有采精日期、公猪耳号的标签。然后发送或将其贮存在 15～20℃的精液贮存箱中。

4. 精液的贮存和运输

（1）稀释精液的贮存：最好的精液贮存方法是将其贮存在 15～20℃的温控箱中。精液在贮存期间会沉淀、聚集，应每日轻轻翻转精液两次。稀释的精液在贮存 2～3d 后，有效精子数会减少，因此在使用前需检查精液的活力，以确保使用的精液活力大于 60％。

略低的温度（15～20℃）可延长精子的存活期。略低的温度可使精子的代谢水平降低、消耗较少的营养物质，产生较少的废物，从而延长精子的寿命。但低于 15℃的温度将会损害精子。相较于其他动物的精子，猪的精子对低温更为敏感，高于 20℃的温度不会降低精子的代谢水平，因此，密切注意并控制精液贮存期间的温度变化对于维持精液的活力是很重要的。

（2）精液的运输：当精液需要从其采集包装的地方运送到受精的猪场时，要确保在整个运输过程中，其贮存温度为 15～20℃，且避免颠簸。

第四节　环境清洁消毒管理

消毒可以按照消毒场景和消毒对象进行分类。进出猪场的对象可以区分为：人流、物流、车流、猪流、动物流。按照消毒场景可以区分为：关键控制点、猪舍、一般性区域等，二者相互交联。现将其中几个主要的环境消毒管理环节介绍如下。

一、出猪台清洁消毒

猪场围墙处出猪台（一级出猪台）在结束使用后，由灰区人员（即居住在猪场生活区，但不进入猪舍工作的人员）冲洗、消毒出猪台内侧，由脏区人员冲洗、消毒出猪台外侧。应按照如下流程进行清洗、消毒：

（1）先使用低压水流将粪污由内向外的方向进行冲洗，直至将所有大块粪污冲洗干净，包括脏区。

（2）使用消毒剂喷雾消毒出猪台，等待消毒剂作用30min。可发泡、挂壁类消毒剂效果会更好。

（3）使用高压水由内向外冲洗灰区，可结合洗涤剂使用。

（4）灰区人员离开后，脏区人员对脏区进行高压冲洗。

（5）对整个出猪台进行喷雾消毒。

（6）将清洁、消毒工具放置在专门的储存区域，此区域应洁净、定期消毒。工具严禁内外混用。

人员工作完毕后，应到不同区域的淋浴间进行淋浴更衣。灰区工作人员，应在出猪台附近独立的淋浴间进行淋浴更衣、消毒清洗穿过的衣物。若猪场无此设施，应额外搭建一个简易但保温性好的淋浴间。同样，脏区工作人员应在其所属的脏区淋浴间淋浴更衣、消毒衣物。

猪场外的中转出猪台（二级出猪台）的清洁消毒，一般由猪场外部员工完成。流程与前述类似，即低压水冲洗、消毒初步浸泡、高压水冲洗、2次消毒。

猪场可针对不同岗位、风险区域的人员，穿不同颜色的衣服，例如红色、黄色、灰色、绿色等，分别代表不同级别的风险，也避免人员在工作时越界、混淆。

二、场区内外环境消毒

根据疫情防控压力的大小，有时候需要对猪场内外环境进行消毒（图2-4-1）。当猪场所处位置并不特别偏僻，或与附近村落、公共道路交叉较频繁时，猪场应制定场区外环境消毒制度。当猪场内部出现疫情时，应对猪场内部环境实施日常消毒。当猪场内部无疫情时，也可根据需求，指定场区内消毒制度。

露天区域消毒，一般应选择不易挥发、稳定性好、廉价有效的消毒剂，例如2%～3%的烧碱，或者10%～20%的石灰乳加1%的烧碱。注意，生石灰粉容易起灰尘，且需要与水混合后才可以起到很好的消毒效果。外界出现重大疫情时，可使用石灰乳在场周围建立2m宽的隔离带。室内区域消毒，例如厨房、宿舍、办公室等区域，应使用无刺激性、无危险性的消毒剂，例如过硫酸

场区外环境消毒　　　　　　场区内环境消毒　　　　　　生活区宿舍消毒

图 2 - 4 - 1　场区内外环境消毒

氢钾类。

解剖病死猪后必须用消毒剂消毒现场，尸体移入生物坑、焚烧炉焚烧或无害化处理等，地表用消毒液泼洒，再用生石灰掩盖。掩埋猪尸时，可在尸体上铺垫一些碳源，例如木屑、稻草等，再覆盖薄土、生石灰、厚土。若当地土质、气候容易导致下渗至地下水，则不建议使用掩埋方式处理病死猪。

三、圈舍清洁消毒

猪舍消毒是猪场"全进全出"管理中至关重要的一个环节。当一批猪从猪舍转出，下一批猪尚未转入猪舍之前，需要对猪舍进行系统、彻底的清洁、消毒（图 2 - 4 - 2）。圈舍可以是隔离舍、后备舍、仔猪暂存间、产房等，其中以产房的清洁难度最大，清洁程度要求最高。具体步骤如下：

（1）初步处理。空舍后先将灯头、插座及电机等设备用塑料薄膜包好，整理舍内用具和清理舍内垃圾。

（2）初步冲洗。将整个圈舍雾化打湿后，使用高压水冲洗整个圈舍，包括天花板、墙壁、门窗、料线、栏位等。对于难以承受高压冲洗的部分，可以使用雾化冲洗。

（3）去污剂浸泡。使用专用洗涤剂（或洗衣粉）对整个圈舍进行雾化、浸泡 30min 左右。

（4）精细冲洗。使用高压水冲洗整个圈舍，对天花板、墙壁、门窗、料线、栏位等进行精细冲洗，对于难以承受高压冲洗的部分，可以使用雾化冲洗后进行擦拭。

（5）检查。冲洗完毕的圈舍，在进行消毒之前，应由主管进行检查，符合标准后方可进行消毒，否则应重新冲洗。

（6）消毒。冲洗合格的圈舍，使用消毒剂进行消毒，常用的消毒剂包括过硫酸氢钾类、单方/复方戊二醛类等，避免选择腐蚀性消毒剂。在 PED 疫情

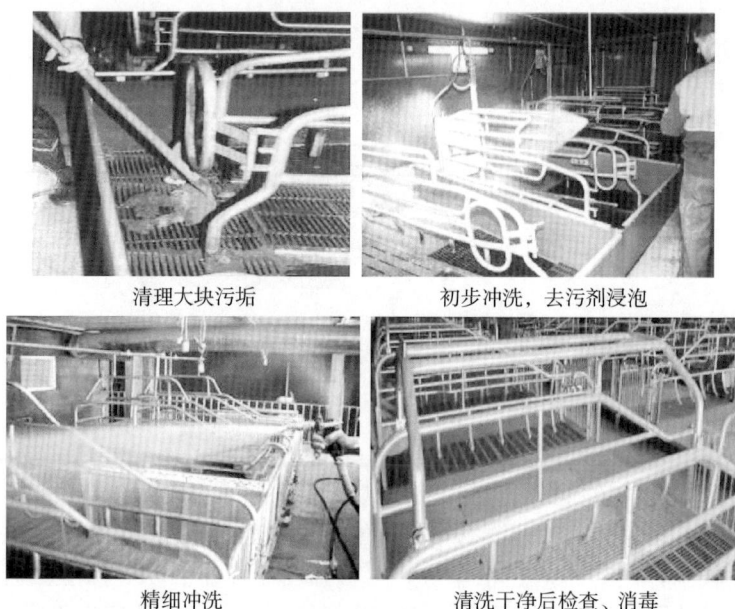

清理大块污垢　　　　　　　　初步冲洗，去污剂浸泡

精细冲洗　　　　　　　　　清洗干净后检查、消毒

图2-4-2　空舍消毒

时，可以在第一遍消毒后，再使用石灰乳喷洒消毒（注意，第一次使用的消毒剂，不可与氢氧化钙类产生反应）。

（7）空置、干燥。圈舍消毒之后需要彻底干燥，彻底干燥有助于加强消毒效果。应以消毒、彻底干燥作为圈舍再次使用的限制条件。消毒后彻底干燥的圈舍可以立即投入使用，但前提是上述所有步骤严格执行。必要时，可以使用辅助加热设备，加快圈舍干燥。

四、常用消毒剂

猪场常用消毒剂的种类和使用范围及浓度见表2-4-1。

表2-4-1　常用消毒剂的使用范围及浓度要求

类别	名称	常用浓度	用法	消毒对象
碱类	烧碱溶液	1%～5%	喷洒	消毒池、道路消毒
	石灰乳	10%～20%	喷洒、粉刷	道路消毒、空栏消毒
醛类	福尔马林（甲醛）	$10～20mL/m^3$	熏蒸	空栏消毒、车辆消毒
	浓戊二醛	1∶50	喷雾	空栏消毒、车辆消毒
酚类	复合酚	1∶100至1∶300	浸泡	脚踏盆等
季铵盐类	苯扎溴铵	0.1%	浸泡	操作工具、皮肤消毒
	戊二醛＋季铵盐	1∶150	喷雾	猪舍内外环境车辆带猪消毒

（续）

类别	名称	常用浓度	用法	消毒对象
卤素类	次氯酸	1%	喷雾、浸泡	环境消毒、水源、食材（对食材进行消毒，需购买专用食品级产品）
	碘类(碘伏、碘酊)	5%~10%	喷雾	皮肤、伤口、工具消毒
氧化剂	高锰酸钾	0.1%	浸泡	皮肤及创伤消毒
	过硫酸氢钾	1:100	溶液喷雾	猪舍内外环境消毒
	过氧乙酸	1:100	喷雾	猪舍内环境消毒
醇类	酒精	75%	外用	皮肤、创伤及器械消毒

消毒剂使用注意事项如下：

（1）消毒液的用量：舍内环境消毒时必须用消毒剂彻底将消毒面打湿，消毒液最低用量为 $0.3L/m^2$，一般为 $0.3\sim0.5L/m^2$。

（2）消毒液作用时间不得低于 30min。

（3）消毒前要保持消毒对象的清洁卫生。

（4）消毒剂要现配现用，混合均匀，杜绝边加水边消毒现象。

（5）不同性质的消毒液不能混合使用。

（6）消毒操作人员需做好自身防护措施，避免发生烫伤、灼伤等事故，尤其是使用化学性较强的消毒药，消毒操作人员应做好岗前培训。

（7）不建议将带猪消毒作为常规消毒措施。特殊情况下使用可降低空气中病毒含量，可配合市面上专用的雾化器使用。

第五节　人员管理

对人员的生物安全管理是猪场生物安全管理中重要的一环。一方面，人可以作为传播途径机械地携带、传播病原；另一方面，人员也是所有生物安全制度的执行、监督者。因此，与人员相关的生物安全管理制度，不仅需要科学、严谨、严格，还应充满人文关怀。

一、人员管理原则

（1）限制非必需的拜访人员进入猪场，禁止高风险外来人员（频繁接触风险点）进入猪场。

（2）在猪场工作的人员，家里不得养猪。

（3）所有需要进入猪场的人员，均需要严格遵守全部生物安全要求，无一例外。

（4）建立授权进入制度，对进场人员情况进行审核；外来人员（非猪场员工）进入猪场前，应被告知猪场生物安全管理要求，并提前做相应准备。

（5）个人物品带入消毒和最小化原则：尽量减少个人物品带入，必须带入的物品需严格消毒。

（6）对于频繁活动于高风险地区的外来人员，应有一个最低"隔离期"时限，例如，至少最近 7d 未前往高风险区域。高风险外来人员包括：来自疫区或发病场的人员，从事生猪交易、屠宰、运输等工作的人员，健康未知人员，猪病诊断实验室人员等。

（7）对于本场的高风险人员，例如，在场内工作但需要出场处理死亡猪或淘汰猪的人员、运猪人员，在从事完生物安全高风险工作后，应在场外住宿处进行清洁、更换干净衣物，再遵照猪场生物安全流程进行隔离。

（8）进场前隔离原则：场外生活区、场内生活区进行两次隔离。

（9）合理的员工休假制度（考虑疫情风险）。

二、人员进场

1. 获准进场条件

（1）一周内进入或接触过高生物安全风险点（猪场、屠宰场、饲料场等）。或接触过高风险人群（风险点工作人员）或物品（任何可能被病原污染的猪源制品、饲料、工具等），禁止接触猪只。

（2）外来人员填写猪场拜访申请表，获得相关主管领导审批后方可拜访。拜访申请表所填项目中，除包含人员、目的等基础信息外，还应包括：最近一次接触高风险区的时间，是否携带专用工具并描述和计划工作活动区域等信息。

（3）仅允许携带与此次任务相关的物品、工具，其他非必需物品可暂存在场外。获准携带的工具，应严格遵照流程清洁消毒。对于不易消毒的工程工具、复杂工具，应由生物安全主管指导、监督其消毒。

（4）获准拜访猪场的人员，根据其被批准的不同等级，穿着不同颜色的猪场专用衣物。

2. 进入猪场隔离区

获得允许的进场人员携带必要行李物品（无携带特定病毒风险）到指定场外隔离点（旅店、宿舍），按照规定时间进行隔离。一些 DNA 病毒，例如非洲猪瘟、猪伪狂犬病等，无法通过延长隔离时间使其消灭，因此在隔离过程中需严格进行淋浴更衣。

隔离区域宿舍的地面、床单、桌椅、用具等应清洁、消毒。完成场外隔离后乘坐猪场或体系指定交通工具，前往猪场门卫区。交通工具应清洁、消毒，人员乘坐区与司机之间应隔离。按照入场流程进场，并在猪场外隔离区、猪场内生活区按照规定时间隔离，所有个人物品按照物资进场流程进行消毒处理。完成外隔离区、内生活区隔离后，人员按照进入生产区流程进场。

养猪企业人员隔离方式为：

①场外隔离宿舍，远离猪场，一般在公司办公楼或宿舍附近，此处要求淋浴、采样检测。

②场外隔离区，位于猪场门卫区域且无法接触到猪场内生活区，此处要求淋浴、过夜隔离。

③场内生活区隔离，位于猪场内宿舍区的专用客房，此处要求淋浴、过夜隔离或24h隔离。

④部分猪场由于条件限制，无场外隔离宿舍。

3. 淋浴间、更衣、进场

人员由脏区经过淋浴间，淋浴、更衣，进入净区。注意，此处的脏区和净区均是相对概念。

人员进入淋浴间之前，使用消毒液洗手，通过长凳进入淋浴间。按照淋浴间墙壁上的步骤要求进行淋浴。淋浴时，应用洗漱用品充分清洗头发和身体。淋浴间净区应准备吹风机，方便员工（特别是女员工）干燥头发（图2-5-1）。

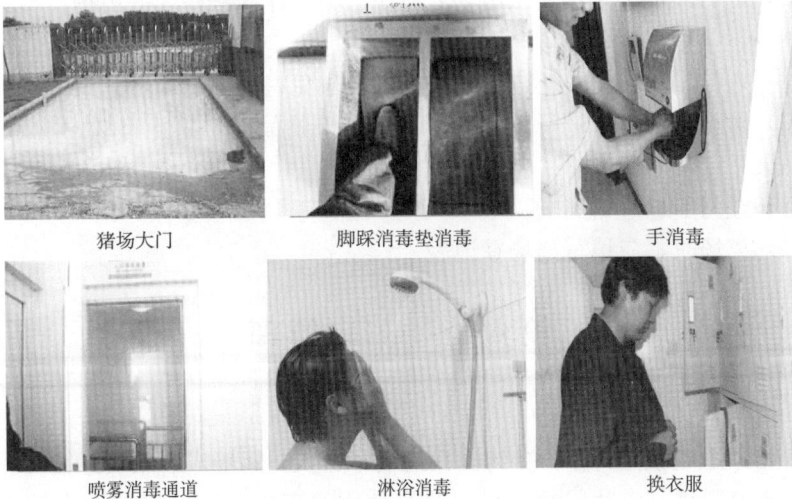

猪场大门　　　　　脚踩消毒垫消毒　　　　　手消毒

喷雾消毒通道　　　　　淋浴消毒　　　　　换衣服

图2-5-1 人员入场要求

三、进入猪场内生活区、生产区

人员在猪场外隔离宿舍、猪场门卫处隔离区隔离后，可经淋浴间淋浴、更衣后，进入猪场内生活区。此处淋浴间的布局、人员操作要求同上。

人员进入猪场内生活区，需穿着场区专用衣物。为易于辨别，一般会采用与其他区域不同的颜色。

内生活区隔离后，可遵照其他员工流程进入生产区。

四、场内移动原则

（1）所有员工根据需要固定工作区域，未经允许不能随意跨区或跨舍。

（2）遵守单向流动原则，只能从净区向脏区移动，未经淋浴、更衣不能逆行。

（3）跨越不同区域时，根据场内要求，应淋浴、更衣、换靴、洗手，对工具进行消毒。

（4）进出猪舍、实验室或仓库等房间时，需踩脚踏盆消毒（先清理污物，再浸泡）。

（5）疾病防控压力大时，进出房间应更换衣服或靴子。

（6）人员移动过程中禁止将工具带往其他猪舍。

（7）根据工作需要，正确选择净道或污道，不能随意跨越。

五、人员出场程序

（1）拜访人员、本场员工出场需遵循出场、休假程序，并由场长出具出场同意书。

（2）人员出场时，也应进行淋浴更衣，避免将场内病原带到其他区域。

（3）对场内工作服进行消毒处理，除个人物品外，禁止将场内物品带出，以防污染。

（4）经门卫核查后离场。

（5）离场时，应填写离场登记表。

第六节　车辆管理

一、车辆的分类

按照运送对象可将车辆分为猪只运输车、人员运输车、物资运输车。

销售育肥猪、淘汰母猪，可以接受使用第三方车辆，以二次中转方式运输。运输后备猪、断奶猪等应使用猪场专用车辆、公司专用车辆或者专业第三方的合作车辆。

人员运输车辆，最好做到专车专用，车辆保持清洁、喷洒消毒。临时车辆运送人员入场前，应清洁、消毒。

物资运输车辆，特别是给猪场运输物资的车辆，可使用公司专用车辆或者专业合作车辆。使用前应清洁、喷洒消毒。

一般按照风险大小排序：猪运输车辆＞物资运输车辆＞人员运输车辆。

车辆按照组织管理方式可分为猪场内部车辆和猪场外部车辆。场内车辆严格限制在本场内部使用。

二、车辆管理的基本原则

（一）专车专用原则

运输断奶猪、后备猪的车辆，不应和猪场销售淘汰猪的车辆共用。二者均应专车专用。运送疫苗、精液、场内生产物资的车辆，不应和运输蔬菜、场外杂物的车辆共用。运送人员的车辆，不应和运送其他物资的车辆共用。

（二）"批次间"充分清洁消毒原则

车辆执行任务结束后，应在固定地点（洗消中心或洗消点）进行充分清洗消毒，并在指定地点停放，待干燥后才能继续使用。

一些猪场运送物资、人的车辆若无法做到专车专用，则应在每次使用后严格清洁、消毒，以降低病原传播风险。

（三）多次洗消原则

来自低生物安全等级区域、携带病原、风险较高的场外车辆（运猪车、无害化处理车等）需要经过多次洗消，即离开高风险点后初次清洗，随后在猪场指定地点洗消、停放。

（四）单向流动原则

车辆仅能从高生物安全等级的区域向低生物安全等级的区域运输猪或物资，禁止逆向移动。例如，先运送饲料到种猪场，再运送饲料到商品母猪场，最后到保育育肥场。

（五）司机管理原则

车辆需配置专门的司机，统一食宿、管理，执行任务前淋浴更衣，未经授权禁止进入限制区域，禁止下车操作。司机须严格遵守各个环节操作的标准作业程序（SOP）流程。

三、场外车辆管理

（一）本体系车辆管理

对本公司、猪场所属的车辆数量、种类进行统计，明确管理责任。对车辆每日任务执行、洗消、检查进行登记并由专人审核。对车辆安装 GPS 定位，监控车辆移动路线。

1. 车辆行驶路线管理

根据猪场布局和周边环境规划不同功能车辆的行驶路线。非获得允许不能私自修改运输路线。行车路线需避开高风险区域（疫区、养殖场、屠宰场、农贸市场、无害化处理中心等），避开风险车辆密集道路（运猪车、饲料车、无害化处理车等）。避免执行不同任务或不同生物安全等级的车辆行驶路线交叉。运输途中不停车或少停车，任务开始前加满油，准备充足的食物饮水。

2. 洗消点要求

猪场所属洗消点，一般位于本场低地势下风口处，距离场区 2～3km。场地附近无高生物安全风险点（养殖场、屠宰场、集贸市场），远离公共道路。场地可满足洗车点单向流动的布局需求，即车辆由一侧大门驶入清洗，由另一侧大门离开。

3. 洗消流程

车辆的清洗流程与圈舍清洁、消毒类似。运输车辆将仔猪卸下后，在指定的社会车辆清洗点冷水高压冲洗，消除车辆里残留的粪便、垫料等杂物（仅适用于场外车辆）。车辆在前往本猪场或公司专属洗车点前，应干净、无明显可见粪污（图 2-6-1）。

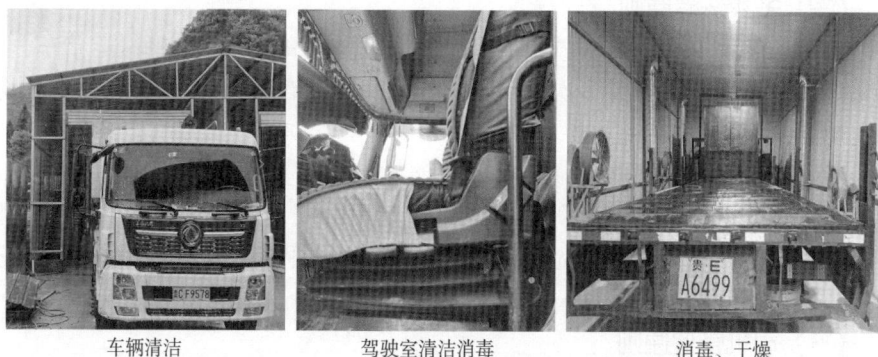

车辆清洁　　　　　　驾驶室清洁消毒　　　　　　消毒、干燥

图 2-6-1　车辆清洁、消毒、干燥

（1）预处理：预清洗、消毒过的车辆方可进入猪场洗消站。

（2）清扫和拆卸：车辆到达洗消点，移除所有可拆卸设备（隔板、挡板等）。取出驾驶室内地垫等所有物品，对驾驶室进行清扫。

（3）浸泡：将车辆内外表面，底盘，拆卸物品彻底冲洗。使用发泡机将肥皂液或表面活性剂喷洒全车和相关物品，浸泡 15～20min。

（4）高压冲洗：从车的顶部到下部，先使用 60～70℃热水（冬季）高压冲洗（12～15MPa，水流量≥15L/min）车辆的外部表面，然后再冲洗内部，包括隔板、过道、大门、挡猪板、扫帚、铁铲，以及干净或脏的箱子。冲洗驾驶室内地垫。

（5）兽医或主管对冲洗效果进行现场评估，合格后方可进行消毒处理。

（6）常压消毒：沥干车内存水，使用新配置的消毒液常压喷洒车辆内外表面，底盘，保持20min。驾驶室地垫、其他工具浸泡在消毒液中，保持10～20min（消毒应注意环境温度，以室温为佳）。

（7）驾驶室使用消毒液浸泡的抹布进行擦拭（方向盘、仪表盘、把手、车窗、玻璃和门内侧），地板使用消毒剂喷洒。

（8）干燥/烘干：洗消后车辆驶上斜坡，沥干（无滴水），进入烘干房烘干。

（9）干燥的车辆驶入指定地点停放。

（10）整理洗车房：车辆离开后，立即用高压水冲洗地面和墙面，无滴水、积水后，喷洒消毒液。清洗工具并干燥。抹布先浸泡于消毒液中，再清洗、烘干。所有洗消工具放入指定位置。

4. 洗消效果评估

（1）现场评估：高压冲洗结束后进行。

车辆无可见污物，彻底干燥，周围和车厢内部无猪臭气。消毒液浓度正确，洗车房内无可见污物。

（2）采样评估：完全烘干后进行。

①车辆：车辆拖车甲板对角2个点，拖车顶板对角2个点，驾驶室脚踏板1个点，以及驾驶室内方向盘1个点，车辆后挡板1个点，轮胎1个点，共计8份。

②洗车房：洗车工入口处1个点，车辆尾部、车辆头部各1个点，中部1个点，车辆出口处1个点，共计5份。

③工具：对车辆上的赶猪板等工具采样，1份。

（3）采样工具：不含酒精的无纺布湿巾或棉拭子，采样后置于生理盐水冷冻保存。

（4）检测内容：根据实际需要对病原进行PCR检测或细菌培养检测。

（二）非本体系车辆管理

1. 租用车辆

车辆所有权非本体系所有，但由本体系租用后用于场外的转运任务。选择合适的车辆和司机，签订车辆租用合同。

（1）协议期内，车辆使用管理完全受本场外部车辆使用规程约束。

（2）车辆使用前须经过充分洗消，并隔离停放24～48h。

（3）完成任务后，在场外洗消中心进行充分洗消，干燥后交还原所有方。

2. 社会车辆

其他实体拥有的车辆，执行与本体系有接触的任务，如死猪运输，粪污运输、种猪、苗猪运输等，该类车辆不归本体系管理，但需遵守如下要求：

（1）执行与本体系（场）相关任务前，应进行充分清洗消毒，并出具书面证明。

（2）如有必要，须在本体系（场）指定的地点再次进行洗消。

（3）尽可能使该类车辆远离猪场，将对接点设置于场外的二次中转。

（4）如无法设立场外中转站，应将对接点设置在猪场健康等级最低的区域。

（5）和该类车辆的对接应制定合理计划，明确流程，专人对接，减少对接频率。

（6）司机禁止参与装卸活动，若需参与，需要淋浴、更衣、换鞋、洗手。

（7）对接人员完成任务后，按照外来人员出场流程进行隔离处理。

（8）车辆离开后，对所接触的区域进行充分的清洗消毒。

四、场内车辆管理

猪场内部存在各种运输需求。一般情况下，猪场应以建设密闭或开放赶猪通道用于猪的转运。相对于转猪通道，使用车辆转运涉及环节更多、难度更大。

（一）管理要求

（1）明确场内车辆数量，用途分类和管理责任。

（2）对车辆每日任务执行、洗消、检查进行登记并专人审核。

（3）根据猪群健康等级配置车辆，等级差异较大区域不能混用（公猪舍＞妊娠舍＞产房＞保育舍＞育肥舍＞场内隔离舍）。

（4）同一车辆执行不同任务，必须经过充分洗消。

（二）场内道路设置

（1）对场内道路进行分级。

第一等级：圈舍内道路，赶猪道，猪转运道。

第二等级：人员通道，饲料转运道路。

第三等级：淘汰猪转运道路。

第四等级：病死猪转运道路，粪污转运道路。

（2）原则上要求道路不能交叉，包括立体交叉。

（3）严格规定执行不同任务的车辆行车路线，禁止随意变更。

（4）道路被污染后，应及时清洁、消毒。

（三）车辆洗消与停放

（1）消毒点设立在各阶段出猪台、死猪收集处和粪污处理处入口（低等级区域）。

（2）消毒点配备专用的洗消工具，以及停车干燥场地。

（3）仅针对场内车辆，禁止对外使用。

（4）车辆完成洗消后返回指定区域（高等级区域）。

（5）车辆下次使用前使用消毒剂喷雾消毒。

第七节　疫病的监测和防控管理

一、监测的目的

通过对不同猪群定期进行抗原、抗体监测，了解猪群的免疫保护以及感染状态，以对免疫程序或执行情况进行纠正。在某些疾病控制、净化过程中，也需对猪群、物资、环境等方面的病原进行监测，以便了解疾病控制方案的效果和执行情况。

二、监测方案

（一）监测频率

猪群常规的抗原、抗体监测，可每年进行 2～4 次，特殊时期可以加强监测。

（二）种猪群监测方案

种猪群健康监测方案示例见表 2-7-1，其中 PCV-2、PED-IgA 抗体可选择性监测。

表 2-7-1　种猪群监测方案

序号	生产阶段	样品类型	采集份数	检测项目	
				抗体	抗原
1	妊娠前期				
2	妊娠中期			血清 ELISA 检测：CSF、PRRS、PRV-gE、PRV-gB、FMD-O、(PED-IgA、PCV2)	血清 PCR 检测：PRRSV、ASFV
3	妊娠后期	血清	10 头/阶段		
4	哺乳母猪				
5	断奶母猪				
6	公猪				

（三）产房仔猪监测方案

产房仔猪监测方案示例见表 2-7-2。一般而言，产房仔猪的抗体监测并非常规性监测项目。一些猪场在控制 PED 和 PRRS 时，会将相应抗原作为常规监测项目。

表 2-7-2　产房仔猪监测方案

序号	生产阶段	样品类型	采集份数	检测项目	
				抗体	抗原
1	1 周龄				粪便 PCR 检测：PED；母
2	2 周龄	血清＋粪便	10 头/阶段	血清 ELISA 检测：PRRS、PED-IgA	仔口腔液、仔猪处理液、断
3	3 周龄				奶弱仔血：PRRSV

（四）商品猪监测方案

若育肥猪为合作养殖模式，应每月抽检一定比率的养殖户，监测猪瘟、伪狂犬病、口蹄疫抗体。同时可根据各区域的猪群健康情况，实施抗原监测（表 2-7-3）。

表 2-7-3　商品猪监测方案

序号	生产阶段	样品类型	采集份数	检测项目	
				抗体	抗原
1	4 周龄				
2	8 周龄				
3	12 周龄			血清 ELISA 检测：CSF、PRRS、PRV-gE、PRV-gB、FMD-O	血清 PCR 检测：PRRSV；粪便 PCR 检测：包内劳森氏菌
4	16 周龄	血清	10 头/阶段		
5	20 周龄				
6	24 周龄				
7	28 周龄				

三、样品采集

（一）血液样品采集（图 2-7-1）

1. 血清样品采集

用注射器采集约 3mL 血液，结束后将注射器针头朝上倾斜放置，于室温静置 2h，等待血清析出。

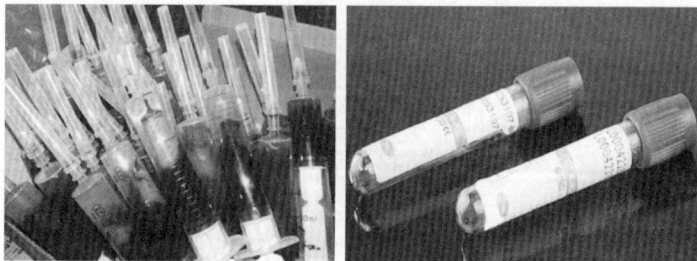

图 2-7-1　血清样品、抗凝血样品采集

2. 抗凝血样品采集

将刚采集出的全血第一时间注入含有 EDTA 抗凝剂的采血管（不要选择其他抗凝剂，如肝素等），混匀充分，待检。

（二）口腔液采集

准备干净的 10mL 或 50mL 离心管、自封袋，以及未染色、不含荧光染料、吸水性好的棉绳，60℃烘干 30min，做好消毒。

将棉绳绑在猪圈栏杆上，远离饲料、饮水及排便区，剪短绳子至猪的肩膀高度。解开绳股，等待圈内猪来啃咬。棉绳需要悬挂 30min，以确保大多数猪都能充分接触到绳子。猪充分啃咬后，戴干净的一次性手套，用消毒后的剪刀将被咬湿的棉绳端用剪刀剪断，装进干净的塑料袋或自封袋中。充分拧挤棉绳，让口腔液聚集在袋子里，后剪掉袋子的一个角，让液体流入 10mL 离心管中，盖上盖子，做好标记，并及时冷冻保存，打包送检（图 2-7-2）。

注意：每处理一个棉绳，都需要更换新手套，防止交叉污染。最后注意取走棉绳，做无害化处理。

图 2-7-2　大栏口腔液的采集

四、免疫防控

（一）疫苗免疫

猪场的免疫程序应根据其面临的病原风险种类、季节感染压力等因素定制。猪群接受 2 次免疫后，猪瘟、口蹄疫 O 型、猪伪狂犬病 gB 抗体阳性率应达 85% 以上。

免疫方案一般包含种猪群（母猪、公猪）、后备猪群、仔猪或肉猪等几个不同猪群的免疫方案。表 2-7-4 为示例免疫程序，表 2-7-5 为后备猪群和仔猪的免疫程序，包括仔猪常见保健操作。

表 2-7-4　各阶段猪群的免疫程序

公猪群免疫程序			
疫苗品种	免疫剂量	免疫时间	免疫途径
猪瘟活疫苗	1 头份	2 月、8 月	耳后部肌内注射

（续）

公猪群免疫程序			
疫苗品种	免疫剂量	免疫时间	免疫途径
猪伪狂犬病活疫苗	1头份	4月、8月、12月	耳后部肌内注射
猪丹毒活疫苗	1头份	3月、9月	口服免疫
口蹄疫 O-A 二价灭活疫苗	1头份	1月、5月、9月、11月	耳后部肌内注射
乙脑弱毒活苗/猪细小病毒灭活苗	各1头份	3月、8月	耳后部肌内注射
猪繁殖与呼吸综合征活疫苗	1头份	1月、4月、10月	耳后部肌内注射

母猪群免疫程序			
疫苗品种	免疫剂量	免疫时间	免疫途径
猪瘟活疫苗	1头份	2月、8月	耳后部肌内注射
猪伪狂犬病活疫苗	1头份	4月、8月、12月	耳后部肌内注射
猪丹毒活疫苗	1头份	3月、9月	口服免疫
口蹄疫 O-A 二价灭活疫苗	1头份	1月、5月、9月、11月	耳后部肌内注射
乙脑弱疫苗/ 猪细小病毒灭活疫苗	各1头份	3月、8月	耳后部肌内注射
猪繁殖与呼吸综合征	1头份	1月、4月、10月	耳后部肌内注射
猪大肠杆菌-梭菌灭活疫苗 （仅限一胎）	1头份	妊娠80、100d 免疫	耳后部肌内注射

表 2-7-5 后备猪群和仔猪的免疫程序

疫苗	剂量	天龄/d	免疫途径
长效头孢	0.2mL	3~5，仔猪处理时	耳后部肌内注射
铁制剂	2mL	3~5，仔猪处理时	耳后部肌内注射
支原体灭活疫苗	1头份	14	耳后部肌内注射
猪繁殖与呼吸综合征活疫苗	1头份	断奶前2d	耳后部肌内注射
圆环病毒灭活疫苗	1头份	断奶前0.d	耳后部肌内注射
长效头孢	0.2mL	断奶日，10%~15%弱仔猪	耳后部肌内注射
支原体灭活疫苗	1头份	35	耳后部肌内注射
猪瘟弱毒活疫苗	1头份	49	耳后部肌内注射
回肠炎活疫苗	1头份	49	饮水免疫
口蹄疫灭活疫苗	1头份	63	耳后部肌内注射
猪伪狂犬病活疫苗	1头份	63	耳后部肌内注射
口蹄疫灭活疫苗	1头份	84	耳后部肌内注射
猪伪狂犬病活疫苗	1头份	84	耳后部肌内注射

（续）

疫苗	剂量	天龄/d	免疫途径
猪瘟活疫苗	1头份	154，仅后备猪	耳后部肌内注射
口蹄疫灭活疫苗	1头份	154，仅后备猪	耳后部肌内注射
圆环病毒灭活疫苗	1头份	161，仅后备猪	耳后部肌内注射
支原体灭活疫苗	1头份	161，仅后备猪	耳后部肌内注射
细小病毒活疫苗	1头份	168，仅后备猪	耳后部肌内注射
乙脑灭活疫苗	1头份	168，仅后备猪	耳后部肌内注射
猪伪狂犬病活疫苗	1头份	174，仅后备猪	耳后部肌内注射
细小病毒活疫苗	1头份	182，仅后备猪	耳后部肌内注射
乙脑灭活疫苗	1头份	182，仅后备猪	耳后部肌内注射

（二）疫苗的保存

冷藏保存：指液体活疫苗或者灭活疫苗的保存，通常保存温度为2～8℃。

冷冻保存：冻干疫苗需冷冻保存，通常保存温度在−15℃以下。

疫苗通常保存在冰箱或冰柜内（图2-7-3），为保证疫苗在保存期内安全有效，需做到如下几点：

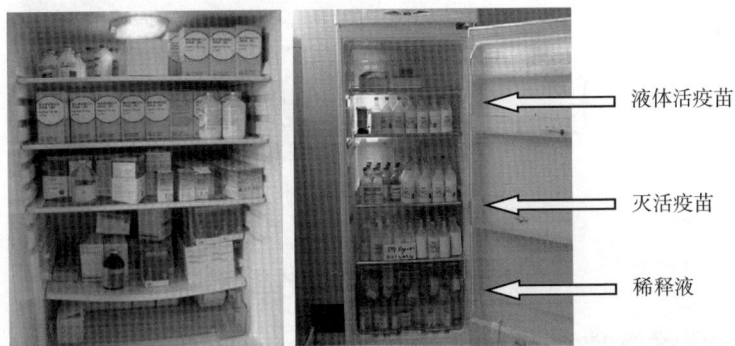

液体活疫苗

灭活疫苗

稀释液

图2-7-3　疫苗的冷藏保存和冷冻保存

①疫苗储存冰箱应专属专用。不可存放疫苗之外的杂物。

②猪场采集的血液、组织样品，若无专属冰箱，则应双层包裹后储存，以避免造成污染。

③冰箱门内侧禁止存放疫苗。此处温度随每次冰箱门开合变化较大。

④每天定时（10：00和15：00）检查冰箱温度是否准确，检查冰箱内角处温度是否准确，记录保存温度。

⑤定期检查冰箱中疫苗的有效期，优先使用有效期短的疫苗。

（三）疫苗的接种

免疫时一猪一针头，或使用无针注射器。注射器械使用前均应经过清洁、消毒。体重 15kg 以下的猪用 9 号（20mm）针头，体重 15～30kg 的猪用 12 号（25mm）针头，体重 30kg 以上的猪用 12～16 号（38mm）针头，母猪使用 14～16 号（38～44mm）针头。

疫苗接种前，准备好注射器、保定器、赶猪板或围栏、记号笔、喷漆等。

使用前应仔细检查疫苗颜色、是否有沉淀、黏度及有效期，注意阅读疫苗的使用说明，如剂量、注射方式，计算需要使用的疫苗数量，开封的疫苗应当天用完。

疫苗从冰箱取出后应放在避光的保温箱中。疫苗使用前应回温至室温，以免注射冰冷的疫苗对猪造成应激。

疫苗注射中发现猪出现应激时，可注射抗应激药物，如肾上腺素和地塞米松。若发现针孔出血，需再补免疫一针，如必须同时注射 2 种药物或疫苗，应分两侧注射（图 2-7-4）。

注射疫苗后，填写好免疫记录表，记录疫苗注射时间、剂量、猪的头数、疫苗批次、疫苗名称、操作人员等相关信息。

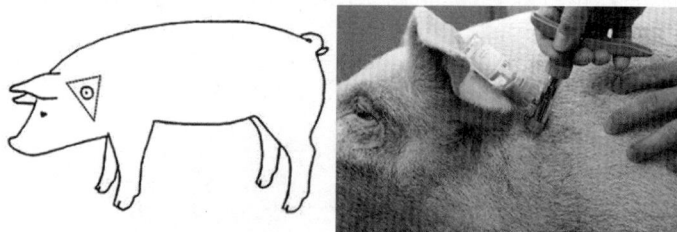

图 2-7-4　疫苗注射位置

第八节　无害化处理

一、死猪存放点要求

猪场每天均会产生不同数量的死亡猪。这些死亡猪可等待上午或下午下班前转移至死猪存放点，参与处理的人员应淋浴、更衣，处理后不得立即返回生产单元。

死猪存放点一般有以下要求：

①场内病死猪存放点应位于健康等级最低的区域，远离基础种猪群。

②最好使用密闭式低温集装箱，安置在猪场和外部的交界处，任何人禁止靠近。

③存放点设计内外侧大门，内侧存放，外侧提取，禁止场外车辆进入。

④存放点需锁闭，专人负责。

二、无害化处理流程

当生产人员发现猪死亡后，先将死亡猪转移至死猪存放点，再由无害化处理区域人员对其进行无害化处理。

1. 病死猪转至死猪存放点

（1）准备工作服、水鞋、拖猪车、烧碱、消毒剂（复方戊二醛类、过硫酸氢钾等）、塑料膜。

（2）操作人员身穿工作服、水鞋，过硫酸氢钾 1∶150 洗手消毒，脚踏 2％～3％ 烧碱水消毒，使用死猪拖车将死猪拖出过道，用塑料膜包裹。

（3）用复方戊二醛 1∶150 消毒拖猪车，将死猪运到死猪存放点旁边。

（4）管理员对死猪采样检测，鉴定拍照、记录。

（5）由无害化处理区域的人员对死亡猪进一步进行无害化处理。

（6）生产区人员将死亡猪放置在暂存点时，禁止人员、工具与暂存点其他区域接触，避免交叉污染。

（7）生产区运输人员用复方戊二醛 1∶150 喷洒消毒拖车、清洗、2 次消毒，备用。

2. 死亡猪无害化处理

无害化处理病死猪，应按照当地疫控部门的要求进行。一般可以分为区域集中处理、本场堆肥、坑埋、无害化机械处理等方式。一般操作流程如下：

（1）无害化处理区域人员，穿戴防护装具，使用死猪拖车等工具，将死亡猪从暂存点运往死猪处理区域。

（2）无害化处理人员使用石灰乳、烧碱等消毒剂对死亡猪暂存点接触区域的地面进行喷洒消毒。

（3）如果采用堆肥的方式，在掩埋之前应将成年死猪腹部剖开。但此法存在病原扩散传播和污染环境的巨大风险，因而不宜采用。

（4）无害化处理区域人员，按照操作要求将死亡猪投入相应专业处理设备中，等待处理结束。

（5）处理人员脱掉防护服，使用区域专用消毒工具，对工作区域的地面进行清洁、喷洒消毒。

第九节　其他生物安全措施

一、空气生物安全管理

多种病原能够在空气中形成气溶胶进行传播，传播距离和传播能力因不同病原的特性以及环境因素的差异而存在不同。

需要注意，在实际生产过程中，请勿将疾病传播距离远近与猪群是否会感染相混淆。例如，虽然口蹄疫病毒、猪伪狂犬病病毒能够在空气中长距离传播，但当猪群在获得良好的免疫保护时，并不会感染发病。

（1）短距离传播病原（约2km）：胸膜肺炎放线杆菌、巴氏杆菌、肺炎支原体、副猪嗜血杆菌、链球菌。

（2）中等距离传播病原（3km）：支原体、流感病毒、猪繁殖与呼吸综合征病毒、猪呼吸道冠状病毒。

（3）长距离传播病原（超过9km）：猪伪狂犬病病毒、口蹄疫病毒。

一般认为猪流行性腹泻病毒、猪传染性胃肠炎病毒、非洲猪瘟病毒等不容易通过空气传播，但可以通过飞沫、气溶胶等形式在圈舍间短距离传播。

可通过以下方式降低场外病原气溶胶的影响：

（1）若有可能，封闭猪场外100～500m道路，禁止风险车辆（运猪车，无害化处理车）经过。

（2）种植乔木、灌木相结合的防风林。

（3）定期巡视猪场周围隔离带，禁止病死猪掩埋、垃圾堆积、粪污倾倒。

（4）生物安全等级高的猪场考虑使用空气过滤系统。

二、非本场猪的生物安全管理

非本场猪包括：邻近猪场猪、散养猪，环境中的野猪。

（1）一些猪场在建设时，往往会将附近的地块也一并租赁下来，种植树木，作为防风林和隔离带。隔离带边缘可设立篱笆或铁丝网，并做明确的生物安全标识。

（2）划定的隔离带内应禁止饲养其他畜禽。

（3）评估野猪风险：与相关部门沟通，确定野猪存在与否和活动范围，野猪活动频繁的区域有必要设置铁丝网和篱笆。

（4）同附近猪场保持良好沟通，协同制定防控计划。

三、物资生物安全管理

1. 物品的分类

外源性物品：饲料、工具、药品、疫苗、生产材料、食材、建材、钱币和私人物品等一切从场外带入猪场的物品。

猪场废弃物：生产垃圾、生活垃圾、厨余垃圾、粪污等一切猪场产生的废弃物。

2. 物品处理原则

猪源性产品禁止带入：包括但不限于鲜肉、内脏、腌制肉类、含肉调料及含有调料的方便食品。

进场消毒原则：所有允许进场的物品都必须经过充分的消毒。

最少带入原则：与生产无关的私人用品尽量少带入生活区，不能带入生产区。

充分裸露原则：对所有物品的最小包装进行消毒，保证消毒效果。

3. 物资消毒方式

不同物资一般可以通过高温烘干、浸泡、消毒剂或臭氧熏蒸、擦拭、室温静置等方式进行消毒。

物资首选高温烘干（65℃，2h）（表2-9-1）或浸泡方式（表2-9-2）进行消毒。浸泡可选用过硫酸氢钾类、次氯酸类进行浸泡。目前市场上已经有适用于水果、蔬菜消毒的氯类消毒剂。

若不可高温处理或浸泡，则应拆散外包装（一些在无菌车间生产的物资，不必拆成最小包装）进行喷雾、熏蒸。

一些物资（例如泥沙、砖土等）一般难以消毒，此类物资一是需要控制其来源，二是通过长时间静置（例如静置2周）来降低病原存活概率，三是尽量选择夏季或干燥季节进行场区维修。

表2-9-1　可烘干物资清单

编号	名称
1	食品类
1-1	熟制（半熟制）食品（不得含有猪肉成分）
1-2	包装大米、面粉及半成品
2	电子产品类
2-1	手机及相应必需配件、电脑（含平板电脑）及相应必需配件（不包括电脑包）
2-2	电视、冰箱、洗衣机等
2-3	衣物烘干机
3	器械类
3-1	电工工具
3-2	五金件
3-3	PVC水管、铸铁管等及配件
4	劳保用品类
4-1	工作服、水鞋、手套、电焊防护罩
4-2	鞋子、保暖衣、内衣、袜子

不同公司对于电子类产品的处理方式会稍有差异。对于电脑、手机及配件类，一些公司允许使用消毒剂擦拭后，带入猪场内生活区。对于电视、冰箱等大件电器产品，使用低温 40～50℃烘干 24h。

表 2-9-2　可浸泡物资清单

编号	名称
1	生产类
1-1	疫苗
1-2	兽药
1-3	不耐高温类耗材
2	食品类
2-1	包装食用油
2-2	包装厨房调味品（不含猪肉制品成分）
2-3	水果、蔬菜
2-4	其他不能高温烘干消毒的食品
3	个人用品
3-1	个人药品（全新、未开封）
3-2	指甲剪、剃须刀
3-3	香烟（全新包装，未开封）
3-4	首饰（限耳环、项链、戒指）

4. 物品进场流程

猪场或公司可建立集中的物资中转站，降低外来车辆、物资运送到猪场的频率，从而降低传播风险。物资先由供应商运送到物资中转站，再统一由本场外部车辆运送到猪场。

对物资运抵猪场门卫时，有以下要求：

（1）任何物品的供应商均应保证物品为全新，不能有其他猪场退回的产品。

（2）物品到达门卫处需登记，确认数量和种类。

（3）将所有物品拆至可保存最小包装，按照分类使用不同方式进行消毒。

（4）消毒后物品放入熏蒸间、浸泡间、烘干间，支架应镂空，物品禁止堆叠。

5. 场内物品的管理

场内物品按照种类固定存放区域，不能混杂。

仓库或储藏间摆放整洁，定期打扫，防止有害生物出现。

专人管理各类物品，遵循申报-登记-领取的流程。

各猪舍计算所需物品数量，在猪进入前一次性领取，减少领取次数。

各猪舍物品由专人领取并分发，禁止员工随意进入储藏区域。

仓库或储藏室定期消毒。

各猪舍物品禁止交叉使用。

使用结束的物品或工具应经两次消毒（带出猪舍前和带出猪舍后）之后才能再次使用。

6. 废弃物品的管理

粪污：按照国家法规要求处理，禁止将未经处理的粪便或污水排出场外。运输过程中避免粪污污染场内道路、栋舍和其他环境。

生产垃圾：每栋猪舍结束生产后，将所有无用物品集中收集，密封包装运往处理中心，防止在运输过程中造成环境的污染。所有一次性物品禁止重复使用。

废弃饲料：每栏猪只剩余的饲料及时清理，不能匀给其他猪，以免造成交叉污染。

生活垃圾：对生活垃圾实行源头减量管理，场内设置垃圾固定收集点，明确标识，分类存放，收集、贮存、运输及处置等过程应防止流失和渗漏，按照国家法律法规及技术规范进行焚烧、深埋或由地方政府统一回收处理。

厨余垃圾：集中收集处理，禁止饲喂猪。

四、有害生物安全管理

此处的有害生物主要指野生动物、流浪动物、鸟雀、鼠类、昆虫等。此类生物种类繁多，活动环境复杂，常将猪场料槽、死猪处理区等场所作为其觅食的主要场所，因此危害巨大。

对此类生物一般采取多圈层防护措施。

1. 场区外围管理

（1）猪场周边设置隔离带，限制野生动物接近场区。

（2）猪场建立闭环围墙（实体围墙、铁栅栏），防止野生动物进入场内。

（3）采用无镂空大门，距地面间隙不超过1cm，日常保持常闭状态。

（4）安装驱鸟器。

（5）及时清理围墙周围杂草、水坑，防止蚊虫等有害生物繁殖。

2. 猪舍外围管理

（1）场区内清理杂草和污水坑，防止蚊蝇滋生。

（2）巡查猪舍、仓库、料塔，及时封堵孔洞和缝隙，防止有害生物侵入。

（3）猪舍外围使用碎石子（2～3cm）铺设30～50cm宽、至少15cm深的隔离带。

（4）每月在场内科学投放灭鼠药（沿猪舍间隔 6～8m 设立投饵站，使用慢性高效的接触性或摄入性药物；鼠洞和鼠道附近同样投放药物），每半年请专业团队进场评估并灭鼠。

（5）员工仅能在固定地点用餐，厨余垃圾每日定期处理，并对厨房环境进行清洁，防止吸引有害生物。

（6）定期在环境中喷洒杀虫剂（5—9 月每月 1 次，其他时间 2～3 个月 1 次）。

（7）禁止饲养任何宠物。

（8）诱捕场内出现的动物，根据相应法规处理。

3. 猪舍内部管理

（1）猪场、猪舍、仓库大门日常保持常闭状态，禁止随意出入。

（2）房间门口设置防鼠挡板（使用铁皮等光滑耐啃咬的材料，至少 50cm 高，紧密贴合）。

（3）猪舍、仓库和赶猪道安装防鸟网或纱网，防止鸟类和蚊蝇飞入。

（4）及时清理散落饲料、粪污，防止吸引有害生物。

（5）栋舍吊顶，防止老鼠、鸟类进入。

（6）使用粘蝇板、杀虫剂抑制蚊蝇等节肢动物的滋生。

（7）饲养员注意观察猪皮肤表面和环境中是否有软蜱存在。

（8）栋舍内发现孔洞、缝隙，投放杀虫剂后，使用水泥或填充剂及时封堵，并用新鲜石灰乳粉刷。

（9）定期在栋舍内使用杀虫剂做滞留喷洒，保持舍内干燥。

（10）猪群定期使用伊维菌素类抗外寄生虫药物。

第三章

猪伪狂犬病的控制与净化

第一节 概 述

猪伪狂犬病是由猪伪狂犬病病毒（Pseudorabies virus，PRV）引起的一种严重的急性、烈性传染病（Pomeranz，2005）。猪伪狂犬病病毒的宿主范围广泛，可以感染猪、牛、羊、家兔等几乎所有的哺乳动物，猪是猪伪狂犬病病毒唯一的自然宿主和主要储存宿主（余腾，2016）。猪感染猪伪狂犬病病毒后，主要表现为母猪繁殖障碍和仔猪高死亡率（王军，2012）。该病病毒可以感染多种动物，通常表现为发热、奇痒（猪除外）及严重致命的中枢神经症状（脑脊髓炎）。由于猪伪狂犬病在全世界广泛存在，传播速度极快、危害严重，给养猪业造成了巨大的经济损失（Gutekunst，1980）。因此世界动物卫生组织将其列为法定报告动物疫病，我国将猪伪狂犬病列为三类动物疫病。通过开展净化工作，荷兰、美国、德国等国家已根除该病，我国制定的《国家中长期动物疫病防治规划（2012—2020 年）》，将猪伪狂犬病列入了优先防控和净化的疫病之一。

猪伪狂犬病又称为猪疱疹、奥耶斯基氏病和瘙痒症。对于 PRV 的研究可追溯到 1813 年的美国，牛群出现狂躁、瘙痒等症状后死亡，在当时被称为"瘙痒症"（Hanson，1954）。1890 年，瑞士牛群中也观察到类似的症状，并首次采用了"伪狂犬病"这一名词。1902 年，匈牙利籍学者 Aladár Aujeszky 成功分离出该病毒（Aujeszky，1902）。因此，该病成为众所周知的奥耶斯基氏病（Aujeszky's disease，AD）。1934 年 Sabin 和 Wright 通过血清学方法检测得出该病毒为疱疹病毒。1935 年，Shope 通过研究发现在该病的传播过程中，猪具有非常重大的作用，是该病毒的主要宿主。

20 世纪 60 年代之前，猪伪狂犬病主要在中欧及巴尔干半岛流行，是影响该地区养猪业发展的一种重要疫病。从该时期分离到的猪伪狂犬病病毒毒力较低，感染猪的临床症状较为温和，多发于新生仔猪。到 20 世纪 60—70 年代，毒力增强的毒株不断出现，猪伪狂犬病暴发的次数显著增加，各年龄阶段的猪均可感染发病（Pirtle，1978），引起母猪繁殖障碍，种公猪繁殖能力下降，育肥猪、仔猪神经系统和呼吸系统疾病。1984年，美国的猪伪狂犬病流行程度较1974年增加了15倍。1970年以后，猪伪狂犬病在英国、丹麦等国家的暴发次数和严重程度增加，且开始在全球流行。到80年代末，猪伪狂犬病成为影响全球养猪业的一种重要疫病。20世纪70—80年代，猪伪狂犬病病毒一系列典型毒株被分离出来，虽然毒株很多，但血清型只有一个，每年给全球造成的经济损失高达几十亿美元（Boelaert，1999），有的专家认为猪伪狂犬病造成的经济损失仅次于口蹄疫和猪瘟，是第三大猪源性疫病。

1948年，刘永纯在猫体内分离到猪伪狂犬病病毒（韩雪，2017），首先报道了猪伪狂犬病病毒在我国的暴发。接着，周圣文和洪尚文相继报道在哺乳猪群中发现猪伪狂犬病的暴发。1980年以后，猪伪狂犬病的发生呈现日趋严重的态势，猪、牛、狐狸等动物均已报道发生了猪伪狂犬病。我国至少有18个省份报道猪伪狂犬病的发生，且病例数逐年增多，抽检猪场中阳性猪场的比率最高可达80%以上，个体阳性率最高可达70%以上。20世纪90年代，京A株、YN株、鄂A株、桂A株、SN株及SL株等一批具有代表性的猪伪狂犬病病毒株被分离出来。到目前为止，猪伪狂犬病在我国流行情况仍然相当严重。

随着猪伪狂犬病在全球流行，各种疫苗得以被迅速研发出来。疫苗的研发和使用，使得该病在全世界范围内得到有效控制。德国、瑞典、澳大利亚、丹麦、加拿大、英国、新西兰、美国等国家采用基因缺失疫苗免疫、鉴别诊断和淘汰野毒感染猪的策略，逐渐降低感染率，从而实现了猪伪狂犬病的净化。尽管如此，美国、德国等国家的野猪群中仍然流行此病，始终威胁着养猪业的发展。1979年，我国从匈牙利引入猪伪狂犬病弱毒疫苗Bartha-K61，用于猪伪狂犬病的预防（Sun，2016），2003年农业部批准猪伪狂犬病活疫苗（SA215株）注册，2006年农业部批准HB-98株活疫苗注册，2016年批准HB2000株活疫苗注册。

2005年开始，我国部分规模养猪场开始进行猪伪狂犬病的净化，采用免疫、监测的手段，逐渐降低感染率、淘汰阳性动物，达到净化的目的。经过实施，我国猪伪狂犬病得到有效控制，暴发该病的猪场显著减少，进而转入散发状态。但从2011年起，我国猪伪狂犬病呈现新的特点，多数地区不同规模猪场又暴发了猪伪狂犬病（Tang，2017；任卫科，2021），很多免疫过疫苗的猪场也未能幸免。研究表明，猪伪狂犬病病毒变异毒株的流行是此次猪伪狂犬病再度暴发的主要原因（An，2013），并且许多研究显示市场上使用的疫苗对变异毒株的保护力相对经典毒株要弱。孙颖等对2018年我国绝大多数省份疑似猪伪狂犬病感染病猪组织样品进行检测，结果表明，猪伪狂犬病仍然在我国大多数省份流行，且各个地区阳性检出率存在一定差异。猪伪狂犬病病毒变异株的出现不仅给未净化的猪场和地区造成严重危害，同时也威胁到了已经取得净化成果的猪场和地区，阻碍了我国猪伪狂犬病净化的工作进程，给我国养猪业造成了重大的经济损失。

第二节 病 原 学

伪狂犬病病毒（PRV）属于疱疹病毒科、α-疱疹病毒亚科、水痘-带状病毒属的一种双链 DNA 包膜病毒，其学名为猪疱疹病毒 1 型（suid herpesvirus 1，SuHV-1）。PRV 是一种高度嗜神经病毒（周金柱，2017），宿主范围广泛，多种毒株被发现，目前只有一种血清型。猪是 PRV 唯一的自然宿主和主要储存宿主。

一、形态结构

病毒基因组全长约 150kb，是猪繁殖与呼吸综合征病毒基因组的 10 倍，口蹄疫病毒基因组的 18 倍。GC 含量可达 74%，包括 70 多个开放性阅读框（Fuchs，2002），可以编码 70～100 余种病毒蛋白。病毒基因组由 2 个独特区（长独特区 UL 和短独特区 US）和 2 个大的反向重复序列（末端重复 TR 和内部重复 IR）组成。其中，US 夹在 IR 和 TR 中间，这导致 US 相对于 UL 可发生翻转，使得病毒基因组存在两种异构体，即 D 型疱疹病毒基因组。

猪伪狂犬病病毒粒子为球形（Granzow，2001），成熟病毒粒子的直径为 150～180nm（殷震，刘景华，1997）。PRV 由 4 个部分构成，从内到外依次为病毒核心、衣壳、被膜和囊膜（Ben-porat，1985）。病毒核心由线状双链 DNA 和核芯蛋白组成，衣壳呈二十面体对称结构（Newcomb，Brown，1991），将病毒核心包裹起来；被膜位于衣壳外层，是一层不均匀的蛋白质基质；囊膜为脂质双层膜（Pomeranz，2005），与细胞膜结构相似，表面有很多凸起，为病毒特异性的糖蛋白（陆承平，2012；Homa，2013）。囊膜上的糖蛋白与病毒感染相关，囊膜糖蛋白几乎可以在病毒囊膜和所有被感染细胞的细胞膜上发现。PRV 基因组编码 16 种囊膜蛋白，其中 11 种 N-或 O-糖基化的糖蛋白（gB、gC、gD、gE、gG、gH、gI、gK、gL、gM、gN），gB、gH、gD 和 gL 对于病毒复制是必不可少的（Kit，2000），其他糖蛋白，如 gE 和非结构蛋白胸苷激酶（TK）一样对病毒复制是非必需的，但与病毒毒性有关。

二、生物学特性

（一）血清型和抗原性

到目前为止，从世界各地分离出来的猪伪狂犬病病毒都具有相同的血清学反应，不同毒株毒力强弱不同，对细胞培养物的感染滴度也不同，强毒株的感染滴度明显增高。2011 年后，我国部分地区出现猪伪狂犬病疫情，研究表明缘于该病毒毒株的抗原性发生了重要变化，疫苗对变异毒株的保护力相较经典毒株要弱。猪伪狂犬病病毒与 B 病毒和人单纯疱疹病毒可发生微弱的交叉反应，含有 B 病毒抗体的猴对猪伪狂犬病病毒具有一定的耐受性。有研究发现 PRV 与单纯疱疹病毒 1 型（HSV-1）和 HSV-2 在基因组序列上具有至少 10％的同源性；PRV 与牛疱疹病毒Ⅰ型（BHV-1）基因组序列有 8％的同源性，在具有高效价抗 BHV-1 的牛血清中，也含有微量的抗 PRV 的中和抗体；PRV 与马立克病病毒（MDV）在直接荧光抗体试验中呈现微弱的交叉反应，经免疫荧光试验测定，32 株抗 PRV 的单克隆抗体中，有 3 株能够与感染 MDV 相关病毒的细胞发生反应：其中 2 株与 MDV-1、MDV-2 以及火鸡疱疹病毒（HVT）感染细胞的细胞核反应，另一株与 MDV-2 和 HVT 感染细胞的细胞质反应。除此之外，尚未发现猪伪狂犬病病毒与其他疱疹病毒存在共同的抗原成分。

细胞培养的猪伪狂犬病病毒在 4℃、25℃和 37℃环境温度下对小鼠红细胞均发生凝集反应（HA），而对牛、山羊、绵羊、猪、猫、兔、豚鼠、大鼠、蒙古沙土鼠、鸡和鹅的红细胞均不发生凝集。小鼠红细胞的 HA 活性表现出明显的品系差异，血凝效果最好的是 Balb/c 小鼠。HA 反应可被特异性抗血清抑制，猪血清中的血凝抑制抗体与中和抗体效价呈显著的相关性。肝素也可抑制 PRV 的血凝活性。

在病毒感染宿主细胞过程中，病毒的糖蛋白起着关键作用，不仅介导病毒进入靶细胞，同时也被宿主免疫系统所识别。在 PRV 中，gB 是最保守的蛋白质之一，不仅诱导产生中和抗体，而且在病毒的复制和感染过程中起着重要作用。gC 蛋白是第二种主要囊膜糖蛋白，在病毒吸附到宿主细胞的过程中扮演着重要角色，但是有研究表明这种吸附途径并不是唯一的。gC 糖蛋白有血凝活性，能够凝集小鼠红细胞，是刺激宿主产生体液免疫和细胞免疫的主要抗原（Serena，2011）。gD 糖蛋白是中和抗体的重要靶标，能诱导比较好的免疫保护反应，gD 在介导病毒复制和邻近非感染细胞融合的过程中是非必需的，是病毒用来识别靶细胞表面受体，并进行吸附和穿透的必需糖蛋白（Ficinska，2005）。除 gB 蛋白外，gH 蛋白是第二保守蛋白。gE 蛋白是一个主要的毒力蛋白，能够促进感染细胞和未感染细胞融合，是病毒侵袭中枢神经系统的必需致病因子（Mettenleiter，2000）。gE 基因缺失的弱毒疫苗比单独缺失其他基因的 PRV 疫苗更安全。目前已知，猪伪狂犬病病毒野生毒株全部含有 gE 基因。gE 蛋白抗体的有无是鉴别疫苗株免疫和野毒感染的重要依据。

TK 基因是 PRV 体外复制的非必需基因，是最主要的毒力决定因子，编码的胸苷激酶对 PRV 在中枢神经系统的复制过程中起主导性作用。TK 调控 PRV 的潜伏感染及其在中枢神经系统中的增殖过程，很大程度上决定了病毒的长期感染性和病毒嗜性。TK 基因可作为缺失致弱疫苗的主要靶基因。

（二）传代培养

猪伪狂犬病病毒宿主广泛，不同毒株的初始培养在许多细胞系上均可实现，但在不同的细胞上会引起不同的细胞病变。常用来培养猪伪狂犬病病毒的细胞系有猪肾细胞 PK-15、兔肾细胞 RK-13、牛肾细胞 MDBK 以及 Vero 细胞。最适合 PRV 增殖的是 PK-15 和 RK-13，也可通过接种鸡胚增殖培养病毒。

（三）潜伏感染特性

潜伏感染是猪伪狂犬病病毒的一个最重要的生物学特征，也是猪伪狂犬病净化的难点所在。猪伪狂犬病病毒的基因组可以整合到猪的细胞基因组中，宿主不表现临床症状，病毒与细胞长期处于"和平"相处状态。PRV 的主要潜伏部位是猪的三叉神经节、扁桃体和嗅球（洪琦，2005；Gutekunst，1980）。当猪受到外界不利因素影响时，如免疫抑制剂和应激等，处于潜伏期的病毒被激活，表现出临床症状并排毒。PRV 具有高度嗜神经性，被激活后沿着神经干向中枢神经系统扩散，引起神经系统功能紊乱，从而表现出典型的神经症状。

三、抵抗力

猪伪狂犬病病毒是一种抵抗力较强的疱疹病毒。PRV 在液体中或物体表面至少能存活 7d，在土壤中可存活 5～6 周，在猪舍干草上夏季可存活 30d、冬季能达到 46d。PRV 保存在 0～6℃的 50％甘油盐水中的病料，154d 后感染力仅有轻微下降，3 年后仍然具有感染力。PRV 在 pH 4～12 范围内保持稳定。在猪的尿液、唾液、鼻冲洗液以及猪舍污水中分离出的病毒，分别于 14、4、2、1d 还有感染力。PRV 在肉骨粉饲料中可存活 5d，在颗粒饲料中可存活 3d。在－18℃的环境下，PRV 在猪肉中可存活 40d，通过对肉及肉食品加热到 80℃可使 PRV 失活。在腐败条件下，病料中的病毒 11d 后失去感染力。自然条件下，PRV 抵抗力强，容易通过车辆、工具、老鼠等中间媒介扩散。

PRV 对大多数消毒剂敏感，对乙醇、福尔马林敏感，0.5％～1％氢氧化钠溶液、碘类、过氧乙酸、次氯酸盐、氯制剂、季铵盐类化合物能迅速有效杀灭 PRV。对紫外线敏感，干燥条件下阳光照射可以很快灭活 PRV。对热具有较强抵抗力，55～60℃经 30～50min 才能灭活，80℃保持 3min 才能灭活

（Davies，1981）。

第三节　流行病学

猪伪狂犬病病毒能感染多种家畜和野生动物，如猪、牛、羊、兔、犬、鼠等，猪以外的其他动物临床症状通常表现为发热、奇痒和神经症状。除猪（不包括仔猪）以外，其他动物均为致死性感染。猪是 PRV 唯一的自然宿主和主要储存宿主，各种年龄阶段的猪均易感。PRV 可引起种猪繁殖障碍、育肥猪生长迟缓和初生仔猪大量死亡，给养猪业造成的经济损失巨大。耐过猪都存在潜伏感染，在一定条件下潜伏感染病毒可被激活，猪体排毒，感染同群猪，故难以彻底清除病毒。

一、流行特点及发病原因

猪伪狂犬病广泛分布于世界各地，仅挪威、澳大利亚及很多东南亚岛屿国家不存在该病。近几十年，多个国家利用大规模接种基因缺失疫苗、抗体鉴别诊断技术区分感染动物和疫苗免疫动物来实施猪伪狂犬病根除计划。欧洲的奥地利、捷克、塞浦路斯、丹麦、芬兰、法国、匈牙利、德国、卢森堡、瑞典、荷兰、斯洛伐克、瑞士和英国，以及美国、加拿大、新西兰在家猪群中根除了猪伪狂犬病。在这些根除猪伪狂犬病的国家中，PRV 疫苗是禁止使用的。在亚洲、南美洲及欧洲一些国家，猪伪狂犬病仍在家猪群中流行。

猪伪狂犬病病毒在野猪群中广泛存在。尽管有些国家实现了家猪群中 PRV 的根除，但在野猪群中依然流行。与家猪类似，PRV 也以感染-潜伏-激活循环机制长期存在于猪群中，野猪呈全球分布，除一些海岛和南极大陆外，其他地区都存在。调查显示，美国、巴西、伊朗、日本和数十个欧洲国家都存在野猪群感染 PRV 的现象。如果家猪和野猪存在直接和间接接触，PRV 就可以在二者之间进行传播，因此不仅要根除家猪群中的 PRV，同时也要关注野猪群中猪伪狂犬病流行情况。

我国所有省份均有猪伪狂犬病感染的报道（索朗斯珠，2011；陈磊，2004；何启盖，2000）。但不同猪场，野毒感染比例差异大，在不同生产阶段，野毒感染率也不相同，猪年龄越大感染 PRV 的风险越高。在我国，猪伪狂犬病主要呈散发，地方性流行，但各地流行程度不一，潜伏感染现象普遍。自1990 年起，我国养猪业不断走向规模化，猪场接种猪伪狂犬病病毒疫苗较为普遍，使该流行呈现下降趋势。但自 2011 年末以来，吉林、黑龙江、辽宁、天津、河北、北京、山西、山东、河南等地出现猪伪狂犬病暴发性流行，发病猪场 gE 抗体阳性率上升显著，场流行率可达 30%～60%，发病特点表现为：

新生仔猪神经症状，高死亡率；哺乳仔猪出现腹泻、神经症状，高死亡率；育肥猪体温升高，出现呼吸道症状；种猪不育、妊娠母猪流产、产死胎（An et al.，2013）。新出现的猪伪狂犬病疫情给养猪业造成了惨重的经济损失。

猪伪狂犬病一年四季均可发生，冬、春季节多发，因寒冷季节有利于病毒存活，且冬、春季早晚温差大，猪舍密闭通风不良等因素导致猪免疫力下降，感染病例增多。该病在产仔旺季多发，通常是分娩高峰的母猪舍首先发病，发病率可达100%。发病和死亡呈现一个高峰期，比分娩高峰滞后5d左右，此后发病率和死亡率逐渐下降，由全窝发病变成每窝仅发病2~3头，其他母猪舍表现为散发，一窝发病3~4头，死亡率较低。

造成猪伪狂犬病发生的原因有：猪群养殖密度过高（Morrison，1991），自繁自养猪场种猪野毒感染情况对猪场野毒流行水平具有决定性影响，未能合理进行疫苗免疫，不良的饲养环境，变异毒株引起暴发流行，猪场生物安全管理水平和疫病控制水平低。

二、传染源

传染源、传播途径、易感动物是传染病传播必备的3个环节，3个环节同时存在，传染病才可能传播和流行，切断其中任一环节，传染病就不可能传播和流行。传染源指体内有病原微生物感染、繁殖并排出病原体的动物，包括受感染动物和携带病原体的动物（体内有病原体，但不表现临床症状）。

所有日龄的猪对猪伪狂犬病病毒均易感，感染猪是传染源。研究者一致认为猪既是猪伪狂犬病的原发自然宿主，又是该病毒的长期储存者和排出者，在疫病的传播中起着至关重要的作用。牛、羊等其他动物在潜伏期和发病期向外界排出的病毒量小，不足以传染给同类动物和其他动物，仅是猪伪狂犬病的终末宿主。猪伪狂犬病病毒感染后，仔猪可出现高死亡率，种猪表现为繁殖障碍。感染猪发病后耐过，有的呈现隐性感染。感染猪在潜伏期和患病期都能向体外排出大量病毒，隐性感染猪也能向体外释放病毒。从感染猪的鼻拭子、口腔拭子、乳汁、母猪阴道分泌物和公猪精液、直肠拭子中均能检测到病毒，尿液偶尔能检出病毒，粪便中分离不出病毒。耐过猪和隐性感染猪都能形成潜伏感染，感染猪终身带毒。潜伏感染的病毒受环境和宿主影响，能被激活并在宿主体内复制，重新释放，潜伏感染猪是猪伪狂犬病病毒的潜在传染源。

在野外，野猪对猪伪狂犬病病毒易感，与家猪具有相似的感染特征，也是猪伪狂犬病病毒的传染源。野猪群中感染的猪伪狂犬病病毒毒株大多毒力较低，不会引起该病流行，但是也有例外情况，如2002年西班牙报道中部地区野猪群中猪伪狂犬病暴发。对野猪的流行病学调查显示，世界各地野猪均存在猪伪狂犬病病毒感染。试验证明，猪伪狂犬病病毒能从感染的家猪传给野猪，也能从感染的野猪传给家猪。世界动物卫生组织要求，认定一个国家或地区根除了猪伪狂犬病，则要求该国家或地区有相关措施来阻止野猪向家猪传播猪伪狂犬病病毒。

三、传播途径

病原体经传染源排出后，由一定方式再传染其他易感动物所经历的路径称为传播途径。猪伪狂犬病病毒能感染多种动物，其他动物感染猪伪狂犬病病毒都直接或间接与感染猪相关。

在猪群中，猪伪狂犬病的传播途径有垂直传播和水平传播两种方式。水平传播分为直接接触传播和间接接触传播。直接接触传播通过鼻-鼻途径和交配，猪群中，易感猪嗅舔排毒猪的鼻盘区而感染；感染母猪的阴道分泌物和感染公猪的精液中都能带毒，在自然交配过程中，种猪间发生传染，将感染公猪带毒精液授给母猪，也能使母猪发生感染。间接接触传播包括：感染猪污染的饲料（李春华，2008）、饮水、垫料和猪舍等被易感猪进食或嗅闻而感染；经空气传播而感染；通过苍蝇机械携带或通过鼠类携带病毒污染饲料、垫料、饮水等环境而被接触感染。猪伪狂犬病在猪群中的垂直传播分为两种，一种是经胎盘传播，受感染的妊娠母猪经胎盘血流传播病原体感染胎儿（Kluge，1999）；另一种是泌乳期母猪感染，乳汁中携带病毒，可感染哺乳仔猪。

猪伪狂犬病传染给其他动物的途径，主要分为两种情况。一种是感染猪排出病毒污染的饮水、饲料，被其他动物食用而感染；另一种是急性感染期带毒的猪组织或病死的猪尸体被其他肉食性动物（陈灵芝，2014），如猫、犬、狐、貂等咬食而感染。

总之，猪伪狂犬病病毒主要通过口、鼻腔感染进入动物体内，在猪间还可通过生殖道感染。此外，还可通过伤口感染。经口、鼻腔感染后，猪伪狂犬病病毒首先在上呼吸道的上皮组织中复制，子代病毒沿神经系统和血液系统在体内传播。沿神经系统传播的病毒首先感染附近的嗅神经或三叉神经末梢，经嗅神经进入大脑，或经三叉神经感染脊髓再进入大脑，沿血液传播的病毒感染肺和扁桃体，并通过感染白细胞的方式或其他方式通过血液运输至全身，感染其他脏器。发病猪的肝、脾、肾、肺、膀胱、淋巴结、扁桃体及大脑等器官组织中均可检出病毒。妊娠期母猪感染，病毒侵袭胎盘组织和胎儿，导致流产或死产。不同毒株毒力强弱不同，病毒分布和致病特征亦不同。

四、宿主

猪伪狂犬病病毒宿主范围广泛，自然状态下，可以感染牛、山羊、绵羊、猪、犬、猫等多种家畜和狐狸、雪貂、水貂等多种经济动物，鹿、熊、鼠、野猪、獾等多种野生动物也可发生感染。实验动物如家兔、豚鼠、小鼠都易感，其中家兔最敏感（腾金玲，2017；Wang，2018）。马和禽类不易感，但在实验条件下能通过脑内、皮下或肌肉大剂量接种病毒而感染。高等灵长类动物，对猪伪狂犬病病毒不易感。

猪伪狂犬病病毒自然感染的动物，除猪（不包括仔猪）外，均是高度致死的。因此，这些动物都是终末宿主，对猪伪狂犬病病毒的流行传播发挥的作用不大。猪是猪伪狂犬病病毒主要的储存宿主，只有猪具有抵抗猪伪狂犬病病毒感染的能力，但新生仔猪感染猪伪狂犬病病毒是致死性的。随着猪年龄的增加，其抵抗猪伪狂犬病病毒感染的能力逐步增强。猪伪狂犬病病毒易于在猪体内建立潜伏感染，耐过猪通常终身带毒。在一定条件下，耐过猪体内潜伏感染的病毒可被重新激活。猪在猪伪狂犬病病毒生存和传播过程中起关键作用，只有根除猪群中的猪伪狂犬病病毒才能最终消灭该病。

五、潜伏感染

猪伪狂犬病病毒感染具有两种形式，即生产性感染和潜伏性感染。生产性感染过程中，猪伪狂犬病病毒产生感染性的子代病毒；潜伏性感染过程中，病毒存在于感染机体中，保留基因组的全部功能，并不产生感染性的子代病毒。

猪伪狂犬病病毒在猪的三叉神经节、脑干、扁桃体、嗅球等部位建立潜伏感染（Mase，1997），自然状态下野猪的骶神经节是潜伏感染的主要部位，这可能与该病在野猪中的感染途径相关，野猪感染猪伪狂犬病的主要途径是交配传播。潜伏感染过程中，病毒游离于宿主基因组外，病毒基因表达受到抑制，不能复制，只有病毒潜伏相关的转录物出现大量表达。研究发现，宿主产生的Ⅰ型干扰素等先天性免疫因子对潜伏感染发挥着重要作用。体外培养的三叉神经细胞对猪伪狂犬病病毒表现为生产性感染，但在培养基中加入α干扰素能抑制伪狂犬病病毒的表达，病毒不复制，潜伏感染相关转录RNA出现表达。潜伏感染期间，猪伪狂犬病病毒转录出大量的潜伏期相关转录物（LATs），猪伪狂犬病病毒基因组LATs的编码区域长达14kb以上。潜伏感染的细胞中存在多种大小的LAT RNA，最大的转录物为8.5kb，但未发现LAT RNA翻译的蛋白。有研究认为潜伏感染期间转录的大量LAT RNA，能沉默IE180和EP0（转录激活因子），从而抑制病毒裂解基因的表达，维持潜伏感染状态。Ⅰ型干扰素等先天性免疫因子具有抑制病毒裂解性基因表达和基因复制作用。

潜伏感染的病毒在一定条件下可以从潜伏状态激活，如机体应激、感染其他疾病导致宿主免疫力下降、紫外线照射、影响免疫系统和神经系统的药物刺激。受抑制的裂解性基因出现表达，病毒基因组复制并包装成病毒粒子，顺轴突运输从神经末梢释放，感染与神经末梢相邻的上皮组织。病毒在上皮组织中大量复制并向体内其他组织扩散，导致猪伪狂犬病复发，同时向体外排出病毒。免疫抑制剂地塞米松常被用于猪伪狂犬病病毒潜伏感染试验研究的刺激剂，用地塞米松处理后，潜伏感染的猪伪狂犬病病毒被激活，此外病毒蛋白的表达对处于潜伏感染状态的病毒也具有激活作用。

潜伏感染检测的常用方法有组织培养和共培养技术、核酸探针技术、PCR技术、激活后检测、病毒特异性抗体检测。组织培养技术是将潜伏感染的组织移出体外培养，再将培养上清液接种猪伪狂犬病病毒易感细胞，判断细胞是否出现病变。共培养技术是将潜伏感染组织与易感细胞一起培养，观察易感细胞是否出现病变。核酸探针技术是根据猪伪狂犬病病毒基因组序列合成核酸探针，提取潜伏感染组织的核酸，进行 Southern blot 或 Northern blot，或将潜伏感染组织切片，用核酸探针进行原位杂交。PCR 技术是指从潜伏感染组织中提取核酸，进行 PCR 扩增，看是否获得特异性片段。激活后检测是指用地塞米松激活病毒，采集鼻拭子进行病毒分离或进行 PCR 鉴定。病毒特异性抗体检测是指在病毒建立潜伏感染和激活过程中，都会刺激机体产生特异性抗体，猪伪狂犬病病毒基因缺失活疫苗都存在共同的基因缺失，即 gI/gE 基因缺失，健康猪中检测到 gE 抗体则认为存在猪伪狂犬病病毒潜伏感染，但这种方法易因为抗体水平低或者不产生 gE 抗体而造成假阴性。

美国和一些欧洲国家以基因缺失疫苗免疫配合区分疫苗免疫猪和野毒感染猪的检测技术来实现猪伪狂犬病根除计划，虽然在家猪群中根除了猪伪狂犬病，但整个过程并没有预期的顺利，潜伏感染是其中一个重要的原因。猪伪狂犬病感染耐过猪是潜在的传染源，潜伏感染可能是终身性的，不表现临床症状，当机体受到外界刺激或自身免疫力低下时，潜伏状态的病毒可被激活。猪伪狂犬病病毒感染-潜伏-激活的循环机制使得病毒难以在猪群中被清除。疫苗免疫能阻止免疫猪感染野毒时出现临床症状和降低排毒量，但并不能阻止野毒株建立潜伏感染。检测猪群中的潜伏感染猪并予以清除是根除猪群中猪伪狂犬病病毒的关键。抗体检测易出现假阴性，因此需要进行多次检测，并结合流行病学特征进行分析。

六、遗传演化

猪伪狂犬病病毒的变异速度较慢，目前只发现一种血清型，任何一种猪伪狂犬病疫苗对所有毒株都有一定的交叉保护效果，只是在保护剂量上有所差别。基于核酸差异分析，PRV 分为基因型 1 和基因型 2（He et al.，2019）。基因型 1（Kaplan，基因库编号 JF797218）包含多个亚型，主要分布在欧洲和北美，在这些地区的大多数家猪中已被根除，而基因型 2 在我国流行，并进一步分为两个亚基因型：基因型 2.1（Ea，基因库编号 KU315430），也被称为经典 PRV，在 2011 年之前更为常见；基因型 2.2（HeN1，基因库编号 KP098534），也被称为新的 PRV 变体，于 2011 年首次观察到，此后一直占主导地位（He et al.，2019）。基因型 2.2 和基因型 2.1 之间的平均氨基酸差异约为 1.16%。然而，比较基因型 1 毒株，该值变为 4.94%。在 69 个蛋白质编码区中也发现了多种氨基酸的差异。PRV 变种（基因型 2.2）的出现大大降低了现有商业疫苗的效力（Ren et al.，2020）。

七、对公共卫生的影响

自 PRV 被发现以来，有几次报道表明人可能感染猪伪狂犬病病毒，并表现出发热、吞咽困难、虚弱等不同症状，但缺乏实质性证据，因而对人类 PRV 感染的发生仍存在争议，普遍认可的是人可抵抗 PRV 的自然感染。对 22 名病毒性脑炎患者和 1 名眼内炎患者开展研究（Liu，2020），从一名急性脑炎患者体内成功分离出一株 PRV 毒株（hSD-1/2019，基因库编号 MT468550）。上述研究中的 23 名患者职业分别为屠夫、猪肉经销商、厨师、兽医和猪倌，均与猪或猪肉接触密切，在感染早期（通常在 7d 内），观察到"流感样"症状，包括发热（100%，23/23）、呼吸症状（72.7%，16/22）和头痛（57.9%，11/19）。这些症状在发病后迅速发展为神经系统疾病，包括癫痫/抽搐（95.7%，22/23）和意识障碍（95.7%，22/23）。此外，60% 的患者（12/20）出现严重视力损害，77.3% 的患者（17/22）并发肺部炎症。患者接受了系统的抗病毒治疗，但预后非常差；17.4% 的患者死亡（4/23），17.4% 的患者失明（4/23），21.7% 的患者严重视力损害（5/23）。未发现人与人之间的传播。一项回顾性血清流行病学调查使用了 2012—2017 年从我国脑炎患者收集的 1 335 份血清样本（Li，2020），结果显示，6.52%～14.25% 的患者具有特异性 PRV-gB 抗体。尽管如此，相对于养殖与屠宰行业的大量研究人员和工人而言，这仍然是一种极其偶然的感染。大多数病例是通过高通量测序技术（NGS）检测 PRV 核酸或 ELISA 检测 PRV 特异性抗体来诊断的，缺乏来自人类病例的 PRV 毒株的遗传信息。

第四节 致病机理

一、病毒入侵宿主细胞过程

病毒受体在病毒入侵细胞过程中起着关键作用。病毒受体存在于宿主细胞表面，能与病毒发生特异性结合，介导病毒入侵细胞，促进病毒对宿主细胞的感染。一种病毒能够感染某种细胞的决定因素之一便是这种细胞表面是否具有足够数量的该病毒的受体。病毒受体是宿主细胞的正常组分，由宿主细胞基因组编码及表达，参与细胞代谢，并不是专为病毒入侵靶细胞而生成。多种病毒可以识别细胞的同一受体，同时一种病毒也可有多种受体。病毒受体在宿主细胞表面分布是多拷贝的，受体数量影响病毒的有效感染，低于一定数量时，病毒不能入侵细胞，多数病毒的易感细胞上有 $10^4 \sim 10^5$ 个受体。病毒与其受体的结合具有特异性，一种病毒只能感染几种有限细胞。病毒与受体结合诱导病毒结构改变是病毒进入宿主细胞的核心机制，同时病毒还会诱导宿主细胞产生信号转导，产生细胞因子分泌、激发免疫应答、细胞凋亡或免疫抑制，甚至诱导产生异常免疫应答，导致机体病理损伤。

病毒与受体分子结合初期，受体分子通过流动的细胞膜脂质双层发生重排，受体单位聚集形成受体结合单位，受体细胞膜水化、扭曲等，随后发生融合，病毒融入细胞，病毒与受体结合受 pH、温度和离子影响。有些病毒感染不仅需要细胞外受体还需要细胞内受体，有的受体不需要借助其他蛋白，自身就能吸附病毒。

猪伪狂犬病病毒侵入细胞的过程是由病毒囊膜糖蛋白介导的。首先病毒粒子中的囊膜糖蛋白 gC 与硫酸乙酰肝素蛋白结合；接着，囊膜糖蛋白 gD 与特异性的细胞受体结合，使病毒与细胞稳定结合（Kerger，1993）；最后，囊膜糖蛋白 gB、gH 和 gL 介导病毒囊膜与宿主细胞膜融合（Babic，1993），病毒衣壳和被膜被注入细胞质中。与吸附过程不一样，融合过程需要合适的温度和能量。病毒衣壳移动到细胞核孔后完成病毒脱壳，PRV 基因组 DNA 经过核孔到达细胞核，表达病毒基因组，在细胞核中完成衣壳装配，在高尔基体捕获被膜和包膜。病毒体通过囊泡转移到细胞表面释放。感染后 $8 \sim 10h$，可以检测到具有传染性的病毒粒子，被感染细胞最多可以存活 20h，产生 $10^2 \sim 10^3$ 个具有传染性的子代病毒粒子。

gD 受体有 5 种，分别是硫酸乙酰肝素以及 HveA、HveB、HveC、HveD。*HveC* 编码的连接蛋白-1 是一种重要的与细胞黏附相关的蛋白质，可以介导 PRV 进入细胞。PRV 的细胞间传播和神经侵染不依赖 gD，同时，病毒粒子囊膜和细胞膜融合也不需要 gD，需要 gB、gH 和 gL 参与。

二、毒力因子

猪伪狂犬病病毒只有一个血清型（Tong，2015），但有多种毒株，且毒株的毒力千差万别。毒力可以影响病毒组织嗜性（嗜神经型和嗜内脏型）（周金柱，2017），高致病性猪伪狂犬病病毒毒株主要感染神经组织，中等毒力和低毒力的毒株对神经组织的致病性较弱，有明显的亲肺性（Tong，2015）。病毒毒力由多基因决定，gC 和 gD 可能直接决定病毒趋向性，核苷酸代谢的病毒编码的酶，如胸苷激酶或 dUTPase 是毒力大小的决定性因素，它们的失活会导致病毒毒力大大减弱。同时，病毒包膜糖蛋白也决定了病毒的神经嗜性和毒力。在神经系统感染中，gE 是一个关键蛋白质，gE 的缺失可以大大降低病毒毒力，导致神经细胞感染受限。gC 和 gE 协同作用影响病毒神经感染毒力。除了 gE 和胸苷激酶，其他基因的失活也会导致病毒的弱化。

三、PRV 潜伏感染机制

疱疹病毒科病毒易于形成潜伏感染，猪伪狂犬病病毒同样易在机体内形成潜伏感染，在潜伏感染期间，病毒以非活化状态存在，感染动物不表现任何临床症状，不产生感染性病毒粒子，感染动物具有终身带毒特性。目前净化猪伪狂犬病最大的难题就是潜伏感染，潜伏感染病毒可被激活，引起疫病暴发，潜伏感染的猪是潜在的猪伪狂犬病传播者。猪伪狂犬病病毒主要潜伏部位为三叉神经节、扁桃体和嗅球。研究表明，预先潜伏在三叉神经节中的猪伪狂犬病病毒不能使随后感染的病毒建立潜伏感染，推断出易于建立潜伏感染的弱毒疫苗株可阻止后面感染的野毒株建立潜伏感染，尽管弱化的活疫苗毒力降低，但仍然可以出现潜伏感染状态。

LAT 是病毒潜伏期间唯一大量存在和被转录的 RNA。LAT 基因是病毒基因组的一个长的末端重复区域，潜伏感染时聚集于感染细胞核中，生产性感染时聚集于细胞质中。LAT 家族包括主要 LAT 和非主要 LAT，非主要 LAT 是 8.5kb 的转录子，剪接后得到一个 2.0kb 的 LAT，再除掉 500bp 左右，产生 1.45kb 或 1.5kb 的 LAT。潜伏性感染和生产性感染均可观察到 2.0kb 的 LAT，1.5/1.45kb LAT 仅可在潜伏感染的神经元中观察到。1.5/1.45kb LAT 可以作为病毒在细胞中处于潜伏感染状态的标志。LAT 在猪伪狂犬病病毒潜伏感染的建立、维持和激活过程中均发挥着重要作用，且对潜伏感染的神经元具有保护作用，保护细胞免于凋亡。

疱疹病毒基因组的转录呈现递进式，最早期基因表达启动或活化其他基因表达，其他基因依次表达，完成病毒复制周期。潜伏感染时，绝大部分病毒基因转录上或者功能上处于暂时休眠状态，只有个别基因能够转录和表达，本质上来说，潜伏感染的建立是病毒基因递进式转录机制失灵。在潜伏感染阶段，病毒基因组必须提供一种严格机制，既保证病毒在细胞内持续存在，使细胞不发生病变死亡，又能在条件合适的时候使病毒得以顺利激活。目前研究比较广泛的是侵染淋巴细胞的 EBV 潜伏感染系统和侵染神经细胞的 HSV 潜伏感染系统。EBV 潜伏感染过程中，病毒的特定基因转录和复制在淋巴细胞的特定区域内进行，可介导病毒逃避宿主的免疫机制，保证被感染细胞不会进入细胞凋亡。HSV 潜伏感染过程中，HSV 潜伏在不需要细胞分裂的感觉神经元中，逃避机体免疫机制。

四、神经嗜性

几乎所有猪伪狂犬病病毒株都侵袭猪的上呼吸道和中枢神经系统，急性感染期间，病毒在呼吸道上皮细胞中复制，然后进入感觉神经系统末梢（Maes，1997；Steiner，2007）。猪伪狂犬病病毒能引起中枢神经病变，潜伏感染部位主要在神经组织。皮下接种后引起严重的脊髓病变，鼻内接种后嗅球与大脑皮质病变明显，口内接种引起三叉神经和脑干严重病变。中枢神经系统表现为非化脓性的脑脊髓炎和神经节炎，脑膜和脊髓被膜因单核细胞浸润而增厚。

用小鼠、田鼠和猪做的试验表明，猪伪狂犬病病毒神经嗜性的关键蛋白之一是 gE 糖蛋白，gE 蛋白对病毒进入一级神经元是非必需的，但会严重阻断病毒传递进入二级神经元。病毒在 gC、gD 和 gB/gL/gG 复合体的作用下黏附神经轴突膜末端，融合释放囊膜蛋白和核衣壳到轴突胞质内；核衣壳被运输到细胞核后，在 VP16 蛋白反式作用下促使 IE180 蛋白产生表达，激活病毒早期基因，完成 DNA 与衣壳复制，组装好的核衣壳在高尔基复合体内完成组装后外排。猪伪狂犬病病毒神经传导具有方向性，病毒定向传导由 *US9*、*gE* 和 *gL* 基因决定，野毒株双向传导，弱毒疫苗株单向传导。弱毒疫苗株通常缺失了 *US9*、*gE* 和 *gL* 基因，病毒不具备顺向传导能力，只能逆向传导。

猪伪狂犬病病毒诱导细胞凋亡的急性感染是组织、器官广泛损伤的重要原因，但被猪伪狂犬病病毒感染的小脑、大脑、嗅球和脊髓等神经系统组织中均未观察到细胞凋亡，抑制细胞凋亡机制使病毒在神经系统中成功建立潜伏感染。

第五节　临床症状

猪伪狂犬病病毒感染除猪以外的易感动物，病程一般呈急性型，只有 2～3d 的潜伏期。猪的潜伏期通常是 1～8d，但也有可能持续 3 周，主要受感染剂量、毒株类型、感染途径和伯土因素影响，其中感染猪的年龄影响最大。幼龄猪感染猪伪狂犬病病毒后病情最严重。因病毒亲肺性和嗜神经组织的特性，大多数临床症状表现为呼吸系统和神经系统障碍，神经症状多表现在哺乳仔猪和断奶仔猪，呼吸症状表现于育成猪和成年猪（Kluge，1999）。不同猪群感染猪伪狂犬病病毒后的反应也可能明显不同，无新生仔猪的猪群感染时通常表现不明显，有新生仔猪的猪群第一次感染时症状明显，种猪和育成猪群感染不明显，只表现为轻微的呼吸道症状，通常被误诊为其他病，如猪流感。

猪伪狂犬病病毒感染猪群最先出现的症状一般是少数后备小母猪或母猪的流产，育成猪的咳嗽、倦怠、厌食或哺乳仔猪被毛粗乱，24h 内出现共济失调和抽搐。新疫区病猪症状严重、明显，老疫区多呈隐性感染。影响该病临床症状的关键因素是妊娠母猪、断奶猪和育成猪的免疫水平，同时继发感染、动物日龄以及环境因素也影响发病后的临床症状。

哺乳猪感染猪伪狂犬病病毒潜伏期一般很短，为 2～4d，首先出现精神沉郁、倦怠、厌食和发热，体温可达 41℃以上，有的仔猪在出现临床症状的 24h 内，会表现出中枢神经系统症状（Gutekunst，1980），开始为震颤，随后唾液分泌增多，运动障碍、共济失调、眼球震颤，直至角弓反张、癫痫发作（丁国杰，2020）。有的猪因后肢麻痹呈犬坐式，有的侧卧或转圈做划水运动，有的

呼吸困难，腹式呼吸明显，呕吐和黄色水样腹泻，有时有奇痒，但症状并非一成不变。有中枢神经系统症状的仔猪一般在症状出现后 24～36h 死亡，如图 3-5-1 所示。哺乳仔猪感染猪伪狂犬病病毒后死亡率很高，可达 100%。同时，仔猪临床表现受母猪免疫状态的影响，如果易感母猪临近分娩时感染，所产仔

图 3-5-1　仔猪出现神经症状后死亡

猪虚弱，很快出现临床症状，出生 1～2d 后死亡。

断奶猪（3～9 周）的临床症状与哺乳仔猪类似，但症状相对较轻微，只有少数猪出现严重的中枢神经症状而死亡。该病严重暴发时，3～4 周龄仔猪死亡率可达 50%，断奶猪感染 3～6d 后表现为倦怠、厌食和发热，体温达 41～42℃。呼吸道症状明显，打喷嚏，呼吸困难，鼻腔出现分泌物，发展至严重咳嗽，出现这些症状的猪体质恶化，体重减轻。出现神经症状的猪一般死亡，出现呼吸道症状的猪会继发细菌性感染，如多杀性巴氏杆菌或放线菌性胸膜肺炎等，一般也会导致死亡。其余情况，症状持续 5～10d，大多数猪退热，恢复食欲后迅速痊愈。但是，存活的重病猪常常生长缓慢，体重增至可以出售的时间比其他猪长 1～2 个月。

育肥猪、育成猪感染后以呼吸道症状为主，发病率高，达 100%，死亡率低，仅为 1%～2%。患病猪有神经症状，但只是散发，症状从轻微震颤到剧烈抽搐均有。感染 3～6d 后出现症状，表现为精神沉郁，厌食，轻度至重度呼吸症状，出现鼻炎，打喷嚏，鼻腔出现分泌物，进而发展至肺炎，剧烈咳嗽，呼吸困难（Rziha，1986）。猪形体消瘦，掉膘。症状一般持续 6～10d，退热后恢复食欲，进而康复。康复后猪生长周期至少延迟 1 周。猪伪狂犬病病毒可抑制肺泡巨噬细胞功能，减弱巨噬细胞处理和破坏细菌的能力，易继发放线杆菌性胸膜肺炎，损伤则明显加重。

母猪和公猪感染猪伪狂犬病病毒后同育肥猪、育成猪症状类似，以呼吸道症状为主。猪伪狂犬病病毒可以通过胎盘屏障影响宫内胎儿。妊娠母猪在妊娠前期 3 个月内感染猪伪狂犬病病毒，胚胎会被吸收，重新进入发情期。妊娠中期 3 个月或妊娠末期 3 个月一般表现为流产或死胎，如图 3-5-2，流产发生率约为 50%，临近足月，则产弱胎。接近分娩期感染时，所产仔猪出生时就患有猪伪狂犬病，1~2d 死亡（An，2013）。

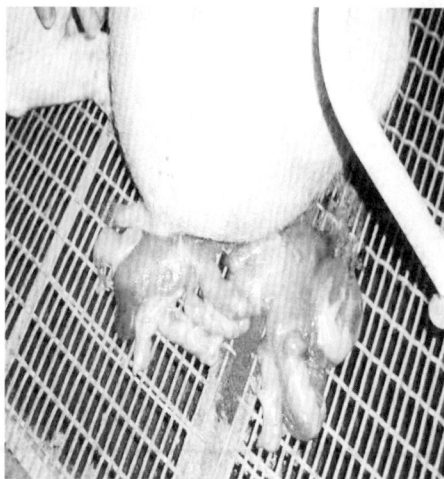

图 3-5-2　妊娠中期母猪流产

第六节　病理变化

猪伪狂犬病病毒感染猪后，一般情况下肉眼观察不到病变或病变很轻微。除了软脑膜出血，中枢神经不大出现肉眼可见病变。在非神经组织，可见浆液性纤维坏死性鼻炎，但只有在劈开头骨暴露整个鼻腔的情况下才能看到，病变蔓延至喉，甚至波及气管。常见扁桃体上出现坏死性结节、扁桃体坏死，口腔内和上呼吸道淋巴结肿胀出血，如图 3-6-1。下呼吸道则表现为肺水肿，肺散在性小叶性坏死、肺炎和出血等病变，如图 3-6-2、3-6-3。除此之外，还出现脑水肿、出血、发育不良，以及肾脏点状出血等变化。

泪液分泌过多，眼周沉积大量渗出物，角结膜褪色，病猪患结膜炎，白猪表现更明显。脾、肝脏以及浆膜面下散在有黄白色疱疹样坏死灶，如图 3-6-4。

新流产母猪有轻微子宫内膜炎，子宫壁增厚、水肿，胎盘出现坏死性胎盘炎，流产胎儿浸渍，偶见干尸。感染胎儿或新生仔猪肝脏和脾脏一般有散在的黄白色疱疹样坏死灶，肺和扁桃体有出血性坏死灶。感染同窝仔猪可能出现部分仔猪正常，另一部分虚弱或出生时死亡的现象。流

图 3-6-1　扁桃体出现坏死性结节

图 3-6-2　肺出血、病变

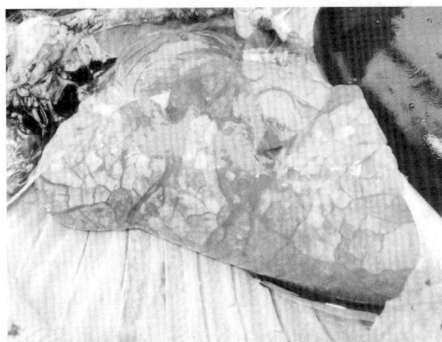

图 3-6-3　间质性肺炎

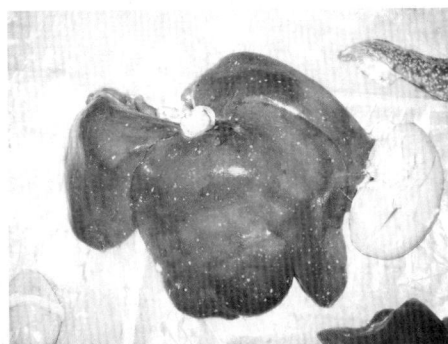

图 3-6-4　肝脏白色疱疹样坏死灶

产史和坏死灶可以作为猪伪狂犬病的关键证据。公猪生殖道表现为阴囊炎。青年猪空肠后段和回肠发生坏死性肠炎。

感染猪微观病变反映出猪伪狂犬病病毒的神经入侵和亲上皮属性。特征是灰质和白质部位的非化脓性脑膜炎和脊髓炎，三叉神经和脊柱旁神经节神经炎，病猪在神经元变性或大脑的非化脓性炎症反应出现之前可能已经死亡。感染动物存活时间长，神经损伤可以明显观察到，表现为神经元的变性和坏死、嗜神经细胞、卫星现象以及胶质细胞增生。仔猪最易出现人脑炎，伴随大脑皮层、脑干、脊神经节和基底神经节最严重的病变。感染区出现以单核细胞为主的血管套和神经胶质结节，脑膜覆盖的大脑和神经索区域由于单核细胞的浸润可能出现增生的现象。单核细胞通常发生核固缩和核碎裂。

在感染猪体内，仅仅可以从神经细胞、胶质细胞、少突神经胶质细胞和内皮细胞细胞核中检测到嗜酸性包涵体。上呼吸道可见黏膜上皮坏死和黏膜下单核细胞浸润。肺部有坏死性支气管炎、细支气管炎、肺泡炎，病变组织常有出血和纤维蛋白渗出。支气管周围的黏液腺上皮细胞也会受到影响，大气管病变一般呈瘢痕状，邻近区纤维化后愈合。肺水肿和细胞浸润可能是多病灶、弥散性的。核内包涵体常见于呼吸道上皮细胞、结缔组织细胞以及脱落至肺泡的细胞。在子宫，可见淋巴细胞型子宫内膜炎、坏死型胎盘炎和阴道炎，形成绒毛膜窝凝固性坏死，坏死病变导致滋养层退化并可出现核内包涵体。在雄性生殖道，可以观察到睾丸白膜和精曲小管的变性，患有渗出性睾丸鞘膜炎的公猪在生殖器官浆膜层可见坏死和炎症病变（Kluge and Beran，1999）。流产的胎儿或死胎通常没有脑炎病变，但在肝脏和其他器官可以见到坏死灶，以及细支气管坏死和间质性肺炎病灶。肠道黏膜上皮坏死灶常波及黏膜肌层和肌层，变性的隐窝上皮细胞内可见核内包涵体。小动脉、小静脉以及扁桃体周围的淋巴管和颌下淋巴结可见坏死性血管炎。内皮细胞细胞核固缩和破裂，中性粒细胞透过血管壁浸润，内皮细胞中经常出现核内包涵体。

猪伪狂犬病感染实验死亡猪尸体剖检显示，在中枢神经方面，大小脑膜及实质充血水肿，呈现不同程度的炎性细胞浸润和厚薄不一的管套，在侧脑室附近及大脑基底核管套尤其明显，可达到6层细胞。炎症细胞以淋巴细胞为主，此外还有少量嗜中性粒细胞和单核细胞等。神经元变性坏死，胶质细胞呈弥漫性或局灶性增生，可见嗜神经细胞和卫星现象。胶质细胞内发现核内包涵体，呈嗜酸性均质红染的团块，大小不一，形态不规则。脑干病变与大小脑相似，在中脑导水管和第三脑室附近可见明显管套。脑桥和延髓有轻微炎症和神经元变性，脊髓充血水肿，有轻度炎性反应。灰质腹角内神经元变性坏死，胸荐段脊髓尤为严重。在外周神经方面，脊神经的根部发生不同程度炎性水肿，以胸、荐脊神经较明显。神经纤维髓鞘不均匀肿胀，有大小不一的空泡存在，轴索肿胀断裂。偶见充血出血，血管内皮细胞肿胀变性至坏死脱落。有的可见坐骨神经轻度肿胀变性。神经节被膜及间质轻度水肿，少数可见星状神经节和半月神经节充血出血。神经元发生明显变性坏死，星状神经节和半月神经节较为广泛、严重。胶质细胞不同程度增生，脊神经节和颈前神经节较明显，一些神经节可发生以淋巴细胞浸润为主的炎症。在蜕变神经元中可见到核内包涵体，呈嗜酸性均质红染圆形或卵圆形团块。

在呼吸系统方面，多见肺水肿、出血和肺炎，有的呈小叶间质性，肺泡隔明显增厚，较多嗜中性粒细胞和单核细胞浸润，网状细胞增生；有的呈出血性支气管肺炎。病变严重区可见坏死灶。在肺上散布有瘀点、瘀斑及暗红色质地坚实稍隆起的肺炎灶，筛鼻甲有卡他性炎，气管未见明显异常。在淋巴系统方面，脾脏充血呈暗红色，扁桃体浑浊肿胀，少数有淋巴结水肿、周边出血的情况。

在消化系统方面，胃肠呈卡他性炎，黏膜上皮变性、坏死和脱落，固有膜充血、出血、形成血栓，有较多嗜中性粒细胞和单核细胞浸润。肝脏血管扩张充血，肝细胞变性，少数可见急性肝炎和坏死灶。食管有卡他性炎。在网状淋巴系统方面，扁桃体发炎，上皮细胞肿胀变性、坏死、脱落，上皮下组织内大量炎性细胞浸润，病变严重者可见坏死灶。在上皮细胞中可见嗜酸性核内包涵体。淋巴结少细胞区出血、浆液渗出，有多少不一的炎症细胞浸润。死亡病例出现大量嗜酸性粒细胞浸润，网状细胞和巨噬细胞内发现嗜酸性核内包涵体，少数情况有急性脾炎。

在泌尿生殖系统方面，肾脏颗粒变性，个别病例有局灶性间质性肾炎，少数见膀胱卡他性炎症。个别出现睾丸白膜炎性坏死灶。卵巢和子宫未见明显异常。在其他方面，心肌肿胀变性，肌间血管充血，少数情况可见心肌炎、心外膜炎和心内膜下出血。肾上腺充血、出血、发炎，个别病例在皮质内出现坏死灶。不同毒株和感染途径所致病理变化有所差异。

第七节 诊 断

诊断是防治猪伪狂犬病的关键环节，可以正确认识疫病，以便及时采取防治措施。只有及时、快速、准确地诊断，猪伪狂犬病的防治工作才能有的放矢、成效明显，否则会贻误时机、使疫病扩散、损失增大。可采用临床诊断对猪伪狂犬病进行初步诊断，经过实验室诊断进一步确诊。

一、临床诊断

猪伪狂犬病病毒可以感染多种家畜和野生动物，除猪以外，其他动物感染均呈现高死亡率。猪群中感染猪伪狂犬病病毒后危害最严重的是新生仔猪和哺乳仔猪，发病后死亡率极高。妊娠后感染猪伪狂犬病病毒可以引起流产和死产。成年猪则多表现为隐性感染。病毒经呼吸道、消化道、损伤的皮肤和生殖道感染。本病呈地方性流行，好发于冬春两季。在临床上，需要对以下具有类似症状的疾病进行鉴别。

（一）神经症状方面

由猪伪狂犬病引起的神经症状应注意与猪流行性乙型脑炎、水肿病、链球菌病、食盐中毒、日射病及热射病等进行鉴别。

1. 猪流行性乙型脑炎

主要发生于蚊虫滋生的夏秋季节，与蚊虫叮咬有关，一般情况下呈散发状态，表现为仔猪体温升高、步态不稳、轻度麻痹，抽搐、摆头，怀孕母猪流产或产死胎、木乃伊胎，公猪出现单侧睾丸炎。

2. 水肿病

主要出现在1～2月龄的仔猪中，膘情好的多发，主要症状表现为尖叫、口吐白沫，四肢泳动、转圈抽搐，头颈、眼睑及全身水肿，呼吸困难，1～2d

迅速死亡，发病早期可以用抗生素治疗。

3. 链球菌病

发病不分月龄，呈地方性流行，具有发病急、感染率高、流行期长的特点，临床症状除神经症状外，还有咳、喘，关节肿大、炎症，淋巴结脓肿，脑膜炎，耳端、腹下及四肢皮肤发绀，有出血点，青霉素、链霉素等抗生素治疗有效。

4. 食盐中毒

猪采食含盐量高的饲料或猪群供水量不足的情况下，可出现食盐中毒，表现为口渴、兴奋、肌肉震颤、惊厥和旋转运动等神经症状，应停止使用该饲料、提供足量饮水。

5. 日射病及热射病

猪所处环境温度过高或相对湿度过大，导致机体散热困难，最终出现机体血液循环衰竭、脑部充血、出现神经症状的热射病，以及猪在阳光下照射过久，导致血液循环不畅，头部温度过高，脑和脑膜充血，最终导致猪神经中枢紊乱的日射病。

（二）繁殖障碍方面

猪伪狂犬病引起的繁殖障碍症状应该与猪流行性乙型脑炎、猪细小病毒病、猪繁殖与呼吸综合征、猪瘟等引起的繁殖障碍症状进行鉴别。

1. 猪流行性乙型脑炎

主要引起初产母猪产死胎和木乃伊胎，少数产活仔，导致公猪睾丸出现单侧肿胀、发热、疼痛，呈季节性，主要发生在蚊虫滋生的夏秋季。

2. 猪细小病毒病

初产母猪早期感染可导致胚胎死亡，中期感染则产木乃伊胎，后期感染产仔正常，流产的胎儿发育不良，死胎出现充血、水肿、出血、体腔积液。

3. 猪繁殖与呼吸综合征

对妊娠后期的母猪造成流产、死胎，偶见木乃伊胎，母猪有全身症状，流产后或导致不孕。

4. 猪瘟

引起母猪繁殖障碍，妊娠母猪早期感染会产死胎、木乃伊胎或流产，妊娠中期感染可致新生仔猪带毒，出现先天性震颤，多种情况下1周内死亡，妊娠后期感染，出生仔猪存活时间长，但终身带毒、散毒。

二、实验室诊断

（一）样品采集

1. 病料采集

对死亡病畜或活体送检处死的动物，采集脑组织（应含有三叉神经节）、肺脏和扁桃体等组织，2～8℃冷藏条件下运输送检。

2. 血液样品采集

在发病猪群中采集发病猪、同群猪的血液，小猪采用仰卧保定的方法前腔静脉采血 5mL，大、中猪采用站立保定的方法前腔静脉采血 5mL。

（二）血清学诊断

1. 免疫荧光试验

通过显微镜标本的免疫荧光染色而显示其结果的一种技术，将抗体或抗原标记上荧光色素，如异硫氰酸荧光素或四乙基罗丹明，然后进行抗原抗体反应。荧光素在特定波长光的照射下可激发可见的荧光，出现荧光，说明标记物存在，同时反映了与之结合的抗原或抗体的存在。免疫荧光试验具有特异性和染色技术的快速性，且可在细胞水平上进行抗原定位，在病毒病诊断中应用很广。

2. 血清中和试验

用免疫血清中和病毒，测定中和后病毒感染力，判定免疫血清中和病毒的能力。此方法检测结果特异、敏感，但耗时长，一般需要 5～7d 才能出结果，特异性高，是标准的血清学方法，曾是国际贸易指定试验，但目前已经被敏感性高、特异性高以及能够大规模检测的酶联免疫吸附试验（ELISA）取代。但在美国以及其他一些国家仍将其列为法定的检测方法。

3. 免疫组化法

应用抗体来结合组织中特异性病毒抗原的染色技术，各种起着产色物质作用的酶与抗体结合，有色物质沉积在抗原抗体结合部位，这种有色物质可以通过光学显微镜观察到。多应用于甲醛固定、石蜡包埋组织切片的病理诊断。目前有一种专为免疫组化和其他免疫检测设计的链霉亲和素-生物素-过氧化物复合物，用于显示组织和细胞中的抗原分布。链霉亲和素是从链霉菌培养物中提取的一种蛋白质，对组织和细胞的非特异性吸附很低，但对生物素具有近乎共价键的结合力。生物素是一种水溶性维生素，活化后可标记抗体和酶而不影响其活性，通过链霉亲和素、生物素和过氧化物的结合得到具有信号放大的复合物。有研究应用此方法对人工感染伪狂犬病病毒的仔猪组织进行观察，在大脑、小脑、脊髓、脊神经节、扁桃体、淋巴结、胸腺、肺、肝、脾、肾、肾上腺、肠、胃等组织器官内均发现阳性信号，尤其是肺、神经和淋巴组织内具有较强信号。进一步观察发现病毒主要侵害上皮细胞、淋巴细胞和神经细胞，存在于宿主细胞的细胞核和细胞质内，但以细胞质为主。链霉亲和素-生物素-过氧化物复合物免疫组化法敏感性高、定位准确。

4. 酶联免疫吸附试验

酶联免疫吸附试验（ELISA）是目前应用最为广泛的一种血清学检测方

法，是通过物理方法将抗体或抗原吸附在固相载体上，之后一系列免疫学和酶促反应都在此固相载体上进行。检测猪伪狂犬病病毒抗体的 ELISA 方法是国际贸易指定试验之一。酶联免疫吸附试验适用于实验室大批样品检测、流行病学调查和健康猪群的建立，市场上有各种商品化 ELISA 试剂盒出售。ELISA 试验又可分为以下几种：

（1）斑点 ELISA：斑点酶联免疫吸附试验（Dot-ELISA）是以纤维素膜为载体的一种新型免疫检测技术。以纤维素膜代替常规 ELISA 常用的聚苯乙烯酶标板，这种微孔滤膜对样品吸附量大，且包被牢固，样品用量少，试验结果可通过颜色斑点的出现和色泽进行肉眼判定，不需要特殊仪器，具备简便、快速、经济、敏感、特异的特点，适于基层和养殖场对猪伪狂犬病进行血清学诊断检测和流行病学调查。

（2）间接 ELISA：将抗原包被在固相载体上，封闭后加入待检血清，孵化洗涤后加入酶标二抗，与底物进行反应，在特定波长下检测 OD 值。

（3）竞争 ELISA：待检样品的目标抗原或抗体干扰标记抗体与包被的抗体或抗原结合，显色的结果与待检抗原抗体的干扰程度呈正相关。竞争 ELISA 可分为竞争抑制 ELISA、间接竞争抑制 ELISA、夹心竞争 ELISA 等。

（4）双抗体夹心 ELISA：将已知特异性抗体通过物理方法吸附到酶联板上，加入待检样品，样品中相应的抗原与酶联板上抗体结合，洗去未结合抗原，加入抗该抗原的特异性酶标抗体，作用一定时间后洗涤，加入底物显色，颜色的深浅与样品中抗原含量的多少呈正相关。有研究应用该方法来检测人工感染猪伪狂犬病病毒的 40 日龄仔猪的组织，肺和脑病毒检出率最高，其次为心、肝、脾和肌肉。此方法具备特异性强、敏感性高、稳定性好的优点，是一种简便且可靠的检测方法。

5. 化学发光免疫分析技术

将发光分析和免疫反应相结合建立起来的一种新的检测微量抗原或抗体的免疫分析技术。在抗原或抗体上标记发光物质，通过反应剂激发发光物质形成不稳定的激发态中间体，当激发态中间体重回稳定基态时释放出光子，光信号用自动发光分析仪识别，进而测定光强度，以推算待测样品中抗原或抗体含量。该方法具有高灵敏度、线性动力学范围广、稳定性强、操作简便、可精确定量等优点。在欧美国家，化学发光免疫诊断技术已经实现了对酶联免疫方法的替代，占到了免疫诊断市场 90％以上的份额。而国内，化学发光正逐渐替代酶联免疫成为主流的免疫诊断方法。但目前，因联用技术不够成熟，应用范围有限，容易受样品基质干扰，且对氧化剂敏感，应注意避免氧化剂污染。按照标记物的不同，化学发光免疫分析分为直接化学发光免疫分析、化学发光酶免疫分析和电化学分析三大类。按抗原或抗体包被方法不同，化学发光分为微孔板式和微粒式，微粒式又分为磁微粒式和非磁微粒式，其中磁微粒式是最先进的化学发光技术。

6. 鉴别血清学诊断

伪狂犬病病毒的鉴别血清学诊断是建立在使用 TK 基因缺失标记疫苗的基础上的诊断方法。将基因标记疫苗免疫动物后，动物不能产生基因编码蛋白相应的抗体。因此，可以用血清学诊断检测技术将野毒感染的血清学阳性猪和疫苗免疫猪区分开来。目前基因缺失疫苗缺失的非必须基因主要有 gE、gG 和 gC 等，其相应 ELISA 鉴别诊断法如下：

（1）gE-ELISA 鉴别诊断法：1988 年，Van Oirschot 等针对 gE 不同抗原表位的两种单抗建立了一种阻断 ELISA，先用一种单抗包被酶联板，待检血清与病毒抗原预孵化，预孵化混合液加入已包被酶联板，然后加入另一种酶标记单抗，显色。如果血清中有抗 gE 抗体，就会与病毒抗原进行反应，病毒抗原结合不到酶标板上，酶标抗体无法与病毒结合，颜色反应就会变浅为阳性，反之颜色变深为阴性。HerdChek 公司的 gE 抗体检测试剂盒是以猪伪狂犬病病毒包被酶联板，再加入待检血清，然后加入抗猪伪狂犬病病毒 gE 的酶标单抗，显色。如果血清中含有抗 gE 的抗体，与抗猪伪狂犬病病毒 gE 的酶标单抗竞争结合酶联板上的病毒，颜色将会变浅。以上两种方法都使用病毒，存在安全隐患。随着基因工程技术的不断发展，猪伪狂犬病病毒基因已先后在昆虫细胞、大肠杆菌、杆状病毒系统中实现外源表达，并成功建立了 ELISA 检测方法。2004 年，唐勇等利用大肠杆菌 BL21 表达猪伪狂犬病病毒 gE 糖蛋白，经纯化、变性、复性等一系列处理后，将 gE 蛋白作为抗原建立了猪伪狂犬病病毒 gE-ELISA 鉴别诊断方法，2010 年获得新兽药注册证书，得到广泛应用。

（2）gG-ELISA 鉴别诊断法：gG 基因也是猪伪狂犬病病毒的非必需基因，Cook 等于 1990 年建立了检测抗 gG 蛋白抗体的阻断 ELISA，该方法检测到人工感染猪体内 gG 蛋白抗体持续存在的时间至少为一年。该方法具有较高特异性，但较其他血清学检测方法敏感性较低，可以区分 gG 基因缺失疫苗免疫猪与野毒感染猪。

（3）gC-ELISA 鉴别诊断法：1990 年 Kit 等利用糖蛋白 gC 和抗 gC 的酶标单抗建立了阻断 gC-ELISA，可以区分 gC 基因缺失疫苗免疫猪和野毒感染猪，该方法特异性强、敏感度高，可以用于诊断检测。

（三）病原学诊断

1. 病毒分离鉴定

病毒分离是确诊猪伪狂犬病最有效的方法。可用 BHK-21、IBRS-21、PK-15 以及 Vero 细胞对猪伪狂犬病病毒进行分离，用于接种细胞的病料有扁桃体、肾脏、肺脏和脑组织。三叉神经节部位易形成潜伏感染，但此部位仅含有病毒基因组而不含有病毒粒子，不作为分离病毒的样本。细胞一般在接种48h后出现病变，随着细胞适应性的增加，病变出现时间提前。可按如下步骤进行病毒分离：用无菌手术采集疑似患猪伪狂犬病死亡或处死的活体动物的大脑、扁桃体、肺脏、肾脏等组织，冷藏送实验室。

在实验室将待检组织在灭菌乳钵内剪碎，加入灭菌玻璃砂研磨，用灭菌生理盐水或DMEM细胞培养液制成约1∶5的悬液，反复冻融3次，经3 000r/min离心30min，取上清液经0.22μm滤膜过滤，加入青霉素和链霉素至终浓度为300IU/mL、100μg/mL，−70℃保存。将处理后样品接种至已长好的单层细胞，接种量为培养液量的1/10，放入37℃ CO_2 培养箱中培养1h后，再加入含10%新生牛血清的DMEM培养液，置37℃ CO_2 培养箱中培养24～72h，细胞应出现典型细胞病变，表现为细胞变圆、拉网、脱落。若第一次接种不出现病变，应将细胞培养物冻融后盲传三代，若仍无病变，则判为猪伪狂犬病病毒检测阴性。出现病变的细胞培养物，应进一步用聚合酶链式反应或实验动物接种试验进一步鉴定。

2. 聚合酶链式反应检测方法

聚合酶链式反应（PCR技术）是病原检测中广泛应用的技术，特别是疾病的早期诊断。对猪伪狂犬病的检测也建立了很多PCR诊断方法，如以 gD、gB、gE、gH 等基因为靶基因的单重或二重PCR。2005年刘丽娜以 gB 和 gE 为靶基因建立了二重PCR用于区分疫苗毒和野毒。针对猪伪狂犬病病毒和其他病毒混合感染的现象，用于检测几种病毒的多重PCR方法也被开发出来。PCR检测方法分为常规PCR、实时定量PCR。根据PCR检测目的，选取的样品有所不同，如了解潜伏感染状态，可采用三叉神经节；检测活体是否带毒，可采用扁桃体；检测猪群是否排毒，则常用鼻拭子样品。

PCR的操作步骤如下：

（1）常规PCR检测步骤（以gD-PCR为例）：取病死动物或扑杀动物的大脑、扁桃体、肺、三叉神经节等组织，活猪采集鼻拭子或扁桃体组织，充分研磨提取模板DNA，建立PCR反应体系进行PCR反应，琼脂糖凝胶电泳检测PCR反应产物。如需进一步鉴定，则增加酶切反应步骤。

（2）实时定量PCR检测：根据猪伪狂犬病病毒靶基因序列设计特异性引物和探针，构建标准质粒，建立实时定量PCR检测方法。

3. 核酸探针及基因芯片技术

核酸探针技术是利用碱基配对的基本原理，带有标记物的已知序列的核酸片段作为核酸探针，与待测核酸样品中探针互补的基因序列杂交，形成双链。核酸探针技术具有敏感性高、特异性良好等优点，被广泛应用于猪伪狂犬病的诊断和检测。基因芯片技术是将大量探针分子固定于支持物上，然后与标记样品进行杂交，通过检测杂交信号强弱来判断样品中靶分子的数量，可实现多种目的基因的同时检测。

4. 环介导等温扩增技术

环介导等温扩增技术是一种新的 DNA 扩增方法，在等温（60～65℃）条件下，短时间（1h 左右）内完成核酸扩增，借助指示剂颜色变化或浑浊度可实现肉眼观察结果，具有简单、实用、经济的特点。与常规 PCR 相比，环介导等温扩增技术不需要模板的变性、温度循环、电泳及紫外观察等过程，操作简便，适合基层及养殖场使用。

5. 动物接种试验

常用家兔和小鼠作为猪伪狂犬病病毒的接种试验对象，也可用仔猪、生长猪和妊娠母猪。观察接种动物是否出现啃咬接种部位等表现作为诊断依据。接种材料有分离病毒和疑似病料匀浆。具体操作如下：

（1）家兔接种试验：选择健康成年家兔，首先用血清中和试验等血清学检测方法证实猪伪狂犬病抗体阴性。按照病毒分离鉴定步骤处理染病组织样品，经颈部皮下注射接种，每只家兔接种量为 1～2mL。接种 24～48h 后，若家兔接种部位出现奇痒，家兔啃咬注射部位，导致皮肤溃烂，家兔出现尖叫、口吐白沫等症状后最终死亡，可判断为病料为阳性且具有猪伪狂犬病病毒。如果接种家兔表现健康，则判定病料为猪伪狂犬病病毒阴性样品。

（2）小鼠接种试验：将分离的病毒液通过小鼠后肢足垫部接种 0.1mL。如果病料中含有猪伪狂犬病病毒，一般小鼠在接种后 5～7d 出现啃咬后肢的现象，最后死亡。猪伪狂犬病病毒的潜伏期与病毒毒力及接种量相关，毒力越高或病毒量越大，潜伏期越短。目前，随着区分免疫动物和野毒感染的血清学和病原学鉴别诊断技术的推广以及出于生物安全的考虑，用家兔或小鼠接种来检测病料中是否含有猪伪狂犬病病毒的做法越来越少。

（3）猪人工感染试验：评价分离毒株对繁殖性能的影响，一般选用妊娠母猪。其余情况出于经济和实验动物获得难易程度考虑，一般选择使用仔猪和生长猪。在进行猪感染猪伪狂犬病人工试验时要选择抗体阴性猪，滴鼻接种比肌内注射更为敏感。有的猪伪狂犬病病毒毒株主要引起神经症状，有的主要引起呼吸道症状，强毒株可以引起仔猪接种部位瘙痒。猪感染猪伪狂犬病病毒试验不仅可以达到检测猪伪狂犬病的目的，还可以评价分离毒株的致病性强弱。

第八节 防　控

一、防控策略

多数发达国家已经成功消灭了猪伪狂犬病，不同国家在具体防控策略上有差异。一些国家不接种疫苗，只用血清学检测和扑杀的方法，根除猪伪狂犬病所需时间短，但需要政府有足够的财力投入来补偿扑杀动物造成的损失。多数国家采用的是血清学普查、基因缺失疫苗免疫并结合鉴别血清学诊断技术，对野毒感染阴性猪和阳性猪进行隔离饲养，当野毒感染阳性猪数量降低到一定程度后再对阳性猪进行扑杀，最终达到消灭猪伪狂犬病的目的。

在我国，猪伪狂犬病在预防方面的策略是制订和实施生物安全措施、合理免疫和其他综合措施；控制方面的任务是加强免疫、降低感染猪排毒量、降低水平传播的强度；净化方面则利用鉴别诊断方法，检测并淘汰野毒感染猪，建立猪伪狂犬病阴性猪场。重点是坚持"预防为主，预防与控制、净化、消灭相结合"的方针，采取定期免疫、生物安全、开展净化工作等综合防控策略。《国家中长期动物疫病防治规划（2012—2020年）》提出，有计划地控制、净化、消灭对畜牧业和公共卫生安全危害大的重点病种，推进重点病种从免疫临床发病向免疫临床无病例过渡，逐步清除动物机体和环境中存在的病原，为实现免疫无疫和非免疫无疫奠定基础，同时将猪伪狂犬病列为优先防控和净化的疫病之一。《重庆市中长期动物疫病防治规划（2012—2020年）》也将猪伪狂犬病列为优先防控和净化的疫病之一，对生猪主产区（县）优先实施种猪场疫病净化。

二、防控措施

（一）综合防控措施

运用流行病学知识，依据《动物防疫法》的要求，针对传染病流行过程中的3个基本条件，即传染源、传播途径、易感动物及其相互关系，采取消灭传染源、切断传播途径、提高猪群抗病能力的综合防控措施，具体从选址、布局、生产模式、消毒、免疫、监测、防鼠及其他动物管理、无害化处理等方面入手，才能有效防控猪伪狂犬病。

1. 猪场选址

场地应选择地势高、干燥、平坦的地方。在丘陵山地，应尽量选择阳坡。场地周围应交通便利，水源、供电充足，水质符合畜禽饮水标准，具备就地处理消化粪污条件，远离交通干线、居民区和其他养殖场。

2. 猪场布局

按功能划分为生产区、管理区、生活区、隔离区4个部分，各区之间特别是生产区外围应建立隔离带，猪场应设有围墙。猪舍周围有防鼠设施。场内设净道、污道，不重叠、交叉。各区之间建立隔离制度，生产区门口设有更衣换鞋区、淋浴区等。

3. 生产模式

实行分区饲养和全进全出的饲养模式。设置病猪隔离舍和引种猪隔离舍并与生产区保持有效距离。设置种猪观察待售舍，防止人员直接接触，从而降低疫病水平传播风险。

4. 猪场消毒

消毒是采用物理学、化学、生物学手段杀灭和减少环境中病原体的一项重要技术措施。目的是切断疫病的传播途径，防止传染病的发生和流行，是猪伪狂犬病综合防控措施中最常见的措施之一。常用的消毒方法有物理消毒法、化学消毒法、生物学消毒法。物理消毒法主要包括机械性清扫刷洗、高压水枪冲洗、高温高热、通风换气、干燥、光照等。化学消毒法指采用化学消毒剂杀灭病原微生物的一种消毒方法，也是最常用的一种。理想的消毒剂必须具备抗菌谱广、性质稳定、对病原体杀灭力强、维持消毒效果时间长、毒性小、廉价易得、对环境污染小、运输保存和使用方便等特点。对于防控猪伪狂犬病，敏感适用的消毒剂，包括氢氧化钠、漂白剂、酚类消毒剂、含碘化合物、季铵盐化合物、甲醛等，使用过程中应定期更换。

常用的生物学消毒法是发酵法，如用发酵法处理猪场粪便、污水、垃圾等。

猪场应根据实际情况建立人员、车辆、投入品、圈舍场地、装猪台等消毒管理制度，具体操作如下：

（1）人员消毒：限制外来人员进入猪场。本场员工进入生产区应淋浴、更衣、换鞋。更换生产区的服装再进入生产区。

（2）车辆消毒：外来车辆不进场，场内由专用车辆运送饲料、物资、转群等。在场内运输饲料和猪的车辆，必须按规定线路和流程运行。每次运输后要对车辆进行充分清洗、消毒和干燥。

（3）投入品消毒：投入品进入猪场要经过紫外线、臭氧或消毒药浸泡等方式进行消毒，确定安全后才能进入猪场内部。

（4）圈舍场地消毒：制定消毒方案，包括生活区消毒、生产区消毒、空栏消毒、带猪消毒等。猪舍消毒前必须要彻底清理干净，干燥后再进行消毒。空栏消毒后空置5～7d。猪舍尽量保持干燥。

（5）装猪台消毒：进入装猪台的车辆应经过多次消毒，严禁外来人员与猪场员工接触，严禁外售猪回流到猪场，使用完毕立即对装猪台进行消毒。

5. 免疫接种

有计划地对猪群进行预防接种是养猪场综合防控措施的一个极为重要的环节。规模化猪场常用多种疫苗来预防相关疾病，结合实际情况，按各种疫苗免疫特性，因地制宜地制定预防接种的次数、剂量、间隔时间和接种途径等为内容的免疫程序。应选择有品质保障的疫苗厂商购买疫苗，按照说明书进行保存、使用、运输，在有效期内使用。注意要在猪群健康状态下进行免疫，疫苗免疫前后 2d 不得带畜消毒。免疫时注意减少猪群应激，严格消毒注射部位，同时防止交叉感染。

6. 疫病监测

猪场尽可能自繁自养，如需引种，应对新引入种猪实行严格的隔离检测。在独立的隔离舍隔离饲养 40d 以上，确保临床健康，经检测无特定病原感染、应免动物疫病免疫抗体合格后，经清洗消毒后进入生产区。外购精液必须进行检测后使用。对猪群健康状况进行定期检查，重点关注垂直传播疫病流行情况，猪伪狂犬病感染比率较高时，可在免疫、监测、隔离基础上，加大种猪群淘汰更新比例。

7. 防鼠及其他动物管理

鼠类等动物能携带猪伪狂犬病病毒，因此每年定期开展灭鼠行动。犬、猫因食用病死猪内脏或接触感染鼠、死亡猪，成为病毒携带者，因此不得在猪场饲养宠物犬、猫，控制犬、猫进入猪场，安装防鸟网，防止鸟类进入猪舍。

8. 无害化处理

按照 2013 年农业部发布的《病死动物无害化处理技术规范》（农医发〔2013〕34 号），采用深埋、焚烧、发酵、化制法等技术，及时对病死猪、流产死胎等进行无害化处理。采用堆肥法等对粪污、垃圾等进行处理。

（二）猪伪狂犬病疫苗的种类及选择

疫苗接种是预防与控制猪伪狂犬病的主要措施之一。目前国内外均开发出了猪伪狂犬病病毒灭活疫苗、弱毒疫苗以及基因缺失标记疫苗，核酸疫苗等新型疫苗也在研制之中，并具有广阔的应用前景。

1. 灭活疫苗

灭活疫苗是将强毒株用 BHK-21、IBRS-2 等细胞系进行增殖、培养、灭活后，加入油乳剂乳化或氢氧化铝做吸附剂制成的疫苗。灭活疫苗安全性高，能减少临床症状，降低病毒排出量，尤其可使免疫母猪产生较高水平的母源抗体，为仔猪提供被动免疫。在一些国家，如法国、德国，规定只有灭活疫苗或亚单位疫苗才能用于种猪免疫，并取得了良好的效果。但各国生产灭活疫苗的方法和所用灭活剂的种类不同，免疫效果也会有差异。常用的灭活剂主要有甲醛、戊二醛、乙酰乙烯亚胺（AEI）等，研究表明用甲醛和戊二醛灭活猪伪狂犬病病毒制成的油佐剂疫苗，在攻毒试验中证明保护率较高。虽然用高质量的完整病毒制备的灭活疫苗安全性好，但其不能诱发可能在保护性免疫反应中起主导作用的细胞毒 T 细胞反应，肌内注射灭活疫苗能诱导机体产生 IgG1 和 IgM，但不产生黏膜 IgA，局部免疫效果不及弱毒疫苗。

由于灭活疫苗抗原成分含量不高以及灭活过程中主要抗原决定簇丢失，较活疫苗免疫剂量大，需要反复多次进行免疫接种来加强免疫。佐剂的使用可以在一定程度上提高灭活疫苗免疫效果，使用油佐剂可能对机体产生副作用，一些猪场大量接种油佐剂灭活疫苗后，出现了不良反应，如食欲下降、高热，甚至是妊娠母猪流产等更严重的反应。

不能区分野毒感染和疫苗免疫所产生的抗体，给猪伪狂犬病净化带来困难。随着分子生物学、免疫学等研究的深入，猪伪狂犬病病毒多种基因功能被阐明，国内外构建了一系列猪伪狂犬病病毒基因缺失株。猪伪狂犬病病毒灭活疫苗也由最初的全病毒灭活疫苗发展为基因缺失株灭活疫苗，主要为缺失 gG 或 gE 基因缺失株灭活疫苗，便于采用血清学鉴别诊断技术区分野毒株感染猪和疫苗免疫猪。一些国家如西班牙，在猪伪狂犬病根除计划中规定种猪只能使用 gE 基因缺失灭活苗。基因缺失活疫苗和全病毒灭活疫苗一样，不能阻止可能强毒的感染、潜伏、激活和传播。

2. 弱毒疫苗

在猪伪狂犬病防控早期阶段，灭活疫苗得到广泛应用，有效控制了该病的传播。但免疫剂量大、多次重复接种、局部副作用、有限的预防效果等制约因素，促使了猪伪狂犬病病毒弱毒疫苗的研发。20 世纪 60 年代以来，许多国家采用不同方法研发了多种猪伪狂犬病病毒弱毒株。使用广泛又具有代表性的弱毒株是 Bartha-K61、BUK 株。

Bartha 株的 gE 和 $US9$ 基因全部缺失，gI 和 $US2$ 基因部分缺失，毒力大大降低。BUK 弱毒株疫苗也是 gE 缺失疫苗，是将猪伪狂犬病强毒通过鸡胚尿囊膜培养至 200 代后，降低了毒力，用鸡胚培养后制成冻干苗，此疫苗只适用于 9 日龄以上的仔猪和妊娠 2 月龄的母猪，对兔、小鼠和豚鼠有较强毒力。

Bartha-K61 株毒力弱、免疫原性好、遗传特性稳定，在欧美国家的 PRV 净化过程中起到了关键作用，对我国猪伪狂犬病野毒经典毒株感染具有很好的保护，对变异毒株也能提供很好的临床保护（Zeng，2015；Zhou，2017）。针对 Bartha 株疫苗对不同野毒株保护性差异的免疫学机理，目前尚不完全清楚。

3. 基因缺失标记疫苗

随着对猪伪狂犬病病毒基因组研究的深入，研究者可以在地方流行毒株或变异毒株的基础上，通过对部分基因的敲除而构建出兼顾安全性、有效性的疫苗毒株，同时具有基因缺失标记。

基因缺失疫苗缺失位点明确、稳定，不易发生毒力的回复，具备常规疫苗不可比拟的优点。且基因缺失疫苗对中枢神经系统侵染能力减弱，只在三叉神经节复制，难以形成潜伏感染，安全性增强。根据猪伪狂犬病防控需要，不同的猪伪狂犬病病毒基因缺失疫苗被构建出来。TK 基因对于猪伪狂犬病病毒在中枢神经系统中的复制、传递及潜伏感染中起着主要作用。TK 基因的缺失可大大降低毒力但不影响病毒在细胞中的增殖，保持了良好的免疫原性。研究表明，*TK* 基因缺失疫苗可能不会建立潜伏感染，保护仔猪免受强度的致病性攻击，免疫猪在攻毒后很少向外界排毒，但不能阻止强毒株在扁桃体的感染。动物试验表明，高剂量的猪伪狂犬病病毒 Bartha 株对 BALB/c 小鼠仍有一定的致病力，缺失 *TK* 基因后，同样剂量对 BALB/c 小鼠是安全的。*TK* 基因是酶蛋白基因，在体内仅能产生微量或者不产生相应的抗体，不能用血清学方法区分免疫猪和野毒感染猪，使用 PCR 方法鉴别诊断存在采样、操作等诸多局限，要应用血清学方法区分免疫猪和野毒感染猪，必须还要缺失相应的糖蛋白。

在上述研究的基础上，随后研究的猪伪狂犬病病毒基因缺失疫苗均在缺失 *TK* 基因的基础上进一步缺失一个或多个糖蛋白，如不产生针对 gC 蛋白的抗体的 *TK-/gC-*双基因缺失疫苗，不产生针对 gG 蛋白的抗体的 *TK-/gG-*双基因缺失疫苗，不产生针对 gE 蛋白的抗体的 *TK-/gE-*双基因缺失疫苗。其中，*TK-/gC-*双基因缺失疫苗仅在日本应用。*TK-/gG-*双基因缺失疫苗中 gG 蛋白的缺失可以增强宿主趋化因子活性和免疫原性，游离的趋化因子可使机体更好地识别病毒、提高疫苗的免疫原性、增强免疫抗体反应。此疫苗还可用于发病仔猪的紧急预防接种，产生预防和治疗的双重效果，已在美国批准使用。因检测 gE 抗体的 ELISA 方法较 gG 灵敏度高，*TK-/gE-*双基因缺失疫苗目前是全世界广泛使用的一种疫苗，美国和欧盟都要求使用猪伪狂犬病病毒 *gE* 基因缺失疫苗。上述基因缺失疫苗构建成功为猪伪狂犬病的防治和根除提供了技术支撑。

2000 年，华中农业大学团队以鄂 A 株的亲本，通过缺失 *TK* 和 *gG* 基因，构建了 PRV HB-98 株（何启盖，2000），2006 年农业部批准 HB-98 株疫苗注册。由于未缺失 *gE* 基因，无法使用 gE-ELISA 抗体试剂盒鉴别诊断猪是否被野毒感染。华中农大团队又以鄂 A 株的亲本，缺失 *gE/gI/TK* 三个基因，构建了 HB2000 株，2016 年获得农业部注册许可。

2003 年，陈陆等以 Fa 株为亲本，构建了 *TK/gE/gI* 三基因缺失疫苗（SA215）（陈陆，2003）。试验证明 SA215 株疫苗安全、免疫原性好，2003 年获得农业部注册许可，也是我国第一个批准许可的 PRV 三基因缺失疫苗。

4. 核酸疫苗

核酸疫苗具指将编码具有免疫原性的外源蛋白质基因插入真核表达载体中，将这种真核表达质粒 DNA 直接注射进动物机体，诱导免疫动物产生对外源蛋白的特异性免疫反应。猪伪狂犬病病毒 gD、gC 基因的真核表达质粒首先被构建，进一步试验证明两种核酸疫苗都可以使免疫仔猪产生特异性的中和抗体，gD 表达质粒注射后产生的中和抗体水平更高，但 gC 表达质粒能诱导更强的细胞免疫反应，并能提供一定免疫保护，以 *gC* 为目标基因的核酸疫苗有良好的开发前景。gC、gB 和 gD 核酸疫苗联合免疫能进一步增强免疫效果，不仅能突破母源抗体的影响，而且产生的中和抗体可以用来抵抗一定强度的攻击。传统猪伪狂犬病病毒灭活疫苗和基因工程疫苗可能存在受母源抗体干扰的缺陷和存在潜伏感染的风险，而核酸疫苗具有诱导抗体全面、无致病性、无潜伏感染的优点，有望通过进一步研究，在生产实践中为预防和控制猪伪狂犬病发挥重要作用。

5. 活载体疫苗

猪伪狂犬病病毒基因组庞大，有较多非编码区和增殖非必需基因，在这些区域内基因缺失或插入外源基因不影响猪伪狂犬病病毒复制，且基因缺失疫苗获得巨大成功。如果将其他病原的保护性抗原基因插入 PRV 缺失标识基因区，可以获得一次免疫防两病甚至多病的效果，加上猪伪狂犬病病毒宿主范围广，不易感染人，能在多种细胞中增殖，培养容易，增殖滴度高，因此以猪伪狂犬病病毒基因组为载体的重组二价或多价疫苗成为研究热点。1987 年首次报道了应用 PRV 为载体表达了外源基因人组织血纤维蛋白溶解酶原激活物。随后，在 PRV 中表达了 HIV 和 *LacZ* 基因。猪瘟-猪伪狂犬病二价疫苗也被研发出来，免疫猪后可产生高水平抗体，并可抵抗猪伪狂犬病病毒和猪瘟病毒一定强度的攻击。到目前为止，已经有 20 种左右外源蛋白成功在 PRV 中获得表达。自然缺失 gE/gI 毒力基因的 Bartha-K61 弱毒株被常用作构建重组 PRV 的亲本株，应用于猪源及非猪源病原体的免疫原重组猪伪狂犬病病毒的构建研究。

6. 疫苗的选择及免疫程序制定

猪伪狂犬病给养猪业造成严重的经济损失，免疫接种是防控该病的主要措施。目前常用的猪伪狂犬病疫苗分为灭活疫苗、普通弱毒疫苗和基因缺失标记疫苗三大类。灭活疫苗安全性好，对母源抗体干扰不敏感，便于储存运输，但不易介导产生细胞免疫、成本高、需要佐剂增强免疫应答；普通弱毒疫苗成本低，可介导产生细胞免疫，但易受母源抗体感染；基因缺失标记疫苗免疫原性好，但成本高，易受母源抗体干扰。

大多数国家规定种猪只能使用灭活疫苗，育肥猪使用弱毒活疫苗，活疫苗通常是缺失 gE 基因的天然致弱的 Bartha-K61 株。安全性更高的基因缺失活疫苗的开发为预防猪伪狂犬病提供了更多选择，有利于该病的根除和净化，如日本使用 TK/gG 疫苗，美国使用 gE、gG 和 gC 基因缺失疫苗。

猪伪狂犬病病毒在猪体内易于建立潜伏感染，可引起持续感染，特别是耐过猪常处于潜伏感染状态，有散毒的风险。有研究发现规模化猪场的种猪普遍存在带毒的情况，种猪群采取安全有效的猪伪狂犬病病毒疫苗免疫是首选途径。每个养殖场的养殖条件和养殖环境不同，疫苗的选择和免疫程序的制订需考虑猪场疫病发生情况和周边地区疫病流行特点，同时还需考虑和结合猪群年龄、种类、饲养管理条件、母源抗体，疫苗种类、性质与免疫途径以及其他疫病疫苗接种情况等多种因素。

对猪群进行健康管理，要先对种猪群进行血清学筛查，根据筛查结果，结合猪场生物安全条件和猪场意愿，制定管理目标，确定最终是实现"野毒阳性临床稳定"，还是进行猪群净化。

对于正在暴发猪伪狂犬病的猪场，应进行紧急全群免疫，3～4周之后加强免疫1次，此后种猪群维持每年3～4次的免疫频率，阳性公猪应停止使用，新生仔猪滴鼻免疫。对于野毒阴性的猪群，种猪场每年可免疫2～3次。野毒感染阳性猪场，若目标是维持临床稳定，种猪群应每年免疫4次，新生仔猪滴鼻免疫，每半年进行1次血清学鉴别筛查，逐步缩小和淘汰野毒感染种猪群。若是计划进行猪群净化，则应加大检测频率和猪的淘汰频率。

滴鼻免疫、肌内注射是猪伪狂犬病疫苗常用的接种方式。母源抗体能够阻止病毒在仔猪间传播，限制病毒感染后在仔猪神经系统中复制，从而保护仔猪。有文献（如《猪病学》）记载高水平的母源抗体似乎能完全保护新生仔猪抵抗，而低水平则不行。然而母源抗体的保护效果既与抗体水平高低有关，也与毒株差异有关。滴鼻免疫能够迅速在鼻腔黏膜诱导产生细胞免疫，避免早期感染，并产生"病毒占位效应"。同时还可以克服母源抗体干扰，对于4～12周龄有母源抗体的猪，滴鼻免疫比其他免疫途径效果好。

（三）重视免疫抑制性传染病的防控

当前许多具有免疫抑制性的疾病在猪群中普遍存在，与猪伪狂犬病混合感染，导致了猪伪狂犬病防控不力，如猪繁殖与呼吸综合征（PRRS）、猪气喘病、猪圆环病毒感染（PCV-2）引起的免疫细胞、巨噬细胞损伤，免疫应答减弱，猪体处于免疫抑制状态。此外，副猪嗜血杆菌、巴氏杆菌感染产生的细菌毒素也会引起免疫抑制。霉变饲料中的霉菌毒素可引起肝细胞的变性和坏死，淋巴结水肿、出血，并破坏机体的免疫器官，造成机体免疫抑制。以上这些因素都能导致猪伪狂犬病疫苗免疫应答减弱，甚至失败。因此要重视免疫抑制性疫病的防控，把好饲料质量关，合力构建动物疫病综合防控措施。结合当地疫病流行情况及规律，制定符合猪场实际的免疫程序。

三、疫情处置

我国将猪伪狂犬病列为三类动物疫病。依据《动物防疫法》等法律法规，对猪伪狂犬病疫情按如下方式处置。

（一）疫情报告

（1）从事动物饲养、屠宰、经营、隔离、运输等活动的单位和个人发现动物患病或疑似患病时，应当立即向所在地农业农村主管部门或者动物疫病预防控制机构报告，并迅速采取消毒、隔离、控制移动等控制措施，防止动物疫情扩散。其他单位和个人发现动物患病或疑似患病时，应当及时报告。

（2）执业兽医、乡村兽医以及从事动物疫病检测、检验检疫、诊疗等活动的单位和个人，在开展动物疫病诊断、检测过程中发现动物患病或疑似患病时，应及时将动物疫病发生情况向所在地农业农村主管部门或者动物疫病预防控制机构报告。

（二）疫病诊治

（1）经临床诊断、流行病学调查或实验室检测，综合研判认定为猪伪狂犬病的，可对患病动物进行治疗。

（2）治疗药物应当符合国家兽药管理的规定。药物使用应确保精准，严格执行用药时间、剂量、疗程、休药期等规定，建立用药记录，并保存 2 年以上。

（3）对患病畜禽应隔离饲养，必要时对患病动物的同群动物采取给药、免疫等预防性措施。

（4）动物疫病诊疗过程中，相关人员应做好个人防护。治疗期间所使用的用具应严格消毒，产生的医疗废弃物等应进行无害化处理。

第九节　净　　化

动物疫病净化是指有计划地在特定区域或场所对特定动物疫病，通过免疫、监测、检疫、隔离、消毒、淘汰、扑杀、无害化处理等一系列技术和管理措施，消灭和清除病原，最终达到并维持在该范围内动物个体不发病和无感染状态的效果。

随着对猪伪狂犬病病毒致病机理、流行病学特征研究的深入，特别是基因工程标记疫苗和配套鉴别诊断方法的推广使用，净化猪伪狂犬病成为国内外关注的问题。多数欧美和亚洲发达国家已经根除了此病，获得巨大的经济效益，并带动了其他疫病的净化和根除，如猪繁殖与呼吸综合征、猪肺炎支原体病等。

一、净化路线

（一）国外猪伪狂犬病净化路线

猪伪狂犬病根除计划制定除依赖技术上的可行性，包括血清学诊断、疫苗的选择和使用、定期监测等，政府行为如通过法律以保证各项根除计划实施、经济补偿等也是必不可少的。不同国家实际情况有差异，具体净化路线也各有侧重点。

1. 美国

美国猪伪狂犬病根除计划分为 3 个阶段。第一个阶段于 1989—1998 年实施，包括 4 种方案，即检测与淘汰、隔离后代、全部淘汰、用灭活疫苗免疫但不淘汰原有种群。具体如下：

（1）检测与淘汰。有 3 种选择方式，第一种方式是适用于种猪猪伪狂犬病阳性率低于 20% 的猪场，采取不进行免疫，只检测并淘汰阳性猪的措施；第二种方式是适用于种猪猪伪狂犬病病毒阳性率较高及易感育肥猪或生长猪感染病毒，每 6 个月采用灭活疫苗免疫 1 次，共免疫 3 次，最后一次免疫后 6 个月检测所有种猪，并对 16 周龄以上的仔猪进行检测，如果仔猪经检测为阴性，则淘汰所有阳性公猪和母猪，随后采取退出免疫，只检测并淘汰阳性猪的方式；第三种方式是对猪场所有阴性公猪、母猪用灭活疫苗进行免疫，增强抵抗力，所有原来抗体阳性母猪在下一次仔猪断奶时全部淘汰，并淘汰阳性公猪，用未免疫后备母猪代替阳性母猪，免疫后 4 个月，检测所有母猪，清除阳性猪，30d 后再全群检测，按照第一种方式执行。

（2）隔离后代。在分娩前 3～4 周用伪狂犬病病毒灭活疫苗免疫所有母猪，仔猪在 3～4 周龄或更早时间断奶，挑选后备母猪，迁移到新猪舍，检测 16 周龄后备母猪，血清学阳性者予以淘汰，30d 后再检测，如出现阳性，则清除该猪舍所有猪。将阴性猪混群，用新公猪进行配种，同时，将原有种猪全部淘汰。另一种方法是将仔猪按正常日龄断奶，挑选后备母猪，并在 12 周龄、14 周龄、16 周龄时分别进行检测，每次检测后将血清学阴性猪隔离，16 周龄检测时淘汰血清学阳性猪和原来的母猪群，最后一次混群后 30d 再检测 1 次，按第一种方法执行。

（3）全部淘汰。适用于高感染率的猪群，易于取得成功。选择暖和干燥的季节，在猪达到上市体重时全部淘汰，消毒 30d 后重新引进血清学阴性后备猪，30d 后再检测 1 次。

（4）用灭活疫苗免疫但不淘汰原有种群。首先将曾接种过弱毒疫苗的猪清理出猪群，按照灭活疫苗的免疫期只有半年的原则，如在 5 个半月检测为抗体阳性则为野毒感染，每 6 个月用灭活疫苗对全部种猪、后备母猪进行免疫，最后一次免疫结束后 5 个半月抽取 30 份左右血清进行检测，如果只出现少数抗体阳性，且抗体水平低于 1∶4 或 1∶2，则检测剩余猪，扑杀所有阳性猪后再进行一次检测，如为阴性则可认为该猪群为猪伪狂犬病病毒阴性。如果第一次抽检抗体水平为 1∶16 以上，则继续用灭活疫苗进行免疫，持续 1 年再进行检测。

美国第二阶段猪伪狂犬病根除计划实施期限为 1999—2001 年。为加速实施进程，采取全群扑杀的方法，快速消灭传染源，阳性猪群予以销毁或者合理利用。猪场自愿参与，如不愿意参与计划，仍遵循第一阶段计划。

美国第三阶段猪伪狂犬病根除计划于 2003 年开始生效，规定了准备、控制、强制清群、监测、无疫 5 个净化效果从低到高的阶段，特别强调猪群只能从高阶段向低阶段流动的原则，所有猪群均实现可追溯。规定了不同阶段的时间范围，不能达到要求则退回到上一阶段。2004 年美国宣布 50 个州在家猪中消灭了猪伪狂犬病。

2. 英国

首先是开展大范围血清学调查，至 1983 年 9 月 30 日，共有 532 个猪场被发现感染，进行了 3 300 次调查，检测了 94 000 份血清样品，屠宰了 341 000 头猪。随后于 1984 年启动了以扑杀为主的根除计划。1984—1988 年重点检测母猪血清，1987 年以后主要进行公猪屠宰检测，如果在屠宰场发现抗体阳性血清，则对其来源进行追溯，若为阳性则全部杀掉，同时对疫点周围 2km 内猪群进行检测抽样，如为阳性，也全部扑杀。1989 年英国宣布消灭了猪伪狂犬病。

3. 荷兰

荷兰从 1989 年开始在全国范围内实施猪伪狂犬病免疫接种。经过 2 年时间，猪群野毒抗体阳性率从 81% 降到 18%，其中育肥猪阳性率从 49% 降到 1%。1993 年启动全国性根除计划，分为广泛的免疫接种、检测淘汰、禁止使用疫苗三个阶段。

4. 德国

德国从 1966 年开始实施全国性伪狂犬病控制计划，1976 年进行立法，1981 年采取全面扑杀淘汰政策，并由保险公司提供补偿。

免疫措施方面规定：感染猪群实施免疫接种，阴性猪群禁止免疫，只使用 gE 基因缺失疫苗，种猪只使用基因缺失灭活疫苗，使用活疫苗的猪在免疫 21d 后才准转移；种猪在 10 周龄时免疫 1 次，随后间隔 4～5 个月再次免疫；育肥猪在育肥阶段免疫 1 次，根据需要决定是否再次免疫。

猪群销售运输方面：病原学或血清学检测为伪狂犬病阳性的猪群禁止销售，免疫猪群禁止销售，感染猪群全部淘汰。

执行系列措施一段时间后，德国猪群感染比例大幅度下降。

1994 年开始，德国政府计划将所有的血清学阳性猪淘汰。2003 年，德国宣布根除伪狂人病。

5. 法国

法国主要采取的措施有：血清学调查，了解猪伪狂犬病分布及感染情况；根据调查结果，不同感染情况的地区采取不同的措施，感染低的地区不准使用疫苗免疫，阳性感染猪一律屠宰，由政府给予补助；感染率高的地区无论种猪还是育肥猪必须采取强制免疫，种猪只能使用 gE 基因缺失灭活疫苗，育肥猪使用弱毒活疫苗。

6. 其他国家

（1）丹麦：全程没有使用疫苗免疫，采取扑杀政策，1986 年宣布消灭猪伪狂犬病。

（2）西班牙：规定只能使用 gE 基因缺失疫苗，种母猪可用灭活疫苗和活疫苗，育肥猪必须在开始育肥时用活疫苗免疫，定期做血清学检测。

（3）比利时：必须使用 gE 基因缺失活疫苗或灭活疫苗。种猪群用灭活疫苗免疫 2 次或活疫苗免疫 3 次，育肥猪在开始育肥时用活疫苗免疫 1 次，由于母源抗体的干扰，建议育肥猪做 2 次免疫，定期监测 gE 抗体。一旦发生猪伪狂犬病，1 个月内限制猪移动，全群紧急免疫。

（4）意大利：1997 年启动强制性猪伪狂犬病控制计划，规定只能使用 gE 基因缺失灭活疫苗。

（5）芬兰：1993 年启动根除计划，自此至 1998 年，每年监测血清学样本均为阴性，欧盟承认其消灭了猪伪狂犬病。

（6）瑞典：1991 年开始实施根除计划，采取疫苗免疫结合血清学诊断的方法，1995 年宣布消灭猪伪狂犬病，1996 年 12 月得到欧盟承认。

（7）日本：1991 年启动猪伪狂犬病防控计划，部分区域取得净化成果，一些地区仍然呈散发状态。2009 年形成新的净化方案，包含 4 个阶段：准备阶段、加强免疫和（或）过渡阶段、血清学监测和淘汰血清学阳性猪阶段、净化完成阶段。

（二）猪伪狂犬病净化路线的比较

目前多数发达国家已根除了猪伪狂犬病，主要路线可归纳为：采用高效安全的疫苗实施科学合理的免疫预防，提高猪群免疫力，降低排毒数量，减少同群猪被感染的机会，建立健康稳定猪群，然后使用基因缺失标记活疫苗或灭活疫苗并配合鉴别诊断试剂盒，淘汰野毒感染猪，最终将此病清除。有研究分析表明，大规模免疫后，采取防控和淘汰相结合的措施，比单独加强免疫或单独淘汰，经济效益更显著。

根据德国和荷兰猪伪狂犬病净化实施情况，Mcinerney 等分析了净化路线的经济效益，他将根除计划分为 4 种，即不采取任何措施；免疫接种；将猪伪狂犬病控制在较低流行水平后，淘汰感染猪群；直接大规模检测和淘汰。他认为没有哪一种单独方案是最佳方案，要根据当地的实际情况，如猪群密度、流行水平、养殖模式及贸易状况等，制定根除计划。对于猪饲养密度高的地区，最经济的方法是广泛免疫接种降低发病率，然后再采取检测淘汰的方法清除阳性猪。

同时，Miller 等对中等规模一条龙猪场进行了猪伪狂犬病净化经济效益评价，在综合考虑死亡率、上市体重、上市头数、分娩率、活仔数等因素后，得出了实施根除计划将生产更多猪肉，猪伪狂犬病的净化将带来巨大的经济效益的结论。

（三）我国猪伪狂犬病净化路线

我国目前尚未根除猪伪狂犬病，野毒感染普遍。该病的净化与根除，是一个系统而长期的过程，涉及法律保障、财政补贴、净化措施的可行性、养殖业主的认同等方方面面，需要各方协作努力，才能取得预期效果。鉴于我国养猪业养殖模式、品种、规模多种多样，不同地区防控策略应有所差异。

2021年新修订实施的《动物防疫法》，将动物防疫方针调整为"动物疫病实行预防为主，预防与控制、净化、消灭相结合的方针"，并明确国务院农业农村主管部门、县级以上地方人民政府、动物疫病预防控制机构在动物疫病净化、消灭中的职责，鼓励支持饲养动物的单位和个人开展动物疫病净化。《国务院办公厅关于促进畜牧业高质量发展的意见》（国办发〔2020〕31号）明确提出，支持有条件的地区和规模养殖场（户）建设无疫区和无疫小区。推进动物疫病净化，以种畜禽场为重点，优先净化垂直传播性动物疫病，建设一批净化示范场。《农业农村部关于推进动物疫病净化工作的意见》（农牧发〔2021〕29号）指出，以种畜禽场为重点，扎实开展猪伪狂犬病等垂直传播性疫病净化，从源头提高畜禽健康安全水平。

养殖场猪伪狂犬病净化路线可归纳如下：养殖场针对猪伪狂犬病本地调查情况，制定猪伪狂犬病净化方案。采取严格的生物安全措施、免疫预防措施、免疫抗体监测、感染抗体鉴别监测，淘汰带毒猪，分群饲养，建立健康群体。对假定猪伪狂犬病阴性群加强综合防控措施，逐步扩大净化效果，最终建立净化场。此后，加强人流、物流管控和实行全进全出的生产模式，降低疫病水平与传播风险，强化引种及后备种猪监测，建立完善的防疫制度和生产管理制度，优化生产结构和建筑设计布局，构建持续有效的生物安全防护体系，确保净化效果持续有效。

二、净化标准

（一）标准要求

按照中国动物疫病预防控制中心印发的《动物疫病净化场评估技术规范》的规定，种猪场同时满足以下4个要求视为达到免疫净化标准：

（1）生产母猪和后备种猪抽检，猪伪狂犬病病毒gB抗体阳性率大于90%。

（2）种公猪、生产母猪和后备种猪抽检，猪伪狂犬病病毒gE抗体检测均为阴性。

（3）连续两年以上无临床病例。

（4）现场综合审查通过。

种猪场同时满足以下3个要求视为达到非免疫净化标准：

（1）种公猪、生产母猪和后备种猪抽检，猪伪狂犬病病毒抗体检测均为阴性。

（2）停止免疫两年以上，无临床病例。

（3）现场综合审查通过。

种公猪站同时满足以下 3 个要求视为达到净化标准：

（1）采精公猪、后备种猪抽检，猪伪狂犬病病毒抗体检测阴性。

（2）停止免疫两年以上，无临床病例。

（3）现场综合审查通过。

（二）抽样检测要求

按照中国动物疫病预防控制中心印发的《动物疫病净化场评估技术规范》的规定，开展抽样检测（表 3-9-1、表 3-9-2、表 3-9-3）。

表 3-9-1 种猪场免疫净化评估实验室检测方法

检测项目	检测方法	抽样种群	抽样数量	样本类型
抗体检测	gE-ELISA	种公猪	生产公猪存栏 50 头以下，100%采样；生产公猪存栏 50 头以上，按照证明无疫公式计算（$CL=95\%$，$P=3\%$）	血清
		生产母猪和后备种猪	按照证明无疫公式计算（$CL=95\%$，$P=3\%$）；随机抽样，覆盖不同猪群	血清
抗体检测	gB-ELISA	生产母猪	按照预估期望值公式计算（$CL=95\%$，$P=90\%$，$e=10\%$）	血清
		后备种猪	按照预估期望值公式计算（$CL=95\%$，$P=90\%$，$e=10\%$）	血清

表 3-9-2 种猪场非免疫净化评估实验室检测方法

检测项目	检测方法	抽样种群	抽样数量	样本类型
抗体检测	ELISA	种公猪	生产公猪存栏 50 头以下，100%采样；生产公猪存栏 50 头以上，按照证明无疫公式计算（$CL=95\%$，$P=3\%$）	血清
		生产母猪后备种猪	按照证明无疫公式计算（$CL=95\%$，$P=3\%$）；随机抽样，覆盖不同猪群	血清

表 3-9-3 种公猪站净化评估实验室检测方法

检测项目	检测方法	抽样种群	抽样数量	样本类型
抗体检测	ELISA	采精公猪	存栏 200 头以下，100%采样；存栏 200 头以上，按照证明无疫公式计算（$CL=95\%$，$P=3\%$）；随机抽样，覆盖不同猪群	血清
		后备种猪	100%抽样	

三、净化方案的制定

在开展净化工作前，应对猪场猪伪狂犬病的流行状况和风险因素进行全面调查分析，在此基础上制定相应的防控策略和净化方案。基本过程是猪伪狂犬病流行背景调查、确定净化实施方案、免疫净化维持、非免疫净化阶段，净化和根除猪伪狂犬病的核心技术是基因缺失疫苗和相应鉴别诊断技术的配合使用，结合生物安全措施，逐步实现猪场猪伪狂犬病无疫并维持无疫状态的目的。中国动物疫病预防控制中心印发了《规模化养殖场主要动物疫病净化技术指南》，其中对猪伪狂犬病净化方案做了相关建议。

（一）自繁自养原种猪场猪伪狂犬病净化方案

猪场种猪群至少一年内不使用全基因病毒疫苗免疫，包括灭活疫苗。按统计学方法抽取猪场种猪（可按母猪群数量的10％，全部种公猪）采血检测猪伪狂犬病病毒 gE 抗体，同时对本场开展动物疫病风险和生物安全水平评估。

阳性率大于20％时，暂不采取净化措施，全群免疫猪伪狂犬病病毒 gE 基因缺失疫苗，淘汰老龄猪，补充阴性后备猪，经2～3年的自然更新和淘汰后再进行阳性率评估，阳性率小于20％时，再进入清除净化程序；连续3次全群采血检测，淘汰野毒感染的种猪。

种猪场在短时间内完成所有种猪及后备猪检测，猪伪狂犬病 gE 抗体阳性猪或可疑猪立即隔离或淘汰处理，4～6周后再次全群检测，淘汰阳性猪和可疑猪，重复检测2次。阳性猪和可疑猪重复检测，确认为不合格后应全部隔离到2km 以外的隔离场或扑杀。

最后一次检测结果为全群无阳性后，可在连续引入的3批后备猪中按10％比例留不免疫猪伪狂犬病疫苗的哨兵猪，其他猪群依然执行猪伪狂犬病基因缺失疫苗免疫策略。配种后的哨兵猪安插进基础母猪群，连续6个月监测抗体，观察产仔及其健康状况。如果监测结果一直为阴性，猪群猪伪狂犬病病毒 gB 抗体合格率在90％以上，且连续两年以上不出现临床病例，可以认为达到免疫净化状态，继续按照一定比例对后备种猪、外售种猪开展维持性监测。维持阶段发现 gE 抗体阳性，立即淘汰阳性猪，并监测同群猪 gE 抗体，对同群种猪和小猪加强免疫。如果发现育肥猪 gE 抗体阳性，及时调整免疫程序，加大后备猪筛选力度。

猪场经历免疫净化阶段工作，达到免疫净化水平且维持一段时间后，可根据本场生物安全水平和周边猪伪狂犬病流行情况，选择逐步退出免疫，定期巡查和抗体检测，开展非免疫净化工作。按照生物体系建设的要求做好综合防控工作，防止猪伪狂犬病传入。

（二）新建种猪场猪伪狂犬病净化方案

引种时应根据供种单位的信誉度、引种检测情况、其他客户反馈意见进行综合评价，并进行猪伪狂犬病等疫病检测，确保阴性方可引种。引种后进入隔离舍饲养 40d 以上再逐头检测，确认猪伪狂犬病阴性方可混群饲养。外购精液先确保精液或供体猪伪狂犬病病毒阴性。

定期对猪群进行监测和巡查，若发现异常情况，如产死胎、木乃伊胎及流产等，或仔猪出现神经症状，育肥猪出现呼吸道症状时，及时采样检测猪伪狂犬病病毒 gE 抗体。加强配套体系生物安全建设，如车辆消毒、外来人员管控、病死猪无害化处理、定期灭鼠等。

四、净化步骤

（一）本底调查

1. 调查目的

了解养殖场各年龄段猪群健康状态、免疫情况、免疫保护水平和感染情况，评估猪伪狂犬病发生和传播风险。

2. 调查内容

按比例采集种公猪、生产母猪、后备种猪、保育猪和育肥猪血清，检测猪伪狂犬病免疫抗体和野毒抗体。分析猪伪狂犬病发生风险因子，根据净化成本和人力物力投入，制定适合本场实际情况的净化技术方案。

（二）免疫监测淘汰

1. 免疫措施

全场开展猪伪狂犬病基因缺失疫苗（gE 基因）免疫，根据本场日常监测计划，确定和适时调整免疫程序。在做好种猪群免疫的基础上，重点做好保育猪、育肥猪群的免疫，确保 6～10 周龄以上育肥猪的免疫效果。同时着重确保在后备猪并群前，确认每头猪的猪伪狂犬病 gB 抗体合格和 gE 抗体阴性。

2. 监测

同时进行 gB 抗体和 gE 抗体监测。生产母猪每季度监测一次，监测比例为 25%，确保一年生产母猪普检完毕；引进种猪混群前监测一次，监测比例 100%，混群后纳入生产母猪或种公猪监测范畴；后备种猪混群前监测一次，监测比例 100%，混群后纳入生产母猪或种公猪监测范畴；种公猪每半年监测一次，监测比例 100%；育肥猪（10 周龄以上）与生产母猪同步监测，监测比例为 30 头以上。

3. 淘汰

后备种猪、种公猪、引种猪发现 gE 抗体阳性者坚决予以淘汰，育肥猪（10 周龄以上）则应以猪伪狂犬病 gB 抗体和 gE 抗体监测结果作为养殖场猪伪狂犬病循环的重要监视靶标，加以重视；生产母猪 gE 抗体阳性率低于 15%，建议一次性全部淘汰。

（三）净化

1. 免疫净化

生产母猪历经两次及两次以上普检和隔离淘汰，且确认种公猪、生产母猪、后备猪及待售种猪 gE 抗体阴性；生产母猪、后备猪及待售种猪 gB 抗体合格率在 90% 以上；连续两年以上无临床病例发生，认为达到免疫净化状态，可按照程序申请免疫净化评估。

2. 非免疫净化

养殖场经历免疫净化阶段工作，达到免疫净化水平后，可根据本场生物安全水平和周边疫情风险，自主选择逐步退出免疫，按照以下程序开展非免疫净化工作。

（1）监测：进行 gB 抗体或 gE 抗体监测。生产母猪每季度监测一次，监测比例为 25%，一年内普检完毕；引进种猪混群前监测一次，监测比例 100%，混群后纳入生产母猪或种公猪监测范畴；后备种猪混群前监测一次，监测比例 100%，混群后纳入生产母猪或种公猪监测范畴；种公猪每半年监测一次，监测比例 100%；育肥猪（10 周龄以上）与生产母猪同步监测，监测比例为 30 头以上。

（2）监测阳性处理：后备种猪、种公猪、引种猪发现猪伪狂犬病抗体阳性者坚决予以淘汰，育肥猪（10 周龄以上）应以猪伪狂犬病抗体监测结果作为养殖场伪狂犬病循环的重要监视靶标，加以重视；如出现疑似病例，立即开展病原学检测，淘汰确诊病例，有条件的养殖场可直接淘汰临床疑似猪。生产母猪经历一次以上普检和隔离淘汰，且确认种公猪、生产母猪、后备猪及待售种猪 gE 抗体或 gB 抗体阴性；连续两年以上无临床病例发生，认为达到非免疫净化状态，可按照程序申请净化评估。

五、净化评估

（一）养殖场自评估

养殖场定期按照中国动物疫病预防控制中心印发的《动物疫病净化场评估技术规范》对必备条件、人员管理、设施设备、结构布局、栏舍设置、卫生环保、无害化处理、消毒管理、生产管理、防疫管理、种源管理、监测净化、场群健康等方面开展评估，并撰写自评估报告。

（二）省级评估

养殖场逐级向省级农业农村主管部门提交省级评估相关申请材料，省级动物疫病预防控制中心具体组织实施现场评估工作。申请资料审核通过以后组织专家组到场进行现场评估，按照中国动物疫病预防控制中心印发的《动物疫病净化场评估技术规范》开展评估。

（三）国家级评估

养殖场逐级向省级农业农村主管部门提交相关申请材料，省级农业农村主管部门按要求统一组织向农业农村部申请评估。农业农村部收到评估申请后，先进行资料审核，通过以后组织专家组到场进行现场评估，专家组按照中国动物疫病预防控制中心印发的《动物疫病净化场评估技术规范》开展评估。

六、净化维持

（一）确保生物安全体系持续有效运行

在养殖场生物安全体系运行过程中，内、外部因素不断发生变化，养殖场要定期对人员管理、消毒管理、种源管理、无害化处理、生产管理等各项制度是否执行到位进行疫病发生风险评估，根据评估结果采取相应措施，并严格执行。通过日常检查、日常监督、效果评估、内部审核、外部审查等方式，采取预防措施、纠正措施、持续改进措施，对存在的风险进行识别和控制，不断完善本养殖场的生物安全体系，使之有效运行，维持养殖场的净化效果。

（二）规范免疫

根据当地和养殖场动物疫病流行状况，制定适合本场的免疫程序并执行。通过净化评估的企业，根据情况可逐步退出免疫，进入非免疫无疫管理阶段。净化维持阶段如出现隐性感染或者临床病例，应及时调整免疫程序，必要时全群免疫，加大监测淘汰力度。

（三）持续监测

净化猪群建立后，按照一定监测比例和频率进行监测，维持净化状态。

1. 免疫净化维持性监测

同时进行 gB 抗体和 gE 抗体监测。生产母猪每季度监测 1 次，监测比例为 30 头以上；引进种猪混群前监测一次，监测比例为 100%，混群后纳入生产母猪或种公猪监测范畴；后备猪混群前监测一次，监测比例为 100%，混群后纳入生产母猪或种公猪监测范畴；种公猪每半年监测 1 次，监测比例为 100%；育肥猪（10 周龄以上）与生产母猪同步监测，监测比例为 30 头以上。

2. 非免疫净化维持性监测

进行 gB 抗体或 gE 抗体监测。生产母猪每季度监测 1 次，监测比例为 30 头以上；引进种猪混群前监测一次，监测比例为 100%，混群后纳入生产母猪或种公猪监测范畴；后备猪混群前监测一次，监测比例为 100%，混群后纳入生产母猪或种公猪监测范畴；种公猪每半年监测 1 次，监测比例为 100%；育肥猪（10 周龄以上）与生产母猪同步监测，监测比例为 30 头以上。

如监测发现隐性感染个体或临床疑似病例，<u>应立</u>即进行处理。

(四) 保障措施

养殖企业是疫病净化的实施主体和实际受益者，应保障疫病净化人力、物力、财力投入。做好疫病净化必要的软硬件设计改造以保障净化期间采样、检测、阳性猪淘汰清群、无害化处理等措施顺利实施。健全生物安全防护设施设备、加强饲养管理、严格消毒、规范无害化处理。

相较其他疫病，猪伪狂犬病净化所需技术手段比较成熟、采样和检测便捷、方案简单可行，只要猪场认识到其重要性，加上国家相关政策推动，猪伪狂犬病净化的目的是能够达到的。

第四章

猪瘟的控制与净化

第一节　概　　述

一、概况

猪瘟（Classical swine fever，CSF）是一种由猪瘟病毒（Classical swine fever virus，CSFV）引起的急性、热性、高度接触性传染病，是严重危害全球养猪业的重大传染病之一，给全球养猪业带来了巨大的经济损失。世界动物卫生组织将其列为必须报告的动物疫病，我国将其列为二类动物疫病。猪瘟以发病急、持续高热、全身多器官出血和脾脏边缘梗死为主要临床特征，强毒株感染引起急性猪瘟，呈现高发病率和高死亡率，而弱毒株感染引起慢性猪瘟，不表现明显的临床症状（蔡宝祥，2004）。伴随着全球畜牧业的快速发展，猪的饲养规模逐渐扩大，猪瘟成为阻碍全球养猪业快速发展的重要因素之一。目前部分国家如加拿大、澳大利亚、新西兰等通过净化措施已宣布猪瘟成功净化，但是东欧、亚洲、南美洲、非洲等大多数养猪地区，猪瘟依然是严重危害养猪业的重大传染病（吴思敏等，2017）。

鉴于 2017 年之前我国采取的强制免疫措施和目前广泛采取的疫苗接种措施，以及近年来各地不断努力探寻猪瘟净化模式，我国猪瘟疫情得到较好的控制，大规模猪瘟疫情发生较少，但部分地区疫情仍呈点状散发或地方性流行，随着非典型和繁殖障碍型猪瘟逐渐增多，成年猪带毒现象严重，尤其是一些中小型养殖场仍然存在病毒污染，猪瘟的控制和净化工作仍然面临不少困难和挑战（Zhou，2019）。

二、历史起源

资料显示，1833 年首次确认猪瘟暴发于美国俄亥俄州，紧接着于 1837 年和 1838 年相继在南卡罗来纳州和佐治亚州暴发，1840 年在印第安纳州、佛罗里达州、亚拉巴马州和伊利诺伊州 4 个州相继暴发猪瘟疫情，1845 年又有 3

个州暴发猪瘟疫情（Shope，1958）。从 1833 年首次确认暴发到 1845 年间美国共发生了 10 起猪瘟疫情，涉及 10 个州，此后随着病毒的不断流行和传播，CSFV 逐渐往新地区蔓延扩散，1846—1855 年美国各地区共暴发了 90 余起猪瘟疫情，是早期暴发时的 10 倍，自 1860 年猪瘟迅速蔓延至整个美国，并成为对美国影响最大的猪病（Shope，1958）。有报道认为，1860 年后美国猪瘟的快速传播可能与当时铁路的发展有关（Edwards，2000）。目前，对瘟病毒属病毒与宿主进化史的研究表明，CSFV 最早出现于 18 世纪末，CSFV 可能源于绵羊向猪群的传播（Ganges，2020）。1799 年，美国第一次引进突尼西亚绵羊，该品种羊后来受到美国各地的欢迎，其中包括发生猪瘟的地区。当时在美国，将不同种类动物聚集在一起是非常常见的，这可能导致病毒进行跨物种传播。1862 年猪瘟从美国蔓延到英国，之后该病从英国传播到瑞典、法国和丹麦等欧洲地区。从 19 世纪 60 年代开始，该病传至世界各地。1909 年日本首次发现猪瘟疫情，这亦是亚洲最早发生该病的国家（王琴，2015）。

我国猪瘟的起源没有明确的文字记载，1925 年开始研制高免血清防治猪瘟（周泰冲，1980）。1945 年我国在石家庄首次分离得到 CSFV 石门毒株，1951 年成功研制出结晶紫甘油灭活疫苗，并在全国范围内使用，在当时没有其他更好疫苗的情况下，该疫苗的使用有效控制了疫情。1954 年我国成功研制了世界公认安全有效的猪瘟兔化弱毒疫苗，并于 1956 年起在全国广泛应用。自从猪瘟兔化弱毒疫苗在我国大规模推广使用后，猪瘟对我国养猪业的危害明显降低（王在时，1996）。但目前猪瘟在我国并没有完全根除，依然在部分地区点状散发流行，且发病猪年龄小，成年猪带毒现象严重，随着时间的推移和持续的免疫压力，病毒在不断演变进化，流行毒株从最初的 1.1 亚型为主演化到 2.1 亚型为主（吕宗吉，2001），所以净化猪瘟依然是一个巨大挑战。

三、危害

自猪瘟出现以来，由于该病的高传播率、高发病率及高死亡率，导致各国对猪和猪产品贸易实施严格限制，给全球养猪业造成重大的经济损失。即便是全球养猪业日渐发达的今天，猪瘟一旦暴发，所造成的危害和影响依然巨大。猪瘟无疫国家或无免疫力的猪群，一旦感染 CSFV，则会引起大规模的急性暴发，发病率和死亡率均在 80% 以上，可在短时间内给整个猪群或猪场带来毁灭性打击，造成的损失十分惨重（王琴，2015）。早期美国猪瘟暴发大流行，直到 1961 年美国联邦政府批准全国启动实施猪瘟根除规划之前，猪瘟一直是危害最严重的猪病，全国每年约 13% 的猪死于猪瘟，每年造成的直接经济损失在当时高达 5 000 万美元（Pereda，2005；冯丽苹，2013），而 1961—1977

年美国根除猪瘟花费了 1.4 亿美元（王琴，2015）。1963—1966 年英国因猪瘟暴发损失 1 200 万英镑（Porphyre，2017；Mcferran，1972）；1983—1984 年荷兰为了根除猪瘟花费 1.3 亿荷兰盾（Terpstra，1991），荷兰于 1997—1998 年暴发急性猪瘟 429 起，共计扑杀 1 200 万头，直接经济损失约 23 亿美元（De Smit，2000；Saatkamp，2000）；比利时于 1990 年暴发急性猪瘟 113 起，共计扑杀 100 万头猪，直接经济损失高达 3 亿美元。我国因猪瘟导致的经济损失难以准确统计。

CSFV 弱毒株感染引起的慢性猪瘟同样危害严重，母猪感染会导致繁殖障碍，并垂直感染仔猪，导致仔猪生长迟缓、死亡率升高并且呈现持续性感染，严重影响猪群健康。随着全球生猪及猪肉产品贸易快速增长，猪瘟对国际贸易的影响日益显著。我国是世界头号养猪大国，猪的饲养量占全球 50% 以上，但是由于人口密度大及猪瘟等疫病的流行，绝大部分国家禁止或者限制进口我国生猪及猪肉产品，导致我国生猪及猪产品的国际市场份额仅占 1% 左右。对于受到猪瘟影响的国家或地区，想要恢复至世界动物卫生组织认可的无疫状态是一个十分复杂漫长并且耗费巨大的过程。由于全球大部分地区生猪饲养量庞大，CSFV 目前依旧是一种地方性的、在猪群中反复出现的病毒，并持续威胁着全球的猪肉生产以及发展中国家的粮食安全。

四、流行情况

迄今为止，猪瘟仍是威胁全球养猪业最重要的猪病毒性疫病之一。根据世界动物卫生组织官方网站最新统计，目前全球猪瘟净化的国家共有 38 个，包括丹麦、芬兰、墨西哥、加拿大、美国、法国、西班牙、比利时、德国、澳大利亚、新西兰等国家在内的北美洲、大洋洲的全部地区以及欧盟的大部分地区（WOAH，2021）。目前，猪瘟仍然呈全球流行分布态势，主要流行于亚洲、南美洲、欧洲部分地区和非洲地区，偶尔散发于中欧和西欧的部分地区。从全球猪瘟流行情况来看，东南亚地区属于老疫区，由于防疫制度不健全，技术手段落后，加上经济不发达，政府重视不够等因素，疫情十分严重。南美洲属于疫情稳定区，疫病流行逐年呈下降趋势。东欧属于流行活跃区，即使采取了严密的防控措施，仍经常暴发猪瘟疫情，由于该地区养殖业发达，是世界生猪与猪肉产品的主要输出地，因此该区域猪瘟的暴发对全球该病流行有重要影响。欧洲部分地区家猪猪瘟少见，但野猪群中猪瘟却呈地方性流行，这也是引发家猪猪瘟疫情的重要传播来源（涂长春，2004）。非洲地区猪瘟暴发的原因在很大程度上尚不清楚（Ganges，2020）。日本自 1992 年以来，经过 26 年猪瘟无疫状态后，于 2018 年在家猪和野猪中再次暴发了猪瘟疫情，扑杀了约 1 630 万头猪（Postel，2019）。日本与大多数欧盟国家过去采取的猪瘟根除政策有所不同，日本政府为控制近年的猪瘟疫情，对家猪实施了预防接种策略，然而日本在感染猪瘟的野猪群对家猪构成很大风险这一点上的认识与欧洲大部分国家是相似的（Isoda，2020；Fritzemeier，2000；Ito，2019）。

我国既是养猪大国也是猪肉消费大国，猪瘟一直是困扰我国养猪业的难题之一。有资料显示，国内种猪持续感染 CSFV，在猪群中的阳性感染率为 25.5%～70%，带毒母猪综合征在妊娠母猪中的阳性感染率约达 43%（万遂如，2010）。我国成功研制了猪瘟兔化弱毒疫苗，具有高度安全性和优良的免疫原性，并于 1956 年在全国开始广泛应用，同年我国曾提出消灭猪瘟的规划。60 多年过去了，得益于我国实行以免疫预防为主的猪瘟防控措施以及疫苗的广泛使用，猪瘟的流行得到明显控制，大规模暴发流行基本停止，但当前多种免疫抑制性疫病与猪瘟的混合感染对猪瘟的防控造成很大阻碍，猪瘟一直未彻底根除。统计资料显示，2008—2020 年我国共发生猪瘟疫情 2 216 次，共有125 719 头猪发病，其中以 2008 年疫情发生最为严重，共发生了 700 次疫情、发病 61 571 头猪，并且贵州、福建、广西和广东 4 个省份发生疫情均超过 100次，同时，湖南、江西、重庆、海南等地的疫情也不乐观；2009 年之后全国疫情数量逐年递减，2010 年和 2011 年全国猪瘟疫情暴发次数超过 100 次的仅广西 1 个省份；到 2012 年以后，全国各地猪瘟疫情发生明显减少，年发生次数不超过 30 次/年，到 2019 年后更是不超过 10 次/年，呈零星散发状态（王颢然，2020）。目前，猪瘟在我国仍呈现散发流行态势，仍不能忽视猪群中猪瘟的感染与危害。

第二节 病 原 学

一、病毒分类与命名

CSFV 是黄病毒科瘟病毒属的成员之一。目前瘟病毒属有 4 个已正式确定的成员：CSFV，牛病毒性腹泻病毒 1（BVDV-1），牛病毒性腹泻病毒 2（BVDV-2），羊边界病毒（BDV）。该病毒属暂定成员：非典型猪瘟病毒（APPV），长颈鹿瘟病毒，Bungowannah 瘟病毒和叉角羚瘟病毒（Jeffrey，2014）。与 BVDV-1、BVDV-2 和 BDV 有所不同的是，CSFV 的宿主范围狭窄，仅限于家猪、野猪和猪科的其他成员。由于在猪、家畜和野生反刍动物中以及不属于偶蹄目哺乳动物中检测到越来越多的新型瘟病毒，国际病毒分类委员会黄病毒科研究小组修订了瘟病毒属的分类，包括不同的瘟病毒种的命名，7 个新的病毒种被添加到瘟病毒属中。现在使用"瘟病毒 X"的格式对瘟病毒种进行命名，这是以一种与宿主无关的方式来命名。目前 11 个已知的瘟病毒种被命名为瘟病毒 A-K，例如，BVDV-1 称为瘟病毒 A、BVDV-2 称为瘟病毒

B、CSFV 称为瘟病毒 C 等，虽然病毒种名称的命名发生了改变，但是已确定的瘟病毒和病毒分离株的原始病毒名称仍然保留（Smith，2017）。除此之外，近几年在猪、反刍动物、蝙蝠、鲸和穿山甲中也发现了几种新的暂定瘟病毒（Gao，2020；Jo，2019；Lamp，2017；Sozzi，2019；Wu，2018）。在自然条件下，猪可感染 CSFV（瘟病毒 C）、BVDV-1（瘟病毒 A）、BVDV-2（瘟病毒 B）、BDV（瘟病毒 D）和 APPV（瘟病毒 K）。具有特异性的瘟病毒如 Bungowannah 病毒（瘟病毒 F）和 Linda 病毒能引起猪特征性的心肌炎和先天性震颤现象（Lamp，2017）。Bungowannah 病毒和 Linda 病毒的自然宿主仍然未知，在家猪和野猪中传播最广的瘟病毒是 APPV，其次是 CSFV，而家猪和野猪感染反刍动物瘟病毒的病例极其罕见（Cagatay，2018；Postel，2018；Ganges，2020）。

二、病毒形态特征

CSFV 粒子呈二十面体对称的球形或椭圆形，直径为 40～60nm，有囊膜，厚度约为 7nm，陈太平等（1986）通过对猪瘟兔化弱毒电镜观察发现，在病毒粒子表面具有脆弱的纤突结构。病毒粒子大小可能与病毒来源于细胞内还是细胞外密切相关，释放到细胞外的病毒粒子在穿过细胞膜时，将连同某些细胞成分共同组成病毒颗粒的囊膜结构（龚人雄，1987）。但由于电镜下 CSFV 粒子形态结构与其他瘟病毒粒子形态结构完全一样，所以难以区分（王琴，2015）。

三、病毒基因组结构与功能

CSFV 为单股正链 RNA 病毒，病毒基因组大小约 12.3kb，具有一个大的开放阅读框（ORF）位于 3′非翻译区（UTR）和 5′非翻译区（UTR）之间。ORF 可编码一个由 3 898 个氨基酸残基组成的多聚蛋白前体，在病毒和宿主细胞特异性蛋白酶作用下，多聚蛋白前体可被裂解成 12 种成熟蛋白，分别是 4 种结构蛋白 ［C、E^rns、E1、E2］ 和 8 种非结构蛋白 ［N^pro（P23）、P7、NS2、NS3、NS4A、NS4B、NS5A、NS5B］，分别参与病毒粒子的吸附、复制、翻译、组装过程，以及调节宿主细胞的免疫应答、凋亡和自噬等过程（田克恭，2014；姜平，2012；王琴，2015）。

（一）非翻译区

CSFV 基因组非翻译区有 3′UTR 和 5′UTR 两个区域，3′UTR 缺乏 poly（A）尾结构，由约 229～243bp 核苷酸组成，参与了病毒基因组的复制过程，保守性高，常用于 CSFV 疫苗株和野毒株的鉴别诊断靶标基因，缺乏 3′UTR 时 CSFV 的核酸将无法进行复制。5′UTR 为无甲基化帽子结构，与一般真核生物的基因组含有帽子结构不同，由 373 个核苷酸组成，是 CSFV 基因型和基因亚型诊断的靶标基因，会随着毒株序列不同而有所差异，含有复杂的结构和起始密码子，参与蛋白的翻译调控，同时还具有调节病毒生命周期的作用。

（二）结构蛋白

目前，对于 CSFV 4 种结构蛋白的功能研究相对明确，C 蛋白为衣壳蛋白，是病毒基因组编码的第一个结构蛋白，比较保守，具有保护病毒的核酸和转录调节作用，对病毒粒子的组成和活力的维持至关重要，与 NS3 和 NS5B 等非结构蛋白相互作用调控病毒 RNA 的复制，但 C 蛋白不能诱导机体产生中和抗体，常用于病毒属间鉴别诊断的靶标（Heimann，2006）。E^{rns}、E1、E2 3 种蛋白具有很强的免疫原性，均为囊膜糖蛋白，E^{rns} 和 E2 蛋白集中了 CSFV 的大部分抗原表位，其中 E2 是 CSFV 主要保护性抗原，也是保守性最低的蛋白，主要参与病毒感染的过程，对病毒毒力影响很大，能诱导机体产生中和抗体，常用于基因型、基因亚型以及疫苗株和野毒株感染的鉴别诊断。E^{rns} 也称为 E0，具有中和抗原表位，可诱导机体产生中和抗体，也可引起淋巴细胞凋亡，常用于疫苗株和野毒株感染的鉴别诊断（Lin，2000）。E1 不能刺激诱发机体产生中和抗体，但可与 E2 形成复合抗原结构发挥作用，参与病毒的复制。

（三）非结构蛋白

在 CSFV 的 8 种非结构蛋白中，N^{pro} 是瘟病毒属所有成员基因组 ORF 编码的第一个蛋白，是一个毒力相关蛋白，具有较强的蛋白质水解酶活性，能通过蛋白酶体降解的途径降解干扰素调节因子 3（IRF-3），干扰细胞的抗病毒反应，在 CSFV 免疫逃逸、持续性感染方面发挥重要作用，敲除 N^{pro} 的 CSFV 突变体在体内和体外均会降低其毒力（La Rocca，2005）。P7 蛋白作为具有形成金属离子通道作用的蛋白，参与病毒的感染、成熟、释放过程（Lin，2014）。NS2、NS3、NS4A、NS4B、NS5A、NS5B 等蛋白均参与病毒 RNA 的复制过程。NS2 蛋白具有自身消化其前体蛋白的蛋白酶功能，可以调节病毒 RNA 的复制，在病毒与宿主的相互作用过程中也发挥重要作用。NS3 是一个多功能蛋白，是病毒致病性的标志，具有重要的 RNA 解旋酶和 NTP 酶活性，参与病毒粒子的形成，与 CSFV 导致 PK-15 细胞产生细胞病变（CPE）的作用有关（Xu，2007）。NS4A 和 NS4B 在病毒复制中与 NS2/NS3 相互作用影响病毒的增殖，NS4B 是病毒复制酶的组成成分，具有一定的致细胞病变作用。NS5A 是一种磷酸化蛋白，在病毒基因组复制和翻译过程中发挥重要作用，被丝氨酸/苏氨酸激酶磷酸化后，有利于病毒增殖。NS5B 作为一个 RNA 依赖的 RNA 聚合酶，具有 RNA 聚合酶活性，参与病毒基因组 RNA 的合成。综上所述，NS3、NS4A、NS4B、NS5A、NS5B 在 CSFV 的复制过程中是必需蛋白，共同参与 CSFV 的增殖过程（王琴，2015；Sheng，2010）。

四、病毒基因分型

CSFV 只有一个血清型。由于 CSFV 各毒株基因组同源性很高，目前常将 $5'UTR$、E1、E2、NS2、NS3、NS5B 和 $3'UTR$ 等基因片段用于 CSFV 基因分型分析，其中最常用的是 $5'UTR$、E2 和 NS5B（龚文杰，2016）。通过国际公认的基于 E2 基因序列比对分析，目前将 CSFV 分为 3 个基因型和 11 个基因亚型。3 个基因型分别是基因 1 型、基因 2 型、基因 3 型，11 个基因亚型分别是 1.1、1.2、1.3、1.4、2.1、2.2、2.3、3.1、3.2、3.3、3.4 亚型。随着分子遗传学研究的不断深入，2.1 基因亚型进一步被分为 2.1a、2.1b、2.1c 和 2.1d 亚型（Paton，2000；Xing，2019）。CSFV 在全球的基因分型具有明显的区域性特征，基因 1 型主要分布于全球范围流行的历史毒株以及目前使用的弱毒活疫苗株。过去几十年，虽然全球范围内流行最广泛的基因型是基因 2 型，尤其是 2.1 和 2.3 亚型，但是，大部分美洲大陆的流行毒株均属于基因 1 型（Pereda，2005）。欧洲 CSFV 从 1.1 和 1.2 基因亚型逐步转变为基因 2 型，目前优势基因型为 2.3 亚型。3 个基因型的 CSFV 在亚洲均广泛存在。近几年韩国 CSFV 的流行毒株也从 2.1b 亚型逐渐演化为 2.1d 亚型（An，2018）。日本于 2018 年 12 月首次发现并分离了 2.1d 亚型 CSFV 毒株（Tatsuya，2021）。我国流行的 CSFV 分属为 1、2 和 3 三个基因型，1.1、2.1、2.2、2.3 和 3.4 五个基因亚型，自 20 世纪 90 年代以来，2.1b 亚型在我国一直占主导地位，2.1c 亚型主要在我国南方流行，直到 2015 年我国首次报道了 2.1d 亚型的 CSFV，并逐渐成为新的流行毒株（马帅，2020；王琴，2021；包菲，2018）。

五、病毒培养特性

CSFV 可以在猪源和其他一些动物的原代肾细胞内增殖，但对猪源肾细胞易感性最强，特别是感染猪源肾细胞 PK-15、SK6 和 MPK 以及猪睾丸细胞 ST 等传代细胞系时病毒增殖滴度高。有研究利用 PK-15 细胞对 CSFV 阳性组织样品进行病毒分离，结果显示从中成功分离到 76 株 CSFV 流行毒株，并通过在细胞上的连续传代获得了高滴度的细胞适应毒，其中 50 株病毒株滴度在 $10^{6.5}$ $TCID_{50}$（半数组织培养感染量）/mL 以上，最高达 $10^{8.3}$ $TCID_{50}$/mL（包菲，2018；Vergun，2005）。

CSFV 在体外细胞培养时，培养细胞一般不产生肉眼可见的细胞病变，但是细胞可以带毒传代，并在细胞分裂时将病毒传至子代细胞。细胞培养时，病毒复制部位仅限于细胞质，病毒通过培养基、细胞质桥传播到相邻的细胞，或由母细胞传给子细胞，在胞质内合成和装配后，以芽生法成熟并释放。蛋白酶抑制剂能够抑制 CSFV 在细胞中的增殖，若去除蛋白酶抑制剂，病毒在细胞中能够更好地增殖。虽然 CSFV 的易感细胞系为猪肾或猪睾丸细胞的传代细胞系，但不同毒力毒株对不同细胞系的偏好和增殖能力也存在差异，由于背景来源不同，对病毒的增殖能力也有明显影响，强毒株在细胞上的增殖速度和病毒滴度要高于低毒力毒株。因此，当分离 CSFV 时，可选用多种来源的传代细胞系同时进行培养，避免分离失败，同时由于 CSFV 感染细胞后不产生细胞病变，一般采用直接或者间接免疫荧光抗体检测技术（FAT）或者免疫过氧化物酶检测方法（IPT）来检测在细胞中增殖的CSFV。

六、病毒抵抗力

在不同环境条件下，CSFV 的存活率差异很大，不同毒株在灭活条件下同样差异较大。温度是影响病毒活性的重要因素之一，但是病毒的存活时间主要还是取决于含毒的介质，介质不同导致 CSFV 对温度的耐受力也存在差异，富含蛋白的介质通常能够提高病毒的稳定性，也就是说，在寒冷、潮湿和富含蛋白质的条件下病毒存活时间更长。正常情况下，56℃ 60min 可使病毒灭活，但在细胞培养液中需 60℃ 10min 才可灭活，在 68℃ 脱纤维蛋白血液中病毒至少可以存活 30min；在冷藏肉中的病毒在 20℃ 条件下可以存活 2 周，而在 4℃ 条件下病毒可以存活 6 周以上，在 -70℃ 的冷冻肉类中病毒可存活数年（Farez，1997）。CSFV 不耐酸碱，在 pH5～10 条件下病毒稳定，低 pH 水平下，病毒半衰期取决于温度，当 pH 为 3 时，病毒滴度会迅速下降，室温下病毒的平均半衰期要比 4℃（70h）时低 10 倍以上（Depner，1992）。

CSFV 对表面活性剂和脂溶剂非常敏感，乙醚、氯仿、去氧胆酸盐和皂角素等脂溶剂可以很快使病毒失活，2％氢氧化钠是最合适的消毒药，次氯酸钠、酚类消毒剂对病毒也有效。二甲基亚砜对病毒囊膜中的脂质和脂蛋白有稳定作用。有研究表明，在没有二甲基亚砜的情况下，经过连续的冷冻和解冻循环后，CSFV 的滴度会降低 52％～91％，当向病毒悬浮液中加入二甲基亚砜时，经过相同次数的冷冻和解冻循环后，病毒滴度似乎保持不变，所以二甲基亚砜常用作病毒的保存液（Tessler，1975）。

第三节 流行病学

一、传染源

猪（家猪和野猪）是 CSFV 最易感的宿主，病猪及带毒猪群是最主要的传染源。病猪及带毒猪通过粪便、尿液、唾液、鼻液、泪腺等排泄物或分泌物不断向外界排毒，并能持续整个病程，导致水源、饲料、畜舍及环境等受到污染，成为重要的传染源。另外，兔、老鼠、貂、松鼠等动物也可以携带并传播CSFV，某些昆虫也会成为 CSFV 的携带者，通过叮咬病猪或接触污染的饲料、分泌物、排泄物等成为不可忽视的传染源。强毒株在感染猪 10～20d 内排出大量的病毒并表现出明显的临床症状，而慢性感染带毒猪虽然不表现出明显的临床症状，但可持续或间歇向外界排毒，是猪瘟暴发最危险的传染源（Moennig，2003）。有研究表明，CSFV 强毒株感染猪后，感染猪的粪便、尿液、眼分泌物、唾液及血液中均可检出病毒（殷震，1997；刘俊，2009）。刘俊等用石门强毒株感染了 16 头 60 日龄的长白猪，并对感染猪粪便、尿液、眼分泌物和唾液中的病毒载量进行动态测定，发现猪从感染后第 1 天到濒死前的8 天，粪便中均能检测出病毒，尿液和眼分泌物从感染后第 3 天开始能检出病毒，而唾液从感染后的第 4 天开始检出病毒，并且病毒载量逐渐增加（刘俊，2009）。也有研究表明，猪感染 CSFV 后在鼻腔和唾液分泌物中可长时间检测到病毒（Everett，2011）。种猪带毒可通过精液或胎盘垂直感染胎儿，导致胎儿长期带毒。因此，定期监测、清除带毒猪，是从源头上控制和消灭传染源的关键措施。

二、传播途径

自然环境中，CSFV 主要传播途径有：通过与感染的家猪或野猪直接或间接接触以口鼻方式传播；通过摄入被污染的水源、饲料等传播；通过运输工具及人员等进行传播；通过污染的精液和胎盘进行传播。大致分为垂直传播和水平传播。

（一）垂直传播

易感母猪接受感染公猪精液配种后最有可能成为 CSFV 的传染源，CSFV可通过带毒猪精液或胎盘向胎儿垂直传播病毒，导致胎儿感染发病或者死亡。1997—1998 年，猪瘟在德国、意大利、西班牙和荷兰等国家暴发流行期间，人工授精中心的公猪被发现感染了 CSFV，荷兰 2 个精液收藏中心的精液中也发现了 CSFV，官方将位于荷兰南部的 1 680 个猪群定为猪瘟感染可疑猪群，并对 123 个猪群展开调查分析，结果显示有 21 个猪群可能通过人工授精感染了猪瘟（Hennecken，2000）。Floegel 等（2000）采用德国猪瘟野毒株感染 4头年幼的公猪，感染后每隔 1d 收集一次精液并进行检测，分别在感染后第 8、12、16 和 21d 对感染公猪实施安乐死，采集部分器官和生殖器官进行病毒和抗体检测，结果从 2 头发热期公猪的精液和附睾中分离出 CSFV，证明 CSFV可以通过精液排出。De Smit 等（1999）将 3 头公猪接种了 CSFV 田间分离株，接种后 5～11d 从其精液样品中分离出了 CSFV，用被病毒污染的精液人工授精 6 头母猪，其中 2 头母猪在授精后大约 35d 后检测到 CSFV，并通过胎盘传染了胎儿。赵耘等（2003）构建了 CSFV 动物感染模型，利用 2 头人工感染中等毒力猪瘟野毒耐过未死的公母猪进行自然配种，母猪在带毒后 171d 产下 9 头仔猪，其中 3 头为死胎，其余 6 头为木乃伊胎，经检测 9 头均为 CSFV 阳性。之后对该带毒母猪进行第二次配种，产下的 12 头仔猪均为死胎，经直接免疫荧光抗体试验和 RT-PCR 方法检测发现，这 12 头仔猪均为 CSFV 阳性。还有研究者对 3 组妊娠中期母猪分别感染高、中、低毒力的 CSFV 毒株进行试验，结果发现感染高毒力、中等毒力 CSFV 毒株的母猪会产死胎和木乃伊胎，并且胎儿检测显示为 CSFV 阳性（Bohórquez，2020）。以上研究证实了感染 CSFV 的成年公猪可以通过精液排出病毒，通过人工授精或自然配种将病毒传播给母猪及其胎儿，这也说明了 CSFV 可通过胎盘从带毒母猪体内垂直感染胎儿，导致胎儿感染发病或死亡。

（二）水平传播

水平传播是 CSFV 最常见和最普遍的传播方式，病猪、带毒猪与健康猪之间通过直接接触或者间接接触，使得病毒在猪之间横向传播。水平传播主要有接触传播、空气传播、人员传播、器械传播以及其他传播等。

1. 接触传播

CSFV 阳性猪只在临床发病期和潜伏期会大量排毒。病毒可存在于唾液、粪、尿、精液、皮屑以及各种分泌物和排泄物中。易感猪通过直接或间接接触 CSFV 阳性猪感染病毒。病毒在猪群中传播的速度、效率依赖于感染的病毒载量，而不同毒株能够感染猪的病毒载量有所不同。在病毒感染期内病猪排泄物及分泌物中病毒载量的比较中，强毒株要比中等毒力毒株和低毒力毒株高很多，强毒株和中等毒力毒株感染猪的分泌物和排泄物中均可检测到 CSFV，而低毒力毒株感染猪的病毒排泄途径却仅限于口鼻。通常情况下，从口鼻排出的病毒载量是粪便和尿液的 1 300～5 000 倍，所以易感猪主要通过口鼻途径直接接触感染，较少通过结膜、黏膜、皮肤擦伤感染，而感染病毒的猪从表现临床症状开始，产生特异性抗体直到死亡都显示出高滴度病毒血症并排出病毒（王琴，2015；Weesendorp，2009；Blome，2017）。研究表明，感染 CSFV 的南非野猪和普通疣猪可以将病毒传播给接触过的同一物种动物，并且病毒在鼻腔和口腔分泌物中长期存在（Everett，2011）。Dewulf 等（2001）对 12 头母猪（其中有 10 头母猪已经怀孕）中的 2 头进行 CSFV 感染试验，发现用于实验的母猪在接种 CSFV 6d 后出现病毒血症，而与实验母猪接触的其他后备母猪在接种后的 18～21d 也出现了病毒血症。感染 CSFV 的母猪出现非典型临床症状，且不同母猪的临床症状存在差异，怀孕的母猪在妊娠第 43～67d 陆续被感染，并导致了流产或产木乃伊胎。Ribben 等（2004）对 5 个试验组共计 10 头断奶仔猪进行了 CSFV 接种试验，研究动物排泄物和分泌物在猪瘟间接传播中的作用，猪接种后 15d 进行宰杀并清空猪舍，接种猪在死亡前都表现出明显的临床症状和高热，10h 后向未消毒、未清洗的猪舍中放入 10 头健康易感猪，饲养 4d 后，3 头易感猪的病毒分离检测呈阳性，6d 后第 4 头猪检测出病毒，再后来剩下的猪也陆续被感染。以上研究证实了 CSFV 可以通过直接或间接接触进行传播。

2. 空气传播

在实验条件下，CSFV 可以通过空气传播，感染毒株剂量越高或毒力越强，空气中能够越快检测到病毒。由于病毒传播距离和效率有限，目前空气传播方式在野外传播中还未得到证实（Weesendorp，2014）。虽然空气传播不是 CSFV 的主要传播方式，但对于高度易感猪群和饲养密度高度集中的猪群而言，空气传播方式依旧不能忽视。对德国 1990—1998 年猪瘟暴发流行期间的数据分析可知，CSFV 可以在短距离内进行传播，例如可以在同一圈舍或者直径不超过 500m 的区域内进行传播（Fritzemeier，2000）。

3. 人员传播

猪场的管理人员、兽医、饲养人员及参观者等都是病毒传播的主要隐患，一旦猪场生物安全防控意识薄弱，生物安全措施不到位，便会造成 CSFV 通过人员进行间接传播。人员随意进出猪场，有可能将污染在头发、手、衣服、鞋底等部位的 CSFV 传播给猪场中的健康猪。人员在 CSFV 的传播过程中发挥着不可忽视的作用，所以要加强生物安全防护措施，尽量避免人员在不同生产阶段的猪舍之间移动。如果必须要进入猪场，要严格遵守相关防疫制度。

4. 器械传播

交通工具（运输车辆等）、生产工具（饲养设备等）、消毒工具（清洁、消毒车等）、医用器具（注射针头等）等均可能造成 CSFV 的传播，这些器械能够长时间携带被 CSFV 污染的粪便、尿液、唾液、鼻液等排泄物或分泌物，当这些污染的器械接触各类猪或放置于猪场、猪舍时，易感猪便能够通过接触感染病毒。这些器械中运猪的交通工具威胁最大，在荷兰 1997—1998 年的猪瘟大流行时，11% 的感染猪是通过运输车辆污染后传播引起的（Elber，1999）。

5. 其他传播

病毒可以通过猪肉及其制品、厨余垃圾等进行传播。另外，啮齿类动物和宠物被认为是一种传播媒介，虽然这些动物不像 CSFV 的储存宿主猪或野猪可以持续带毒和排毒，但可通过机械接触方式将病毒从感染动物传播给易感动物。例如，犬可以在捕猎时与带毒野猪的分泌物或排泄物接触，通过皮毛或皮肤携带病毒，进而接触易感猪传播病毒。虽然目前尚没有研究报道证实昆虫、鼠、宠物能够传播 CSFV，但是从生物安全的角度出发，在猪舍设计时应考虑到防鼠、防鸟、防蝇等方面的需要，同时要求猪场禁止犬、猫、家禽等动物入内，切断 CSFV 潜在的传播途径。

三、易感动物

CSFV 的易感宿主是猪科家族的不同成员，家猪及野猪是 CSFV 最常见的宿主，自然条件下 CSFV 只感染猪，不同品种、不同日龄猪均对该病毒易感。猪瘟感染的野猪种群可以作为病毒的宿主，并持续给家猪带来风险。有研究表明，德国 1993—1998 年近 60％ 的猪瘟暴发与受感染的野猪有关（Fritzemeier，2000）。非洲野猪属和疣猪属动物也被证实对 CSFV 具有易感性，在实验条件下也可感染 CSFV，并且感染动物可将病毒通过接触进行水平传播（Everett，2011）。感染的非洲野猪发病特征与家猪相似，疣猪的临床症状较为温和，并出现病毒血症及相似的病理变化。一旦非洲野猪和疣猪成为猪瘟传染源，将难以清除，这也是许多国家特别是经济比较发达的欧洲国家净化猪瘟面临的一大难题，这些国家通过扑杀或严格的控制净化措施，家猪猪瘟已近绝迹，但由于野猪是 CSFV 的重要宿主，且欧洲有超过 100 万头的野猪，主要分布于德国、意大利、法国、瑞士和奥地利，其中德国、意大利和法国的野猪长期带毒，导致野猪猪瘟一直不断，并作为重新将病毒引入家猪种群的重要来源，对家猪的猪瘟净化造成很大的威胁。

四、流行分布特征

目前，猪瘟在世界范围内均有发生，猪是唯一的自然宿主，病毒可通过发病或带毒猪、胚胎、精液、厨余垃圾、人员、器具、啮齿类动物等传播。猪瘟的流行形式取决于 CSFV 的毒力，强毒株可引起大规模流行，中等毒力毒株感染可导致地方性流行，而低毒力毒株可引起仔猪先天性感染。从 20 世纪 70 年代末开始，全球猪瘟流行特点发生了巨大变化，在发病特征上以温和型为主，在流行形式上呈周期性、波浪形地区散发，通常 3～4 年为一个周期。

有统计数据显示，从时间分布来看，猪瘟在我国流行无明显季节性趋势，不受季节、气候、温度的影响，一年四季均可发生，各季节疫情发生次数波动不大，一般以春、冬季较为严重，其中以冬春交替的 2 月和 3 月发病数量最多（王颢然，2020）。从空间分布来看，我国猪瘟发生呈随机分布状态，北方为猪瘟相对少发区，西部和中东部地区为猪瘟的稳定区，疫情发生严重的地区主要集中在南部地区，其中云南、贵州、广西、广东和福建疫情发生相对严重，而四川、重庆、湖南、湖北、安徽、陕西、江西、海南等地的疫情也不可忽视（王颢然，2020；栾培贤，2013）。从群间分布来看，猪瘟在我国流行无明显群间分布特征，不同日龄、不同性别、不同品种的猪均对 CSFV 高度易感，并且发病动物日渐幼龄化，一般来说，主要是小于 3 月龄尤其是小于 10 日龄的仔猪和断奶前后的仔猪更容易发病，而成年猪较少发病，特别是育肥猪与种猪的发病率相对较低，母猪多呈隐性感染（吕宗吉，2001）。近年来，我国猪瘟临床表现已经发生明显变化，发病率和死亡率显著降低，潜伏期和病程明显延长，多呈现非典型性、慢性形式，存在持续性感染、先天性感染、普遍免疫失败等现象，以局部散发性流行为主，极少发生大流行。急性暴发时，往往是几头猪发病并突然死亡，继而发病猪数量不断增加，传播速率逐渐增快，多数猪呈急性病症后死亡，感染 3 周后逐渐趋向低潮，病猪多呈现亚急性或慢性，如果没有继发感染，少数慢性病猪 1 个月后耐过或者死亡，随后流行终止。

五、病毒遗传演化

CSFV 仅有一个血清型，但不同流行毒株和不同基因型的临床表现不同，因此系统遗传进化分析常进行 CSFV 分子流行病学研究。1996 年，Lowings 对来自全球 30 个国家和地区的 115 个 CSFV 毒株进行基于 E2 基因的遗传进化分析，首次将 115 个毒株划分为 2 个基因型和 5 个基因亚型，也即基因 1 型的 1.1、1.2 亚型和基因 2 型的 2.1、2.2、2.3 亚型，其中基因 1 型以荷兰 Brescia 毒株、弱毒疫苗株为代表，而基因 2 型以德国 Alfort 毒株为代表。此后，2000 年，Paton 等根据 CSFV 的 5′UTR 基因、E2 基因和 NS5B 基因的遗传进化分析，将 CSFV 划分为 3 个基因型和 10 个基因亚型，即基因 1、2、3 型，1.1、1.2、1.3、2.1、2.2、2.3、3.1、3.2、3.3、3.4 基因亚型，这种分型方法是目前 CSFV 研究的国际公认标准，1920—1970 年欧洲的流行毒株为基因 1 型，1980—1990 年在欧洲和亚洲流行的毒株为基因 2 型，韩国、泰国、日本等地 1970—1999 年的流行毒株为基因 3 型。2013 年，Postel 等又根据 5′UTR 基因、E2 基因进行遗传进化分析，将古巴新的流行毒株重新划分为一个新的 1.4 基因亚型，自此 CSFV 基因划分为 3 个基因型和 11 个基因亚型，即基因 1、2、3 型，1.1、1.2、1.3、1.4、2.1、2.2、2.3、3.1、3.2、3.3、3.4 基因亚型。同时，随着基因分型研究的不断深入，许多学者发现 CSFV 流行毒株可在基因亚型的基础上进一步划分为多个亚亚型。2001 年，涂长春等率先对我国 27 个省份进行猪瘟流行病学调查，证实了我国主要有 1.1、2.1、2.2、2.3 四个基因亚型，其中主要为 2.1b，只有少量的 2.1a 分布于四川、贵州、云南等地。蒋大良等（Jiang，2013）基于 E2 基因序列分析研究表明，2011—2012 年收集自湖南省的 5 株分离株和广东、广西的 7 株分离株，可归类为新的 2.1c 亚型，其与 E2 基因 2.1a、2.1b 亚型同源性分别为 90.2%～94.9% 和 89.9～93.8%，低于 2.1a 和 2.1b 亚型之间的同源性（91.1%～95.7%），然而却与泰国的 2.1c 流行株亲缘性高，这也是我国首次报道 2.1c 亚型。

另外，通过对我国 1979—2020 年获得和收集的 32 个省份 942 条（含我国台湾地区 49 条）CSFV E2 基因相同区域序列进行遗传进化分析，表明我国流行的 CSFV 分属为 1、2 和 3 三个基因型，1.1、2.1、2.2、2.3 和 3.4 五个基因亚型。E2 序列分析显示 1.1、2.1、2.2、2.3 基因亚型的分布比例分别为 25.76%、60.93%、11.36% 和 1.95%。自 20 世纪 90 年代以来基因 2 型成为我国优势流行毒株，占比 74.24%，其次是基因 1 型，占比 25.76%，尚未监测到基因 3 型。同时对我国 CSFV 流行毒株 40 年的监测数据研究表明，我国占流行主流趋势的是 2.1 基因亚型，其中 2.1b 亚型的 CSFV 过去在我国一直占据主导地位，而 2.1c 亚型主要在我国南方流行，直到 2015 年我国首次报道了 2.1d 亚型的 CSFV，并逐渐成为近年新的流行毒株（马帅，2020；王琴，2021；包菲，2018）。

六、公共卫生意义

尽管 CSFV 能够与瘟病毒属其他成员例如牛病毒性腹泻病毒、羊边界病毒等存在种属间传播的现象，但在自然界中这种传播仅限于偶蹄动物，而且猪是 CSFV 唯一的自然宿主。截至目前，尚未出现人类感染 CSFV 的相关报道。

第四节　致病机理

一、病毒在宿主体内的分布

CSFV 感染后可以分布到多种组织，在脑、心脏、肺、脾、肝脏、肾脏、胰腺、食管、胃肠道、淋巴结、扁桃体、唾液腺、胸腺、甲状腺、肾上腺等器官中均可检测到 CSFV，并且在淋巴结内的病毒量最多（张玉杰，2016）。CSFV 对造血器官和血管具有特殊的亲和力，有研究发现，CSFV 感染 2d 后在基质和造血细胞中能够检测到病毒抗原（Gómez-Villamandos，2003；Hoffmann，1971）。

关于病毒在机体内的分布情况也有相关研究。Ophuis 等（2006）对猪感染 CSFV 后 1～13d 的全血及组织进行检测，结果发现，病毒感染后第 1 天首先从扁桃体中检出了病毒，第 3 天，从全血、颌下淋巴结、脾、回肠和肠系膜淋巴结均检出病毒，随后，病毒传播到肾脏、回肠、肺、肝脏等内脏器官，最后传播到胰腺和大脑。Risatti 等（2003）对 4 头同居感染猪的全血及组织等进行检测，发现感染猪在出现临床症状前 0～3d 即可在血液中检测到病毒，而在出现临床症状前 2～4d 可在鼻腔和扁桃体中检测到病毒。周远成等（2009）研究发现，60 日龄仔猪感染 CSFV 石门毒株 48h 后可在血液中检测到病毒，到感染后第 6 天，病毒载量达到最高峰。刘俊等（2009）对感染急性 CSFV 的猪体外排毒规律进行观察，发现猪从感染后 1d 到濒死前的 8d，粪便中均能检测出病毒，尿液和眼分泌物从感染后第 3 天开始检出病毒，而唾液从感染后第 4 天开始检出病毒。赵建军等（2007）研究发现，人工感染石门毒株的猪在感染后第 2 天全血中即可检测到病毒，感染后 5～8d 达到高峰，而同居感染猪在感染后第 6 天全血中检测到病毒，感染后第 10 天出现了体温升高等明显临床症状，对同居感染猪的扁桃体、脾、淋巴结、肾脏、肝脏、脑等组织的检测结果发现，CSFV 在全身各组织中广泛分布，其中脾中病毒含量最高，其次是淋巴结和肾脏。Uttenthal 等（2003）研究发现，接种 CSFV 低毒力毒株感染 2d 后在血液中能检测到病毒，赵建军等和 Uttenthal 等的研究说明了不管是强毒株还是低毒力毒株，病毒接种 2d 后，病毒已经由扁桃体侵入到血液中，并且开始复制和增殖。综上所述，CSFV 的感染首先入侵扁桃体、脾和肠系膜淋巴结等免疫器官，之后进入血液形成毒血症。

二、病毒的致病机理

（一）病毒侵入宿主及宿主细胞的机制

CSFV 可经口鼻方式直接或间接接触传播，也可经垂直传播感染胎儿，其中以口鼻方式传播最为常见，不管以何种途径感染，病毒首先主要感染扁桃体隐窝的上皮细胞，在扁桃体中进行初级复制，侵入淋巴组织后，通过毛细淋巴管侵入局部淋巴结并进行复制，通过毛细血管进入血液引起病毒血症。随后，病毒继续扩散到达骨髓和次级淋巴器官，例如脾、淋巴结、肠道淋巴组织及胸腺等，并继续进行复制。在病毒血症后期，病毒侵袭机体实质性器官，造成全身感染（Belák，2008；Ressang，1973）。CSFV 在宿主体内的增殖周期约 7～10d，其在体内的增殖速度与毒株毒力有关。通常情况下，CSFV 强毒感染后，病毒在 2d 之内可扩散到全身大部分组织器官。CSFV 在宿主体内的主要靶细胞是单核细胞、巨噬细胞和血管内皮细胞，这些细胞作为病毒侵入宿主后早期感染的靶细胞，随着感染进程出现猪的淋巴细胞缺失、血小板减少、凝血功能障碍和胸腺、骨髓萎缩等病理特征。CSFV 通过病毒粒子表面的囊膜糖蛋白与易感细胞表面受体相互作用的方式入侵受体细胞，CSFV 可侵入脾巨噬细胞、网状细胞、星状胶质细胞以及淋巴细胞等。病毒感染过程中，随着病程发展，脾边缘区、脾索和脾小结等区域的巨噬细胞数量会显著增加，研究表明，脾巨噬细胞的感染、动员和凋亡在 CSFV 的体内传播过程中起重要作用（Gómez-

Villamandos，2001）。CSFV 通过血液循环侵入胸腺后，导致胸腺萎缩，并出现大量凋亡细胞，凋亡细胞的数量与病毒感染时间呈正相关，说明细胞凋亡在 CSFV 感染引起的胸腺萎缩中发挥着重要作用（王琴，2015）。CSFV 侵入淋巴组织后，导致生发中心受损，阻碍淋巴细胞的成熟，淋巴细胞大量减少，并出现特征性的细胞萎缩和凋亡小体，从而导致猪体免疫系统的损伤，并成为猪急性死亡的重要因素（Susa，1992）。CSFV 慢性感染病程中，病毒的主要感染场所为淋巴器官，并对其造成不可修复性损伤，表明 CSFV 慢性感染病程中免疫器官的损伤是导致机体免疫失败的根本原因，也是 CSFV 发生免疫抑制的主要途径（陈锴，2011）。CSFV 感染后引起的全身泛发性出血在 CSFV 感染机制中具有重要作用，其原因与病毒诱导细胞分泌细胞因子，破坏微循环和导致凝血相关细胞因子表达失衡有关。CSFV 侵入血管内皮细胞后，可使血管内皮通透性增加，诱导血管内皮细胞坏死、损伤，诱导炎性因子和凝血因子的产生，从而引起血管炎症、血小板减少及纤维蛋白合成障碍等综合征，血小板减少和血管通透性的增加造成了严重的出血反应，进而造成感染猪各脏器的出血现象（王琴，2015）。

CSFV 对内皮细胞、巨噬细胞和树突状细胞（dendritic cell，DC）有特殊的亲和力，这些细胞在协调先天免疫和适应性免疫反应中起着核心作用（Ressang，1973；Summerfield，2015；McCullough，2008）。DC 是一种专职抗原递呈细胞，具有抗原递呈和免疫调节功能，主要负责对病原体的初步识别和诱导早期免疫反应，与猪主要组织相容性复合体Ⅰ类（SLA Ⅰ类）和 SLA Ⅱ类共同发挥抗原递呈作用。CSFV 感染后，病毒能在不干扰 DC 成熟和抗原递呈能力的情况下诱导 DC 的增殖，以 DC 作为病毒在机体内传播的载体，从而达到免疫抑制的作用。血液和次级淋巴器官中常规树突状细胞（cDC）主要表达肿瘤坏死因子-α（TNF-α）和白细胞介素 10（IL-10），而浆细胞样树突状细胞（pDC）产生 α 干扰素（IFN-α）和 IL-12，IFN-α 和 TNF-α 的产生揭示了先天抗病毒免疫反应的增强（Jamin，2008）。同样，CSFV 利用了粒细胞和巨噬细胞的高迁移能力，将这些细胞作为"特洛伊木马"把病毒传播到机体内的其他器官（Muñoz-González，2015）。被 CSFV 感染的巨噬细胞能够表达细胞凋亡相关细胞因子，包括 TNF-α，而 TNF-α 在不同的细胞群中已经被证实能诱导细胞的凋亡（Sánchez-Cordón，2002）。CSFV 感染内皮细胞诱导宿主细胞产生炎性因子，与病毒免疫抑制作用和在巨噬细胞中的传播密切相关（Carrasco，2004）。

（二）病毒感染诱导的免疫反应

CSFV 感染可诱导迟发性细胞和体液免疫，从而间接对未感染细胞造成影响。研究表明，在病毒感染 72h 后，扁桃体 T 细胞区域可以检测到抗原激活的 B 淋巴细胞，随后病毒 E2 蛋白在生发中心内发生瞬时易位，表明体液免疫的开始，感染后 7d，血清中产生重要的 IL-10，也证明了体液免疫的发生，而器官中 IL-12 的表达以及血清中 IL-18 和 IFN-γ 的出现，反映了细胞免疫反应的启动（Jamin，2008）。

CSFV 对宿主淋巴组织有嗜性，病毒感染可导致免疫系统损伤，间接导致白细胞减少和体外 T 细胞刺激能力的破坏，伴随着异常的促炎症反应（称为"细胞因子风暴"）（Jamin，2008；Sánchez-Cordón，2005；Summerfield，2006）。病毒感染与严重的淋巴细胞减少、淋巴细胞凋亡、血小板减少、血小板聚集、骨髓萎缩（影响骨髓生成）、巨核细胞生成、胸腺萎缩以及胸腺细胞凋亡有关（Gómez-Villamandos，2003；Bautistaet，2002；Summerfield，1998；Sánchez-Cordón，2002）。淋巴细胞减少对机体的影响是普遍性的，不仅影响外周血和淋巴结，还影响黏膜组织，并伴随着 T 细胞亚群的改变和淋巴细胞的缺失，主要是 CD4$^+$ 和 CD8$^+$ 细胞的变化，研究表明感染强毒株 2d 后、感染中等毒力毒株 3d 后淋巴细胞亚群明显减少（Summerfield，2001）。孙金福等（2008）研究表明，感染石门强毒株 4d 和 7d 后，CD4$^+$ T 淋巴细胞由感染前的 26.87% 分别下降到 8.83% 和 13.86%，而 CD8$^+$ T 淋巴细胞由感染前的 28.17% 分别下降到 14.19% 和 17.55%，呈现急剧下降。CSFV 感染可促进周围未感染 B 细胞和 T 细胞的凋亡，从而导致强烈的免疫抑制以及细胞的高死亡率。在感染的最后阶段，根据 CSFV 的毒力不同，猪体内可能有高达 90% 的 T 细胞被耗尽，这种免疫系统损伤效应最早在感染后 1d 就可以观察到，甚至在形成病毒血症之前，远早于血清转阳和出现临床症状之前就可观察到，这不利于早期诊断和病毒发病机制的研究（Summerfield，1998；Ganges，2020）。CSFV 感染与白细胞介素（IL-10）有关，CSFV 感染可诱导机体 IL-10 的上调表达，而 IL-10 作为一种公认的炎症和免疫抑制因子，能够强烈抑制宿主的免疫反应（Jamin，2008；Muñoz-González，2015；Ganges，2020）。

（三）病毒感染诱导的细胞凋亡

病毒感染诱导宿主细胞凋亡是病毒致病的重要机制之一。细胞凋亡是宿主细胞抵御病毒感染的第一道防线，CSFV 会诱导异常水平的 I 型干扰素和促炎介质，从而导致所谓的"细胞因子风暴"。淋巴细胞耗竭与强烈的 IFN-α 反应有关（Sánchez-Cordón，2002；Summerfield，2006）。此外，IL-1α、IL-6 和 TNF-α 是参与淋巴细胞减少症的主要细胞因子（Sánchez-Cordón，2005）。研究表明，CSFV 感染可诱导凋亡基因的表达，如 CD4$^+$ 9d、主要组织相容性复合体（MHC）II 类和 Fas，从而诱导细胞凋亡，Fas 介导的淋巴细胞凋亡是猪瘟发生时淋巴细胞减少的重要因素（Summerfield，1998）。CSFV 的 E^{ms}、5'

或 3′nsV 可在体内诱导淋巴细胞凋亡（Bruschke，1997）。然而，一些病毒蛋白，如 N^{pro} 和 NS2，可以在体外抑制细胞凋亡，N^{pro} 作为一种多功能蛋白，可以拮抗双链 RNA 介导的细胞凋亡，而不能抑制 CSFV 的 UTR 诱导的细胞凋亡（Ruggli，2005；Johns，2010；Tang，2011；Tang，2010）。

（四）病毒感染对中枢神经系统的损伤

CSFV 感染会对中枢神经系统造成损伤。小脑损伤主要表现为脑膜血管周围水肿，单核细胞浸润，小脑实质血管内皮细胞增生、肿胀，多数血管周围有数层甚至十几层单核细胞浸润，血管壁坏死并伴随小脑实质的水肿变性；同时在大脑中也出现严重的淋巴细胞浸润，血管充血，内皮、外膜细胞增生，血管周围水肿，血栓形成或部分血管周围有少量出血，神经细胞不同程度坏死，胶质细胞增生至卫星化（陈怀涛，2005）。感染早期，CSFV 感染的细胞主要是端脑吻端的淋巴细胞和小胶质细胞，随后扩散到其他区域，血管周围浸润的淋巴细胞和间质细胞部分出现凋亡。研究表明，28 头猪接种了 CSFV 强毒株后 2～15d 屠宰，结果显示存在非化脓性脑膜脑炎，偶尔出现微出血，以及形成血管周围和间质浸润的淋巴细胞凋亡，与其他免疫组织不同的是，CSFV 感染中枢神经系统中巨噬细胞造成的组织损伤不如其他免疫组织那么严重（Gómez-Villamandos，2006）。

第五节　临床症状和病理变化

一、临床症状

猪感染 CSFV 的临床症状差异很大，主要受毒株毒力、宿主免疫反应、年龄、品种、遗传背景、猪的健康状况以及继发感染等多种因素的影响。临床上，强毒株通常能引起急性猪瘟，其特征是潜伏期短，伴随症状很少，在暴露后几天内迅速死亡；而中、低毒力毒株常常引起温和型和非典型猪瘟，主要在流行地区观察到。强毒株的暴发很容易被识别，中、低毒株引起的临床症状不明显，且病毒在畜群中传播缓慢导致出现"母猪携带者综合征"，可能会产出表面健康但持续感染和免疫耐受的仔猪，这也是病毒在猪群中持续存在的原因之一（Terpstra，1987）。根据 CSFV 毒株毒力的强弱以及感染猪的临床症状和病程，可将猪瘟分为超急性型、急性型、慢性型和持续性感染型等。

（一）超急性型猪瘟

超急性型猪瘟通常由超强毒力的 CSFV 毒株引起，临床上多发生于首次急性猪瘟流行初期。这种类型的猪瘟在临床诊断中较为少见，主要表现为突然发病，体温呈稽留热，全身痉挛，四肢抽搐，皮肤和黏膜发绀，倒卧，短时间内突然死亡，病程一般为 1～6d。

（二）急性型猪瘟

急性型猪瘟在临床诊断中最为常见，通常由强毒力 CSFV 毒株引起，在 12 周龄以下的仔猪中更为常见，但也有研究表明部分感染中等毒力 CSFV 毒株的断奶仔猪亦可引发急性病程（Petrov，2014）。潜伏期一般为 2～14d，死亡率接近 100%，病猪从感染到死亡一般为 10～20d，症状较缓和的亚急性型病程一般为 30d 以内。病猪会出现持续高热，体温通常升高至 41～42℃ 及以上（Moennig，2003）。病猪精神极度沉郁、表情呆滞、嗜睡，厌食或停食，拱背、怕冷、喜扎堆（图 4-5-1），开始便

图 4-5-1　病猪扎堆
（周春国供图）

秘后出现严重腹泻，粪便恶臭，全身无力，结膜炎，两眼有许多脓性分泌物，严重时眼睑完全被粘封。急性型猪瘟最典型的特征是出现出血综合征，即皮肤、黏膜出现出血点和淤血点，腹部、耳朵、鼻子和四肢内侧出现紫绀，指压不褪色（图 4-5-2）。公猪包皮内有积液，挤压时可见浑浊恶臭的液体流出。由于病毒感染中枢神经系统，病猪还表现出进行性抑郁和运动不协调等症状，包括震颤、运动障碍、不愿行走、四肢划水样、后躯摇摆、后肢麻痹、瘫痪，轻度至重度抽搐和末期表现虚脱等（Petrov，2014）。有研究表明，猪感染 CSFV 后白细胞减少症（血液中低于 8 000 个细胞/μL）迅速出现，有的猪甚至出现于发热或病毒血症之前（Stegeman，2000）。

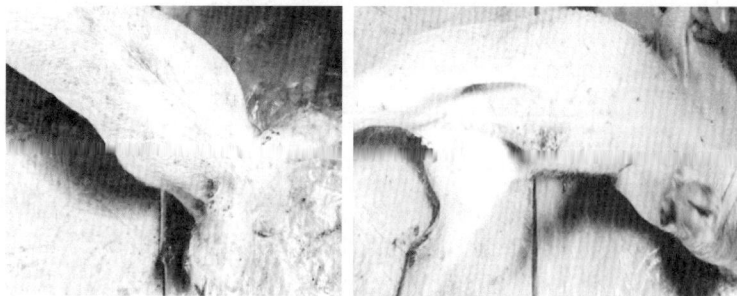

图 4-5-2　皮肤出血
（余小利供图）

（三）慢性型猪瘟

当病毒感染猪存活时间超过 30d 时，被视为慢性型感染，即猪无法对感染产生有效的免疫反应（Ganges，2020）。慢性型猪瘟的长期病程导致感染猪消

瘦、发育迟缓，并逐渐变成僵猪。在临床诊断中，慢性型猪瘟主要在猪瘟流行地区或免疫水平低下的猪群发生。早期阶段临床症状可能类似于急性型猪瘟，主要表现为精神萎靡、厌食、间歇性发热、腹泻、白细胞减少症等。经过早期阶段后，感染猪的临床症状会消失，食欲和一般情况显著改善，体温正常或趋于正常，表面看起来健康（Mengeling，1968），但随着时间的推移，厌食、间歇性发热、腹泻等症状再次发生，这些症状在实际生产中不易识别。

慢性型猪瘟病猪表现贫血、腹泻、消瘦、发育严重迟缓，并常常伴随皮肤紫斑、丘疹、坏死的损伤，病猪可存活 100d 以上，死亡率一般为 10%～30%（Mengeling，1968；田克恭，2014）。病猪由于抗体反应不足以消除病毒，形成的免疫复合物沉积在肾脏中并引起特征性肾小球肾炎（Choi，2003）。此外，感染猪常常还会导致沙门菌、链球菌、猪繁殖与呼吸综合征病毒、猪圆环 2 型病毒、猪细小病毒等病原继发感染，增加病猪的死亡概率。

（四）持续性感染型猪瘟

持续性感染型猪瘟通常由中低毒力毒株引起。病毒逃逸宿主免疫系统从而感染宿主，并在宿主体内持续增殖，使感染猪不断或间歇性向体外排毒。猪感染后难以治愈且反复发作，通常情况下呈隐性感染，不表现任何临床症状，发病慢且温和，死亡率低，病程一般超过 1 个月，甚至长期存在。

CSFV 入侵猪体后并不造成明显的病理损害，而感染猪的免疫系统也不能有效地清除所感染的病毒，二者势均力敌，所以宿主和病毒双方长期处于平衡状态。持续性感染是 CSFV 在家猪中持续存在的重要因素，既可发生于仔猪、育肥猪，也可发生于母猪，但对猪群危害最严重的是母猪。CSFV 持续性感染母猪大多表现为繁殖障碍或称"带毒母猪综合征"（Coronado，2019），可水平和垂直传播 CSFV，在我国猪场比较常见并持续存在。

1. 先天性持续性感染型猪瘟

CSFV 经胎盘垂直传播可产生持续感染的后代，特别是如果感染发生在妊娠中期，这种现象称为"带毒母猪综合征"。在这种状况下，易在猪场形成持续性感染的带毒母猪—垂直传播导致的带毒仔猪—无症状的持续性感染带毒后备种公/母猪—无症状的持续性感染带毒母猪的恶性循环（Coronado，2019；Liess，1984）。资料显示，种猪有 3%～33% 的带毒率，从而导致免疫失败，并且持续感染母猪，通过胎盘垂直传播的概率达 45%～86%，这是猪瘟长期存在和不断散发流行的主要根源（宁宜宝，2004；王琴，2015）。

根据病毒毒力和妊娠期间感染时间的早晚，病毒经胎盘感染仔猪可能导致流产、死胎、木乃伊胎、畸形胎、弱胎或外表看似健康实际却已感染的仔猪。持续感染的仔猪无法诱导机体产生相应免疫反应，并且终生带有病毒血症（Bohórquez et al.，2020）。Carbrey 等（1980）研究发现，持续性感染的猪最长发病期超过 150d，在此期间猪无明显症状但伴随着严重的病毒血症，当对持续感染的 8 头猪中的 6 头进行第二次接种后，有 2 头猪死亡，而另外 4 头的健康状况保持不变。尽管持续性感染猪在出生时可能表现临床健康，或生长缓慢、消瘦、偶尔出现先天性震颤等非特征性临床症状，但最终会死亡。感染猪从轻度厌食、抑郁、结膜炎、皮炎、腹泻和运动障碍导致麻痹到死亡的发展过程可能需要几个月的时间，感染猪大多能存活 6 个月以上，这种感染过程被称为 "迟发性猪瘟"。持续感染猪充当 "病毒库" 传播病毒，然而疫苗免疫接种后不产生抗体，导致免疫失败，从而不能消除感染猪体内的病毒，却有助于病毒在猪瘟流行地区的传播，所以在这些地区低毒株的流行有利于持续感染的发生（Coronado，2019）。

由于胎儿免疫系统不成熟而缺乏对病原体的识别，故先天性 CSFV 持续感染的潜在机制与该病毒的特异性免疫耐受性有关（Vannier，1981；Oirschot，1977；Trauwein，1988）。然而，最近有研究证明病毒在经胎盘传播给仔猪后，能够诱导胎儿产生针对 CSFV 的先天性免疫反应，表明该病毒可以被胎儿先天免疫系统所识别，这也表明先天性持续性 CSFV 感染的建立所涉及的免疫学现象比以前的结论更为复杂，此现象值得进一步研究（Bohórquez et al.，2020）。

值得关注的是，髓源性抑制细胞（MDSCs）的免疫抑制细胞群在脐带血和新生仔猪外周血中的增加，在母胎耐受中起稳态作用（Rieber，2013）。这些细胞群是一种天然免疫细胞亚群，其特点是能够抑制 T 细胞免疫，这可能有利于在胎儿中建立抗 CSFV 持续感染机制（Bohórquez et al.，2019）。

2. 后天性持续性感染型猪瘟

CSFV 在产后感染猪并能诱导病毒持续感染的能力在家猪和野猪身上也已得到证实（Muñoz-González et al.，2015）。这种后天性持续性感染多出现在中低等毒力毒株感染的 3 周龄以下仔猪当中（Bohórquez，2019）。患有后天性持续性感染型猪瘟的仔猪会表现出临床健康或非特征性临床症状，但是在没有对病毒产生适应性免疫反应的情况下会表现出大量的病毒复制和脱落。研究发现，在新生仔猪感染中低毒力 CSFV 的 6 周内，血清中病毒血症维持在较高水平，但大多数仔猪仍保持临床健康状态（Muñoz-González et al.，2015）。持续感染猪缺乏免疫反应与免疫抑制有关，因为持续感染猪无论是针对 CSFV 还是其他病原都不能产生任何的体液免疫和细胞免疫，从而表明出生后持续性感染 CSFV 的猪存在免疫抑制。有趣的是，在持续感染的仔猪中病毒可引起骨髓未成熟粒细胞的增加和靶向性，这是一个能够证明 CSFV 产生后天性持续性感染的研究（Muñoz-González et al.，2015）。

猪的年龄在后天持续感染 CSFV 的发病机制中起着重要作用。仔猪 3 周龄感染与出生后几小时感染相比，持续感染的后代比例较低。在后天持续感染CSFV 的仔猪中发现，CD8$^+$T 细胞增加，而 CD4$^+$T 细胞减少，并检测到低比值的 CD4/CD8，说明这些持续感染的猪处于免疫衰竭状态，即病原体对免疫系统的慢性刺激导致其呈现过早衰老和细胞分化为终末状态的现象（Bohórquez et al.，2019；Muñoz-González et al.，2015）。此外，研究显示后天持续感染 CSFV 的仔猪骨髓和外周血中的前体骨髓细胞数量增加，而且这些细胞在表型和功能上与人类中发现的免疫抑制性 MDSC 群体相似（Bohórquez et al.，2019；Muñoz-González et al.，2015），特别是在持续感染的仔猪中发现的CD10$^+$/CD11b$^+$/CD33$^+$ MDSC 细胞表型表明，这些细胞属于多核 MDSC（PMN-MDSC）亚群，而不是单核细胞 MDSC（M-MDSC）亚群。

如前所述，脐带血和新生仔猪外周血的 MDSC 增加，这可以解释与感染 3周龄仔猪相比，在出生后几小时感染 CSFV 的仔猪持续感染比例更高的现象。此外，尽管在持续感染的仔猪中病毒的复制率很高，但 MDSC 的免疫调节功能可以阻止免疫反应加剧的发生，且有利于这些持续性感染仔猪的长期存活，而不会出现任何与猪瘟有关的临床症状。然而，还需要进一步研究以深入了解免疫衰竭和 MDSC 在后天持续性 CSFV 感染发病机制中的作用。

综上所述，猪瘟持续性感染在我国各猪场中普遍存在，制约着养猪业的发展，因此要采取净化措施以清除这个隐患。种猪特别是种母猪对 CSFV 的持续性感染是危险的传染源，所以在猪瘟净化过程中，必须采取净化种猪群的措施以彻底清除带毒种猪。无临床症状的 CSFV 持续性感染带毒猪是导致猪瘟长期存在和流行的根源所在，所以在实施猪瘟综合防控过程中，通过定期监测并淘汰带毒种猪，培育健康无毒的种猪和后备种猪是猪瘟防控的关键。

二、病理变化

（一）超急性型猪瘟

超急性型猪瘟会导致猪突然死亡，剖检无明显病变，仅见黏膜、肾脏有少量的出血点，淋巴结轻度肿胀，发红。

（二）急性型猪瘟

急性型为猪瘟典型的病型，一般来说，剖检眼观最突出的病变为全身多组织和器官出血，包含皮肤、黏膜以及肌肉、心脏、肾脏、肺、膀胱和肠道等实质性器官，比较典型的出血病变组织是脾、肾、淋巴结，且出现频率最高。此外，消化道、呼吸道和泌尿生殖道有卡他性、纤维素性和出血性炎症反应，例如出血性间质性肺炎、淋巴细胞减少性出血性淋巴结炎和出血性肠炎等（图 4-5-3）。由于水肿、充血、出血和单核细胞浸润，肺泡和细支气管腔常充满血清纤维蛋白渗出物、坏死碎片、脱落的上皮细胞和增厚的肺泡壁。脾和淋巴结出现严重充血和出血，并伴有淋巴细胞耗竭，在肾皮质和皮质髓质连接处经常观察到中度至重度出血，伴有肾小管变性（Rajkhowa，2014；Malik，2020）。

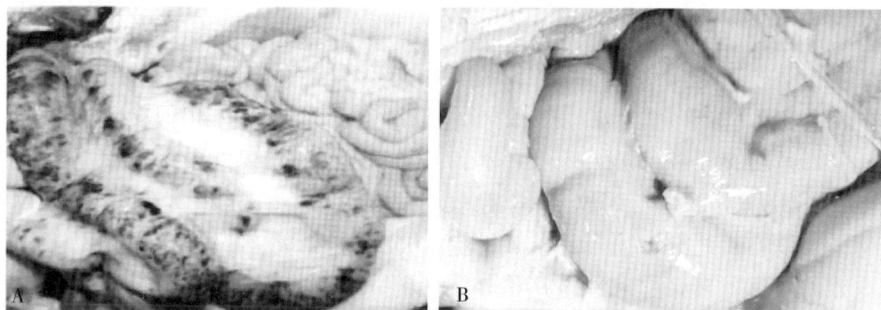

图4-5-3　出血性肠炎
（A：引自 Malik YS，2020；B：余小利供图）

淋巴结出现水肿、出血，几乎全身淋巴结都有出血性病变，淋巴结表面呈深红色或暗紫色，切面呈大理石样外观，有"大理石样花纹"之称，颌下淋巴结、肠系膜淋巴结（图4-5-4）、腹股沟淋巴结等变化最为明显。组织学变化表现为淋巴细胞缺乏和网状细胞增生。此外，在急性型猪瘟中也发现胸腺萎缩，其中还发现了由于淋巴细胞凋亡而导致的大量淋巴耗竭（Sánchez-Cordón，2002）。

脾出现的出血性梗死灶，是猪瘟最有诊断意义的病变，由毛细血管栓塞所致，梗死灶组织坚实并稍凸出于周围正常组织的表面，多见于脾的边缘或脾体表面，梗死灶呈黄豆大小、数目不等、为紫黑色或紫红色（图4-5-5）。

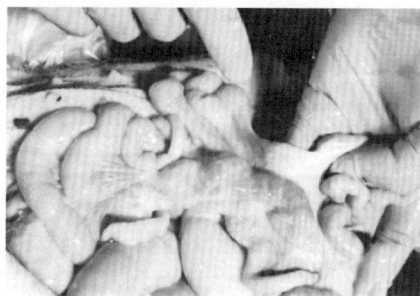

图4-5-4　肠系膜淋巴结出血
（余小利供图）

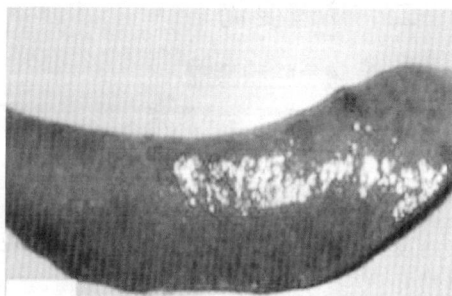

图4-5-5　脾梗死
（引自 Malik YS，2020）

肾脏病变很明显，有小到针尖、大到米粒大小的出血点或出血斑。出血部位以皮质表面最为常见，出血量少时出血点稀疏，出血量多时密密麻麻布满整个肾脏表面，如麻雀蛋外观，有"麻雀肾"之称（图4-5-6）。

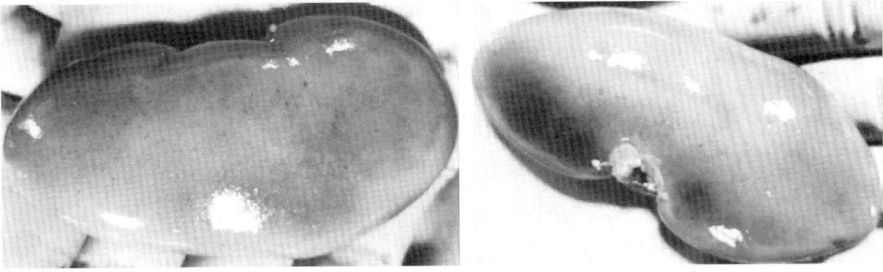

图 4 - 5 - 6　肾脏出血
（余小利供图）

喉头及会厌软骨有点状出血点，口腔黏膜、牙龈有点出血点或坏死灶；肠道淋巴滤泡肿大、出血；全身黏膜、浆膜、膀胱、胆囊、扁桃体、肺均可出现大小不等、数量不一的出血点或出血斑（图 4 - 5 - 7）；胃底部黏膜出血性溃疡；有的病猪还会出现脑炎、小胶质细胞增多、内皮细胞增生等（王琴，2015；田克恭，2014）。

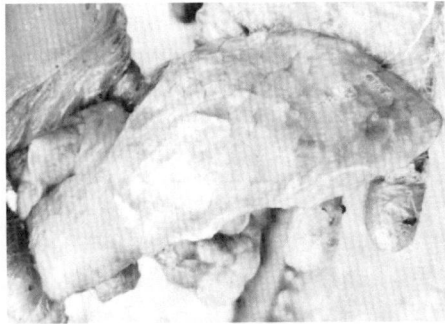

图 4 - 5 - 7　肺出血
（周春国供图）

（三）慢性型猪瘟

慢性型猪瘟出血及梗死的病理变化相对不明显，主要以坏死和溃疡性病变为特征。发病初期为急性炎症性病变，后期转变为坏死性和溃疡性病变。在回肠末端、盲肠和结肠处有特征性的溃疡性和坏死性病变，呈"纽扣状"（图 4 - 5 - 8）。"纽扣状"溃疡在胃肠道黏膜、会厌和喉部也很常见。脾边缘红色梗塞可随病情进展转为坏死、溃疡性病变。肋骨的病变也较为常见，主要

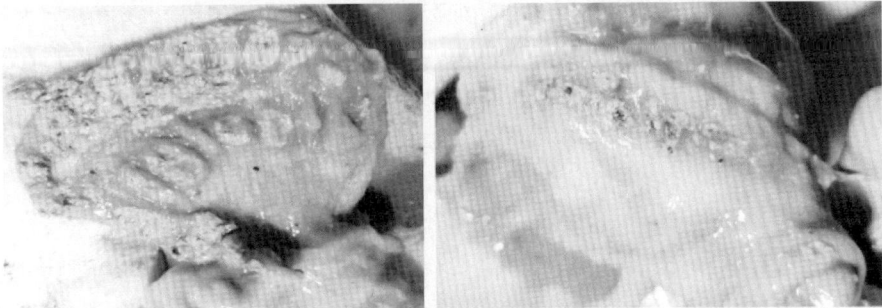

图 4 - 5 - 8　肠道"纽扣状"结节
（余小利供图）

是肋软骨钙化。值得注意的是，这些病理变化可因动物年龄、品种、免疫状态以及病毒毒株毒力等因素而有所不同（Rajkhowa，2014）。

（四）持续性感染型猪瘟

患有持续性感染型猪瘟的猪一般不会有特征性病理变化。主要病理变化是胸腺萎缩以及外周淋巴器官严重缺乏淋巴细胞和生发滤泡。死产的胎儿最显著的病变是全身性皮下水肿，腹腔和胸腔积水，出生后快速死亡的胎儿皮肤和内脏器官常常伴有点状出血点。胎儿畸形包括头和四肢变形，小脑和肺发育不良，肌肉发育不良。

三、鉴别诊断

猪瘟的临床表现多样，严重程度不一，其临床症状与非洲猪瘟、猪丹毒、高致病性猪繁殖与呼吸综合征、猪伪狂犬病、猪圆环病毒病、巴氏杆菌病等病的临床症状非常类似，有时候很容易混淆，应注意鉴别。

（一）与非洲猪瘟的区别

非洲猪瘟是由非洲猪瘟病毒引起的，猪瘟与非洲猪瘟无任何关联，但二者的临床症状却十分相似，都表现出高热，食欲减退或废绝，耳朵、腹部、会阴和四肢皮肤有出血点和出血斑，病猪出现便秘或腹泻的症状。二者区别在于非洲猪瘟可导致脾异常肿大且易碎，颜色为深红色或黑色，猪瘟脾边缘苍白梗死；非洲猪瘟引发的腹泻常伴有便血，而猪瘟引发的腹泻粪便多呈灰色；非洲猪瘟会引起体腔和心脏周围有多余的液体；猪瘟则会出现结膜炎、共济失调、幼猪中枢神经系统症状以及胃肠道、会厌、喉部出现"纽扣状"溃疡，同时伴有脑炎（郭年丰，2020；石明，2019）。

（二）与高致病性猪繁殖与呼吸综合征的区别

高致病性猪繁殖与呼吸综合征是由猪繁殖与呼吸综合征病毒变异株感染引起的，病猪皮肤发红，耳朵发绀。在临床诊断时，由于高致病性猪繁殖与呼吸综合征和急性猪瘟的临床表现十分相似，导致其易被误诊为急性猪瘟。二者主要区别在于猪瘟母猪很少发病，而高致病性猪繁殖与呼吸综合征感染时母猪的发病率高达100%；猪瘟一年四季均可发生，而高致病性猪繁殖与呼吸综合征高发于每年4—11月的炎热季节；高致病性猪繁殖与呼吸综合征引起的流产多发于妊娠后期，多为白胎，木乃伊胎少，母猪出现流产征兆时多伴有发热、食欲下降等症状，但流产后可很快恢复。猪瘟和高致病性猪繁殖与呼吸综合征的病理变化差异比较大。相较猪瘟，高致病性猪繁殖与呼吸综合征的主要病变是间质性肺炎，其虽然可以像猪瘟一样导致淋巴结肿大，但出血病变不明显，内脏器官的出血病变也不明显；脾梗死灶颜色虽类似猪瘟，但质地不硬也不凸出于脾表面；回盲瓣通常呈较大面积的溃疡，溃疡形状不规则、黏膜脱落，露出下层组织，颜色常呈墨绿色，这与猪瘟的"纽扣状"溃疡外观明显不同；而肺的病变呈多样化，大多表现为间质性肺炎、间质增宽、切面为鲜红色，继发感染后常有纤维素性胸膜肺炎、胸腔积液以及与胸壁粘连等病变（叶建兴，2008）。

（三）与猪伪狂犬病的区别

猪伪狂犬病是由猪伪狂犬病病毒引起的猪的急性传染病。相较猪瘟，猪伪狂犬病的病猪体表一般无特征性变化，母猪发情期减少，配种率低，病猪不表现腹泻症状，但有明显的共济失调、昏睡、鸣叫、流涎、抑郁、震颤等神经症状；病猪不表现黏膜出血、淋巴结肿大出血、肾脏出血等病变，但出现肺炎、脑脊髓炎，脑膜淤血、出血等症状，病猪的肝、脾出现黄白色坏死灶，特别是肝脏上的白斑是特征性病变（王达勇，2015）。

（四）与猪链球菌病的区别

猪链球菌病是由链球菌引起的人畜共患传染病，以脑膜脑炎、败血症、心内膜炎、关节炎、化脓性淋巴结炎为主要特征。相较猪瘟，猪链球菌病更易感染怀孕母猪、架子猪，病猪可表现为浆液性鼻漏、流泪，出现多发性关节炎，跛行或不能站立等症状；臀部、背部及腹下皮肤"刮痧样"暗红，后期出现呼吸困难。剖检病猪可见脑膜充血、出血，心内膜出血，心包积液呈淡黄色；关节囊液呈黄色胶冻样；黏膜、浆膜及皮下有出血斑；喉头、气管充血或出血，内有大量泡沫；肺充血、出血、肿胀，表面有纤维蛋白附着；肝脾肿大出血（辛德章，2014）。

（五）与猪丹毒的区别

猪丹毒是由猪丹毒杆菌引起的急性、热性传染病，主要发生于3～12月龄的架子猪，在炎热多雨季节流行最盛。猪瘟各年龄段均可发生，以3月龄以下的猪更为常见，一年四季均可发病，无明显季节性。猪丹毒的发病率和死亡率均低于猪瘟。感染猪丹毒的病猪主要表现为耳根、腹部、四肢内侧等处皮肤出现形状大小不一、界限清楚的方形或菱形红色疹块，指压褪色。相较猪瘟，猪丹毒感染的病猪很少出现腹泻症状，不会出现突然死亡、食欲不振、呼吸困难、呕吐等现象，病变不会出现淋巴结出血和肿大（纵丰学等，2006）。

（六）与猪肺疫的区别

猪肺疫是由多杀性巴氏杆菌引起以败血症和炎性出血为特征的疫病。相较猪瘟，猪肺疫于气候和饲养条件剧变时多发，发病率和病死率低。感染猪肺疫的猪表现为咽喉部急性肿胀，严重者向上延及耳根，向后可达胸前；病猪呼吸极度困难，呈犬坐姿势，伸长头颈呼吸；口鼻流出泡沫，可视黏膜发绀。剖检时，以病猪咽喉及周围结缔组织的出血性浆液浸润为最主要特征，切开颈部皮肤可见大量胶冻样呈淡黄色或灰青色纤维素性浆液；肺充血水肿，急性病变为纤维素性肺炎；胸膜常有纤维素性附着物；支气管、气管内含有大量泡沫状黏液，黏膜发炎（纵丰学等，2006）。

（七）与仔猪副伤寒的区别

仔猪副伤寒是由沙门菌感染引起的一种常见传染病，易发于2～4月龄仔猪，在阴雨连绵季节多发，发病率和死亡率比猪瘟低，通常不会出现流产症状。病猪排黄绿色或灰白色稀粪，粪便腥臭带血，食欲消退，下痢，耳根、胸前、腹部、四肢等处皮肤出现蓝紫斑。典型病变是肠系膜淋巴结呈索状肿大，脾明显肿大且呈蓝紫色，质地坚硬，脾髓质没有软化。肝脏可见黄色或灰白色点状坏死灶；肺部有灰黄色干酪样结节；肠系膜淋巴结肿大，大肠壁增厚。

第六节　诊　　断

早期诊断并快速清除感染猪是控制猪瘟的关键环节，也是第一道防线。CSFV潜伏在体内的时间越长，病毒传播的风险就越大。当发生疑似猪瘟疫情时，可根据流行病学特征、临床症状和病理剖检变化进行初步诊断，但确诊还需通过实验室诊断方法来实现。

一、临床诊断

在临床中，可根据典型的流行病学特征、临床症状和病理剖检变化作出初步诊断。

（一）典型流行病学特征

猪是CSFV的唯一自然宿主，不同日龄、品种、性别的猪均易感，该病一年四季都可发生，小于3月龄仔猪更容易发病。该病发病急，传播速度快，出现临床病猪1～2周后，可迅速传播到场内各年龄段的猪，发病率和死亡率高。

（二）典型临床症状

发病猪出现持续高热，体温通常升高至40～42℃及以上，厌食，怕冷，先便秘后腹泻，或便秘与腹泻交替出现，两眼有许多脓性分泌物，腹部、耳朵、鼻端和四肢内侧等部位皮肤出血、紫绀，指压不褪色。

（三）典型病理剖检变化

病猪剖检可见淋巴结水肿、出血，切面呈大理石样外观，有"大理石样花纹"之称；肾脏表面可见针尖状的出血点，当出血量多时肾脏表面如麻雀蛋外观，有"麻雀肾"之称；脾边缘表面出现暗紫色凸起的出血性梗死灶；在回肠末端、盲肠和结肠处常见"纽扣状"溃疡性和坏死性病变。

二、实验室诊断

在猪瘟流行早期，其典型流行病学特征、临床症状和病理剖检变化对病情具有重要的诊断意义。然而，随着猪瘟流行出现了新的变化，慢性感染和持续性感染越来越普遍，带毒猪长期排毒而本身不表现任何临床症状，再加上猪病种类繁多，混合感染情况普遍，各种疫病症状复杂且表现出非典型特征，这给猪瘟的临床诊断带来新的困难，容易导致误诊。同时由于我国还在使用疫苗控制猪瘟的大规模流行，这又成为野毒猪与免疫猪鉴别诊断的难题。再者，CSFV 与同属的其他瘟病毒同源性高，在血清学上存在交叉反应的可能，对不同瘟病毒属成员的鉴定显得尤为重要。为此，在临床诊断的基础上，猪瘟的确诊，必须要经过针对 CSFV 的敏感、特异的实验室诊断予以确认。

实验室诊断主要分为病原学诊断和血清学诊断。病原学诊断方法主要包括病毒分离、免疫荧光抗体检测技术（FAT）、免疫过氧化物酶检测技术（IPT）、反转录聚合酶链式反应（RT-PCR）、实时荧光定量 RT-PCR、环介导恒温扩增技术（LAMP）、基因芯片检测技术（DNA chip）、微流控芯片技术等；血清学诊断方法主要包括病毒中和试验（VNT）、间接血凝试验（HIA）、酶联免疫吸附试验（ELISA）、胶体金免疫试验（CICA）、化学发光免疫分析技术（CLIA）等。

（一）样品的采集

1. 组织样品采集

（1）采集活体猪扁桃体时，用鼻捻子固定猪上唇，用开口器打开口腔，用扁桃体采样枪采集扁桃体样本。

（2）病死猪可采集扁桃体、淋巴结、胰脏、脾、回肠、肝脏和肾脏等含毒量较高的组织脏器。若组织或脏器出现了典型的病理变化，宜采集病健交界处的组织，不宜采集病变严重且出现继发感染（如细菌污染）的组织。采样时用无菌的剪刀和镊子剪切 20~200g。

2. 抗凝血样品的采集

采用 75% 酒精对待采血动物颈部前腔静脉或耳静脉表面皮肤进行擦拭消毒，用一次性无菌注射器/采血器对前腔静脉或耳静脉无菌采集血液，注入抗凝管中，充分颠倒混匀，血量不少于 2mL。

3. 血清样品的采集

采用 75% 酒精对待采血动物颈部前腔静脉或耳静脉表面皮肤进行擦拭消毒，用一次性无菌注射器/采血器进行前腔静脉或耳静脉无菌采集血液，血量不少于 2mL。

4. 粪便样品的采集

用棉拭子挑取 20～50g 新鲜粪便样品于灭菌离心管中。

5. 细胞培养液和其他液体排泄物的采集

将不少于 2mL 的细胞培养液或其他液体排泄物装入无菌离心管中。

6. 环境拭子样品的采集

用棉签擦拭（擦拭面积 1m×1m）采样部位后放在装有 PBS 的离心管中。

7. 用于病理学检查的样品

采集组织样品后用 10％福尔马林固定。

扁桃体是 CSFV 感染后最先呈现抗原阳性的病料，因而是急性病例的首选病料；回肠末段是慢性病例的首选病料。

（二）样品的保存与运输

采集的样品不加防腐剂，放入主容器密封后，采用保温容器加冰袋或干冰以密封方式进行运输，并在 8h 之内运送到实验室。样品相关生物安全标识和运送流程应按照相关规定执行。样品到达实验室后，血清样品应在 1 周内检测，可置 2～8℃条件下保存；超过 1 周，应置－20℃以下冷冻保存。组织等其他样品在 2～8℃条件下保存应≤24h；若需长期保存，应放置于超低温冰箱（≤－70℃），避免反复冻融。

（三）样品的处理

样品处理的生物安全措施按照《实验室生物安全通用要求》（GB 19489—2008）规定的相关操作进行。

1. 组织样品的处理

组织样品的处理有手工研磨和自动研磨两种方式，具体如下：

（1）手工研磨：在生物安全柜中，取待检组织病料约 1g，剪碎后置于研磨器研磨，再向其中加入 1.5mL 无菌 MEM 培养液（含 2％双抗），继续研磨成匀浆后转至 2mL 灭菌离心管中，4℃ 8 000r/min 离心 5min，取上清液，待检。

（2）自动研磨：在生物安全柜中，取待检组织病料约 1g，剪碎后置于无菌离心管，再向其中加入 1.5mL 无菌 MEM 培养液（含 2％双抗），在 2～8℃下置于组织匀浆机中研磨至匀浆，4℃ 8 000r/min 离心 5min，取上清液，待检。

2. 抗凝血样品的处理

抗凝血一般无须特殊处理，充分混匀即可，待检。

3. 血清样品的处理

将采集好的全血室温静置于斜面 2～4h，待自然凝固析出血清；或 4℃放置 24h 或 4 000r/min 离心 10min 以析出血清，取血清，待检。

4. 粪便样品的处理

取适量新鲜粪便样品置于 2mL 灭菌离心管中，加入 1mL 生理盐水或 PBS，涡旋震荡混匀，4℃ 8 000r/min 离心 5min，取上清液，待检。

5. 其他液体排泄物的处理

将装有液体的离心管充分振荡混匀后，4℃ 8 000r/min 离心 5min，取上清液，待检。

6. 细胞培养液的处理

将装有细胞培养液的离心管反复冻融 3 次，待检。

7. 环境拭子样品的处理

将装有棉拭子的离心管在振荡器上涡旋震荡 2min，4℃ 8 000r/min 离心 5min，取上清液，待检。

（四）病原学诊断方法

1. 荧光抗体检测技术（FAT）

用荧光抗体示踪或检查相应抗原的方法称荧光抗体检测技术（FAT），根据荧光素标记的不同可将荧光抗体检测技术分为直接荧光抗体试验和间接荧光抗体试验。

荧光抗体检测技术是一种简便、快速、准确可靠、检出率高、特异性好的检测方法，是国内外最常用的 CSFV 抗原检测方法之一。该方法由 Robertson 于 1965 年首次应用于猪瘟的检测，效果良好。许多国家和地区已将冰冻组织切片或触片的直接荧光抗体试验作为猪瘟净化的法定诊断方法，也是欧盟认可的标准方法。1997—1998 年荷兰猪瘟暴发流行期，429 起猪瘟疫情中有 82％ 的比率是通过采用扁桃体冰冻切片直接用荧光抗体检测技术进行确诊的（De Smit，2000）。

荧光抗体检测技术可快速检测扁桃体、脾、肾、胰、淋巴结和回肠远端冰冻切片中的 CSFV 抗原，可从患病动物体内采集组织样品，并在无防腐剂的冷藏条件下保存运输，但是样品不能冻结。冷冻切片可用抗 CSFV 的免疫球蛋白异硫氰酸荧光素（FITC）结合物直接染色，或用 FITC 标记的二抗结合物间接染色，再经荧光显微镜检查。在感染最初阶段，扁桃体组织是最适合的样品，因为可以对扁桃体活体采样，并且病毒无论经过何种途径感染，扁桃体都是病毒最先侵袭和增殖的部位。即使是临床症状不明显的感染猪，采集扁桃体进行检测的结果也更为可靠，检出率较高（Ressang，1973）。在对亚急性和慢性病例的检测中发现，回肠通常呈阳性反应，有时是唯一显示荧光的组织。

2. 免疫过氧化物酶检测技术（IPT）

免疫过氧化物酶检测技术（IPT）是根据抗原抗体反应的特异性和酶催化

反应的高敏感性而建立的免疫检测技术，是继荧光抗体检测技术之后发展起来的又一病原检测技术。目前多以辣根过氧化物酶标记的特异抗体进行免疫组化染色，对 CSFV 感染的组织器官或细胞培养物进行检测。IPT 还可用于分析 CSFV 感染的细胞、组织之间以及同组织损伤之间的关系。有研究表明，扁桃体、淋巴结、脾及胰腺均可作为病毒早期检测的样品，并且采用该方法的结果与用荧光 RT-PCR 方法的分析具有一致性（刘俊等，2009）。该技术不需昂贵且精密的荧光显微镜，只需普通光学显微镜即可，而且操作简便、敏感性和特异性较高、结果易于判定，同时对检测人员技术要求较低，样品保存条件要求低。

3. 病毒分离

病毒分离仍然是实验室猪瘟诊断中常用的标准方法，将患病猪或死猪的病料组织液、血液等接种于敏感细胞上进行 CSFV 分离，该方法比荧光抗体检测技术更敏感，具有准确、可靠的优点，但是耗时长，并且对检测人员的技术要求高、专业性强，过程复杂，病毒分离过程中细胞容易被污染，还需配合使用显微镜、PCR 等技术，不适于大规模应用，也不适合基层的临床诊断。适用于 CSFV 分离培养的敏感细胞有 PK-15、PK-2、SK-6 和 ST 等猪肾和猪睾丸传代细胞系（殷震等，1997），应用最广泛的是能快速分裂的 PK-15 细胞。扁桃体是进行病毒分离诊断试验的首选器官，如采集不到扁桃体，也可用病毒含量较高的脾、肾、胰、回肠、回盲瓣或淋巴结等。由于 CSFV 在细胞培养过程中不导致细胞病变，所以在病毒分离培养过程中须辅以 FAT、IPT 或 RT-PCR 等方法对增殖的病毒进行检测确认。

4. 反转录聚合酶链式反应（RT-PCR）

反转录聚合酶链式反应是用于扩增放大特定基因片段的一种分子生物学技术。随着兽医实验室能力的不断提升和 PCR 检测技术的迅速发展，RT-PCR 检测技术在国内外 CSFV 的核酸检测中均得到广泛使用，主要是针对 CSFV 基因的保守区域设计引物。早在 20 世纪 90 年代就创建了 CSFV 的 RT-PCR 检测方法，Semenikhin 等（1999）在 E0 基因的保守区上设计了一对引物，建立了用于诊断猪瘟的 RT-PCR 方法。相较病毒分离，RT-PCR 检测方法具有速度快、特异性强、灵敏度高、重复性好、操作简单、对样品的纯度要求不高等优点。目前该方法已经成为实验室检测 CSFV 的常用方法，适用于可疑感染病例的筛查，尤其适用于早期临床诊断和病毒载量低的持续感染带毒猪的筛查。但该法对实验室条件和操作人员技术水平要求较高，并且要有特殊的仪器，引物设计欠佳、实验污染等因素容易造成假阳性或假阴性结果。

5. 实时荧光定量 RT-PCR

实时荧光定量 RT-PCR 技术是将 RT-PCR 技术与荧光化学发光技术原理相

结合，在 PCR 扩增体系中加入具有荧光特性的物质，PCR 反应过程中对荧光信号进行实时采集，建立荧光信号与 PCR 扩增产物之间的数学关系，从而实现定性与定量的核酸检测方法。实时荧光定量 RT-PCR 技术自 1990 年问世以来，相较普通 RT-PCR 检测技术，因其特有的低耗时性、高特异性、高灵敏性、高通量性的优点，只需 2～3h 即可完成整个检测过程，现已被国内外普遍应用于 CSFV 的诊断，带来了 CSFV 检测技术的又一次重要变革。如今，实时荧光定量 RT-PCR 已成为实验室检测 CSFV 首选方法。通过设计通用引物，可以对鼻拭子、扁桃体、全血等多种样品进行 CSFV 核酸检测，同时因该方法不受抗体存在的影响，所以可以对任何日龄猪的样品进行检测，并且敏感性大大优于病毒分离和 RT-PCR。余以刚等（2013）建立的荧光定量 RT-PCR 方法，不仅能鉴别诊断猪瘟疫苗株和野毒感染，而且敏感性很高，对疫苗株检测灵敏度可达 0.1 $TCID_{50}/mL$。而对野毒株的检测灵敏度达到 1 $TCID_{50}/mL$。

6. 环介导恒温扩增技术（LAMP）

环介导恒温扩增技术是 2000 年才兴起的一种生物技术，是一种在恒温条件（60～65℃）下依赖自动循环的链置换技术，需要针对 CSFV 的 5′SFV 端保守序列设计 4 条引物，通过引物的巧妙设计，实现模板的大量快速扩张。该方法可在 1h 内进行快速、简便、精确的扩增，实现了恒温检测。此法特异性强、灵敏度高，而且还不需要 PCR 仪，不需要热变性、温度循环电泳及紫外观察的过程，检测范围、特异性均比传统的 RT-PCR 好，灵敏度比 RT-PCR 高出 100 倍（田克恭等，2014；王韦华等，2019）。

7. 基因芯片检测技术（DNA chip）

基因芯片检测技术是指在一个很小的芯片表面（通常是硅化玻璃），覆盖有成千上万的寡核苷酸用于和待检样品中的核酸进行杂交检测的一种技术。基因芯片技术具有高通量、自动化的优点，这是其他方法无法比拟的，但基因芯片也存在灵敏性较低、操作复杂、设备昂贵、芯片成本高等缺点。尽管如此，近年来基因芯片技术在病原体检测及多种病原体同步检测中的应用逐渐增加，适合用于病毒混合感染的检测。目前国内已在探索将基因芯片技术用于猪瘟的诊断，罗宁等（2018）建立了一种可同时同步检测猪瘟、猪伪狂犬病、猪繁殖与呼吸综合征等 10 种猪常见病毒病的基因芯片检测技术；刘胜利等（2019）应用多重 PCR 结合基因芯片技术同时检测猪瘟等 5 种猪繁殖障碍性病毒病，均收到了很好的效果。

8. 微流控芯片技术

微流控芯片是近年发展起来的一种全新的微量分析技术，可将样本前处理、分离检测等多个步骤集合在一起。针对 CSFV 的 5′SFV 保守区域设计引物，并将其分别固定在微流控芯片的相应位置后，对微流控芯片进行封装，将提取的核酸模板与包含荧光染料的反应液混合后，加到封装好的微流控芯片中，之后放入带有离心、恒温功能及实时荧光检测一体化的微流控芯片检测仪中，利用离心力驱动样品进入微流控芯片反应孔，进行反转录与恒温扩增。若样本中含有目的片段则得到恒温扩增，扩增产物将与荧光物质进行结合，通过荧光检测仪实时捕获荧光信号，根据实时荧光信号出现的时间、强度和位置，判断样品中是否含有 CSFV。此法具有集成化、自动化、微型化、连续化以及分析剂量小、速度快、成本低、易于集成开发等独特优势，目前也是研究的热点。

（五）血清学诊断方法

1. 病毒中和试验（VNT）

病毒中和试验可以检测血清中 CSFV 的中和抗体或病料中的 CSFV。可分为荧光抗体病毒中和试验（NIF）和过氧化物酶联中和试验（NPLA）。NIF 和 NPLA 均是目前国内外最常用最可靠的抗体检测技术，是国际贸易指定的 CSFV 抗体检测确诊方法，也是国际公认的 CSFV 抗体检测的"金标准"。NIF 具有敏感性高、特异性好、能定量的优点，但存在耗时长（8～10d）、涉及细胞培养和病毒繁殖等操作对实验室要求极高、结果判定主观性强、检测人员经验需丰富等缺点，不适用于规模化检测。相较 NIF 需要借助昂贵的荧光显微镜等特殊仪器，NPLA 只需要普通光学显微镜即可，操作相对更简便，所以在西欧国家较为常用。

2. 酶联免疫吸附试验（ELISA）

酶联免疫吸附试验是检测抗原或抗体的一种检测方法，是国际上较为认可的检测方法，也是目前基层临床诊断中比较常用的检测方法。ELISA 根据原理主要分为间接、阻断、捕获等 ELISA 方法，目前针对 CSFV 抗体的检测，间接和阻断 ELISA 应用最广泛。因 E2 蛋白是 CSFV 的免疫优势蛋白，能诱导机体产生中和抗体，所以基于 E2 蛋白抗原构建的 ELISA 方法在国内外使用更广泛，并且该方法与中和试验的符合率很高。CSFV 感染后 10～15d 可以用 ELISA 检测到抗体，这与产生中和抗体的时间相似。ELISA 因具有操作简便、快速、敏感、成本低、容易实现标准化及规模化等优点，已被广泛应用于 CSFV 抗体的检测中，非常适用于大量临床样品筛查、流行病学调查和猪瘟无疫区病原的监测追踪。在我国，ELISA 是评价猪群猪瘟疫苗免疫效果的主要技术手段，为猪场合理的免疫程序制定和免疫抗体水平监测提供技术支持。

3. 胶体金免疫检测技术（GICA）

胶体金免疫检测技术是基于抗原抗体特异性结合的一种检测技术，是所有检测方法中最快速的一种方法。该方法的最大特点就是快速，可以现场检测，适用于基层临床样品的现场快速检测筛查，但是该方法的特异性和灵敏度相对较低，并且对于大量临床样品检测不如 ELISA 操作简便，不适合应用于规模化和集约化猪场检测。

4. 化学发光免疫分析技术（CLIA）

化学发光免疫分析技术是将发光分析和免疫反应相结合而建立起来的一种新的检测微量抗原或抗体的免疫分析技术。化学发光免疫分析技术作为免疫诊断最先进技术，在欧美国家已经实现了对酶联免疫方法的替代，占到了免疫诊断市场 90％以上的市场份额。而国内，化学发光免疫分析技术正逐渐替代酶联免疫成为主流免疫诊断方法。

第七节 防 控

一、防控策略

（一）国外防控策略

猪瘟是危害全球养猪业的最主要疫病之一，所以猪瘟的防控历来受到世界各国的高度重视，目前已有部分国家成功净化了猪瘟。猪瘟的防控主要采取疫苗免疫、监测扑杀、检疫监管、应急处置、生物安全等各项措施。疫苗免疫是猪瘟防控的首选方法，然而由于疫苗免疫只能起到降低发病可能和降低严重程度，却不能完全阻断病毒的感染和清除病毒，所以仅仅依靠疫苗免疫无法彻底控制并根除猪瘟，多数经济实力雄厚的西方国家不采取疫苗免疫的措施，而是直接采取监测扑杀的方法，虽然成本高，但能迅速控制和消灭猪瘟。而在经济落后地区采取扑杀的措施可能导致严重经济损失等一系列问题，需要根据国家自身饲养规模、猪瘟流行率、管理方式等因素采取综合防控策略。因而各国猪瘟防控策略需根据各自国家的经济实力和实际情况而定。

世界上养殖水平高、经济实力强的国家，主要采取严格检疫、监测和全群扑杀的策略，成功根除了猪瘟。以美国、澳大利亚、加拿大、新西兰及北欧一些国家为代表，首先通过实施严格的检疫制度，严把进口关卡，防止引入带毒猪，其次建立健全疫病监测系统，定期实时监测猪瘟抗体和病原情况，同时监测野猪群体的猪瘟流行情况，对带毒猪进行及时扑杀；最后是建立突发疫情应急扑灭措施。俄罗斯等某些欧洲国家则采取以疫苗免疫为主、监测和扑杀为辅的防控策略来控制猪瘟，20 世纪中后期，这些国家采用猪瘟兔化弱毒疫苗进行全覆盖疫苗免疫来控制猪瘟，当疫情得到基本控制之后，停止疫苗免疫，采取监测和扑杀的策略净化猪瘟。日本采用自行研制的猪瘟弱毒疫苗进行全覆盖免疫，之后以监测和扑杀的策略来防控猪瘟。南美洲国家与加勒比地区存在猪瘟的流行，各国根据猪瘟消灭情况，采用区域防控政策，无疫区则禁止免疫，主要采取严格的监测扑杀策略，疫区采取免疫策略。印度尼西亚、越南、菲律宾等东南亚国家由于经济不发达、防控技术手段落后、防控制度不健全，目前猪瘟流行依然严重，基本上只能采取疫苗免疫和扑杀相结合的防控策略，遏制猪瘟流行态势，再辅以监测、净化、猪场生物安全等综合措施进行防控。

(二) 国内防控策略

近年来，我国猪瘟流行暴发特点和感染后的临床症状较过去已经发生明显变化，发病率和死亡率明显降低，感染时间明显延长，并以慢性或非典型猪瘟为主，大规模流行明显减少，由种猪持续性感染传播引发的案例逐渐增多，已成为导致新生仔猪死亡的重要原因之一。另外我国猪群多种疫病混合感染引起并发症导致死亡成为猪瘟疫情蔓延的新趋势。鉴于当前猪瘟的流行现状，以及我国养殖集约化程度低、养殖方式落后、生猪跨区域长途调运频繁且调运监管难度大的情况，单一措施难以有效发挥作用，必须采取综合措施才能有效防控猪瘟。自1956年开始，我国在全国范围内大规模使用猪瘟兔化弱毒疫苗对猪群进行免疫，为防控猪瘟做出很大贡献；1985年《家畜家禽防疫条例》颁布实施，疫病防控提升至法律法规的高度；2004年制定了以扑杀和免疫为核心的重大疫病综合防控措施；2007年修订的《中华人民共和国动物防疫法》，规定对严重危害养殖业的动物疫病实施强制免疫。自2007年起，我国对猪瘟实施强制免疫策略，直到2017年猪瘟退出国家强制免疫的历史舞台，2021年5月开始实施的新修订版《中华人民共和国动物防疫法》，对于动物疫病的防控实行预防为主，预防与控制、净化、消灭相结合的方针。我国对于猪瘟的防控坚持"预防为主"，预防与控制、净化、消灭相结合的综合防控策略，采取疫苗免疫为主，免疫与扑杀相结合，辅以监测、净化、猪场生物安全等综合措施，对传染源、传播途径、易感动物等多个环节进行猪瘟的防控。

二、综合防控措施

(一) 加强饲养管理

在养殖过程中实施科学化、数据化、精细化的饲养管理，建立良好的饲养环境，减少应激反应，提高猪群抗 CSFV 感染的能力。一是实施分阶段饲养，提高饲料营养水平，精准营养供给，使猪群在不同生长阶段得到科学合理的营养供给。二是改善猪舍环境，定期监控猪舍内温度、湿度以及氨气、二氧化碳等有害气体浓度，加强通风换气，保持干燥、清洁、舒适，夏季降温防暑，冬季保暖防寒。三是控制猪群饲养密度，保证不同生长阶段的猪群有足够的活动空间。四是日常饲养管理中，防止火灾、停电、缺氧/中暑、中毒，尽量减少各种应激，避免饲料霉变，降低猪群易感性，增强猪群抗病力。五是推进养猪业向规模化、标准化、智能化的养殖方式发展。

（二）建立健全猪场生物安全体系

猪场生物安全是改善猪群健康状况和生产效率的最好措施，为猪群创建一个舒适、安全、健康无病的生态环境，是一种比较经济、有效的疫病防控措施。猪场生物安全不是单一的学科，而是一个体系，包括兽医学、畜牧学、建筑学、环境卫生学、化学等学科在内的体系，而不是简单的兽医学范畴。猪场生物安全措施包含硬件和软件两方面，硬件是基础，主要是指猪场的各种硬件设施，包括猪场的选址、布局以及一些辅助设施（通道、围墙、防鸟网、无害化处理设施等）；软件是关键，包含人员控制、车辆控制、物资控制等相关制度。根据相关资料（郭年丰等，2020）将猪场的生物安全措施简单介绍如下：

1. 选址与布局

场址是猪场生物安全体系中最重要的要素，直接决定猪场能否长期健康发展。猪场选址应地势高、干燥、向阳、通风、有一定坡度，最好具有天然屏障保护，猪场有实体围墙或隔离设施（如铁丝网、围栏）与周围环境隔离开。应选择全年大部分时间为上风向的地址，常年有清洁水源，远离交通主干道、生猪屠宰加工厂、疫苗厂、生猪产品销售市场、无害化处理场所、动物诊疗场所、其他养殖场及生活居民区等。

猪场实行分区管理，生产区、管理区、生活区、隔离区、无害化处理区应严格分开，各区之间应有一定缓冲距离，最好有围墙或绿化带隔开，生产区入口设置有消毒、淋浴设施，生产区内净道、污道分开，猪和人员须从生物安全级别高的地方向生物安全级别低的地方单向流动，严禁逆向流动。

2. 门口的控制

猪场采用密闭式大门，设置"限制进入"等明显标识。门岗均应设置消毒、淋浴间，淋浴间净区、污区分开，且由污区向净区单向流动，门岗设置物资消毒间和车辆洗消设施设备，包括消毒池、消毒机、清洗设备及喷淋装置等。

3. 人员的控制

人员是猪瘟防控的核心，主要包含外部来访人员和猪场内部人员。限制外部来访人员进入猪场，如果要进入场区（生活区、管理区）必须经过消毒通道、淋浴、更换工作服等。禁止外来人员进入生产区，如需进入，须经隔离、淋浴、更换生产区工作服、鞋等，严格执行人员的淋浴管理制度。对于内部人员，首先要按期做好猪场人员培训工作，增强生物安全意识。其次猪场要严格实行封闭式生产管理，尽可能降低人员进出频率，外出工作人员不去疫点、疫区，不与发病猪、感染猪、病死猪接触，不去其他猪场、生猪交易市场、屠宰场，不接触污染的猪肉及其制品、运输工具、物品、用具等，外出回场人员要严格遵守隔离制度。各工作区人员互不串动，生产区人员需严守由清洁区到污染区、由低风险区向高风险区的单向流动制度。

4. 物资的控制

包括食材、生活物资、兽药、疫苗、饲料、设备以及其他入场物资等。挑选合格的物资供应商，物资于场外去除外包装，经过严格的熏蒸消毒后进场。尽可能集中采购，减少采购次数。禁止猪肉产品进入场内。尽可能杜绝或减少不同区域共用工具的使用。运输车辆专车专用，饲料袋禁止进入生产区和圈舍，尽可能采用料线。

5. 车辆的控制

车辆是出入猪场最频繁的工具，因此，如何最大限度地降低车辆带来的生物安全隐患是生物安全体系重点关注的内容之一。建立洗消烘干中心，禁止外来无关车辆进入猪场。进入猪场车辆必须严格清洗消毒。料车装料前与进入场区要严格消毒，司机进入场区后不下车，或必须经过消毒后才可下车。死亡或淘汰猪要用专门车辆按照指定路线运输到指定地点。生产区内的运输工具、器具和设备定期清洗消毒。生产区用于转运猪或饲料的车辆要专车专用，禁止混用或离开生产区。车辆每次使用完毕后和使用前均要彻底清洗消毒。

6. 引种的控制

引种带来的风险很高，应坚持自繁自养，全进全出，建立健康稳定的种猪群，尽可能不引种或少引种。如果必须要引种时，种源提供场的健康等级必须高于引种场，应尽量避免由多个种猪场同时引进种猪，禁止从不明健康状态场和健康等级低于本场的种源提供场引种。选种前必须做好疫病检测，严格检疫，特别是对猪瘟、猪伪狂犬病、繁殖与呼吸综合征等重要传染性疫病的检测。引入猪场前再次检测，通过放置隔离区进行隔离观察，合格后方可入场。

7. 有害生物的控制

其他畜禽动物和家养宠物、野生动物、鸟类、苍蝇、蚊虫及啮齿类动物，是传染病的重要传播媒介，控制或杀灭这些动物，在预防和控制猪传染病方面有重要意义。禁止其他野生动物、畜禽进入场区，禁止饲养宠物和其他畜禽。采用围墙或栅栏、捕鼠器有效阻挡其他动物进入场内。门窗应设防鸟网，且网的缝隙能够阻挡鸟类、蛇类和大的蚊虫进入，避免鸟与其他野生动物接触到猪与饲料。定期实施灭鼠和捕杀蚊虫、苍蝇的措施。及时清理猪场内散落的饲料。养成及时清除垃圾和场地维护（剪草、用石头做围墙）的习惯，降低猪场对啮齿类动物、鸟类和昆虫的吸引。

8. 病死猪无害化处理

病死猪带有大量的病原，随时成为传播疾病的根源，对病死猪、死胎、胎衣、粪便等应严格进行无害化处理，防止疫病扩散。禁止出售、食用病死猪，其处理措施必须按照《中华人民共和国动物防疫法》等相关法律法规的规定执行。

9. 定期消毒

定期对猪场内外环境及道路进行消毒，疫病期应适当增加消毒次数。及时清理猪场内垃圾。猪场大门入口处设置消毒室、消毒脚垫和淋浴间，场区入口处设置车辆消毒设施。每栋猪舍入口处应放置消毒垫、淋浴间。每批猪转舍和调出后，需要对猪舍进行严格清扫、冲洗和消毒，并空舍5~7d。

10. 疫病监测

猪群猪瘟免疫接种后并非具有100%的保护率，母源抗体干扰、疫苗储存以及个体差异等许多因素均会影响免疫效果，而疫病监测是疫病早发现、早处理和疫情诊断的关键，因此，要按照国家相关规定制定相应的疫病监测和流行病学调查计划，定期对猪群健康状况进行监测评估，根据实验室检测结果，及时调整防控策略，从而有效管控场内猪瘟感染风险。对于某些猪场，可以通过免疫、监测、淘汰、清群等措施建立阴性猪群，逐步实现净化。

11. 风险评估

猪场风险评估是指对病原传入猪场并在场内传播的各种潜在风险因素进行分析识别、评价和控制的过程。主要包括：定期调查了解猪场周边社会和自然环境、疫情发生状况，结合猪场生物安全条件，对病毒可能的传入途径进行系统分析，发现生物安全关键风险点，确定风险等级，制定实施有针对性的防控措施。

（三）疫苗免疫接种

疫苗免疫是预防和控制乃至根除动物疫病最经济、最有效、最安全的措施，能有效控制动物疫病的暴发与流行。

1. 疫苗的应用

1947年我国研制出了猪瘟高免血清，用于猪瘟防控并取得很好效果。1951—1954年，我国采用CSFV石门系分离毒株成功研制了猪瘟结晶紫甘油灭活疫苗，在猪瘟流行区推广使用，取得一定免疫效果，在当时没有更好疫苗的情况下，为迅速控制当时的猪瘟疫情起到一定作用（土在时，1996）。由于灭活疫苗免疫效果不理想，产生免疫保护效果较慢，免疫周期短，成本高并且容易造成强毒散毒的问题，所以研究目标开始转向弱毒活疫苗。其实早在20世纪40年代，以美国和英国为主的欧美国家启动了猪瘟弱毒疫苗的研究工作，但存在毒力返强的安全问题，进展并不理想。我国于1950年开始猪瘟弱毒疫苗的研究，经过不断的兔体传代致弱，于1954年成功研制了安全、有效的猪瘟兔化弱毒疫苗，并在全国范围内大规模推广使用，后来该疫苗株传到大部分欧洲国家，对许多国家猪瘟的消灭起到关键作用，至今仍然在用。猪瘟兔化弱毒疫苗为有效控制我国各地区猪瘟大规模暴发流行起到了关键作用，为猪瘟防控做出巨大贡献，目前我国使用的猪瘟疫苗仍是以兔化弱毒疫苗为主，该疫苗接种 1 周后即可产生免疫力并且能够持续 1 年以上。虽然弱毒疫苗具有免疫原性好、安全性较好、高效、遗传稳定性好等优点，但其存在的可能与野毒重组造成毒力返强、出现免疫耐受、不能区分疫苗毒和野毒感染等缺点，使得其在某些地区逐渐被限制使用，并且随着分子生物学技术的不断进步和对 CSFV 分子水平研究的不断深入，亚单位疫苗、基因疫苗等新型疫苗已被大量研究，以期克服传统疫苗的不足。

2. 疫苗的选择

可选择使用猪瘟弱毒活疫苗或亚单位疫苗，疫苗产品信息可在中国兽药信息网"国家兽药基础信息查询"平台"兽药产品批准文号数据"中查询。

3. 制定科学的免疫程序

根据猪场发病特点和规律，结合场内饲养管理条件、疫苗种类和抗体水平监测等情况，制定科学合理的免疫程序，使猪群获得较高的免疫保护率。免疫程序可参考如下：

（1）猪瘟弱毒活疫苗。

①商品猪：根据母源抗体平均水平的高低，确定仔猪的首次免疫时间。一般 21～35 日龄进行初免，60～70 日龄加强免疫一次。

②种公猪和种母猪：21～35 日龄进行初免，60～70 日龄加强免疫一次，以后每 6 个月免疫 1 次。

（2）猪瘟亚单位疫苗。商品猪、种公猪和种母猪 1 年免疫 2 次。

（3）紧急免疫。当发生疫情时，对疫区和受威胁区近 1 个月内未免疫过猪瘟疫苗的所有健康猪，进行一次紧急免疫。

4. 免疫效果监测

免疫 21d 后，按照《猪瘟诊断技术》（GB/T 16551—2020）规定的 ELISA 方法进行抗体检测，了解各免疫猪群整体抗体保护水平，当抗体检测阳性时判为个体免疫合格，免疫合格个体数量占免疫群体总数不低于 70% 时，判定为群体免疫合格。当抗体免疫不合格时，应及时进行疫苗补免或调整免疫程序，如补免后抗体水平仍然很低，那么该猪群可能已发生先天性感染或免疫耐受，应及时淘汰，杜绝可能的传染源。通过免疫效果监测既可评估猪群的整体免疫状态，又可制定适合猪群的合理免疫程序。

（四）强化日常监测

疫病监测是疫病早发现、早处理和疫情诊断的关键，按照国家相关规定制定相应的疫病监测和流行病学调查计划，定期对猪群健康状况进行监测评估，及时准确掌握病原分布和疫情动态，科学评估猪瘟发生风险，及时发布预警信息，对监测出野毒感染的猪进行及时扑杀是清除病毒的有效手段，不断培育猪瘟阴性种猪群和后备种猪群，通过不断的监测与扑杀相结合，控制猪瘟的发生和流行。

(五) 净化种猪群

带毒种猪的持续性感染是引发仔猪猪瘟的最大威胁。通过监测种猪群的感染与免疫状态，坚决淘汰感染带毒母猪是有效控制仔猪发生猪瘟的最佳途径。由于持续感染母猪在接种疫苗后通常抗体水平上升不明显，所以可以通过抗体监测，淘汰免疫失败或免疫抗体保护力低的母猪，从而达到净化猪群的目的，降低仔猪先天性感染的概率。

(六) 强化检疫监管

猪群及其产品的流动是猪瘟在我国传播与扩散的途径之一，车辆、人员、物资、啮齿类动物、伴侣动物等也可通过移动而机械性传播病毒。因此，应强化流通环节监管工作，阻断 CSFV 通过流通环节传播，减少活猪的长途调运，尽量本地屠宰，加强肉品的检疫监督管理。跨省调运、运输实行备案审批制，到达时进行检疫，并严格执行到达隔离观察期制度，尤其是在引种过程中，防止引入带毒猪。

(七) 疫情处置

发生猪瘟疫情后，若对发病和死亡猪处理不当，不但会引发新的疫情，还会使病毒在猪群中长期存在，故应按照《中华人民共和国动物防疫法》《重大动物疫情应急条例》和《猪瘟防治技术规范》等相关法律法规要求，及时采取处置措施。

1. 疫情报告

任何单位和个人发现患有猪瘟或者疑似猪瘟的动物，都应当及时向当地农业农村主管部门或动物疫病预防控制机构报告。

2. 疫情确诊

当接到可疑猪瘟疫情报告后，根据流行病学调查、临床症状和病理变化等初步诊断为疑似猪瘟时，采集病料送省级兽医实验室确诊，必要时将样品送国家猪瘟参考实验室确诊。

3. 疫区划定、封锁

确诊为猪瘟后，应当立即划定疫点、疫区、受威胁区，并采取相应措施。同时，对疫区实行封锁，并逐级上报疫情。

4. 对疫点、疫区、受威胁区采取的措施

(1) 疫点：扑杀所有病猪和带毒猪，并对所有病死猪、被扑杀猪和被其污染或可能污染的产品均按照国家相关规定进行无害化处理。对被污染的物品、用具、场地进行严格彻底消毒，限制人员、车辆、猪、产品的移动。

(2) 疫区：疫区封锁，周围设置警示标志，出入疫区的交通路口处设置动物检疫消毒站或临时动物防疫监督检查站，进出人员和车辆消毒。紧急强制免疫易感猪，停止猪及其产品交易，限制易感猪及产品移动。对猪排泄物、被污染饲料、垫料、污水等按国家相关规定进行无害化处理。对被污染的物品、用具、场地进行严格彻底消毒。

（3）受威胁区：对易感猪实施紧急强制免疫，确保达到免疫保护水平，对猪实行疫情监测和免疫效果监测。

5. 紧急监测

对疫区、受威胁区内的猪群必须进行临床检查和病原学监测。

6. 疫源分析与追踪调查

根据流行病学调查结果，分析疫源及其可能扩散、流行的情况。对可能存在的传染源，以及在疫情潜伏期和发病期间售/运出的猪及其产品，可疑污染物（包括粪便、垫料、饲料等）等应当立即开展追踪调查，一经查明立即按照国家相关规定进行无害化处理。

7. 封锁令的解除

疫点内所有病死猪、被扑杀的猪按规定进行处理，疫区内没有新的病例发生，彻底消毒 10d 后，经当地动物防疫监督机构审验合格，当地兽医主管部门提出申请，由原封锁令发布机关解除封锁。

8. 疫情处理记录

对处理疫情的全过程必须做好详细记录（包括文字、图片和影像等），并归档。

第八节　净　化

早在 20 世纪 60—70 年代，世界上经济比较发达的一些国家已成功消灭猪瘟。截至目前，全球共有 38 个国家和地区根除了猪瘟，部分国家正在实施消灭猪瘟行动计划。

一、国外猪瘟净化经验

（一）美国猪瘟的消灭

1833 年，美国首次报告暴发猪瘟，1834 年成功研制结晶紫疫苗，1906 年生产出猪瘟高免血清，1918 年病毒-血清联合注射法成为主流，大规模周期性流行停止，1937 年成功研制灭活疫苗，1946 年成功研制兔化弱毒疫苗，1956 年全国 2/3 的猪群使用疫苗进行免疫预防，其中弱毒疫苗超过 90%，1961 年政府签发政府令启动猪瘟根除行动，提出分为 4 个阶段的国家计划，此后用了 16 年的时间，通过疫病控制、降低发病率、根除猪瘟和防止再感染 4 个阶段，彻底根除了存在 1 个多世纪的猪瘟，为全世界猪瘟的消灭树立了典范。

1. 第一阶段：疫病控制（1961—1966 年）

本阶段采取疫苗接种的措施，同时要求上报猪瘟疫情，用厨余垃圾喂猪必须经过高温煮熟，限制活猪流动，对感染猪场进行检疫、检查和消毒，生物制品实行专控，州县建立猪瘟根除委员会，建立猪瘟疫情快报制度，建立紧急调查制度。

同时本阶段还建立了确定诊断程序、人员培训、建立紧急疫情报告系统、确定感染源、研究 CSFV 宿主、制定猪瘟防控的政策与措施、提高免疫水平和确定计划初期资金投入等制度。关于诊断程序的确定，包含了猪群病史、临床症状、病理变化和实验室检测，实验室检测主要采用荧光抗体技术。关于人员培训，在实施根除行动的 16 年间，共举办了 26 期猪病诊断专家培训班，每期培训 2 周。关于紧急疫情报告系统，各州于 1962—1965 年分别建立和运行，对根除计划第一阶段任务的完成起到了关键作用。

2. 第二阶段：降低发病率（1966—1970 年）

对可疑猪群在最终确诊前进行隔离，直到对其他猪群没有威胁为止，除了被运送到指定地点并在指定条件下屠宰之外，限制被检疫隔离的猪群移动，进入市场后需要返回猪场的猪，坚持记录其来源和经销商信息。简而言之，也就是隔离、限制可疑动物移动、定点屠宰。

本阶段禁止使用活疫苗，同时严格控制 CSFV 在猪群中的传播，以达到不依赖疫苗免疫却能控制疫情的目的。

3. 第三阶段：根除猪瘟（1966—1970 年）

全面清除感染猪群，联邦政府和州政府对清群提供必要的补偿，制定和实施处理感染猪群和与之有接触的猪群的行动计划，检查感染地区猪和经由市场渠道暴露接触的猪群。感染猪群的猪舍和工具进行清理消毒，减少 CSFV 的传播。

本阶段禁止使用灭活疫苗，主要采取扑杀措施全群清除感染猪群，实现猪场的净化，并且加大扑杀补偿资金力度。

4. 第四阶段：防止再次感染（1970—1977 年）

这个阶段进入了猪瘟根除的尾声，所有以生产为目的引入的猪必须隔离 21d（除来自猪瘟无疫的州外），单次暴发疫情时，经过快速调查处理后未扩散的地区可保持无疫地位。这个阶段联邦政府提供的补偿金比例逐步提高，1971 年，对于进入猪瘟根除计划第四阶段的州，联邦政府给其提供的补偿金比例提高至 75%，对于已经宣布根除猪瘟的州补偿金比例可达 95%。同年年底所有生物制品企业均自愿停产猪瘟疫苗和高免血清。美国联邦政府对猪瘟根除计划支持力度之大、决心之强可见一斑。1975 年全美 50 个州全部进入第四阶段，1978年1月31日，在启动猪瘟根除计划历经16年后，美国宣布彻底根除猪瘟，这标志着耗费1.4亿美元的世界上规模最大的一次猪病根除计划告终。

（二）美洲大陆猪瘟根除计划

为了在拉美地区全面实现猪瘟防控和消灭目标，2000年3月第15届世界动物卫生组织美洲大陆区域委员会全体会议上，各成员国一致同意并制定了"美洲大陆猪瘟根除计划"，计划由FAO为牵头单位，拉丁美洲17个国家政府参与，通过协调各成员国间的技术、人力、物力、财力来共同控制和根除猪瘟，最终实现美洲大陆猪瘟根除的目标。该根除计划制定了3个层次的猪瘟控制水平。

1. 第一层次

第一层次为猪瘟控制区。该区域内仍有猪瘟流行，并且使用疫苗免疫，通过严格的疫情控制措施，切断传播途径，消除病毒传播风险，使疫情发生保持在可控范围。关键的控制措施是充分了解该地区的猪情况、野猪猪瘟流行情况、养猪业主对计划的执行情况、疫情控制的力度，准确掌握流行病学信息并进行有效准确的诊断等。

2. 第二层次

第二层次是猪瘟根除区。该区域内猪瘟疫情不再暴发，停止使用疫苗，主要实施监测策略，一旦发现疫情或发现感染将立即执行扑灭政策，并对养猪户进行及时、足额扑杀补偿。

3. 第三层次

第三层次是猪瘟无疫区，必须符合世界动物卫生组织制定的猪瘟无疫区标准。即该区域至少2年内无猪瘟暴发和流行，通过实施严格的血清学和病原学监测，证明2年内CSFV病原和抗体双阴性结果。一旦该区域被国际组织认定为猪瘟无疫区，那么该地区的生猪及猪制品贸易将不受限制。

（三）欧盟猪瘟净化经验

1980年欧盟颁布实施了猪瘟控制和扑火的法规，正式启动猪瘟净化过程，要求各成员国于1990年停止疫苗免疫，并且此后只能通过严格的监测和扑杀来控制猪瘟。1997年，荷兰、比利时、德国等国家再次暴发了猪瘟，与荷兰相邻的比利时在确诊猪瘟感染后快速扑杀了感染猪群和接触感染的猪群，40d后官方宣布恢复猪瘟无疫状态。欧盟猪瘟净化大体分三步走，第一步首先采用疫苗对猪群进行高密度全群免疫，提高群体免疫力，降低感染率。第二步是当感染率降低到一定程度后，则全面停止免疫，结合持续监测、扑杀策略，清除感染猪，并且严格限制猪及猪产品的流通。第三步是通过持续监测进行净化维持。

二、我国猪瘟的净化

（一）净化的必要性

我国素来有"猪粮安天下"的说法，足以说明养猪业的重要地位。养猪业是关乎民生和"三农"问题的支柱产业，我国生猪屠宰量约占全球的 60%，猪肉消费量约占全球的 50%，但由于我国是猪瘟疫区，生猪及其猪肉相关制品贸易受到重大影响。猪瘟防控的关键在于净化，特别是种猪的净化，从源头上控制猪瘟，对开拓国际市场和提升国际影响力具有重要意义。从长远看，猪瘟净化是国家战略需求，意义深远。我国曾经于 1956 年提出过猪瘟根除战略，由于当时经济水平、养殖方式、人员意识、生物安全防控水平低等原因未能实现。目前，我国猪瘟呈点状散发、流行率较低；养殖业正朝着科学化、规模化、智能化方向快速发展，猪瘟防控策略日趋成熟；传统的猪瘟兔化弱毒疫苗安全性、免疫原性优良，CSFV 分子流行病学研究进一步深入；猪瘟流行病学信息系统数据库（CSFinfo）顺利建成并使用；猪瘟诊断技术特别是新型标记疫苗和猪瘟鉴别诊断技术取得突破性进展；民众生物安全意识空前提高，猪瘟净化的重要性已被广大养殖户所理解；国家政策也在积极响应推进猪瘟等动物疫病净化工作，因此目前已具备了猪瘟净化的基础条件（孙元等，2018）。

（二）净化的相关政策

猪瘟作为一种计划消灭的动物疫病受到我国政府高度重视，《国家中长期动物疫病防治规划（2012—2020 年）》将猪瘟列为 5 种优先防治和重点防范的动物疫病之一，2007 年我国对猪瘟开始实行强制免疫政策。多年来，各有关部门按照国家总体部署，坚持预防为主方针，实施免疫与扑杀相结合等综合防控措施，使猪瘟疫情得到有效控制，流行态势比较平稳，感染率较低，防控工作取得显著成效。2017 年 3 月农业部印发了《国家猪瘟防治指导意见（2017—2020 年）》，指出猪瘟不再纳入强制免疫范围，标志着实行了 10 年的猪瘟强制免疫政策正式退出历史舞台，实现了猪瘟防控政策的历史性重大转变，这也标志着我国正式将猪瘟免疫净化付诸行动。与此同时，2021 年 5 月正式实施的新修订版《中华人民共和国动物防疫法》明确将"净化、消灭"纳入动物防疫方针，这标志着猪瘟等动物疫病净化工作上升到了法律层面，实现了有法可依。2021 年 10 月农业农村部印发的《关于推进动物疫病净化工作的意见》，明确将猪瘟纳入净化范围，也明确了净化技术集成、完善净化模式、做好净化指导、开展净化评估的四大主要净化任务，为接下来的猪瘟净化工作推进奠定基础。

（三）净化路线

我国猪瘟的净化路线要结合国情、养殖模式、养殖规模等，在借鉴欧美猪瘟净化经验的基础上，走中国特色的猪瘟净化之路。一是在净化前期大规模、高密度地使用猪瘟兔化弱毒疫苗，配合完善的生物安全防控措施，将猪瘟的感染率及流行率控制在一定范围之内。二是逐步使用猪瘟标记疫苗及配套的鉴别诊断方法，结合监测、淘汰措施，逐渐达到猪瘟的净化，并进行净化评估。三是通过持续监测、生物安全等一系列措施来实现净化维持。也即通过免疫接种降低流行率；通过病原监测及时淘汰带毒猪，逐步建立猪瘟阴性健康猪群；最后在此基础上进行区域净化，最终实现全国范围内的净化和根除猪瘟的终极目标。

（四）净化标准

1. 免疫净化标准

按照中国动物疫病预防控制中心印发的《动物疫病净化场评估技术规范》的规定，同时满足以下 4 个要求，视为达到免疫净化标准：

（1）生产母猪、后备种猪抽检，CSFV 抗体阳性率在 90％以上。

（2）种公猪、生产母猪和后备种猪抽检，猪瘟病原学检测均为阴性。

（3）连续两年以上无临床病例。

（4）现场综合审查通过。

2. 非免疫净化标准

按照中国动物疫病预防控制中心印发的《动物疫病净化场评估技术规范》的规定，同时满足以下 3 个要求，视为达到非免疫净化标准：

（1）种公猪、生产母猪和后备种猪抽检，CSFV 抗体检测均为阴性。

（2）停止免疫两年以上，无临床病例。

（3）现场综合审查通过。

3. 抽样检测要求

净化标准评估抽样检测方法如表 4-8-1 和表 4-8-2 所示。

表 4-8-1　免疫净化标准评估实验室检测方法

检测项目	检测方法	抽样种群	抽样数量	样本类型
病原学检测	荧光 PCR	种公猪	生产公猪存栏 50 头以下，100％采样；生产公猪存栏 50 头以上，按照证明无疫公式计算（$CL=95\%$，$P=3\%$）	扁桃体
		生产母猪、后备种猪	按照证明无疫公式计算（$CL=95\%$，$P=3\%$）；随机抽样，覆盖不同猪群	
抗体检测	ELISA	生产母猪	按照预估期望值公式计算（$CL=95\%$，$P=90\%$，$e=10\%$）	血清
		后备种猪	按照预估期望值公式计算（$CL=95\%$，$P=90\%$，$e=10\%$）	

表 4-8-2　非免疫净化标准评估实验室检测方法

检测项目	检测方法	抽样种群	抽样数量	样本类型
抗体检测	ELISA	种公猪	生产公猪存栏 50 头以下，100％采样；生产公猪存栏 50 头以上，按照证明无疫公式计算（$CL=95\%$，$P=3\%$）	血清
		生产母猪、后备种猪	按照证明无疫公式计算（$CL=95\%$，$P=3\%$）；随机抽样，覆盖不同猪群	

（五）净化步骤

1. 本底调查

按一定比例采集种公猪、生产母猪、后备母猪、保育猪和育肥猪血清，检测猪瘟免疫抗体水平，抽检种猪扁桃体检测猪瘟病原。了解猪场各年龄段猪群健康状态、猪瘟免疫保护水平和猪瘟病原带毒状态，评估猪瘟发生和传播的风险，根据净化成本和人力、物力投入，制定适合猪场实际情况的净化技术方案。

2. 免疫控制

（1）措施：养殖场主要采取免疫、监测和淘汰免疫抑制猪，完善生物安全防控措施，建立猪群优良的免疫保护屏障，将临床发病控制在最低水平甚至免疫无疫状态，为下一步监测净化奠定基础。

（2）免疫：养殖场选用优质疫苗，根据本场日常监测计划，按照制定的免疫程序进行全覆盖免疫。

（3）监测：重点确保种猪群良好的免疫保护水平。监测内容和比例见表 4-8-3。

（4）淘汰：①种猪猪瘟抗体合格率应达到 90％以上，育肥猪猪瘟抗体合格率应达到 70％以上。免疫抗体水平低下的猪群进行加强免疫，若加强免疫后抗体水平依然不合格则淘汰，并调整免疫程序。②采用荧光定量 PCR 或荧光抗体检测技术对引进种猪的扁桃体或抗凝血进行病原检测，阳性猪坚决淘汰。③对带毒猪按照相关规定进行无害化处理，同时做好生物安全相关措施。

（5）目标：通过高滴度的免疫率和生物安全措施，将猪瘟的感染率及流行率控制在一定范围之内，以达到免疫控制的水平。

表 4-8-3　猪瘟免疫控制阶段监测内容和比例

种群	监测比例	监测频率	监测内容	备注
生产母猪	25％	1 次/半年	猪瘟抗体	有条件的养殖场，可一次性 100％检测

（续）

种群	监测比例	监测频率	监测内容	备注
引进种猪	100%	混群前1次，混群后纳入生产母猪/种公猪监测范畴	猪瘟抗体 猪瘟抗原	只有猪瘟抗体合格及猪瘟野毒病原学阴性的猪，方可混群。如外购精液，则应确保精液或精液供体猪瘟野毒病原学阴性
后备母猪	100%	混群前1次，混群后纳入生产母猪/种公猪监测范畴	猪瘟抗体	/
种公猪	100%	1次/半年	猪瘟抗体	/
育肥猪	30头以上	与生产母猪同步监测	猪瘟抗体	10周龄以上育肥猪，了解育肥群免疫抗体水平，及时调整免疫程序；了解是否存在野毒感染

3. 免疫净化

（1）措施：一般情况下，免疫控制阶段后，核心猪群达到良好的免疫保护屏障和稳定的抗体整齐度后，可实施以病原学检测淘汰为基础的监测净化工作。根据本底调查情况，种猪群猪瘟抗体合格率达到90%以上、病原学隐性带毒比例在15%以下的猪场，可跳过免疫控制阶段，直接进入本阶段。

（2）监测：以猪瘟抗体合格和猪瘟病原阴性的种猪群构建假定阴性群，分期开展全群普检，构建真正的阴性群。具体的监测内容和监测比例见表4-8-4。对于初期生产母猪量较大的种猪场，为降低成本和工作难度，生产母猪群以血清学筛查为主，辅以病原学筛查，通过生产母猪的定期更新和猪瘟病原学阴性后备猪的不断补充，间接构建生产母猪猪瘟感染阴性群。

（3）淘汰：①生产母猪、后备种猪、种公猪和引种猪群中检测发现猪瘟抗体不合格者，应加强免疫。若加强免疫后抗体水平依然不合格则淘汰。②将育肥猪猪瘟抗体检测结果作为养殖场猪瘟保护屏障的重要监视靶标，予以密切关注。如发现育肥猪猪瘟抗体合格率低于70%或抗体整齐度较低，应调整免疫程序，并跟踪种猪群的免疫抗体情况。③采用荧光定量PCR或荧光抗体检测技术对猪群扁桃体或抗凝血进行病原检测，阳性猪坚决淘汰，表现临床疑似症状猪也应淘汰，并按照相关规定进行无害化处理，同时做好生物安全相关措施。

（4）目标：建立猪瘟病原阴性及免疫功能良好的核心猪群，逐步缩小CSFV阳性及免疫功能抑制猪群。当生产母猪经历1次以上普检和隔离淘汰，种猪群、后备猪群和待售种猪的猪瘟抗体合格率应达到90%以上，猪瘟病原学检测阴性，并且连续两年以上无临床病例，可基本认为达到猪瘟的免疫净化状态，可按照程序申请免疫净化评估认证。

表 4-8-4 猪瘟免疫净化阶段监测内容及监测比例

种群	监测比例	监测频率	监测内容	备注
生产母猪	25%	1次/季度	猪瘟抗体 猪瘟抗原	确保一年内，假定阴性群生产母猪普检完毕。有条件的养殖场，可一次性100%检测，缩短净化周期
引进种猪	100%	混群前1次，混群后纳入生产母猪/种公猪监测范畴	猪瘟抗体 猪瘟抗原	只有猪瘟抗体合格及猪瘟野毒病原学阴性的猪，方可混群。如外购精液，则应确保精液或精液供体猪瘟野毒病原学阴性
后备母猪	100%	混群前1次，混群后纳入生产母猪/种公猪监测范畴	猪瘟抗体 猪瘟抗原	只有猪瘟抗体合格及猪瘟野毒病原学阴性的猪，方可混群
种公猪	100%	1次/半年	猪瘟抗体 猪瘟抗原	只有猪瘟抗体合格及猪瘟野毒病原学阴性的猪，方可留用
育肥猪	30头以上	与生产母猪同步监测	猪瘟抗体	10周龄以上育肥猪，了解育肥群免疫抗体水平，及时调整免疫程序；了解是否存在野毒感染

4. 非免疫净化

（1）措施：对已达到免疫净化标准或者在猪群从未进行过猪瘟疫苗免疫且无发病的条件下，可以实施非免疫净化措施，但在我国一般都是先达到免疫净化标准后，再进行非免疫净化。养殖场达到免疫净化标准1年后，可根据本场生物安全水平和周边疫情风险，选择逐步停止免疫，并有计划地逐步淘汰免疫过的猪群，并且严格实施生物安全措施，确保有效阻止疫情传入。

（2）监测：本阶段以血清学筛查为主，种公猪、后备猪和引进种猪辅以病原学筛查，及时发现隐性感染病例，具体监测内容和比例见表4-8-5。

（3）淘汰：原则上非免疫猪场若发现猪瘟抗体阳性或病原学阳性猪应坚决予以淘汰，如出现疑似病例，立即开展病原学检测，淘汰确诊病例，有条件的养殖场可直接淘汰临床疑似病例。

（4）目标：当生产母猪经历两次及两次以上普检和淘汰，且确认种公猪、生产母猪、后备猪及待售种猪猪瘟抗体阴性；连续两年以上无临床病例发生，认为达到非免疫净化状态，可按照程序申请非免疫净化评估。

表 4 - 8 - 5　猪瘟非免疫净化阶段监测内容及监测比例

种群	监测比例	监测频率	监测内容	备注
生产母猪	25%	1次/季度	猪瘟抗体	确保一年内普检完毕。有条件的养殖场可一次性100%检测，缩短净化周期
引进种猪	100%	混群前1次，混群后纳入生产母猪/种公猪监测范畴	猪瘟抗体	只有猪瘟抗体阴性的猪，方可混群。如外购精液，则应确保精液或精液供体猪瘟抗体阴性
后备母猪	100%	混群前1次，混群后纳入生产母猪/种公猪监测范畴	猪瘟抗体	只有猪瘟抗体阴性的猪，方可混群
种公猪	100%	1次/半年	猪瘟抗体	只有猪瘟抗体阴性的猪，方可留用
育肥猪	30头以上	与生产母猪同步监测	猪瘟抗体	10周龄以上育肥猪，了解育肥群免疫抗体情况，了解是否存在野毒感染

5. 净化评估

（1）养猪场自评估：按照中国动物疫病预防控制中心印发的《动物疫病净化场评估技术规范》的规定，对必备条件、人员管理、结构布局、栏舍设置、卫生环保、无害化处理、消毒管理、生产管理、防疫管理、种源管理、监测净化、场群健康12个方面逐一进行自评估，完成自评估报告，向省级主管部门提交省级评估申请。

（2）省级现场评估：省级相关部门收到养殖场评估申请后，先进行资料审核，通过以后组织专家组到养殖场进行现场评估，按照《动物疫病净化场评估技术规范》的规定，逐一进行审查评估。

（3）国家级现场评估：国家相关部门收到评估申请后，先进行资料审核，通过以后组织专家组到养殖场进行现场评估，按照《动物疫病净化场评估技术规范》的规定，逐一进行审查评估。

6. 净化维持

（1）确保生物安全体系持续有效运行：通过日常检查、日常监督、效果评估、内部审核、外部审查等方式，对养殖场的生物安全体系运行进行检查，采取预防措施、纠正措施、持续改进措施对存在的风险进行识别和控制，不断完善养殖场的生物安全体系，并使之有效运行，维持养殖场的净化效果。

（2）加强管理：根据当地和养殖场动物疫病流行状况，制定适合本场的猪瘟免疫方案。免疫净化场要确保猪群免疫合格率达到规定要求，发现猪瘟免疫抗体水平异常，应及时分析管理因素及技术因素，必要时调整免疫程序。净化维持阶段如出现隐性感染或者临床病例，则应淘汰，并实施相应的净化措施，恢复达到净化标准。

（3）净化维持性监测：达到猪瘟净化标准或通过国家评估认证后，养殖场可开展净化维持性监测，具体见表4-8-6和表4-8-7。猪瘟净化状态的维持相当重要，要对相应监测手段、方法、方案、措施等不断进行优化。

表4-8-6　猪瘟免疫净化维持阶段监测计划

种群	监测比例	监测频率	监测内容	备注
生产母猪	30头以上	1次/季度	猪瘟抗体 猪瘟抗原	如发现野毒病原学阳性立即淘汰，加大监测密度。如群体免疫合格率低于90%，应调整免疫程序
引进种猪	100%	混群前1次，混群后纳入生产母猪/种公猪监测范畴	猪瘟抗体 猪瘟抗原	只有猪瘟抗体合格及猪瘟野毒病原学阴性的猪，方可混群。如外购精液，则应确保精液或精液供体猪瘟野毒病原学阴性
后备母猪	100%	混群前1次，混群后纳入生产母猪/种公猪监测范畴	猪瘟抗体 猪瘟抗原	只有猪瘟抗体合格及猪瘟野毒病原学阴性的猪，方可混群
种公猪	100%	1次/半年	猪瘟抗体 猪瘟抗原	只有猪瘟抗体合格及猪瘟野毒病原学阴性的猪，方可留用
育肥猪	30头以上	与生产母猪同步监测	猪瘟抗体	10周龄以上育肥猪，了解育肥群免疫抗体水平，及时调整免疫程序；了解是否存在野毒感染

表4-8-7　猪瘟非免疫净化维持阶段监测计划

种群	监测比例	监测频率	监测内容	备注
生产母猪	30头以上	1次/季度	猪瘟抗体	发现阳性立即淘汰
引进种猪	100%	混群前1次，混群后纳入生产母猪/种公猪监测范畴	猪瘟抗体	只有猪瘟抗体阴性猪，方可混群。如外购精液，则应确保精液或精液供体猪瘟抗体阴性
后备母猪	100%	混群前1次，混群后纳入生产母猪/种公猪监测范畴	猪瘟抗体	只有猪瘟抗体阴性猪，方可混群
种公猪	100%	1次/半年	猪瘟抗体	只有猪瘟抗体阴性猪，方可留用
育肥猪	30头以上	与生产母猪同步监测	猪瘟抗体	了解是否存在野毒感染

第五章
猪繁殖与呼吸综合征的控制与净化

第一节　概　　述

猪繁殖与呼吸综合征（porcine reproductive and respiratory syndrome，PRRS）是由猪繁殖与呼吸综合征病毒（porcine reproductive and respiratory syndrome virus，PRRSV）引起的一种严重危害养猪业的高度接触性传染病。世界动物卫生组织将其列为法定报告动物疫病，我国农业农村部将其列为二类动物疫病。

妊娠母猪感染 PRRSV 后表现为发热、厌食，妊娠后期发生流产、早产、死产、弱胎、木乃伊胎等繁殖障碍的概率可达 30% 以上，各年龄段患病猪都表现呼吸道症状和高死亡率，新生仔猪和断奶仔猪死亡率可高达 100%，育肥猪的发病率较高而死亡率较低。

猪繁殖与呼吸综合征的起源目前尚不明了。该病 1987 年首先在美国北卡罗来纳州发现，1990 年以后在德国、法国、荷兰、英国、西班牙、瑞士等欧洲国家和地区迅速传播。当时由于病原不明，被命名为"猪神秘病"（Mystery swine disease，MSD)、"猪神秘繁殖综合征""猪不孕与呼吸综合征"等，又因患病猪耳部等处发绀，被俗称为"猪蓝耳病"。1991 年科研人员首次从发病猪的分泌物中分离到 PRRSV。1992 年，国际猪病学术会议统一命名为"猪繁殖与呼吸综合征"。在亚洲，1988 年日本首先暴发了猪繁殖与呼吸综合征，随后中国台湾于 1991 年报道该病。1995 年该病传入我国大陆地区，1996 年郭宝清首次分离到 PRRSV 病原。

2006 年，我国首次出现了一种毒力增强的猪繁殖与呼吸综合征变异毒株，受感染猪群出现大量不明原因的死亡病例，临床表现为持续高热、高发病率和高死亡率等，剖检发现对呼吸系统和脏器的损伤较之前报道的病例更为严重，以弥散性出血性间质肺炎、淋巴结和各内脏器官不同程度出血为主。母猪、仔猪、育肥猪、成年猪均可发病死亡，怀孕母猪流产率可达 30% 以上，仔猪发病率高达 100％，死亡率达 50％以上。中国动物疫病预防控制中心研究员田克恭等在流行病学调查、病原分离及动物回归试验等基础上，首次分离鉴定了高致病性猪繁殖与呼吸综合征（Highly Pathogenic Porcine and Respiratory Syndrome，HP-PRRS）的代表性毒株——JXA1 株。由于疫情传播快、范围广、无有效预防治疗措施，对我国养猪业造成巨大的冲击，造成严重的社会影响，2014 年，农业部出台了《高致病性猪繁殖与呼吸综合征防治技术规范》，对该病实行严格控制。

2008 年，美国艾奥瓦州分离到一个毒力中等的毒株，美国国家动物疫病中心（National Animal Disease Center，NADC）将其命名为 NADC30 毒株。NADC30 毒株基因组在经典 PRRSV（VR-2332 毒株）NSP2 基因区域缺失了131 个氨基酸，分别为 323～433 位 111 个氨基酸、481 位 1 个氨基酸和 533～551 位 19 个氨基酸。该毒株具有易重组的特性，并于 2013 年传入我国，与我国的 PRRSV 毒株发生重组，出现了 NADC30-like 病毒群。中国农业大学杨汉春教授团队分离到的 Chsx1401 毒株与 NADC30 毒株的全基因组氨基酸相似性为 95.7％，其中 NSP10 区域的氨基酸相似性高达 99.1％，NSP2 的相似性也达 91.2％。

猪繁殖与呼吸综合征传染性强，流行范围广，已经在世界大部分养猪地区流行，在许多猪场造成持续感染，成为"常驻"疫病，对全球养猪业造成持久的危害。在我国，PRRS 仍然是当前猪场最主要的疫病之一，疫情总体平稳，呈散发和地方性流行。由于 PRRSV 的重组和变异频繁，毒株复杂多样，中国农业大学杨汉春教授认为，在世界范围内，纵观猪繁殖与呼吸综合征的流行史，每 10 年左右会出现一个新毒株的全面流行，并将持续 3～5 次，而且出现新毒株的时间甚至有可能会越来越短，使防控工作面临巨大挑战。

预防和控制 PRRS 主要依赖于良好的生物安全管理和综合防控措施。外部生物安全着力于切断传播途径，防止新毒株传入；内部生物安全主要是降低病毒载量，阻断猪群内传播。保持种源阴性，构建阴性种猪场和种公猪站。合理使用疫苗：仅阳性或不稳定场使用与流行毒株匹配的活疫苗，稳定后停止使用活疫苗。适度预防保健，控制并发或继发感染。通过严格的生物安全措施和生猪调运监管，推动猪场、区域净化 PRRSV 将成为防控的最终目标。

第二节　病　原　学

根据国际病毒分类委员会（International Committee on Taxonomy of Viruses，ICTV）最新报告，PRRSV 为套式病毒目（*Nidovirales*）、动脉炎

病毒科（*Arteriviridae*）、β动脉炎病毒属（*Betaarterivirus*）成员。根据病毒基因组序列差异，PRRSV又被分为两个独立的种，即 *Betaarterivirus suid* 1和 *Betaarterivirus suid* 2，前者的代表性毒株为 Lelystad virus（LV），后者的代表性毒株为 VR-2332。目前业内仍习惯将这两个独立种称为欧洲型（1型）与美洲型（2型），欧洲型主要分布于欧洲和亚洲的少数国家，代表毒株为Lelystad毒株；美洲型主要分布于北美洲、亚洲和欧洲的多个国家，代表毒株为 VR-2332毒株。根据病毒致病力的不同，又分为经典 PRRSV 和高致病性PRRSV（HP-PRRSV）。HP-PRRSV代表毒株为 NVDC-JXA1株，由美洲型PRRSV基因变异（NSP2编码区存在30个氨基酸不连续缺失）而来。

一、分类和分型

（一）病毒起源

PRRSV分为两个基因型：基因1型（欧洲型）和基因2型（美洲型），二者不仅最早暴发的地理位置不同，抗原特性存在较大差异，而且其核苷酸序列的差异也高达40%。目前，两个基因型病毒均在世界范围内广泛分布，其中1型主要分布于欧洲，2型主要分布于北美洲和亚洲。

1. 欧洲型 PRRSV

最早发现于1990年的德国，当时德国暴发了与美洲"猪神秘病"相似临床症状的疫情，之后迅速蔓延到荷兰、比利时、英国以及西班牙的猪群中。1991年，荷兰学者 Wensvoort 等在仔猪原代肺泡巨噬细胞（PAM）上连续传代培养增殖病毒，并将分离到的毒株以该研究所所在地（Lelystad）命名为Lelystad virus（LV）毒株。

2. 美洲型 PRRSV

最早在北美洲发现。1987—1988年在美国北卡罗来纳州、明尼苏达州和艾奥瓦州的猪群中暴发"流产风暴"疫情，感染母猪主要临床症状为发情滞后，受胎率低，怀孕后期（怀孕后107~112d）流产、死胎和弱胎；感染仔猪表现气喘、发热和间质性肺炎等症状；感染育肥猪出现类似流感的症状。1992年，美国学者 Collin 等利用连续传代长尾猴肾细胞（CL-2621）从明尼苏达州发病猪病料中分离到病毒，毒株命名为 VR-2332毒株。

高致病性猪繁殖与呼吸综合征（HP-PRRS）最早于2006年在我国南方部分省份暴发，当时由于病因不明，临床以猪持续高热为特征，被称为"高热病"。2007年，中国动物疫病预防控制中心研究员田克恭等首次分离鉴定了高致病性 PRRSV 的代表毒株 NVDC-JXA1株。遗传信息学分析表明，HP-PRRSV来源于美洲型 PRRSV，在其NSP2基因编码区内发生了30个不连续氨基酸缺失（第482位和534~562位）的变异。

（二）分类地位

PRRSV 为具有囊膜的单股正链 RNA 病毒。国际病毒分类委员会在 1996 年第八次报告将 PRRSV 归属到新成立的尼多病毒目（*Nidovirales*）动脉炎病毒科（*Arteriviridae*）动脉炎病毒属。该属病毒的主要特征是具有巨噬细胞内复制的能力，并可诱发自然宿主持续感染。动脉炎病毒属还包括马动脉炎病毒（Equine arterivirus，EAV）、猴出血热病毒（Simian hemorrhagic fever virus，SHFV）和小鼠乳酸脱氢酶升高症病毒（Lactatedehydrogenase elevating virus，LDV）等成员。PRRSV 与同属 EAV、SHFV 和 LDV 具有相似的形态特征、生化特性、分子生物学特征、细胞嗜性以及抗原性，但不存在血清交叉反应。

2016 年，国际病毒分类委员会根据一种特殊的计算方法，认为同一种病的不同基因型同源性应该在 71%～75%。由于欧洲型和美洲型 PRRSV 的同源性只有 60%，为此，将欧洲型和美洲型 PRRS 认为是两个不同的猪病。根据 ICTV 最新的报告，PRRSV 的分类地位更新为套式病毒目（*Nidovirales*）、动脉炎病毒科（*Arteriviridae*）、β 动脉炎病毒属（*Betaarterivirus*）的成员，根据病毒的基因组序列差异，PRRSV 又被分为两个独立的种，即 *Betaarterivirus suid* 1 和 *Betaarterivirus suid* 2，前者的代表性毒株为 Lelystad virus（LV），而后者的代表性毒株则为 VR-2332。

（三）基因型、亚型

不同毒株具有相似的病毒形态结构和物理化学特征，但是美洲型毒株和欧洲型毒株抗原特性有较大差异，而且全基因组序列分析也表明，LV 毒株（欧洲型代表毒株）和 VR-2332 毒株（美洲型代表毒株）氨基酸之间的同源性低于 60%。虽然 PRRSV 两种基因型毒株间基因组差异较大，但其只有一个血清型。Wensvoort 等（1991）通过对临床收集的 24 份血清研究发现，PRRSV 欧洲型毒株间抗原较稳定，而美洲型毒株间抗原变异较大。

全基因测序分析发现，美洲型毒株和欧洲型毒株存在明显的遗传差异。美洲型和欧洲型毒株基因组中 ORF1b 序列相对保守，而基因组 3' 端结构蛋白编码区域和 ORF1a 序列长度在两个型的毒株基因组中则存在显著不同，而且美洲型毒株基因组 5' 端非编码区（UTR）的核苷酸序列比欧洲型毒株少 31 个碱基。据此，将 PRRSV 分为两个基因型（欧洲型和美洲型），与依据抗原特性差异的分型相一致。

欧洲型 PRRSV 又分为 3 个基因亚型：传统的欧洲 I 型（EU1）以 1991 在荷兰分离的 LV 株为代表毒株（我国的代表毒株为 2006 年的北京 BJEU06-1 株和 2009 年的内蒙古 NMEU09-1 株），已经蔓延至全球，主要分布于西欧和中欧（除芬兰等少数国家），亚洲国家也有分布，如韩国、泰国、中国；欧洲

Ⅱ型（EU2）代表毒株为白俄罗斯 Bor 株，主要分布在德国和俄罗斯、拉脱维亚、白俄罗斯、乌克兰、立陶宛等国家；欧洲Ⅲ型（EU3）代表毒株为 2007 年的白俄罗斯 Lena 株，主要流行于白俄罗斯。

有学者依据主要免疫原蛋白 GP5 编码基因将美洲型 PRRSV 分为 9 个亚群。我国学者安同庆等通过构建分子进化树将其分为 4 个亚群。亚群 1（NA1）代表毒株为 VR-2332 毒株及弱毒疫苗株 Resp PRRS/Repro MLV，主要分布于北美、东亚、南亚以及欧洲少数国家（如德国、丹麦等）；亚群 2（NA2）以 CH-la 毒株以及 1997 年的美国 JA-142 株为代表，分布于加拿大、美国、墨西哥和中国；亚群 3 是从经典到高致病性毒株的中间过渡型毒株，代表毒株是 HB-2（sh）/2002 毒株，主要分布于美国；亚群 4 是以 JX-A1 毒株为代表的高致病性变异毒株，分布于中国、越南、老挝、柬埔寨、缅甸、菲律宾、韩国和俄罗斯的远东地区。

二、病毒形态特征及化学组成

Benfield 等（1992）用 5-溴-2-脱氧尿苷和丝裂霉素 C 等 DNA 合成抑制剂处理 PRRSV 病毒后仍具有感染性，表明 PRRSV 为 RNA 病毒。

PRRSV 在蔗糖和氯化铯（CsCl）中的浮密度分别为 $1.14g/cm^3$ 和 $1.19g/cm^3$。在电镜下观察，纯化的 PRRSV 病毒粒子以球形结构为主，直径为 45～83nm。病毒外周包裹着双层脂质囊膜，囊膜表面有约 5nm 纤突。内部核衣壳呈正二十面立体对称，具有电子致密性，其直径为 25～35nm，内含感染性单股线状正链基因组 RNA（图 5-2-1）。

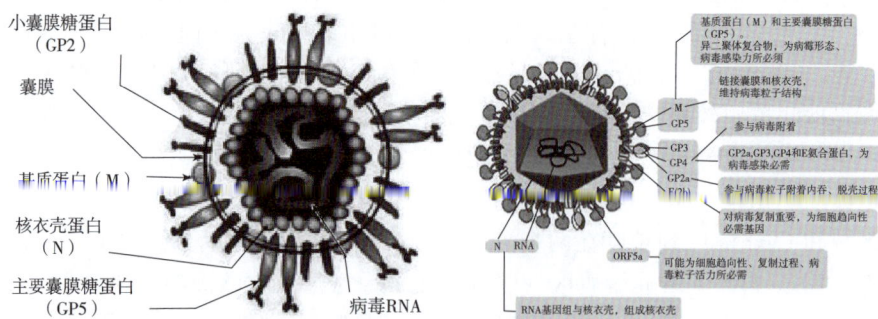

图 5-2-1　PRRSV 结构、病毒粒子示意图

PRRS 病毒蛋白包含核衣壳蛋白（N）和 2 种主要的囊膜蛋白（M 和 GP5），以及 4 种次要的囊膜蛋白（GP2、GP3、GP4 和 E）和 2 种大分子非结构蛋白（NSP）。

纯化 PRRSV 经聚丙烯酰胺凝胶电泳（SDS-PAGE）后进行免疫共沉淀分

析，能观察到分子相对质量分别为 15 000、19 000、26 000 和 42 000 的多肽带。其中，分子相对质量为 15 000 的蛋白为病毒的核蛋白（N），19 000 的蛋白为非糖基化的嵌膜蛋白（M），26 000 的蛋白为糖基化囊膜蛋白（GP5），42 000 的蛋白为 GP5 和 M 通过二硫键形成的二聚体。

三、基因组结构及功能

PRRSV 基因组为单股正链不分节段 RNA 分子，大小约 15kb，5'端和 3'端为非编码区（Untranslated region，UTR）。基因组 RNA 含有 11 个开放阅读框（Open reading frame，ORFs）——ORF1a、ORF1b、ORF2a、ORF2b、ORFs 3～7、ORF5a 以及两个通过 NSP2（TF）移框获得的截短体，多数相邻 ORFs 有部分交叠。这些 ORFs 由基因组和亚基因组（sg）mRNAs 表达产生，并编码形成病毒的非结构蛋白和结构蛋白（图 5-2-2）。

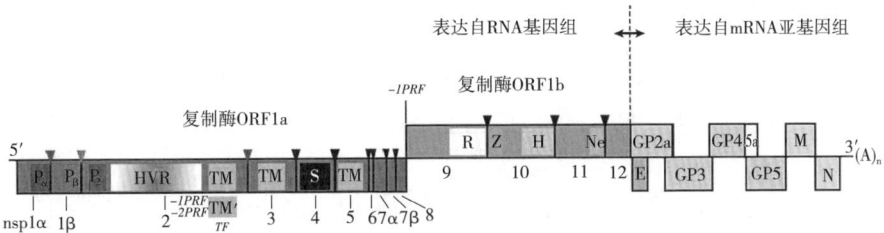

图 5-2-2　PRRSV 基因组结构

（一）非编码区

PRRSV 基因组两端分别为 3'非编码区（3'UTR）和 5'非编码区（5'UTR）两个区域，5'UTR 有帽子结构，3'UTR 有 PolyA 尾巴。5'UTR 由 189～222nt 单链核苷酸组成，含前导转录调节序列发卡结构（Leader transcription-regulatory sequence hairpin，LTH），参与病毒复制、转录与翻译调控。3'UTR 由 110～150nt 单链核苷酸组成，其结构在所有动脉炎病毒中高度保守，为病毒 RNA 合成所必需，可与核衣壳蛋白相互作用，调节负链 RNA 的合成。

（二）编码的非结构蛋白

病毒的非结构蛋白（Nonstructural Proteins，NSPs）由 ORF1a 和 ORF1b 基因编码，这两个基因占全基因组的 75%，二者首尾部分交叠，编码 pp1a 和 pp1b 两个具有蛋白水解酶活性的多聚蛋白酶。pp1a 和 pp1b 经蛋白水解酶水解后形成约 14 个非结构蛋白，包含 NSP1a、NSP1β、NSP2～NSP6、NSP7a、NSP7β、NSP8～NSP12，主要功能是参与病毒的复制、转录与翻译，同时可以参与病毒对宿主各种生物学功能的调控。

（三）编码的结构蛋白

除 *ORF1a* 和 *ORF1b* 两个基因外，其余 9 个 ORFs 占全基因组的 25%，编码结构蛋白（Structural Proteins），包括核衣壳蛋白（Nucleocapsid protein，N），主要囊膜蛋白（M 和 GP5）和次要囊膜蛋白（GP2a、E、GP3、GP4、ORF5a），由 3' 端的亚基因组 mRNA（sgmRNA）编码产生。含量最多的结构蛋白是核衣壳蛋白（N），其次是两个囊膜蛋白——非糖基化膜蛋白（M）和糖基化膜蛋白（GP5）。

N 蛋白是 PRRSV 唯一的核衣壳蛋白，为 ORF7 编码的碱性磷酸蛋白。N 蛋白在病毒感染过程中起双重作用，在细胞质中可以与病毒 RNA 共同装配成具有感染性的病毒粒子，起结构蛋白的作用；穿过核膜定位于核仁，可通过影响 rRNA 前体的加工以及核糖体的生物发生进而影响核的复制（Yoo 等，2003），起非结构蛋白的作用。由于 N 蛋白表达水平较高（在感染细胞中约占病毒粒子总蛋白量的 20%～40%），主要抗原决定区高度保守，因此可以作为检测病毒特异性抗体和诊断的靶抗原。

M 蛋白由 ORF6 编码产生，是动脉炎病毒最保守的结构蛋白，与 GP5 蛋白（ORF5 编码产生）形成的 GP5-M 异源异二聚体是病毒体形成所必需，但仅有该二聚体并不能使病毒具有感染力。M 蛋白可增强宿主对 GP5 的细胞免疫和体液免疫反应，促进中和抗体的产生。同时，M 蛋白羧基端 151～174 氨基酸残基之间存在免疫原性和保守性极强的两个表位，特别是 A[161]VKQGVVNLVKYAK[174]可用于 PRRSV 的抗体检测和构建 PRRSV 基因标记疫苗的靶位。

GP5 蛋白是 PRRSV 最重要的结构蛋白之一，参与细胞受体的结合、细胞凋亡、抗体依赖性增强作用和保护性免疫。GP5 有一个超高变区（位于 32～40 位氨基酸间），两个高变区（位于 57～70 位和 121～200 位氨基酸间），是变异最频繁的结构蛋白，也是 PRRSV 具有高度变异性的主要原因之一。自然感染 PRRSV 时，即使同一基因型中也呈多样性存在，即含有多个不同基因组组成的病毒，这就增加了疫苗免疫防控的难度。

GP2（ORF2 编码产生）、GP3（ORF3 编码产生）和 GP4（ORF4 编码产生）糖蛋白含量均较低，三者形成一个三聚膜蛋白复合体，该三聚结构可以单独或者通过与 GP5 的相互作用使病毒产生感染性（Das 等，2010；Wissink 等，2005）。只有这三个蛋白同时存在的情况下，才能进行蛋白组装、形成病毒体并使病毒产生感染力（Wissink 等，2005）。

E 蛋白由 ORF2a 下游 5nt 开始编码。E 蛋白不是形成病毒粒子的必需蛋白，但缺失 E 蛋白的非感染性病毒粒子可以进入细胞，却无法继续复制，因此，E 蛋白是产生感染性病毒粒子所必需的蛋白。E 蛋白可能在病毒感染早期起离子通道的作用，协助病毒从内体中脱壳。

ORF5a 蛋白由编码 GP5 的亚基因组 mRNA 编码形成，参与形成病毒粒子。ORF5a 蛋白诱导产生的抗体为非中和抗体，对机体无保护力，其功能可能是参与调解细胞蛋白的表达，以及细胞骨架形成、细胞通信、蛋白合成、RNA 加工和运输等。

四、病毒的生物学特性

（一）红细胞凝集活性

从自然发病猪中分离的 PRRSV 不具有血凝性，不凝集鸡、鹅、豚鼠、牛、马、猪、绵羊及人的红细胞。

（二）抗体依赖性增强作用

PRRSV 具有抗体依赖性增强作用（antibody dependent enhancement，ADE），即机体被病毒感染时，亚中和水平的抗体不仅不能防止病毒侵入细胞，反而可以增强病毒在体内的复制或感染能力，引起更严重的病理反应。用巨噬细胞培养 PRRSV 时加入少量抗体，可显著增加病毒的产量。用加有 PRRSV 抗体的病毒培养物接种妊娠中期母猪，可增强病毒在胎儿中的复制，临床上亦常见断乳仔猪感染 PRRSV 后呼吸道症状比大架子猪严重得多。ADE 是造成猪繁殖与呼吸综合征免疫失败的重要因素，也是该病防控的难点。野毒株产生的抗体或弱毒疫苗诱导的抗体可能会增强野毒或疫苗毒在猪体内的复制，表明体液免疫的保护作用是有限的，细胞免疫可能在抗 PRRSV 感染中发挥更大的作用。

（三）培养特性

PRRSV 具有严格的宿主特异性，可在原代猪肺泡巨噬细胞（PAM）上生长增殖，培养 1~4d 后引起明显的细胞病变（CPE），表现为细胞核固缩、空泡化、崩解脱落。病毒在 PAM 中的复制效率和毒价较高，滴度可达 $10^{6.5}$ $TCID_{50}/mL$。电镜观察感染的 PAM 培养物，可见病毒粒子存在于胞质高尔基体的囊泡内，感染后 12h 便有完成复制的完整病毒粒子释放。所有分离株均可在 PAM 上增殖，基因 1 型毒株对 PAM 最为敏感。

基因 2 型毒株除了可以在 PAM 上增殖外，还可以用非洲绿猴 MA104 细胞进一步克隆传代获得的细胞系 CL2621 和 MARC-145 等传代细胞系来分离病毒，2~6d 后引起 CPE，在 CL2621 和 MARC-145 传代细胞增殖后，病毒滴度最高可达 10^7 $TCID_{50}/mL$ 以上。HP-PRRSV 对 MARC-145 细胞嗜性强，MARC-145 是目前分离该毒株常用的细胞系。

此外，通过表达 PRRSV 感染时宿主细胞表面受体分子（特别是 CD163 和唾液酸黏附素）建立了转基因 PK-15 和 CHO 细胞系，疫苗毒和临床分离毒株均可在此细胞系中生长（Delrue et al.，2010；Van Gorp et al.，2008），而且基因 1 型和 2 型 PRRSV 临床分离株都容易在该细胞系中生长，因此 PRRSV 尤其是基因 1 型 PRRSV 的分离变得更容易。从 MARC-145 细胞中克隆出更敏感的 HS2H 细胞也可用于 PRRSV 的分离。

五、病毒的抵抗力

（一）对物理因子的抵抗力

PRRSV 在低温条件下较稳定，但对高温抵抗力不强。病毒在 -70°C 条件下保存 4 个月滴度无明显降低；在 -20°C 以下、pH5.5～6.5 条件下病毒可以长时间保持感染性。有研究表明，PRRSV 在 4°C 保存 140h、37°C 条件下放置 12h、56°C 保存 6min 条件下滴度降低 50%；在 20°C 条件下病毒放置 6d 或在 4°C 条件下保存 1 个月，病毒滴度降低为原来的 1/10；在 56°C 条件下 45min 病毒可被彻底灭活。

PRRSV 稳定性受酸碱的影响较大。在 pH 6.5～7.5 条件下，毒力保持稳定，超出这个 pH 范围时其感染性迅速降低甚至丧失。研究发现，LV 毒株在 -70°C 或 -20°C、pH7.5 的培养基中可长时间保持感染性；在 pH6.25 的培养基中，4°C 条件下保存 50h 后滴度降低 50%；在 pH6.0 的培养基中，4°C 条件下保存病毒 6.5h 滴度就降低 50%。

鉴于 PRRSV 对温度和酸碱度较敏感，病毒培养液 pH 应为 6.5～7.5 左右，病毒培养液及组织样品均应保存于低温环境中（-70°C 或液氮中）。

（二）对化学因素的抵抗力

PRRSV 对常用化学消毒剂抵抗力不强，用一般消毒剂就能将其杀灭。PRRSV 对氯仿、乙醚等有机溶剂较敏感，将 PRRSV 培养液与等剂量的氯仿混合均匀后室温放置 30min，病毒滴度显著下降。PRRSV 在洗涤剂中非常不稳定，低浓度的离子或非离子洗涤剂可破坏病毒的囊膜，使之丧失感染性。

第三节　流行病学

在自然流行中，猪繁殖与呼吸综合征仅见于猪（包括野猪），其他家畜和动物未见发病。不同年龄、品种、性别的猪均可感染 PRRSV，但不同年龄的猪其易感性有一定差异，妊娠母猪和 2～28 日龄的仔猪最易感。患病猪和带毒猪是本病的主要传染源，从患病猪的鼻腔、粪便拭子、尿液和精液中均能检出病毒，耐过猪多数可以长期带毒。PRRS 的传播方式包括猪之间直接接触传染，借助空气传染以及通过精液传染。

一、传染源

发病猪和带毒猪是本病的主要传染源。感染猪从唾液、鼻腔分泌物、精液、尿液和粪便排毒，怀孕后期感染的母猪可通过乳汁排出病毒，耐过猪大多可长期带毒。

急性发病猪体内高滴度的病毒可以一直持续到死亡，经鼻咽部排出的病毒可在感染猪和易感猪之间经鼻、口直接接触而迅速传播。

亚临床感染猪群、无症状的带毒猪、康复猪、病母猪所产的仔猪或流产的胎儿以及被污染的环境和用具等均是 PRRSV 的潜在传染源。康复猪在临床症状消失 8 周后仍可向外排毒，有研究证实 PRRSV 可在猪的上呼吸道和扁桃体存活 5 个月以上的时间。因此，带毒猪可导致病毒在猪群中反复传播。虽然接种弱毒活疫苗是防控疫病的主要措施，但 PRRSV 弱毒活疫苗引起 PRRSV 变异和持续带毒的风险也随之增加，而且疫苗毒可通过胎盘感染胎儿或经精液传播病毒，弱毒活疫苗甚至有导致病毒毒力增强的可能，这非常不利于该病的防控和净化。

二、传播方式与传播途径

PRRSV 的传播方式分为水平传播和垂直传播。水平传播主要是接触传播，包括直接接触和间接接触。

（一）水平传播

1. 直接接触传播

易感猪与排毒猪或带毒猪密切接触是 PRRSV 的主要传播途径。PRRSV 可经口腔、鼻腔、肌肉、静脉及子宫内接种等多种途径感染，猪感染病毒后 2～14 周可再通过接触将病毒传播给其他易感猪。除呼吸道和消化道感染外，破损皮肤也是一种易感染的途径，在临床上，剪耳、断尾、修牙、打烙印、注射药物和生物制品等操作都是可能导致感染的途径。此外，PRRSV 可在感染猪的唾液中持续存在数周，因此猪之间互相攻击时撕咬、伤口、刮擦或擦伤均可导致感染的发生。Bierk 等（2001）证实带毒母猪和易感猪互相攻击时能够传播 PRRSV。

体外感染试验发现，相同的感染剂量、不同的感染途径对猪的感染力不同。Yoon 等（1999）报道肌内接种少于等于 20 个 PRRSV 粒子即可使猪感染发病。经口和肌肉染毒时的半数感染量（ID_{50}）分别为 $1 \times 10^{5.3}$ $TCID_{50}$ 和 $1 \times 10^{4.0}$ $TCID_{50}$，而人工染毒的 ID_{50} 约为 $1 \times 10^{4.5}$ $TCID_{50}$。同时，不同 PRRSV 毒株的感染能力也不同。在相似的试验条件下，感染毒株 MN-184 气溶胶的 ID_{50} 为 $1 \times 10^{0.26}$ $TCID_{50}$，而感染毒株 VR-2332 气溶胶的 ID_{50} 为 $1 \times 10^{3.1}$

$TCID_{50}$。

2. 间接接触传播

PRRSV 传染易感猪的间接途径包括污染物、PRRSV 污染的运输工具、污染的注射器、感染猪唾液和血液污染的人员以及污染的昆虫媒介（苍蝇和蚊子）等。气溶胶的间接传播与病毒变体和环境因素有关，PRRSV 从排毒猪群经空气传播至易感猪群的风险因素包括伴有短时大风的定向低速风、低温、高湿度和低日照等。

（二）垂直传播

PRRSV 可由妊娠母猪经胎盘垂直传播给胎儿，导致死胎或流产以及带毒仔猪的出生，带毒仔猪可能临床表现为正常或弱胎。大多数的 PRRSV 仅能在怀孕后期通过胎盘屏障进入胎儿体内，在母猪怀孕的早期阶段，胎儿一般不会感染病毒。研究发现，胚胎定植前子宫内膜和胎盘不具有细胞受体 Sn，因此不能被感染，定植后出现了易感细胞，会导致胎儿感染。

研究发现，PRRSV 突破胎盘屏障由母体感染胎儿的过程为，首先 PRRSV 感染血液中尚未分化的单核细胞，单核细胞被吸附到子宫内膜，分化为巨噬细胞并大量复制，引起病毒感染细胞和周围细胞发生凋亡，随后感染 PRRSV 的巨噬细胞穿过子宫上皮和滋养层等胎盘屏障，进入到胎儿胎盘间质层，并伴随胎儿血液循环感染机体其他组织。

（三）猪场内和猪场间的传播

一旦猪场内有 PRRSV 存在，往往容易在场内无休止地循环传播。一方面，病毒可从带毒母猪通过子宫或者在产后传给仔猪，另一方面，断奶仔猪通过混群感染其他猪，使病毒持续循环传播。即使出生或新购入的猪为阴性，只要猪场内存在病毒，都会在混群饲养后迅速传播。Dee 和 Joo（1994）对 3 个猪场的调查发现，80%～100%的猪在 8～9 周龄时就已感染 PRRSV，而 Maes（1997）研究的 50 个猪场中，96%的育肥猪血清学检测结果为阳性。猪繁殖与呼吸综合征的发生与养殖场的生物安全条件关系密切，中小规模猪场和散养户因生物安全水平较低，发生 PRRS 的概率更大。

感染猪、含有病毒的精液和气溶胶有助于 PRRSV 在猪场间传播（Dee et al.，1992；Dee et al.，2010；Mousing et al.，1997；Weigel et al.，2000）。引入带毒动物和精液或相邻农场带毒气溶胶的扩散，都可以使阴性猪群迅速引入 PRRSV。Torremorell 等（2004）估计 80%以上的感染是由于相邻农场的扩散、PRRSV 阳性猪的运输、未严格执行生物安全措施或昆虫的传播引起的。与感染猪群相邻是主要的致病因素，与 PRRSV 阳性猪群相距越近，感染的可能性越大，随着距离的增加，感染的可能性变小。Le Potier 等（1997）发现，在怀疑经地域传播而感染的猪场中，有 45%距离感染源不足 500m，只有 2%的农场与感染源相距 1km。

三、易感动物

猪是 PRRSV 唯一易感动物，各种年龄、性别、品种的猪均可感染，但以妊娠母猪和 1 月龄以内的仔猪最为易感。母猪主要表现繁殖障碍，仔猪、育肥猪主要为呼吸道症状，严重者可致死亡。仔猪、育肥猪感染后治愈率低。

野猪可作为 PRRSV 的储存宿主。法国、德国、美国和韩国都有关于野猪感染该病的报道，但流行率较低。由于野猪感染 PRRSV 后可作为病毒的传染源，传播给家猪，因此对野猪进行监测对该病的防控和净化十分必要。

人工试验表明（Zimmerman et al.，1997），部分禽类如绿头鸭、珠鸡、麝鸭也可感染 PRRSV，表现为亚临床感染，可以在 24d 内携带病毒并通过粪便排出病毒。

四、流行特征

猪繁殖与呼吸综合征是一种高度接触性传染病，传播迅速，往往呈地方性流行。猪繁殖与呼吸综合征的发生和流行没有季节性。经典猪繁殖与呼吸综合征以慢性持续性感染为主要特征，部分猪呈亚临床感染经过。高致病性猪繁殖与呼吸综合征可发生于不同日龄、不同品种的猪群，并伴有高发病率和死亡率，通常发病率可高达 70%以上，死亡率达 40%~90%。

患病猪和带毒猪是重要的传染源，病猪或带毒猪的飞沫、唾液、粪便、尿液、血液、精液和乳汁等均含有病毒，耐过猪可长期带毒或排毒。PRRSV 的潜伏期为 7~14d，主要的传播方式是通过呼吸道传播或通过公猪精液经生殖道传播，以及母体妊娠分娩感染胎儿的垂直传播。易感猪与带毒猪直接接触或与污染有 PRRSV 的运输工具、器械接触均可受到感染。除直接接触传染外，风媒传播在高致病性猪繁殖与呼吸综合征流行中也具有重要的流行病学意义，通过气源性感染可以使本病在 3km 以内的猪群中迅速传播。

第四节　致病机理

一、病毒在宿主体内的分布

PRRSV 通过呼吸道或生殖道进入机体后，主要侵害肺脏和淋巴组织中的巨噬细胞。PRRSV 首先与猪肺泡巨噬细胞上的相关受体结合，经胞吞作用进入肺泡巨噬细胞增殖，PRRSV 增殖达高峰期后，诱导感染的巨噬细胞凋亡、碎裂、崩解。少量存活的肺泡巨噬细胞表现出功能低下，易继发其他细菌或病毒感染，出现典型的呼吸道症状。同时，肺和淋巴组织中的免疫细胞分泌各种炎性细胞因子，引起不同程度的间质性肺炎和淋巴结病变。感染 PRRSV 的肺泡细胞崩解后，病毒进入血液循环及淋巴循环系统，在血液巨噬细胞和单核细胞内增殖，并循环到全身各组织器官，导致病毒血症的出现、全身淋巴结肿大和器官损伤，并造成持续性感染。

攻毒试验证实，毒力较强的 PRRSV 能使某些猪在感染后的 12h 就出现病毒血症，24h 时病毒会侵染所有淋巴组织和肺。血清、淋巴结和肺中病毒滴度的最大峰值出现在感染后 7～14d，每毫升血清或者每克组织中可达 10^2 $TCID_{50}$～10^5 $TCID_{50}$，其中肺中的病毒滴度最高。血清中的病毒滴度在达到峰值后迅速降低，感染后 28d 大部分猪不会再出现病毒血症。先天性感染仔猪病毒血症的持续时间更长一些，在出生后 48d 仍可分离到病毒，极少数仔猪感染后 228d 还可以通过 RT-PCR 方法检测到病毒。

发病后的临床症状及病理损伤程度与病毒最高滴度出现的时间和组织有关，在感染后的 7～14d，肺和淋巴结中的病毒滴度最高，但在死胎和先天感染的活仔体内，淋巴器官中病毒抗原和核酸比肺中多（Cheon，Chae，2001）。

出现病毒血症后，先天和后天感染的猪均可在此后长时间内通过扁桃体（Wills et al.，1997c）和淋巴结，特别是腹股沟淋巴结和胸骨淋巴结（Bierk，2001；Xiao et al.，2004）处存在的病毒而持续感染。病毒可通过持续少量的方式，在淋巴组织中复制（Allende et al.，2000b）。

二、病毒的致病机理

病毒通过与宿主细胞受体结合吸附到细胞表面，经过内吞作用内化。脱壳后基因组在细胞质翻译生成多聚蛋白酶，多聚蛋白酶裂解生成非结构蛋白，非结构蛋白再形成复制转录复合体（RTO），复制转录复合体参与合成负链 RNA。以负链基因组 RNA 和亚基因组 mRNA 为模板合成正链基因组 RNA 和亚基因组 mRNA，亚基因组 RNA 编码病毒结构蛋白。

病毒 RNA 合成和蛋白编码在内质网膜形成的双层膜囊泡（DMV）处进行。病毒囊膜蛋白在内质网和高尔基体产生，核衣壳蛋白与病毒 RNA 衣壳化组装后出芽到高尔基体形成成熟的病毒粒子。成熟病毒粒子通过囊泡运输到细胞浆膜，以胞吐作用排出病毒粒子。

（一）病毒附着与侵入

PRRSV 在体内主要感染猪肺泡巨噬细胞，也能感染外周血单核细胞和精原细胞。在体外，目前发现 PRRSV 可感染非洲绿猴肾细胞系 MA104 及其衍生细胞系 MARC-145。

PRRSV 首先与宿主细胞膜上存在的 3 种细胞受体——硫酸乙酰肝素（Heparin sulphate、HS）、唾液酸黏附素（Sialoadhesin，Sn/Siglec-1/CD169）

和 CD163（Cluster of differentiation 163）分子结合后入侵宿主细胞，再通过抑制天然免疫、延迟中和抗体产生等多种途径抑制机体的免疫应答，导致病毒的持续性感染。

目前关于 PRRSV 吸附、内化和脱壳的模型如下：病毒首先结合到 HS 的黏多糖，再通过病毒表面主要囊膜蛋白 GP5-M 异二聚体上的唾液酸与 CD169 受体氨基端结合，然后通过网格蛋白介导的内吞作用促进病毒粒子吸附并内化，位于内体的清道夫受体 CD163 与病毒表面的次要糖基化囊膜蛋白 GP2-GP3-GP4 异三聚体结合，参与病毒粒子脱壳（图 5-4-1）。在低 pH 环境中，病毒与内体囊膜融合，将病毒基因组释放到细胞质，启动转录翻译过程产生新的病毒粒子。

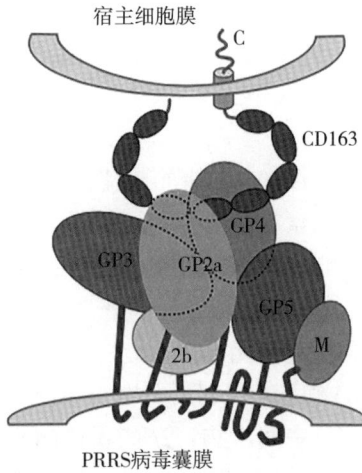

图 5-4-1 PRRSV 与宿主细胞膜相互作用示意图

虽然 CD169 是 PAM 细胞表面极其重要的 PRRSV 受体，但并不是猪体感染 PRRSV 所必需。研究表明 CD169 受体可能主要发挥富集病毒粒子到细胞表面的作用。

（二）病毒基因组的复制

PRRSV 脱壳后，释放到细胞质的基因组首先翻译产生两个大的复制酶——多聚蛋白酶 ppla 和 pplab。*ORF1a* 基因首先运用帽子结构依赖性启动机制起始翻译，继而启动程序性核糖体移码机制延长多聚蛋白酶 ppla 的翻译产生多聚蛋白酶 pplab，启动 *ORF1b* 基因的翻译。

多聚蛋白酶翻译后经水解加工，形成 RNA 合成复合体，进而该复合体合成负链全长基因组（Anti-genome），并通过转录产生一系列互补的亚基组负链 mRNA 和亚基组 mRNA。这些亚基组 mRNA（sgmRNA）间和全长基因组 RNA 拥有相同的 5' 和 3' 末端。病毒 RNA 复制需要至少 300nt 的基因组末端才能完成，然而 PRRSV 基因组 5' 和 3' 端的非编码区只有 156～221nt 和 59～117nt，因此其 RNA 复制信号须从末端非编码区延伸到编码区。已知基因组 3' 端非编码区的茎环结构与上游 ORF7 基因的 RNA 发卡结构形成假节，为病毒 RNA 合成所必需。同时，所有动脉炎病毒都含有与病毒复制、转录和翻译直接相关的前导转录调节序列发卡结构。此外，可能有一组宿主因子结合到负链基因组 3' 末端非编码区，参与启动动脉炎病毒正链 RNA 的合成。

（三）亚基因组 mRNA 合成与翻译

合成一系列拥有相同 3' 和 5' 末端的亚基因组 sgmRNA 是包括 PRRSV 在内的动脉炎病毒属病毒 mRNA 合成的典型特征。sgmRNA 5' 端与基因组 mRNA5' 端有相同的前导序列，而且前导转录调节序列能与负链基因组中的主体转录调节序列配对。由此提出了前导序列起始的转录模型，正链 RNA 合成中断，前导转录调节序列和负链 RNA 中的主体转录调节序列配对，前导序列延伸产生亚基因组 mRNA。

病毒各个基因组 sgmRNA 的合成量相对稳定，但相互之间并不一致。影响 sgmRNA 相对合成量的因素有：前导转录调节序列和主体转录调节序列二聚体的稳定性、主体转录调节序列两侧序列、其在基因组中的相对位置和顺序以及高阶 RNA 结构等。

（四）蛋白酶与翻译后复制酶加工

PRRSV 多聚蛋白 ppla 和 pplab 利用 ORFla 编码的 4 种蛋白酶裂解多次后生成 14 个加工产物以及大量中间产物，这些蛋白酶不参与结构蛋白的成熟过程，其蛋白水解作用仅限于移除糖蛋白的氨基端信号序列。

动脉炎病毒 ORFla 基因编码两种结构蛋白，一种调节复制酶基因的表达，另一种是形成与膜结合的复制转录复合体的支架。ORF1b 基因编码的蛋白则主要参与病毒 RNA 合成，复制酶亚单位（除非结构蛋白 NSPl 外）均位于感染细胞的细胞核周边区，与可能来自内质网的细胞内膜相互作用，病毒复制复合体与宿主细胞膜形成的囊泡双层膜结构是动脉炎病毒感染细胞的典型特征。

（五）病毒组装与排出

病毒基因组与核衣壳蛋白在病毒 RNA 合成处结合，随后将衣壳化的病毒基因组出芽到滑面内质网和高尔基复合体内腔而获得囊膜。多数动脉炎病毒囊膜蛋白保留在细胞内膜，主要囊膜蛋白 GP5-M 异二聚体是病毒出芽的主要决定因子。出芽后，病毒粒子在细胞囊泡中成熟，并运输到浆膜以胞吐方式外排子代病毒（图 5-4-2）。

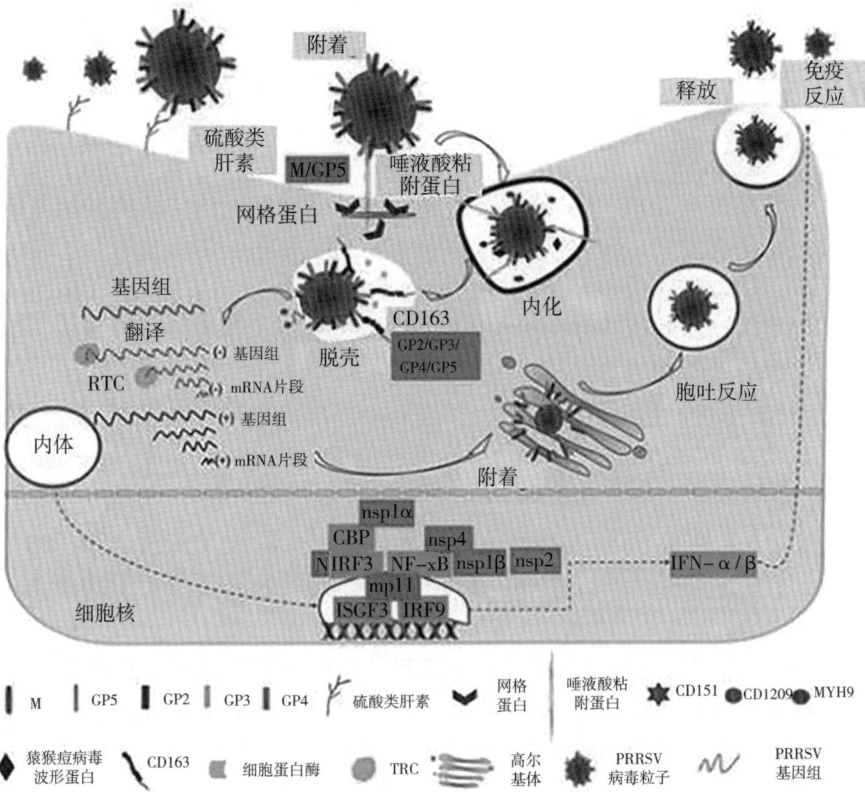

图 5-4-2　PRRSV 的感染周期

三、持续感染的机制

（一）抗体依赖性增强

抗体依赖性增强（Antibody-dependent enhancement，ADE）又称"ADE效应"，是病毒感染后（疫苗接种与之类似）产生的抗体为非中和或弱中和作用，它们能促进病毒进入和感染宿主细胞，导致病毒复制和传染性增强。ADE 的产生和细胞表面表达的 Fc 受体有关，结合病毒的抗体，其 IgG Fc 段和细胞表面 Fc 受体交联形成多聚体，促进病毒更容易进入细胞增殖并导致感染。

抗体依赖增强作用也是 PRRSV 侵入猪群宿主细胞的一种形式。体外实验证实，在培养物中加入一定效价的抗体可使 PRRSV 产量提高 10～100 倍。在体内试验时也发现了 ADE 效应，在病毒中加入抗体后接种妊娠中期母猪，病毒在胎儿中的复制显著高于单独接种 PRRSV。在生产中也经常见到感染PRRSV 的刚断奶仔猪比生长肥育猪的临床症状严重得多。

ADE 效应是开发有效疫苗的主要障碍。因而，未来研制安全高效的 PRRSV 疫苗需进一步揭示 PRRSV 引起 ADE 效应和免疫抑制作用的分子机制，确定病毒与 ADE 相关的抗原决定簇，对其进行遗传修饰或将其从候选疫苗病毒中剔除。

（二）免疫抑制

大量研究表明，PRRSV 感染会造成猪的免疫抑制，使其他疫苗的免疫效果不理想。研究发现，育成猪在感染 PRRSV 后，外周血 T 细胞数量会发生一过性下降，白细胞总数和淋巴细胞总数也在感染后 3d 明显减少。PRRSV 感染后，如果白细胞溶解或细胞凋亡耗竭了大多数易感巨噬细胞，那么感染将局限于淋巴结等巨噬细胞丰富的器官。

PRRSV 可抑制机体的先天免疫。研究发现猪或细胞感染 PRRSV 会抑制 I 型干扰素中 IFN-α 和 IFN-β 的表达，并已鉴定出引起干扰素表达抑制的至少有 6 种蛋白，非结构蛋白 NSP1α/β、NSP2、NSP4 和 NSP11 均可经由灭活转录因子 IRF3 来抑制 IFNβ 的启动子的激活；核衣壳蛋白 N 通过抑制 TRIM25 的表达和 TRIM25 介导的 RIG-I 泛素化，进而抑制 IRF3 磷酸化和核移位，从而抑制 IFNβ 的产生（Sagong 和 Lee，2011）。

PRRSV 引起免疫抑制的另一分子机制是病毒能够快速诱导机体产生高水平的特异性抗体，活化性 Fc 受体下调，使抗体和抗原抗体复合物不能活化免疫效应细胞，从而引起细胞免疫功能下降。PRRSV 特异性 IgM 在感染后 14d 达到高峰，42d 开始消失；PRRSV 特异性 IgG 在感染后 21～49d 达到高峰。此外，PRRSV 还可以通过引起胸腺损伤、T 细胞凋亡、调节性 T 细胞活化、Th17 细胞抑制等多种途径影响机体的细胞免疫应答。

（三）持续性感染

慢性、持续性感染是猪感染 PRRSV 后一个重要的流行病学特征。持续性感染与猪被感染时的大小无关，子宫内胎儿、仔猪、育肥猪均会发生持续性感染。Zimmerman 等（1997）发现感染 PRRSV 的母猪 99d 后仍可将病毒传给其他同群母猪，最早报道了持续性感染的存在。许多研究表明，病毒感染后 100～165d 仍可从被感染的猪扁桃体、淋巴组织检测到感染性病毒粒子。

病毒对抗机体主动免疫反应的机制尚不确定，但 PRRSV 病毒在动物体内不断发生变异而逃避宿主的免疫反应是重要的原因。Chand 等（2012）研究发现，持续性感染动物体内 PRRSV 的变异率相对较低。

（四）PRRSV 的变异

PRRSV 是变异最为频繁的一种病毒，除了病毒基因组发生突变外，还可能发生基因内的重组。欧洲型与美洲型病毒的基因同源性只有 50%～60%，同基因型病毒之间的差异也高达 20%。基因组结构蛋白中，GP5 蛋白突变率最高，非结构蛋白中则是 NSP2 突变率最高。2006 年，我国 10 多个省份猪场暴发的以高热、高发病率和高死亡率为特征的高致病性 PRRS（HP-PRRS），其病原 HP-PRRSV 具有 NSP2 编码区内 30 个不连续氨基酸缺失的分子标记。毒株返强现象和非典型 PRRS 的发生都表明 PRRSV 在猪体内持续感染过程中会发生变异。

PRRSV 遗传多样性带来最大的问题是疫苗的有效性。中和抗体抗原决定簇通过高频率的变异逃避中和抗体的中和作用，使得猪感染该病毒后，在检测到中和抗体的情况下，仍可持续数周或更长时间的病毒血症。

（五）细胞凋亡

PRRSV 通过唾液酸黏附素、硫酸肝素、CD163 等受体介导的胞吞作用进入肺泡巨噬细胞。进入细胞后的病毒再通过破坏细胞结构、改变细胞功能，包括抑制细胞吞噬作用、抑制超氧负离子及肿瘤坏死因子（TNFa）的释放，最终导致巨噬细胞凋亡或坏死。感染猪的免疫力降低，引发免疫抑制，造成长期的病毒血症和持续感染，诱发多系统多器官疾病和对其他疾病的易感性增强。

第五节　临床症状

猪感染 PRRSV 后临床表现差别较大，有的表现为高死亡率，有的则表现为亚临床症状，其原因主要是病毒毒株的致病力不同，同时也受到宿主的免疫状态、易感程度、并发感染以及其他管理因素的影响（Blaha，1992；White，1992a）。病毒感染后临床表现形式差异较大，不仅增加了 PRRSV 流行的复杂性，也增加了防控的难度。

一、经典猪繁殖与呼吸综合征

经典 PRRS 主要临床特征为妊娠母猪的繁殖障碍（如流产、早产、死胎和木乃伊胎）与仔猪高热和呼吸道症状。感染母猪在妊娠后期（配种 90d 左右）易发生流产、早产、产弱仔、死胎及木乃伊胎等。同窝仔猪表现不一，可能有外观正常仔猪，也可能有弱仔、被较厚的胎衣和胎粪等污物包裹的死胎、死后自溶及木乃伊胎（图 5-5-1 和图 5-5-2）。少数母猪可见明显的耳部皮肤发绀（因而称"蓝耳病"），躯体末端循环障碍还可能引起四肢以及乳头、外阴和尾部皮肤发绀。欧洲型和美洲型 PRRSV 均能引起妊娠母猪较严重的繁殖障碍，欧洲株 PRRSV 死胎率（包括木乃伊胎）超过 75%，流产率达 50%，美洲株 VR-2332 死胎率超过 55%。此外，感染母猪产下的弱仔死亡率可高达 20%。

公猪感染 PRRSV 后，仅表现出短暂的体温升高（一般不超过 39.5℃）、

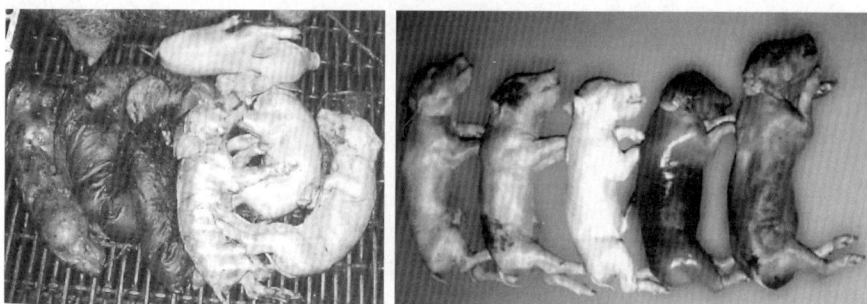

图 5-5-1　流产死胎

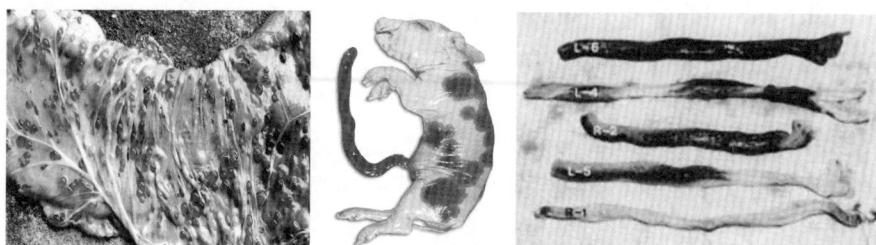

胎衣出现血泡或病灶　　　脐带炎，出血，变粗

图 5-5-2　PRRSV 感染猪的典型繁殖障碍病变

暂时性的呼吸系统症状，性欲缺乏、精液质量降低等。虽然发病症状较轻，但公猪通过精液传播 PRRSV，对后代群体造成的影响却非常大。

哺乳仔猪对 PRRSV 非常易感，急性感染常表现为持续高热，连续数天体温超过 40℃，个别可达 41.8℃，同时出现呼吸道症状和皮肤变红。弱毒株引发的临床症状相对较轻，可能表现为一过性打喷嚏、呼吸不畅和皮肤轻微发红，仔猪断奶前后突然死亡。PRRSV 强毒株感染多表现为厌食、嗜睡、精神不振、高热、呼吸困难、肌肉震颤、划桨运动、消瘦等，严重者死亡。

猪场母猪如果发生流产、死胎、木乃伊胎以及新生仔猪大量死亡，但育肥猪没什么临床症状时，应当考虑是否感染 PRRSV。临床上观察到患猪耳朵、四肢末端、乳头、阴部、尾巴发绀呈蓝紫色，临床诊断为 PRRSV 感染。但有时候发绀不容易被观察到，可能仅有少部分猪有皮肤发绀的现象，有时仅占猪群的 1%～2%，而且持续时间很短，有的只有几个小时。

二、高致病性猪繁殖与呼吸综合征

由于毒力增强，各个年龄段的猪均易感 HP-PRRSV，仔猪、育肥猪和成年猪均可发病，使地方性流行极易发展为流行性暴发，并且发病猪的临床症状更严重，死亡率高。临床主要表现为喜卧、嗜睡、精神沉郁，食欲不振、厌食甚至废绝，体温高热不退（可达 41℃ 以上）；皮肤发绀、眼结膜炎、眼睑水肿；咳嗽、喘鸣等呼吸道症状；部分猪还表现后躯无力、共济失调等神经症状。感染 HP-PRRSV 后，母猪流产率达 30% 以上，仔猪发病率可达 100%，死亡率可达 50% 以上。因此，我国 2008 年修订的《一、二、三类动物疫病病种名录》将其列为一类动物疫病。

呈暴发流行时，感染 HP-PRRSV 的母猪表现典型的猪繁殖与呼吸综合征症状，并出现后肢瘫痪、站立困难，怀孕母猪流产率可高达 100%，新生仔猪多为弱仔。公猪全部出现体温升高和呼吸道症状，发生继发感染或有混合感染时偶有死亡。

仔猪临床感染初期体温升高达 41℃ 以上，表现为被毛粗乱、厌食、嗜睡，并出现咳嗽、喘气等呼吸道症状，以及浆液性或出血性结膜炎。随着病情的恶化，出现站立不稳，肌肉震颤，抽搐，后躯麻痹瘫痪，呼吸困难，皮肤淤血、出血斑块，耳部蓝紫色，死亡率可达 100%（图 5-5-3）。

结膜炎　　　　　　　站立困难　　　　　　后躯瘫痪

图 5-5-3 HP-PRRSV 感染猪的临床表现

三、影响疾病严重程度的因素

PRRS 的临床症状受许多因素的影响，包括毒株、免疫状态、宿主的易感性、脂多糖（LPS）的暴露程度和并发感染等。

不同 PRRSV 毒株在遗传性、抗原性、致呼吸道疾病和损伤的严重程度以及引起致繁殖障碍的严重程度等方面均不同。许多研究证实，相较低毒力毒株，高毒力毒株能在肺脏和淋巴组织中产生更多的病毒抗原、更高滴度的病毒血症，而且病毒血症持续的时间更长，肺部细胞也能释放更多的 IFN-γ。

不同品种动物感染 PRRSV 后，疾病的严重程度不同。Halbur 等（1998）报道，不同品种的猪在肺损伤、肺部含有 PRRSV 抗原阳性细胞的数量以及心肌炎和脑膜炎的发病率方面存在明显差异。在公猪的试验显示，不同品种公猪感染后其精液中 PRRSV 的存活时间存在差异（Christopher-Hennings 等，1997）。

细菌脂多糖是细菌细胞壁的主要成分，其在通风条件较差的畜舍中含量较高。有研究经气管给予感染 PRRSV 猪的 LPS，同时设立单独给予 PRRSV 和单独给予 LPS 的对照组，结果发现给予 LPS 的实验组比仅感染 PRRSV 猪出现更为严重的临床呼吸道症状，比仅给予 LPS 对照组检出 IL-1、IL-6 和 α-TNF 的含量高 10～100 倍，但是肺部外观和显微病变以及支气管肺泡冲洗液中的炎性细胞数量均无明显差异。在临床上，猪繁殖与呼吸综合征发病情况与养殖场的生物安全水平密切相关，中小规模养猪场和散养户因生物安全水平较低，发病较多，与脂多糖的暴露不无关系。

猪感染 PRRSV 后，由于免疫抑制效应，使得机体对一些细菌和病毒更易感，PRRS 可与某些细菌感染或者病毒病产生附加或协作效应，从而导致比感染其中任何单一疾病都更严重的疾病。临床上，常见 PRRSV 与猪瘟病毒、猪圆环病毒、猪流感病毒、猪伪狂犬病病毒、副猪嗜血杆菌、猪链球菌、多杀性巴氏杆菌、肺炎支原体、猪呼吸道冠状病毒等混合感染。

研究发现，感染霍乱沙门菌后，PRRSV 急性感染和出现严重临床症状的病例均增多。先天或后天感染 PRRSV 都可使猪对猪链球菌性败血症的易感性增加。感染 PRRSV 的猪可使猪圆环病毒 2 型（PCV2）的复制明显加快，导致更严重的 PRRSV 病毒性肺炎且并发 PCV2 相关的多系统衰竭综合征。还有研究证实，断奶仔猪感染 PRRSV 后，对支气管炎博德特氏菌所引发的支气管肺炎的易感性增加。

第六节 病理变化

剖检感染猪繁殖与呼吸综合征的猪可见皮下水肿、胸腔积液、心包积液和腹水增多，耐过猪呈多发性浆膜炎、关节炎、胸膜炎等，病理损伤以肺部病变为主，可见弥漫性间质性肺炎，伴有中性粒细胞浸润的卡他性肺炎病灶区，肺泡内可见浆液性渗出物、肺泡巨噬细胞、单核细胞、淋巴细胞和细胞碎片。高致病性猪繁殖与呼吸综合征可以引起更为严重的病理变化和更为广泛的组织感染。

一、经典猪繁殖与呼吸综合征

所有日龄的猪感染 PRRSV 后都表现出相似的病理变化。不同毒株的毒力不同，引起病变的严重程度和病变范围也不同。通常，感染后 4～28d 以及 28d 之后经常能看到肺和淋巴结的大体或显微病变，这两个部位是病毒复制的主要场所。

（一）仔猪病理变化

仔猪感染后 4～28d 可出现间质性肺炎，其中以感染后 10～14d 时最为严重。肺间质病变较轻，肺实质有弹性、质地坚硬、不塌陷、灰黑色带有斑点。严重病变为弥漫性分布，软组织上有斑点或呈现红褐色、质地坚实呈橡胶状，病灶区伴有中性粒细胞浸润。镜下观察，可见肺泡壁扩张，肺泡腔充满巨噬细胞、淋巴细胞和浆细胞及增生的Ⅱ型肺成纤维细胞，肺泡中有坏死的巨噬细胞、细胞碎片和浆液。感染后约7~14d，病毒粒子主要位于血管周围和血管内的巨噬细胞及内皮细胞中，偶尔可在肾脏、脑、心脏和其他部位观察到病毒粒子。在临床感染病例中，特别是保育猪和育成猪病例，PRRS的肺部病变通常比较复杂，或因被并发的细菌和（或）病毒性疾病引起的病变所掩盖而难以分辨。

感染PRRSV后28d，淋巴结出现明显的病理变化，淋巴结通常会增大至原先的2~10倍。染毒早期，增大的淋巴结水肿、呈棕褐色、硬度中等；此后淋巴结变硬、颜色变为白色或者浅棕褐色，偶尔可见多个充满液体的直径2~5mm的皮质囊肿。显微病变主要集中在生发中心。感染早期，生发中心坏死并消失；此后生发中心膨大呈爆炸形，其中充满淋巴细胞。淋巴结皮质部可能含有小囊，其间含有数量不等的内皮细胞以及蛋白液、淋巴细胞和多核原核细胞。镜检可见胸腺、脾的小动脉周围淋巴鞘及扁桃体和淋巴小结集合体的淋巴滤泡轻度坏死、消失或增生。

脑组织、心脏和肾脏也可出现病变。感染7d以上，可见小脑、大脑和脑干出现轻度的淋巴细胞白质脑炎或脑炎，局部淋巴细胞和巨噬细胞形成血管套，多灶性神经胶质细胞增生。在临床出现神经症状的病例中也可观察到坏死性脉管炎病变。感染9d以上时，心脏出现轻度至中度的多灶性淋巴细胞脉管炎和血管周围心肌炎，心肌纤维性轻度坏死，可见浦肯野纤维淋巴细胞套。感染14~42d后，偶尔在肾小球和肾小管周围出现淋巴细胞轻度聚集，骨盆和骨髓脉管炎，血管内皮肿胀、血管内皮下蛋白液聚集、纤维蛋白中层坏死，血管内壁周围淋巴细胞和巨噬细胞聚集。

小于13日龄的仔猪染毒后，会出现特征性病变，感染后2~7d出现皮下水肿，感染后0~23d眼周浮肿、感染后11~14d阴囊肿大。

（二）怀孕母猪及胎儿病理变化

自然或者实验感染PRRSV的怀孕母猪子宫肌层和子宫内膜水肿，伴有淋巴细胞血管套。子宫出现显微病变，在子宫内膜上皮和胚胎滋养层之间的小血管和微孔间隙中，偶见局灶性淋巴组织脉管炎，脉管中含有嗜酸性的蛋白液和细胞碎片。

感染PRRSV的母猪产下的仔猪可能包括不同数量的正常仔猪、体型较小的弱仔猪、出生时死亡的仔猪及木乃伊胎。通常，死胎外部包裹着一层厚厚的褐色胎粪和羊水混合物。产下的活胎或者出生几天后死亡的仔猪更容易观察到病理变化，在子宫内自溶的胎儿很少见特异性病变。大体病变包括胸腔积水和腹水、脾韧带水肿、肾周水肿、肠系膜水肿等，显微病变表现为非化脓性病变，肺、心脏和肾脏出现局部动脉炎和动脉周炎，偶尔伴有Ⅱ型肺成纤维细胞增生的多点性间质性肺炎，轻度的门静脉周肝炎，伴有心肌纤维缺失的心肌炎及多点性白质脑炎。

临床上，若母猪妊娠超过100d，在正常产仔期之前产下一窝不同比例组合的临床正常仔猪、弱仔、死猪和木乃伊胎，就应该疑似PRRS感染引起的繁殖障碍。即使剖检胎儿和死胎时没有见到病变，也不能排除PRRS感染的可能性。有时流产胎儿或死胎出现局部水肿以及脐带扩张等症状，这些可以作为PRRSV感染的重要指征。Lager 和 Halbur（1996）认为，具有诊断意义的特征性病变是脐带扩张为大约正常直径的3倍，是由坏死性化脓和淋巴细胞脉管炎引起的局部出血所导致。

（三）公猪病理变化

5～6月龄公猪感染PRRSV后7～25d时输精管出现萎缩，输精管的生发细胞中可检出PRRSV抗原和核酸，输精管中出现含有2～15个核的巨细胞，发生精细胞凋亡，有的甚至根本没有精子产生。

二、高致病性猪繁殖与呼吸综合征

高致病性猪繁殖与呼吸综合征可以引起更为严重的病理变化和更为广泛的组织感染，如严重的间质性肺炎、非化脓性脑炎、淋巴系统退行性变等。2006年在我国暴发流行的高致病性猪繁殖与呼吸综合征，导致200多万头猪感染，平均死亡率高达20%。临床病例除了前述病变之外，还有一些特征性病变，包括肾皮质、肝包膜和胸膜脏层出现瘀点和瘀斑，部分发病猪还可观察到脾梗死和血尿。

三、混合感染其他病原

感染PRRSV的猪可因对一些细菌和病毒的易感性增加，而导致混合感染，与不同细菌或者病毒感染产生附加或协同效应，引起比任何单独疾病都更为严重的临床症状和病理变化。

30日龄以下仔猪混合感染支原体后，剖检可见明显的绒毛心等纤维素渗出为主的病变。除支原体外，临床观察到PRRSV感染的猪对副猪嗜血杆菌、多杀性巴氏杆菌和胸膜肺炎放线杆菌等的敏感性增加。因此，在PRRSV感染后期和持续感染的猪场，猪群表现出细菌感染病变，诊断时需考虑其诱发原因并加以针对性解决，才能从根本上解决问题。

发生混合感染，往往需要采样送实验室进行鉴别诊断。混合感染PRRSV

和猪圆环病毒 2 型（PCV2）后，可出现极严重的病毒性肺炎和多系统衰竭综合征引起的病理变化，自病变组织可同时检出 PRRSV 和 PCV2 病毒。感染 HP-PRRSV 时病猪出现明显的全身性出血性病变，扁桃体坏死、出血，脾肿大、梗死，淋巴结淤血、出血，膀胱出血等，需与猪瘟进行鉴别。PRRSV 还可能引起发病猪表现甩头、旋转、共济失调、后躯麻痹不能站立甚至瘫痪等神经症状，以及非化脓性脑炎和类似猪伪狂犬病的病变。

第七节　诊　　断

猪场发生母猪流产、早产、死胎等繁殖障碍以及任何日龄猪发生呼吸道疾病时都可能存在 PRRSV 感染。感染 PRRSV 的猪群通常存在断奶前死亡率增加和繁殖周期延长以及流产、早产、死胎等症状。虽然各年龄段的猪感染强毒 PRRSV 后均会出现明显的间质性肺炎和淋巴结肿大，但这些病理变化并不具有诊断意义，因为其他病毒和细菌性疾病也可能引起相似的病变。一方面，缺乏明显的临床症状并不代表猪群没有感染 PRRSV；另一方面，发生混合感染时，有可能出现非常复杂的临床症状及病理变化。因此，猪繁殖与呼吸综合征的诊断应首先根据流行病学、临床症状和病理变化作出初步判断，最终确诊必须在实验室检测到 PRRSV。

一、临床诊断

急性感染初期，猪群表现为食欲低下、发热、昏睡和精神不振等症状，个别猪可出现双耳、外阴、腹部、口部青紫发绀，一般持续 1～3 周；发病高峰的主要特征是母猪早产、流产以及木乃伊胎和弱仔增多；仔猪断奶前死亡率增加，高峰期一般持续 8～12 周；发病末期，母猪繁殖功能逐渐恢复，达到或接近发病前水平。仔猪和育肥猪存在不同程度的呼吸系统症状，痊愈猪一般生长缓慢，体重较轻。若没有继发感染，除发病仔猪可见间质性肺炎等特征病变外，一般不表现肉眼可见病变。出现以上临床症状者，为疑似感染猪繁殖与呼吸综合征病毒猪群，确诊需要进行实验室检测。

但需要注意的是，引起猪繁殖障碍的传染病除猪繁殖与呼吸综合征外，还有猪瘟、猪圆环病毒 2 型、猪伪狂犬病、猪细小病毒病、猪流行性乙型脑炎等，临床上常见几种病原混合感染，应注意鉴别诊断。

二、实验室诊断

目前，猪繁殖与呼吸综合征常与多种病毒或细菌的共同感染，使临床症状更加复杂，包括经典猪瘟、细小病毒病、PCV2、猪伪狂犬病、巨细胞病毒病等，已难以单凭临床症状进行诊断。确切的诊断需要实验室分离鉴定病毒，或检测到病毒产物或抗体。

（一）样品准备

1. 样品采集及处理

（1）组织样品：活体猪可采集扁桃体进行检测，病死猪可无菌采集扁桃体、肺、淋巴结、脾等含毒量较高的组织脏器，亦可采集腹水。用于病理学检查的组织用10%福尔马林固定，用于病毒分离鉴定或其他检测的组织样品经研磨匀浆后转至2mL灭菌离心管中，离心后取上清液转移至新的无菌离心管待检。

（2）抗凝血样：前腔静脉或耳静脉无菌采集血液2mL，注入含有EDTA的抗凝采血管中，充分颠倒混匀，编号。采血时，每头猪使用一根一次性采血器，不同猪采血器不能混用。

（3）血清样品：前腔静脉或耳静脉无菌采集全血后室温静置于斜面2~4h，待自然凝固析出血清；或者离心析出血清，用移液器吸出上层血清，待检。

（4）粪便样品：用棉拭子挑取20~50g新鲜粪便样品于灭菌离心管中，编号。

（5）环境拭子：在采样部位用棉签擦拭（擦拭面积1m×1m），放入装有PBS的离心管中，编号。

2. 样品的保存与运输

采集的样品放入主容器密封后，采用保温容器加冰袋或干冰密封等方式进行运输，应在8h之内运送到实验室。样品相关生物安全标识和运送流程应按照相关规定执行。样品到达实验室后，血清样品在一周内检测的，可置于2~8℃条件下保存；超过一周的，应置于-20℃以下冷冻保存。组织等其他样品在2~8℃条件下保存应≤24h；若需长期保存，应放置于超低温冰箱（≤-70℃），避免反复冻融。

（二）实验室诊断方法

1. 病毒分离鉴定

（1）样品选择：尽管不同毒株的病毒复制速度差异很大，但一般而言，PRRSV在较小日龄的猪体内的含量高且持续时间长，在感染后4~7d达到峰值后逐渐下降，至感染28~35d不再检出。哺乳、断奶和生长猪的病毒血症出现在感染后28~42d，而母猪和公猪的病毒血症则常出现在感染后7~21d。在病毒血症消失后的几周内，仍能从肺冲洗液、口腔液体、扁桃体和淋巴结中检测到感染性病毒和（或）病毒RNA。位于扁桃体和淋巴结中的病毒存活时间要比其他组织长，在实验条件下，可从感染后130d的扁桃体和感染后157d

的口腔拭子中分离到病毒。因此在选择用于病原学诊断的样品时，急性感染期最好选择血清、肺、肺冲洗液等病毒含量高的组织，持续感染的猪则选择口腔拭子及肺冲洗液。母猪应采集血浆、血清和白细胞，公猪可采集血清和精液。死胎和先天性感染的仔猪可采集淋巴组织，其中的病毒含量高。由于 PRRSV 不能在死亡和分解组织中很好地存活，因而分离病毒时应选择刚死或屠宰的猪。发生迟发性流产和早产时，可选择弱胎的肺、脑和脾的组织匀浆混合物作为待检样品，不建议选择木乃伊胎或流产胎儿，因为可能已经发生自溶。从有繁殖障碍症状的猪群分离病毒，宜选用出生 3～4d 的弱仔作为诊断样品，从这些猪身上分离到病毒，可能意味着 PRRSV 在繁育猪群中的循环。

应无菌采取新鲜样品并立即送往实验室进行病毒分离，采集唾液时，最好加入 mRNA 稳定剂。样品送至实验室检测的时间不应超过 2d，可以 4℃保存运输，样品运送过程中最好使用干冰或甘油。较长时间保存需置于－70℃条件下。

（2）培养细胞的选择：分离 PRRSV 可以选择猪肺泡巨噬细胞（PAMs）或者非洲猴肾细胞 MA-104 及其克隆亚细胞系（CL-2621，MARC-145、H2SH）进行。虽然已证实 PAMs 比 MARC145 更容易分离到病毒，但为了最大限度从临床标本中分离到病毒，应该采用两种细胞同时进行。一是因为减毒活疫苗中的病毒已经适应了 MRAC-104 细胞系，使得用该细胞系分离病毒时得到的分离结果可能有偏向性。二是因为分离到的 PRRSV 在 PAMs 和 MA－104 细胞上的生长能力并不相同。

（3）病毒鉴定：用 PAMs 或 MARC-145 体外培养 PRRSV 时，可出现细胞圆缩和脱落为特征的细胞病变（cytopathic effect，CPE）。CPE 是病毒在细胞内增殖后，引起细胞的不同变化，常见的形态学改变有细胞圆缩、聚合、溶解或脱落等。CPE 出现的时间是病毒鉴定的标志之一。不同病毒株在细胞上生长繁殖状况不尽相同，有些病毒株在第一代细胞培养 3～4d 即可出现细胞病变，但有些毒株则需在第三代才出现细胞病变，也有毒株在敏感细胞上并不出现细胞病变。用细胞培养物分离的 PRRSV 还可以用 RT－PCR 方法来确证，也可以用 PRRSV 特异的单克隆抗体如荧光抗体（FA）或免疫组化（IHC）方法观察感染细胞胞浆中病毒抗原的存在来确诊（Nelson 等，1993）。还可以用电镜负染色（EM）法观察细胞培养液中的病毒粒子。

2. 病毒抗原检测

病毒抗原检测包括免疫组织化学分析（Immue histochemistry，IHC）和荧光抗体试验（Fluorescent antibody，FA），IHC 和 FA 都是用单克隆抗体来检测感染细胞胞质中的病毒蛋白抗原。这两种方法都与操作者区分阳性结果与非特异背景染色的技术和能力有关，受操作技术的影响较大，结果常需用病毒分离或分子生物学方法进行进一步确证。

3. 病毒核酸检测

病毒核酸检测技术具有快速、灵敏和特异等优点，已成为目前多数疫病检测的重要方法。核酸检测可以直接从急性感染或持续感染期的样品中检测到低拷贝数的病毒 RNA，适用于感染早期快速诊断，也适用于一些难以进行病毒分离组织的检测（如精液、粪便及自溶降解严重的样品等）。

（1）RT-PCR：RT-PCR 是目前最常用的病原检测方法。很多研究者针对保守的 ORF7、ORF6 和 3'NCR 基因序列设计引物进行了探索，创建了大量检测 PRRSV 的 RT-PCR 方法。RT-PCR 方法不仅能用血清和组织样品进行诊断分析，还可以检测精液中的 PRRSV，而不必进行病毒分离或生物分析。Christopher-Henningse 等（1997）首次采用 RT-PCR 对公猪精液和血清进行 PRRSV 检测。考虑到敏感性，一般不推荐使用血清、精液或血液等检测样品进行 RT-PCR 检测。

针对猪群中普遍存在 PRRSV 与其他病原混合感染的状况，国内外学者还建立了多种多重 RT-PCR 方法，可以同时检测多种病原，但同时多条引物容易相互干扰，可能影响检测敏感性和特异性。

由于针对特定基因片段设计引物，RT-PCR 容易出现漏检。宁昆等比较了 15 种针对 ORF7、ORF6 或 ORF5 设计引物的 RT-PCR 方法，结果发现其中 14 种存在漏检，特别是漏检欧洲株。此外，RT-PCR 还可能存在检测结果假阳性、不能同时检测 1 型和 2 型 2 种基因型的毒株、不能检测遗传多样的不同分离株等缺点。

（2）巢式 RT-PCR（nested RT-PCR）：巢式 RT-PCR 是指利用两套 PCR 引物对进行两轮 PCR 扩增反应。在第一轮扩增中，外引物用以产生扩增产物，此产物作为底物在内引物的存在下进行第二轮扩增。两次 PCR 扩增使巢式 PCR 反应降低了扩增多个靶位点的可能性，增加了检测的敏感性，适用于 PRRSV 的微量检测。但巢式 PT-PCR 所需时间比常规 RT-PCR 长，而且容易污染和出现假阳性结果。

Christopher-Hennings 等（1997）根据 ORF1b 和 ORF7 基因序列设计引物，首次建立巢式 RT-PCR 方法检测精液中的 PRRSV，其敏感性达每毫升 10 个感染性病毒粒子。Chung 等（2002）建立了一种用于鉴别检测组织切片样品中美洲型和欧洲型 PRRSV 的多重巢式 RT-PCR 方法。

（3）实时荧光 RT-PCR（Real-time RT-PCR）：近年来快速发展的实时荧光 RT-PCR 方法利用化学发光材料在 PCR 扩增反应中实时收集每一次循环的产物信号，可实现定量分析，具有特异性强、灵敏度高、可直接对产物进行定量、PCR 污染风险相对较小、自动化程度高、操作简单等特点。

Spagnuolo-Weaver 等（2000）建立了检测欧洲型和美洲型 PRRSV 的实时荧光 RT-PCR 方法。Balka 等（2009）建立的一步法荧光定量 PCR 方法可用于检测所有 PRRSV，该方法以引物探针能量转移为基础，能容忍探针位置的多个点突变。在检测欧洲型 PRRSV 毒株时，不同学者建立的实时荧光 RT-PCR 方法之间的一致性较差，可能与欧洲型 PRRSV 内核苷酸差异更大有关。因此，为保证临床检测的准确性，最好同时选用两种以上的荧光 PCR 方法进行检测。

临床上，可用实时荧光 RT-PCR 方法检测个体或整栏猪的唾液样品以监控猪群中的 PRRSV，Prickett 等（2008）认为每间隔 2～4 周取样监测一次，能有效监控猪群中的 PRRSV 循环，需要注意的是在检测前样品需冷冻或冷藏，以保持病毒的完整性。

（4）环介导等温扩增（Loop-mediated isothermal amplification，LAMP）：环介导等温扩增针对靶基因 3' 和 5' 端的 6 个区域共设计 3 对特异性引物，包括 1 对外引物、1 对环状引物和 1 对内引物，依靠链置换 BstDNA 聚合酶，使得链置换 DNA 合成不停地自我循环，从而实现快速扩增。反应后可根据扩增副产物焦磷酸镁沉淀形成的浊度（与扩增 DNA 的量有关）直接观察，或者将荧光染料（SYBN ®green）加入反应混合液中，通过观察其颜色变化（黄变绿）来判断扩增情况。该技术特异性高、灵敏度高，操作简单，简便快捷，适合基层快速诊断。LAMP 检测不需要昂贵或复杂的仪器设备，一台水浴锅或恒温箱即可完成检测，通过肉眼观察白色浑浊或绿色荧光的生成来判断结果。

（5）限制性片段长度多态性分析（RFLP）：它主要是设计适当的扩增引物，使扩增片段包括一个或数个多态性限制性内切酶识别序列，在 PCR 扩增后用该限制酶切割 PCR 产物，因酶切位点重复数目的不同而使电泳后酶切片段呈现多态性。RFLP 具有分辨率高、重复性好、简便快速、直观等优点。针对 ORF5 的 RFLP 进行分类是美国常用的 PRRSVs 分类方法，但不同的 PRRSV 遗传进化毒株可能具有相似的 RFLP 模式，RFLP 在遗传进化分析上并不是 种敏感的方法。

基因测序及系统进化分析在区分不同毒株方面能提供更准确的结果。系统发育树（树状图）能直观反映不同病毒毒株在遗传上的系统关系以及不同毒株基因序列之间的相似性和差异。为了避免细胞培养过程中因选择、变异或者核酸改变所引起的可能偏差，通常直接对诊断样品 ORF 5 和 ORF 6 的 PCR 产物进行测序。ORF5 基因序列具有高度的可变性并且已有庞大的序列数据库可用于比较。

（6）核酸探针原位杂交：核酸探针原位杂交是指具有一定同源性的两条核酸单链在一定条件下（适宜的温度及离子强度等）可按碱基互补原则形成双

链，此杂交过程是高度特异的。Sur 等（1996）首次建立了检测 PRRSV 的原位杂交技术，制备的地高辛标记 cDNA 探针以 PRRSV 的 ORF7 基因为模板反转录而成。随后又有学者研究制备了用于检测福尔马林固定的肺、淋巴组织中 PRRSV 的生物素标记探针，Sirinarumitr 等（2001）建立了能同时检测 PRRSV 和 PCV2 的双原位核酸探针杂交方法。

（7）基因芯片技术：基因芯片（Gene Chip）也称生物芯片（Biochip）或微阵列（Microarray），是在尼龙膜、玻璃、塑料或硅片等基质材料上点阵排列一系列特定序列 DNA 单链探针（Oligo），并与被检测序列单链 cDNA 序列互补结合（通常称杂交），被检测序列用生物素或荧光染料标记，通过测量荧光染料信号的强度，可推算每个探针对应的样品量。该方法可以实现大批量快速诊断和普查猪的多种病毒性疾病。我国学者高淑霞（2006）建立的基因芯片技术能同时检测 PRRSV、猪瘟病毒、猪伪狂犬病病毒、猪细小病毒和猪圆环病毒 2 型。但基因芯片价格昂贵，不易推广应用。

4. 抗体检测

目前主要有 4 种方法用于检测血清中的 PRRSV 抗体：免疫过氧化物酶单层细胞试验（IPMA）、间接免疫荧光抗体试验（IFA）、酶联免疫吸附试验（ELISA）、病毒中和试验（VN）。

（1）免疫过氧化物酶单层细胞试验（IPMA）：IPMA 利用 PRRSV 敏感细胞系（PAMs 或 MARC-145）增殖病毒株制成抗原诊断板，用于检测待检血清中的病毒抗体。由于 PRRSV 型间和型内毒株的变异较大，IPMA 的特异性与制成抗原诊断板的病毒株与流行毒株的状况紧密相关。利用这种方法可检测出感染后 1～2 周至 12 个月的抗体。虽然 IPMA 特异性强，操作简单，在普通实验室即可完成，但由于其耗时较长，限制了它的广泛应用。

（2）间接免疫荧光抗体试验（IFA）：IFA 是用特异性抗体与标本中相应抗原反应后，再用荧光素标记的第二抗体（抗抗体）与抗原-抗体复合物中第一抗体结合，经洗涤后在荧光显微镜下观察特异性荧光，以检测未知抗原或抗体的一种方法。间接荧光抗体试验可检测感染后 2～20d 的 IgM。用 IFA 法检测到 PRRSV 特异抗体的滴度增加表明感染了 PRRSV。Cho 等（1997）用 IFA 方法分别在感染 5d 后检测到 IgM，在感染 9～14d 检测到 IgG。使用 IFA 分析方法可对疑似假阳性 ELISA 检测结果进行确证，也可用于监测肌肉浸出液和唾液样品中的 PRRSV 抗体。IFA 方法的敏感性受检测人员技术水平、所用 PRRSV 毒株与猪场实际流行毒株匹配度的影响，而且需要进行细胞培养，结果判定需在荧光显微镜下观察，具有很大的主观性。

（3）酶联免疫吸附试验（ELISA）：用于检测 PRRSV 抗体的 ELISA 主要有间接 ELISA 和阻断 ELISA。间接 ELISA 的特异性、敏感性主要取决于包被抗原的免疫原性和纯度。间接 ELISA 检测的假阳性率较高，为 0.5%～2.0%，它对于个体检测的特异性有限。如怀疑 ELSIA 结果为假阳性时，可用间接免疫荧光抗体试验和阻断 ELISA 进一步确认。阻断 ELISA 由于在加入待检血清时也加入已知 PRRSV 多克隆抗体或单克隆抗体，待检血清中的病毒特异性抗体会阻断"竞争抗体"与包被的病毒抗原形成复合物，因而显示颜色的深浅与待检血清中的 PRRSV 抗体含量成反比。需要注意的是，选择"竞争抗体"的免疫原毒株的抗原性应与包被抗原一致，且阻断 ELISA 的特异性、敏感性主要取决于"竞争抗体"的活性和纯度。Sorensen 等通过实验证实，阻断 ELISA 较间接 ELISA 具有更高的敏感性和特异性，能弥补间接 ELISA 易出现假阳性结果的不足。

目前商品化的 ELISA 检测试剂盒主要有两类：一类是全病毒包被的酶联免疫反应板，另一类是病毒的结构蛋白包被的酶联免疫反应板。包被全病毒 PRRSV 的试剂盒需要纯化抗原，而且可能抗原性差异显著，不同毒株间的同源性很低，因而容易导致抗体检测方法的敏感性和特异性降低。包被重组结构蛋白的试剂盒一般是利用重组 DNA 技术，采用原核表达系统或真核表达系统表达的 PRRSV 各主要结构蛋白或非结构蛋白的重组蛋白作为包被抗原。不同毒株间 N 蛋白保守性很高，因此，商业化的 ELISA 试剂盒多采用 N 蛋白作为抗原，也有包被膜蛋白 M、结构蛋白 GP5 等的。

ELISA 试剂盒检测结果为阴性的样品并不一定完全表示猪群未感染，也可能为：①近来猪已被感染但尚未出现血清转化。②猪受到持续性感染，并且已经转变为血清阴性。③猪已经清除了感染并转为血清阴性。④由于测试方法敏感性较低而未检出，但实际已被感染。也就是说，ELISA 检测结果呈阴性有可能是由于猪受到持续感染，可通过分离感染病毒或者检测扁桃体、淋巴组织或口腔拭子中的病毒或病毒 RNA 进行确证。

（4）病毒中和试验（VN）：病毒中和试验可以检测能够中和细胞培养物中定量 PRRSV 的抗体。该分析方法具有高度特异性，但是抗体在感染后 1～2 个月才会产生（Denfield 等，1992）。所测试的抗体经常在 60～90DPI 达到峰值，并且持续存在 1 年左右。同 IFA 一样，当用同一种病毒进行分析时，VN 反应是最强烈的。但是目前实验室间的 VN 测试方法还未标准化，通常情况下还不能作为常规诊断检测方法。

（5）化学发光免疫分析技术（Chemiluminescence Immunoassay，CLIA）：CLIA 是将发光分析和免疫反应相结合而建立起来的一种新的检测微量抗原或抗体的免疫分析技术，在欧美国家，化学发光免疫诊断技术已经广泛应用于动物疫病诊断。按照标记物的不同，化学发光免疫分析分为直接化学发光免疫分析、化学发光酶免疫分析和电化学分析三大类。按抗原或抗体包被方法不同，化学发光分为微孔板式和微粒式。以微孔板式酶催化化学发光免疫分析方法为例，发光体系为鲁米诺和辣根过氧化物酶。鲁米诺在辣根过氧化物酶的催化下与氧化剂反应产生的能量以光的形式释放，用发光检测仪可进行光强度的测定，通过光强度的大小对抗原或抗体进行定性和定量测定。虽然 PRRSV 化学发光 ELISA 抗体检测试剂盒比传统 ELISA 方法具有更高的灵敏度和更宽的线性检测范围，但由于需要配备专门的化学发光设备，且发光体系对氧化剂敏感、样品基质可能导致非特异性吸附等缺点，目前该技术还不够成熟，应用范围有限。

第八节 防 控

PRRS 尚无特异疗法，而 PRRSV 在短期内又可感染猪场内的所有猪，危害很大。控制 PRRS 包括阻止 PRRSV 进入未感染猪群，以及防止新的变异毒株进入 PRRSV 感染猪群，主要是限制病毒在生产各环节的传播。防控 PRRS 应坚持"养重于防、防重于治、综合防治"的原则，采取加强监测预警、强化生物安全管理、科学免疫、加强饲养管理、对症治疗等综合性措施，降低其发病率和死亡率。

一、防控策略

（一）国外防控策略

国外整体防控策略是：猪场选址注意构建屏障及远离其他猪场；重视和加强生物安全管理，配置空气过滤设施，辅以严格的生物安管理执行制度和审查制度，降低病毒传播概率；分点式（两点式、三点式）生产管理模式；新建猪场确保引入阴性母猪；基于 PRRSV 感染风险评估决定是否免疫；一旦发病，立即实施净化措施，一次性引入足够多的后备母猪，连续封闭猪群 210d 以上。

（1）净化策略：国外对核心育种场和较高代次的祖代场一般采取 PRRS 净化策略，即 PRRS 抗原和抗体双阴性，主要适合分点式（两点式、三点式）养殖模式。一点式养殖场维持双阴性的难度较大，对猪场硬件设备及生物安全管理要求较高，猪场需要有空气过滤系统，防止 PRRSV 经空气途径传播。

（2）阳性稳定策略：父母代场和规模场一般采取 PRRSV 阳性稳定策略，即保持猪场阳性稳定，重点是坚持自繁自养或做好引种驯化，避免不同源不同感染水平的猪群混养；根据猪场实际情况决定是否使用疫苗，疫苗毒株需与猪场感染毒株匹配，主要通过生物安全措施维持猪场阳性稳定。

（3）区域化控制：由于 PRRSV 可以随气流传播，因而中低密度养殖场一般要选择区域化控制来降低风险。在北美，采取区域化控制措施时，要求区域内（一般为 3km 范围）的猪场加强交流与合作，共享场内猪群健康数据，同时区域内的粪污采用统一模式进行无害化处理，以保证区域整体生物安全。对于病毒高密度场或阳性场，还要进一步提高生物安全管理水平，包括使用空气过滤装置等，同时加强进出猪场的人流、车流和物流的管理和消毒。

（二）国内防控策略

自 1996 年我国首次分离到 PRRSV 以来，猪繁殖与呼吸综合征逐渐在全国养猪场蔓延，至 2006 年分离到高致病性病毒后，全国绝大多数猪场相继"沦陷"，全国一片"蓝"。直至近年，我国不仅分离出经典的北美株、欧洲株，更分离出高致病性 JXA1 株及类 NADC30 毒株。PRRSV 在我国呈现多样性、复杂性，加之病毒导致免疫抑制进而引发混合感染，环境病毒循环导致再感染等，使得该病难防难控难消灭。我国生猪养殖规模化、集约化程度低，养殖方式落后，调运频繁，监管难度大，必须采取综合性防控措施，才能有效防控猪繁殖与呼吸综合征。

从 1996 年首次分离到猪繁殖与呼吸综合征病毒及 2006 年确认分离到高致病性繁殖与呼吸综合征病毒毒株之前，我国对重大动物疫病的防控以免疫和扑杀为主。

2007 年，国家确认自 2006 年夏季开始在国内大面积快速传播的持续高热、高死亡率的"高热病"疫情为"高致病性猪繁殖障碍综合征"。由于其致病性强、传播速度快，危害严重，2007 年 8 月 30 日修订通过的《动物防疫法》，规定国家对严重危害养殖业生产和人体健康的动物疫病实施强制免疫，自 2008 年起我国对高致病性猪繁殖与呼吸综合征实施强制免疫策略。2008 年修订的《一、二、三类动物疫病病种名录》中，将高致病性猪繁殖与呼吸综合征列为一类动物疫病，猪繁殖与呼吸综合征（经典猪繁殖与呼吸综合征）为二类动物疫病。2022 年修订的《一、二、三类动物疫病病种名录》将猪繁殖与呼吸综合征全部调整为二类动物疫病。

此后，在全国范围内实施的强制免疫使我国高致病性猪繁殖与呼吸综合征得到了较好的防控效果。至 2016 年，农业部调整了国家强制免疫动物病种，并于 2017 年在国家强制免疫计划中正式取消了对高致病性猪繁殖与呼吸综合征的强制免疫。2017 年，农业部根据《国家中长期动物疫病防治规划（2012—2020 年）》要求，为有效控制和消灭高致病性猪繁殖与呼吸综合征制定了《国家高致病性猪繁殖与呼吸综合征防治指导意见（2017—2020 年）》，提出继续坚持以预防为主的防控方针，以源头控制、分类指导、梯度推进为防治原则，以养殖场（户）为防治主体，以疫病净化为防治重点，不断完善养殖场生物安全体系，严格落实免疫预防、监测净化、检疫监管、应急处置、无害化处理等综合防控措施，积极开展场群或区域净化工作，降低发病率，压缩流行范围，逐步实现净化目标。2021 年 5 月开始实施的新修订版《动物防疫法》也规定了我国对于动物疫病的防控实行预防为主，预防与控制、净化、消灭相结合的方针。

二、传播风险

实现和维持 PRRSV 的区域净化，首先要评估 PRRSV 的传播风险，针对风险因素采取针对性的措施，控制和净化病原。PRRSV 的传播风险包括外部传入猪场的风险和病毒在猪场内传播的风险。

1. 外部传入风险

（1）生猪调运及精液引入：活体生猪调运是影响 PRRSV 净化的最大风险因素。智利、美国等国家和地区成功净化猪伪狂犬病，主要原因就是这些国家和地区生猪调运受到了严格控制。

公猪精液如果携带 PRRSV，那么病毒可以通过人工授精引起大范围远距离传播。因而除关注引入后备母猪外，精液的传播风险需要格外引起重视。

（2）运输车辆、入场物资、人员等：运输车辆可能出入不同的猪场与屠宰场，很容易通过空气或驾驶人员携带 PRRSV 而引起传播。出入猪场的人员、物资以及病毒污染的水也可能成为传染源。

（3）气溶胶传播：气溶胶也被证实能传播 PRRSV，在距离 PRRSV 疫点 4.7km 和 9.2km 处的气溶胶中均已检测和分离到病毒。

2. 场内传播风险

（1）直接接触：在受感染猪的血液、口腔唾液和乳腺中均曾检出 PRRSV，提示混群也是病毒散播的主要途径。

（2）机械传播：由于 PRRSV 可能通过饲养人员、场内设施以及场内空气传播，因此，除加强员工出入生产区的消毒、分区着装等工作流程管理，定期开展场区内清洁消毒外，还需特别注意在对猪进行免疫接种时，每头猪都要更换针头。

三、防控措施

猪场 PRRSV 的控制和净化可以说是一场长期的拉锯战，一方面要加强猪场外部生物安全管理，阻止外界的病毒和细菌进入猪场，另一方面猪场内部要做好日常管理，最大程度地减少场内病毒传播，同时要科学地接种减毒活疫苗开展猪群免疫，检测淘汰感染猪，必要时清群。

（一）猪群管理与科学饲养

规模化猪场宜采用多点式饲养，分胎次饲养，每批猪全部清出圈舍后，要对圈舍进行彻底清洗消毒，并经空置期后，再引入下一批新猪。在配种妊娠、产仔哺乳、保育与育肥 4 个阶段实行全进全出和闭群饲养管理。批次生产及全进全出管理可以避免不同日龄的猪及不同生长阶段的猪混群饲养，减少猪群之间的直接接触，防止发生交叉感染与连续感染。

1. 猪群管理

（1）批次化生产和分点饲养：猪场宜采取批次化生产，各生产单元实行严格的全进全出管理，同时做好空舍的消毒。不同生产阶段的猪群可多点饲养，尤其是种猪群与保育、育肥猪群一定要分点饲养。

（2）种猪群的控制（后备母猪人工驯化）：暂时中止后备猪的引入（闭群）能减少 PRRSV 感染的损失（Dee et al.，1994）或加速 PRRSV 阴性断奶猪的生产（Oliveira et al.，2001）。也就是说，中止引入感染的后备猪可以获得更为稳定的种猪群，但并不能完全消除病毒。

驯化是在引入猪群前使用已经对 PRRSV 产生免疫反应的后备猪来控制病毒的循环传播。2～4 月龄血清学阴性的后备小母猪在隔离圈舍中感染 PRRSV 或接种弱毒疫苗，使之有足够时间产生免疫，以及在引入种猪群之前感染完全消除，当它们不再出现病毒血症时，会极大地降低将病毒传给生产猪群的可能性，从而避免在混群后对种猪群造成任何不利影响。对新引进后备猪的驯化包括疫苗驯化、使用本场年轻胎次的母猪驯化以及血清驯化。

弱毒疫苗驯化可产生保护性免疫，并能获得一致的后备母猪感染。弱毒 PRRSV 疫苗的主要缺点是对 PRRSV 变异株的交叉保护性差，用弱毒疫苗时，该空间内的所有猪都要进行同时接种，并且要实行全进全出管理。

后备母猪驯化可以通过与 PRRSV 感染动物接触，或用 PRRSV 感染的断奶猪和淘汰母猪作为感染源，但是，当母猪产生免疫力后，病毒在猪群中的传播就会停止，此时，后备猪就不会被感染。

相对极端的驯化方式是血清驯化，即采集发病猪血液，加入抗生素制备病猪血清，使用该血清给后备母猪肌内注射以达到驯化目的。这一方法具有较大风险，需谨慎使用。如果生物安全条件差不仅无法防控 PRRS，还可能引发其他疫情。

（3）哺乳仔猪的控制：控制哺乳仔猪群 PRRS 主要是限制病毒在仔猪群中的传播，可以采取限制 1 日龄内不同窝仔猪的流动、淘汰断奶前慢性感染仔猪、严格实行保育猪全进全出管理等控制措施。

（4）断奶猪群的控制：控制断奶猪群中的慢性 PRRS 相对比较棘手，主要是由于猪的不断流动，病毒从日龄较大的感染猪传播到断奶不久的仔猪，从而导致病毒的循环传播。一种方法是淘汰部分病猪以控制 PRRSV 的水平传播，但这种方法的缺点是需要淘汰日龄较大的猪，而且可能需要定期重复淘汰。另外一种方法是全部接种弱毒疫苗，并保持猪的单向流动。

2. 科学饲养

应加强猪的科学饲养，提高猪群免疫力。适宜的生产环境以及合理的营养搭配能提高猪的免疫力，促进健康生产。饲养密度适度，猪舍保持通风保温，改善空气质量，降低氨气浓度，圈舍与产床保持清洁干燥；饲料营养均衡，提高母猪和仔猪的蛋白质、氨基酸及微量元素的水平，适当补充电解质多维，严禁饲喂发霉变质的饲料，定期驱虫、灭鼠、灭蚊，提供充足清洁的饮水等，以增强猪体自身的抗病力，有利于提高免疫功能和降低 PRRS 的发病率。

亦可适度采用药物保健措施加以防控。替米考星和泰万菌素两种大环内酯类药物是目前常用的防控药物，药物聚集在肺泡巨噬细胞中，可改善其 pH，从而抑制 PRRSV 复制。此外，一些清热解毒类的中兽药，如板蓝根颗粒、蒲地蓝消炎颗粒等药物也被证明可降低猪群体内 PRRSV 的含量，起到防控 PRRS 的作用。

（二）生物安全管理

生物安全管理是防控猪繁殖与呼吸综合征等多种传染性疫病的有效措施，虽需要一定投入，但往往可收到事半功倍的效果。

1. 场址选择

猪场选址应远离其他饲养场和屠宰场，并避开居民区和交易市场等。在饲养密集的区域，采用空气过滤系统或负压通风装置，可有效降低传播的风险。Spronk 等（2010）的研究表明，在养殖密度较大的地区内，两个大型种群因采用空气过滤设施有效阻止了 PRRSV 的感染，而在同一观察时期，未进行空气过滤的 5 个相似规模猪群则全部感染了 PRRSV。同时，应定期开展监测评估，确保周围猪场应均为 PRRSV 阴性，一旦周边猪场发生猪繁殖与呼吸综合征的流行，则相应提高生物安全管理等级。

2. 卫生防疫

坚持消毒制度与兽医卫生防疫制度是生物安全管理的核心。猪舍外环境要清除杂草和污物；猪圈与栏舍每天要清扫干净，粪污要进行无害化处理，每周消毒 1 次；生产用具要每天清洗，定期消毒。猪场内外设置物理屏障、实施栖息地管理和使用杀虫剂等虫媒控制方式，防止外来风险。

3. 车辆、人员及物资的消毒

外来车辆尽量不进入猪场，如有必要，则必须进行严格彻底的消毒。有条件的猪场，设置装卸货区，配备专用运输车辆，在固定区域和路线作业，并严格实施清洗消毒制度。尽量减少外来人员进出猪场。本场员工需要定期进行生物安全培训，员工进入猪场必须洗澡，更换衣服、鞋子等，进入生产区再次严格洗澡消毒，更换生产区内专用的服装鞋帽。猪场的水源应采用洁净的自来水，如回收利用养殖场的水或地下水等，则需消毒并经检测合格方可使用。需入场的饲料、兽药等物资，各类生产工具也要进行消毒。

4. 猪群的生物安全管理

合理驯化 2～4 周龄的小母猪，以使所有后备母猪在转入繁育舍之前都能产生免疫力。同时免疫并对血清转化进行评估，确保引入的后备母猪为阴性，不会成为其他妊娠母猪的感染源。对分娩舍和保育舍同样应采取措施降低 PRRSV 的感染风险，例如，减少仔猪寄养、对生产的新生弱仔实施无害化处理、妊娠晚期流产或产仔有问题的母猪不作为哺乳母猪等。

5. 调运监管及隔离

严格的调运监管可以规范人流、物流，降低由此可能导致的疫病传播风险。坚持自繁自养能保持场内的疫病状况处于相对稳定状态，如需引种，则必须进行严格的监测和隔离，种猪各项检测指标达标后方可混群。同时，还需要对引进的精液施行同样的检测，只有 PRRSV 阴性的精液才能用于猪场的人工授精。

（三）疫苗免疫

控制和净化 PRRS 是一个相当漫长的系统工程，要最终实现净化和根除目的，一般需要经历用活疫苗控制广泛发生的疫情，降低猪群中的病毒载量；再用灭活疫苗维持一段时间内不再发生疫情；最后实现退出免疫、禁用疫苗等几个阶段。

疫苗免疫仍是当前防控 PRRS 的重要措施。研究表明，接种 PRRS 疫苗有助于控制 PRRSV 的传播和发生，减轻临床症状和病理损伤，减少病毒排泄，改善猪的生产性能，降低发病率和死亡率。PRRS 疫苗有灭活疫苗和弱毒活疫苗。通常认为灭活疫苗的保护性较差，弱毒疫苗能够产生更加有效的免疫反应，但由于 PRRSV 的免疫抑制特性，不同毒株之间交叉保护差，弱毒疫苗尚不能阻止强毒感染，存在散毒和潜在返强风险；灭活疫苗如与减毒活疫苗联合使用或用于之前感染过 PRRSV 的猪时，会刺激免疫记忆应答反应并诱导产生中和抗体。疫苗免疫还不能彻底解决 PRRSV 持续感染和隐性带毒问题，还需要进行更多的研究以提供更加安全有效的措施来控制 PRRSV。

猪场是否需要疫苗接种，选择哪种疫苗以及建立怎样的免疫程序都应根据猪场实际情况确定，特别是应根据本场流行毒株测序结果以及抗体检测结果调整免疫策略。

1. 评估猪群 PRRSV 感染状态

评估和追踪猪群 PRRSV 的感染状态是防控的基础，了解本场母猪的感染状态、感染了哪些毒株，做好综合防控措施，才能有的放矢。防控 PRRS 也不是一成不变，要根据本场的感染状态、感染毒株变化而做出相应的调整。

美国猪兽医协会（AASV）和美国农业部 PRRS-Cap 委员会根据 PRRSV

在猪群中排毒和暴露情况，将猪场分为 4 个 PRRSV 感染状态（表 5 - 8 - 1）：一是阳性不稳定场，即临床有 PRRS 相关问题并在组织病料中 PCR 检出 PRRSV。二是阳性稳定场，即断奶仔猪持续 90d 没有病毒血症以及种猪群无 PRRS 临床表现，一般每个月采集断奶仔猪血液 30 份，PCR 检测 PRRSV 阴性且种猪群无相关临床症状。三是暂定阴性场，即引进阴性后备母猪 60d 后，ELISA 检测抗体仍为阴性，生长猪 ELISA 检测抗体也为阴性。四是阴性场，包括：①以前感染猪被更新后，种猪群没有发现 ELISA 阳性猪；②成为暂定阴性猪场已经一年，种猪群 ELSIA 检测无阳性；③重新用阴性猪建群后，至少 30d 以上种猪群 ELISA 检测无阳性。

表 5 - 8 - 1　猪场 PRRS 感染状态

分类	排毒状态（PCR）	暴露状态（ELISA）
阳性不稳定场	+	+
阳性稳定场	?	+
暂定阴性场	−	+
阴性场	−	

在 PRRS 不同的防控阶段，应制定不同的免疫实施方案，逐步实现从免疫控制到免疫退出。当前，我国猪群普遍带毒，因此，PRRS 疫苗免疫控制还非常重要。对于 PRRSV 阴性的种猪场，建议不使用疫苗，仔猪不免疫，定期监测猪群感染状况；尽量避免从外引种；依靠严格的生物安全措施维持 PRRSV 抗原和抗体检测双阴性。对 PRRSV 稳定/不活跃的自繁自养场，建议进行后备猪的驯化和监测，减少引入病毒风险，而种猪和仔猪不免疫疫苗。

对稳定/活跃或不稳定的核心种猪场和稳定/活跃的自繁自养场，建议母猪群进行全群免疫活疫苗，免疫前先进行药物保健并做小范围试用；仔猪则根据监测结果在感染发病前 2～3 周免疫疫苗。待猪群稳定后，逐步过渡到稳定控制阶段，结合种猪群抗原检测，更新淘汰阳性种猪群，直至退出免疫，实现 PRRSV 的净化。

对处于不稳定或发病状态的自繁自养场，短期内可间隔 3～4 周接种两次疫苗，以提高免疫密度和质量，此类猪场要慎重引种。

2. 了解感染的毒株

PRRSV 流行毒株多且复杂，不同毒株之间的致病力有差别。应通过实验室监测评估本场流行的毒株及其亚型，为选择合适的毒株疫苗提供参考。一般同一谱系内的疫苗保护效果较好，不同谱系疫苗之间交叉保护弱。对于 PRRS 暴发场、不稳定场、病毒循环场，一般应同时采集多个样本，对病毒 ORF5、NSP2 基因高变区进行测序比对，综合分析感染何种谱系毒株、感染单个还是多个谱系毒株，并分析其与典型毒株的同源性。此外，猪场 PRRSV 感染毒株可能随着时间推移而发生变化，需要持续性跟踪监测（至少一个季度监测 1次），分析毒株是否发生变化以及是否发生多个毒株同时感染。

3. 科学合理免疫

制定和实施免疫程序应基于猪群 PRRSV 感染状态。对于阴性场，如果生物安全管理良好，能够有效阻止 PRRSV 传入，猪群可以不做 PRRSV 疫苗免疫；在阳性稳定场，需逐渐减少使用弱毒活疫苗，最后停止使用，仅进行后备猪的驯化；对于发病猪场或阳性不稳定场，可选择使用和本场流行毒株相匹配的弱毒活疫苗，种母猪一年免疫 3～4 次活疫苗，仔猪也需进行免疫；商品猪根据种猪群疫病状态及保育阶段猪的发病日龄评估，可以在猪群感染时间前推3～4 周进行免疫，哺乳猪的首次免疫时间应不早于 14 日龄。

采用何种毒株疫苗免疫应基于本场主要流行毒株。1996 年我国检出的猪群 PRRSV 以美洲型毒株为主，2006 年以后我国猪群感染的 PRRSV 是以美洲型 HP-PRRSV 变异毒株为主，近年来以类 NADC30 毒株为主要流行毒株。免疫方式和时间取决于免疫目的、猪群的感染状态、生产阶段、生物安全、饲养管理水平以及周围环境。

（四）监测预警

猪繁殖与呼吸综合征的有效防控依赖定期的疫病监测和诊断，即长期、持续地收集疫病或感染的时空及群体动态变化及其影响因素等数据，全面掌握其分布状况和流行态势，通过疫情风险分析评估，科学研判防控形势，为防控决策提供科学依据。

对 PRRS 的监测应采取适时监测与被动监测相结合以及常规监测与定点监测相结合，以掌握 PRRS 的流行情况，分析 PRRSV 分子流行病学和遗传演化规律，寻找疫病传播风险因素和风险点；掌握群体免疫与疫病的相互关系以及活疫苗中的外源微生物污染情况，评估疫苗临床应用免疫效果及疫苗质量。

对养殖场的内部监测，需要涵盖场内所有猪群；对于场外环境监测则应结合过往疫病流行史，从疫情调查、场区附近生猪及野猪过往活动、相关产品流通情况等方面开展疫情动态监测。在场群实现成功净化之前，应定期进行监测（一般每季度监测 1 次），特别是建群、复群以及引入猪之前，以及隔离后的14d 内都要进行采样监测。但在不同时期，可根据场群疫病不同的流行状况，采取不同的监测方案。

同时，对于区域性防控，监测应涵盖区域内所有养殖场以及场外环境，重点对种猪场、中小规模饲养场、交易市场、屠宰场和发生过疫情地区的猪进行监测。

1. 监测方法

PRRS 的一般监测包括临床巡查和实验室检测。

（1）临床巡查：由饲养人员每日例行进行临床检查，着重观察记录与PRRS相关的繁殖障碍、呼吸道症状及其他异常的临床表现，是否出现发热、流产、呼吸困难等症状，并查看生产记录，是否出现采食量下降、增重率下降、死淘率上升、饮水量增加等异常情况。发现临床疑似病例的要及时报告，并组织采样送实验室检测。

（2）实验室检测：养殖场应按实际情况制定场内年度样品采集监测计划，不同地区应当根据当地重大动物疫病防控实际，制定本辖区疫病监测和流行病学调查方案，定期开展PRRS监测。每次样品采集的数量根据养殖场的规模决定，一般按95％的置信水平、感染率为1‰进行采样。采样时，要选取不同的栋舍，涵盖不同的生产群体，包括所有种公猪、经产母猪和后备母猪。血清学检测采集血清，采用ELISA方法进行检测，病原学检测采集血清和扁桃体，屠宰场可采集扁桃体和肺脏，采用RT-PCR或实时荧光RT-PCR方法进行检测。

2. 阳性动物的处理

血清学和病原学检测均为阳性的养殖场划定为感染猪场，血清学阳性检出率在0～10％的养殖场，需采用IFA或其他方法对样品进行重复检测，若结果仍为阴性则划定为阴性猪场；如果连续几次监测抗体阳性率没有明显变化，则表明该病在猪场处于稳定状态。如某一季度抗体阳性率有所升高，则应查找猪场生物安全体系或防疫制度执行方面是否出现漏洞，并针对查找出的问题加以改进。

对病原学检测结果为阳性的猪群或猪场，应开展流行病学调查，结合猪群免疫背景和当前流行状况进行综合分析，并按照农业农村部的有关规定进行处理。发生疫情时立即隔离发病猪群，流产胎儿、胎衣及死亡猪进行无害化处理。发病猪舍严密封锁，猪群暂停出售，猪舍、猪栏、用具及环境进行全面彻底消毒；未出现症状的猪群立即通过饲料、饮水添加药物进行控制。

（五）隔离检疫

隔离是防止传染病蔓延的有效手段。早在14世纪，意大利威尼斯为防止鼠疫、霍乱等传染病传播，规定外国船只及未作检查而到达口岸时，必须停留40d经检查无病者才被允许登陆。此后，"40天"（quarantine）成了隔离检疫的代名词，并扩展到对动物、植物的隔离检疫。作为控制传染病流行的重要措施，检疫隔离制度一直沿用至今。

1. 隔离检疫程序

应尽可能从无疫地区引进动物，并进行严格的检疫隔离。动物抵达隔离场所前，先查明其相关检疫证书并做初步临床观察和检查，未发现异常则不落地直接由经过消毒的专用车辆转运到动物隔离检疫场。转入隔离畜舍前，先在喷雾消毒间进行体表消毒。转入隔离畜舍后，动物需每天巡查并测量体温，1周后采集血样做血清学和病原学检测。隔离检疫期满，再次检测无病者解除隔离检疫，对检出阳性的病畜根据疫病情况做全群扑杀或病畜扑杀并进行无害化处理。

2. 隔离检疫场所

隔离场所应远离交通要道和其他动物养殖场所、动物及产品交易场所、屠宰场等，避开居民区、具有清洁水源和可靠的供电系统，并且运输方便。隔离场内的动物隔离区、人员生活区、粪污储存处理区应相互隔离。隔离舍内应有通风设施设备，防止通过空气传染疫病。运送粪便、垫草和其他废物要有专门的消毒车辆，配备有病死动物无害化处理的设施设备。

3. 隔离场所的管理

出入场内的车辆、人员必须经过严格消毒，饲料必须来自非疫区或经消毒后进入，不得带入任何有可能染病的动物产品，场内雨污分流，污水无害化处理后方可排入下水道，粪便经封闭堆积发酵后方可转运出场外，动物入场前和出场后都要立即对隔离场所进行全面彻底的清洗消毒。

4. 隔离期限及检测方法

为防止 PRRS 传入猪场，即使从无疫区引进种猪也需严格隔离观察 8 周以上，隔离第 4 周和第 8 周分别采血进行 PRRSV 血清学检测，两次检测均为阴性且无临床症状方可转入生产群。

隔离舍的兽医每天都需进行巡查，观察隔离猪的精神状态、体态、行为、饮食状况，查看皮肤、被毛、眼结膜、体表淋巴结等有无异常，测量体温、脉搏及呼吸数等。发现有异常的动物要单独隔离观察并作进一步检查。

（六）混合感染的防控

研究发现，多重混合感染为猪繁殖与呼吸综合征发病的主要流行形式，其感染后能引起更严重的临床症状、更高的死产率，进一步增加了疫病的复杂性和临床诊断的难度。混合感染的细菌主要为胸膜肺炎放线杆菌、副猪嗜血杆菌和链球菌，混合感染的病毒以猪瘟病毒、猪圆环病毒 2 型、猪伪狂犬病病毒、猪流行性腹泻病毒和猪流感病毒为主。东北农业大学何振欢对 2010—2020 年我国 PRRSV 混合感染病例进行流行病学统计分析表明，PRRSV 混合感染并无明显季节性，其中以三重混合感染为主，占病例总数的 52.99%，多为 PRRSV＋猪瘟病毒＋胸膜肺炎放线杆菌、PRRSV＋猪伪狂犬病病毒＋附红细胞体、PRRSV＋副猪嗜血杆菌＋链球菌混合感染；其次为二重感染，占比 40.19%，以 PRRSV＋圆环病毒 2 型和 PRRSV＋猪瘟病毒混合感染为主，其次为 PRRSV＋胸膜肺炎放线杆菌和 PRRSV＋副猪嗜血杆菌混合感染；四重和五重感染分别占病例总数的 6.78% 和 0.043%。

要预防和控制混合感染或继发感染，一方面要加强生物安全管理、提高猪场饲养管理水平，另一方面要做好圆环病毒 2 型感染、猪瘟、猪伪狂犬病、细小病毒病、支原体肺炎及副猪嗜血杆菌病的免疫及净化工作，并建立合理的动态监测预警机制。为避免 PRRSV 弱毒疫苗的干扰作用，成年猪应先免疫猪瘟，间隔 7～10d 后再接种 PRRSV 弱毒疫苗。有学者认为，仔猪于 25 日龄首免猪瘟，30 日龄接种气喘病菌苗，38 日龄接种 PRRSV 弱毒疫苗，可有效减少对猪瘟弱毒疫苗和气喘病菌苗免疫应答的干扰，提高猪群对呼吸道病原体感染的抵抗力，减少 PRRS 的发生。

第九节　净　化

猪繁殖与呼吸综合征病毒有水平传播和垂直传播两种方式，其传播速度快、波及范围广，一旦猪场感染 PRRSV，病毒就会持续性存在于猪群中，对猪场造成持久性危害。PRRSV 可以引起免疫抑制，使猪场更易发生其他细菌病和病毒病的混合感染或继发感染，引起更严重的临床症状和病理损害。接种疫苗虽然能够有效降低该病的发病率和致死率，但不能彻底解决 PRRSV 持续感染和隐性带毒问题。同时，疫苗免疫也会加速病毒的变异和进化，给防控带来更大的困难。

近年来，随着非洲猪瘟对养猪业的冲击，养殖者普遍加强了生物安全管理，这对各种疫病的防控和净化而言都是行之有效的措施。通过生物安全、种源控制、调运监管、科学饲养管理、合理免疫以及实验室监测等综合性防控措施，逐步实现 PRRS 的区域化控制和净化将成为可能。

一、净化路线

养殖场根据本场猪繁殖与呼吸综合征本底情况，结合区域内养殖情况和疫病流行风险，确定本场净化目标，制定本场净化方案。采取严格的生物安全措施、实验室病原检测和免疫抗体检测、流行毒株分析，科学合理免疫，必要时闭群生产，分阶段分点饲养，建立健康动物群。对假定阴性群加强综合防控措施，逐步扩大净化效果，最终建立净化场。同时加强人流、物流管控和实行全进全出生产模式，降低疫病水平与传播风险；强化本场留种和引种的检测，避免外来病原传入风险；建立完善的防疫和生产管理等制度，优化生产结构和建筑设计布局，构建持续有效的生物安全防护体系，确保净化效果持续、有效。

二、净化标准

（一）标准要求

中国动物疫病预防控制中心印发的《动物疫病净化场评估技术规范》规定，猪繁殖与呼吸综合征达到免疫净化标准，需同时满足以下 4 个条件：

（1）生产母猪和后备种猪抽检（抽检数量及方法见表 5 - 9 - 1），免疫抗体阳性率 90％以上；种公猪抗体抽检均为阴性。

（2）种公猪、生产母猪和后备种猪抽检，病原学检测均为阴性。

（3）连续两年以上无临床病例。

（4）现场综合审查通过。

猪繁殖与呼吸综合征达到非免疫净化标准，需同时满足以下 3 个条件：

（1）种公猪、生产母猪、后备种猪抽检病毒抗体检测均为阴性。

（2）停止免疫两年以上，无临床病例。

（3）现场综合审查通过。

（二）抽样检测要求

按照中国动物疫病预防控制中心印发的《动物疫病净化场评估技术规范》的规定，开展抽样检测（表 5 - 9 - 1、表 5 - 9 - 2）。

表 5 - 9 - 1 免疫净化评估实验室检测方法

检测项目	检测方法	抽样种群	抽样数量	样本类型
抗体检测	ELISA	种公猪	生产公猪存栏 50 头以下，100％采样；生产公猪存栏 50 头以上，按照证明无疫公式计算（$CL=95\%$，$P=3\%$）	血清
病原学检测	PCR	生产母猪 后备种猪	按照证明无疫公式计算（$CL=95\%$，$P=3\%$）；随机抽样，覆盖不同猪群	血清
抗体检测	ELISA	生产母猪	按照预估期望值公式计算（$CL=95\%$，$P=90\%$，$e=10\%$）	血清
		后备种猪	按照预估期望值公式计算（$CL=95\%$，$P=90\%$，$e=10\%$）	血清

表 5 - 9 - 2 非免疫净化评估实验室检测方法

检测项目	检测方法	抽样种群	抽样数量	样本类型
抗体检测	ELISA	种公猪	生产公猪存栏 50 头以下，100％采样；生产公猪存栏 50 头以上，按照证明无疫公式计算（$CL=95\%$，$P=3\%$）	血清
		生产母猪 后备种猪	按照证明无疫公式计算（$CL=95\%$，$P=3\%$）；随机抽样，覆盖不同猪群	血清

三、净化方案

（一）国外主要净化方案

发达国家主要致力于从源头解决猪繁殖与呼吸综合征的净化问题，常见的净化措施包括空气过滤、血清人工感染、公猪精液清洗等。

1. 完全清群

完全清群即转走猪场内所有的猪，然后进行清洗、消毒干燥、空栏，至少30d 以后再引进新的阴性后备猪群建群。这种净化方式简单、快速、安全，风险最低，而且几乎对任何病原净化都适用，但代价大、成本昂贵，并不是所有的农场都选择这一方案。

2. 逐步替换法

将保育舍清群后彻底清洗、消毒栏舍，用病料感染所有繁殖群，封群200d 后逐步一批一批地引进阴性猪，逐步替代。这一方法必须有一个重要的前提，即虽然有持续感染的猪（从扁桃体、淋巴结中能够检测到 PRRSV），但并不散毒。这一方法同样适用于传染性胃肠炎（TGE）及气喘病（支原体）等的净化。这是用得比较多的方案。

3. 修正的逐步替换法

部分猪场因不放心本场的病毒感染，而是采用对所有猪全部接种弱毒疫苗，然后封群的方法。封群200d 以后逐步引进阴性后备猪，引进的后备猪要在混群前检测2～3次确认为阴性。同时，引进的阴性猪也可以作为信号猪，如果一直没有转阳，则表明封群成功。

4. 改良的逐步替换法

对于部分猪场集中出现母猪流产或发病，无法阻止 PRRSV 的持续感染，可采用一次性引入足够200d 用的后备猪，用发病母猪的血清接种所有繁育猪和所有后备猪，再封群200d 的方法。然后再引入检测确认的阴性后备猪。批次生产的猪场比较适合这一方案。

（二）国内净化方案

我国是提出并实施区域化管理较早的国家之一。2002 年农业部就提出了我国无规定疫病区建设的条件，2007 年发布《无规定动物疫病区评估管理办法》。2010 年发布的《农业部关于加快推进动物疫病区域化管理工作的意见》提出，从 2010 年开始，用 5 年时间，科学制定并实施动物疫病区域化管理规划，在全国范围内逐步分阶段、分病种对动物疫病实行区域化管理，进行区域控制和净化、全面推进无疫区建设。建立健全与国际接轨的动物疫病区划评估认可机制，对通过国家评估认可的无疫区申请世界动物卫生组织评估认可。2012 年国家发布的《中长期动物疫病防治规划（2012—2020 年)》是我国动物疫病从应急防控到净化根除转变的重要依据。规划提出到 2020 年控制、净化和消灭猪瘟、高致病性猪繁殖与呼吸综合征等16 种动物疫病。《国家高致病性猪蓝耳病防治指导意见（2017—2020 年)》提出的防控目标是：到 2020 年年底，全国核心育种场达到净化标准；其他养殖场（户）达到稳定控制标准。

2021年5月修订实施的《动物防疫法》，明确将"净化、消灭"纳入动物防疫的方针和要求。2021年，农业农村部发布的《关于进一步推进动物疫病净化工作的意见》提出，力争通过5年时间，在全国建成一批高水平的动物疫病净化场，以种畜禽场为重点，扎实开展猪繁殖与呼吸综合征等垂直传播性疫病净化，从源头提高畜禽健康安全水平。

四、净化步骤

（一）本底调查

1. 调查目的

了解本场各年龄段猪群健康状态、免疫情况、免疫保护水平和带毒状况，评估猪繁殖与呼吸综合征发生和传播风险。

2. 调查内容

按一定比例采集种公猪、生产母猪、后备种猪、保育猪和育肥猪血清，检测猪繁殖与呼吸综合征抗体；抽检种猪扁桃体，检测猪繁殖与呼吸综合征病原。分析本场猪繁殖与呼吸综合征发生情况、周围疫情情况和本场隐性带毒情况等关键风险因子，评估综合防控措施所涉及的普通风险因子，重点了解本场能否配备猪舍空气过滤设施设备和较理想的周边环境。根据净化成本和人力物力投入，制定适合于本场实际情况的净化技术方案。

（二）免疫控制

净化猪繁殖与呼吸综合征重点要做好后备猪管理和环境控制，鼓励有条件的养殖场做好猪舍空气过滤。因此猪繁殖与呼吸综合征的净化，需要综合考虑本底感染率、养殖场周边疫情风险和养殖场的生产管理。

（1）阶段目标：种猪群、后备猪群和待售种猪，免疫抗体阳性率70%以上；病原学抽检阴性；连续两年以上无临床病例。

（2）免疫措施：进入免疫控制阶段，要求全场停止活疫苗免疫并开展猪繁殖与呼吸综合征灭活疫苗免疫两年以上。在做好生产猪群灭活疫苗免疫的基础上，重点做好育肥猪群的免疫，确保生产猪群和育肥猪群免疫抗体水平整齐，防止猪繁殖与呼吸综合征病毒由中大猪向种猪群扩散。后备猪并群前，应逐头检测确保猪繁殖与呼吸综合征免疫抗体合格，同时猪繁殖与呼吸综合征病原学检测阴性。

当本底调查发现种猪群临床表现相对稳定，但隐性带毒群体占比较大，可尝试实施严格的全进全出、空栏、淘汰、消毒措施，严格控制人流物流，阻断水平传播；严格控制后备猪群并进行群前检查，确保头头检测；通过隔离淘汰阳性母猪和引入健康母猪相结合，逐步减小阳性群。通过实行全群免疫灭活疫苗，保持良好的抗体整齐水平，构建有效的生物安全防护体系，阻断病毒垂直传播和水平传播，逐步实现猪繁殖与呼吸综合征的免疫控制。

免疫技术方面，养殖场应选用优质疫苗，制定科学的免疫程序和抗体监测计划，重点关注 10 周龄以上育肥猪的免疫效果，根据抗体监测效果及周边疫情动态适时调整免疫程序。

（3）监测内容及比例：本阶段监测重点在于构建良好的免疫屏障，及时发现和阻断病毒循环，具体监测内容和比例见表 5-9-3。

表 5-9-3 免疫控制阶段监测内容和比例

种群	监测比例	监测频率	监测内容	备注
引进种猪	100%	混群前 1 次，混群后同种猪	抗原、抗体	免疫抗体合格及病原阴性才混群。精液应确保病原阴性
种公猪	100%	1 次/半年	抗原、抗体	免疫抗体合格及病原阴性留用
生产母猪	25% 或 100 头以上	1 次/半年	抗原、抗体	
后备猪群	100%	混群前 1 次，混群后同种猪	抗原、抗体	免疫抗体合格及病原阴性才混群
育肥猪	30 头以上	与生产母猪同步	抗体	10 周龄以上猪，了解抗体水平，调整免疫程序，了解有无野毒循环

（4）监测结果处理：生产母猪、种公猪、后备猪和引进种猪，猪繁殖与呼吸综合征抗体检测不合格时，应加强免疫。引进种猪如发现病原学阳性，坚决淘汰。育肥猪如发现抗体合格率低于 70%，或抗体整齐度较低，应调整免疫程序。跟踪种猪群的免疫抗体情况，发现病原学阳性或临床疑似病例时，应按照国家有关规定处理，同时做好消毒及生物安全控制。

（5）监测效果评价：猪繁殖与呼吸综合征净化工作中，中大猪的免疫控制是关键点，要确保免疫抗体水平整齐，防止病毒由此向种猪群的大范围扩散。种猪群、后备猪群和待售种猪，免疫抗体合格率达到 90% 以上，种猪群野毒感染阴性，连续两年以上无临床病例后，认为达到有效的免疫控制。

（三）免疫净化

经免疫控制阶段工作，核心群达到良好的免疫保护屏障和稳定的抗体整齐度后，可实施以病原学检测淘汰为基础的监测净化工作。有条件的养殖场，如种猪群猪繁殖与呼吸综合征免疫抗体合格率达到 90% 以上、病原学隐性带毒比例在 15% 以下时，可选择性直接进入本阶段。

（1）阶段目标：种猪群、后备猪群和待售种猪猪繁殖与呼吸综合征免疫抗体合格率达到90％以上，病原学检测阴性，连续两年以上无临床病例。

猪繁殖与呼吸综合征净化重点要做好后备猪管理和生物安全管理，有条件的养殖场应配备猪舍空气过滤设施。

（2）监测内容及比例：本阶段监测以血清学筛查为主，种公猪、后备猪和引进种猪辅以病原学筛查，及时发现隐性感染病例，具体监测内容和比例见表5-9-4。

表5-9-4　免疫净化阶段监测内容和比例

种群	监测比例	监测频率	监测内容	备注
引进种猪	100％	混群前1次，混群后同种猪	抗原、抗体	免疫抗体合格及病原阴性才混群。精液应确保病原阴性
种公猪	100％	1次/半年	抗原、抗体	免疫抗体合格及病原阴性留用
生产母猪	25％	1次/季度	抗原、抗体	1年内普检完，也可一次性全检
后备猪群	100％	混群前1次，混群后同种猪	抗原、抗体	免疫抗体合格及病原阴性才混群
育肥猪	30头以上	与生产母猪同步	抗体	10周龄以上猪，了解抗体水平，调整免疫程序，了解有无野毒循环

（3）监测结果处理：原则上猪繁殖与呼吸综合征非免疫场如发现猪繁殖与呼吸综合征抗体阳性的隐性带毒者，应立即扑杀个体，加强同舍监测。但如果猪场临床表现相对稳定，且隐性感染阳性群体占同一栋猪舍比例较大，可尝试实施严格的全进全出、空栏消毒模式，严格控制人流物流，阻断水平传播；严格控制后备猪群并群前检查，确保头头检测；通过淘汰阳性母猪和引入健康母猪相结合，逐步减小阳性群。如出现疑似病例，应立即开展病原学检测，淘汰确诊病例，鼓励有条件的养殖场直接淘汰临床疑似猪，做好消毒和生物安全措施，防止舍间扩散。

（4）监测效果评价：猪繁殖与呼吸综合征免疫净化工作中，后备猪的控制是关键点，要确保后备猪头头检测后并群。

生产母猪历经1次以上普检和隔离淘汰，且确认对种公猪、生产母猪、后备猪及待售种猪抽检，免疫抗体合格率达到90％以上，猪繁殖与呼吸综合征病原阴性，可按照程序申请免疫净化评估。

（5）免疫净化维持性监测：种猪场达到免疫净化状态或通过国家评估后，

可开展净化维持性监测，具体监测内容和比例见表5-9-5。

表5-9-5　净化维持监测内容和比例

种群	监测比例	监测频率	监测内容	备注
引进种猪	100%	混群前1次，混群后同种猪	抗原、抗体	免疫抗体合格及病原阴性才混群。精液应确保病原阴性
种公猪	100%	1次/半年	抗原、抗体	免疫抗体合格及病原阴性留用
生产母猪	30头以上	1次/季度	抗体	了解抗体水平，是否有野毒循环
后备猪群	100%	混群前1次，混群后同种猪	抗原、抗体	免疫抗体合格及病原阴性才混群
育肥猪	30头以上	与生产母猪同步	抗体	10周龄以上猪，了解抗体水平，调整免疫程序，了解有无野毒循环

如维持性监测发现隐性感染个体或临床疑似病例，按猪繁殖与呼吸综合征监测净化阶段的"监测结果处理"处置。

当维持性监测发现猪繁殖与呼吸综合征免疫抗体水平异常，应及时分析管理因素及技术因素，必要时调整免疫程序；当生产母猪或种公猪出现病原学阳性，应立即淘汰病原学阳性猪并对阳性猪所在圈舍所有种猪开展病原学检测，小猪及时淘汰；如育肥猪出现病原学阳性，应加大后备猪筛查力度，加强生物安全管理。

维持性监测期间，有条件的养殖场，可探索哨兵动物监测预警机制，于每栋猪舍两头各设置1栏非免疫小猪，跟踪观察，定期监测。

（四）非免疫净化

养殖场经历免疫控制阶段工作，达到免疫净化水平后，可根据自身情况选择性逐步退出免疫。退出免疫后两年以上，养殖场可综合考虑本场生物安全水平和周边疫情风险，开展非免疫净化。一般认为停止免疫两年后，抽样发现生产母猪群中猪繁殖与呼吸综合征野毒感染（血清学或病原学）比例低于5%时，可实施监测净化工作。

（1）阶段目标：种公猪、生产母猪、后备猪及待售种猪猪繁殖与呼吸综合征抗体阴性，停止免疫两年以上，无临床病例发生。

（2）监测内容及比例：本阶段监测以血清学筛查为主，种公猪、后备猪和引进种猪辅以病原学筛查，及时发现隐性感染病例，具体监测情况见表5-9-6。

表5-9-6　非免疫净化阶段监测内容和比例

种群	监测比例	监测频率	监测内容	备注
引进种猪	100%	混群前1次，混群后同种猪	抗体	免疫抗体阴性才混群。精液应确保病原阴性
种公猪	100%	1次/半年	抗体	免疫抗体阴性留用
生产母猪	25%	1次/季度	抗体	1年内普检完，也可一次性全检
后备猪群	100%	混群前1次，混群后同种猪	抗体	免疫抗体合阴性才混群
育肥猪	30头以上	与生产母猪同步	抗体	10周龄以上猪，了解抗体情况，了解有无野毒循环

（3）监测结果处理：原则上猪繁殖与呼吸综合征非免疫场如发现猪繁殖与呼吸综合征抗体阳性者，应立即淘汰，加强同圈舍监测和生物安全措施。如出现疑似病例，应立即开展病原学检测，淘汰确诊病例，鼓励有条件的养殖场直接淘汰临床疑似猪。必要时对同栏和同舍猪进行紧急免疫，做好消毒和生物安全措施，防止舍间扩散。猪繁殖与呼吸综合征非免疫场应坚持自繁自养，如确需引种时，尽可能不引入免疫抗体阳性的种猪。

（4）监测效果评价：猪繁殖与呼吸综合征非免疫净化工作中，后备猪的控制是关键点，要确保后备猪头头检测后并群。

生产母猪历经两次及两次以上普检和隔离淘汰，且确认种公猪、生产母猪、后备猪及待售种猪，猪繁殖与呼吸综合征抗体阴性；停止免疫两年以上，无临床病例发生，认为达到非免疫净化状态，可按照程序申请净化评估。

（5）净化维持性监测：种猪场达到非免疫净化状态或通过评估后，可开展净化维持性监测，具体监测情况见表5-9-7。

如维持性监测发现隐性感染个体或临床疑似病例，按猪繁殖与呼吸综合征监测净化阶段的"监测结果处理"处置。

表5-9-7　非免疫净化维持阶段内容和比例

种群	监测比例	监测频率	监测内容	备注
引进种猪	100%	混群前1次，混群后同种猪	抗体	免疫抗体阴性才混群。精液应确保病原阴性
种公猪	100%	1次/半年	抗体	免疫抗体阴性留用
生产母猪	30头以上	1次/季度	抗体	了解抗体情况，是否有野毒循环

（续）

种群	监测比例	监测频率	监测内容	备注
后备猪群	100%	混群前1次，混群后同种猪	抗体	免疫阴性才混群
育肥猪	30头以上	与生产母猪同步	抗体	10周龄以上猪，了解抗体情况，了解有无野毒循环

五、净化评估

开展净化的养殖场，自评估达到净化标准后，逐级向省级农业农村主管部门提交相关申请材料；通过省级动物疫病净化场评估认证后，可申请国家级动物疫病净化场评估。

按照中国动物疫病预防控制中心印发的《动物疫病净化场评估管理指南》的规定，申请国家级动物疫病净化场评估的养殖场，需通过省级动物疫病净化场评估。养殖场逐级向省级农业农村主管部门提交相关申请材料，省级农业农村主管部门按照要求统一组织向农业农村部申请评估。

省级或国家级动物疫病净化场评估包括现场评审和实验室检测两部分，评估专家组负责现场评审、现场采样监督和实验室检测结果的确认。评估专家组根据净化标准相关要求逐项进行现场评审、监督采样，如实记录检查结果和存在的问题，并依据现场评审和检测结果，提出评估意见。评估意见分为通过、限期整改和不通过三种。需限期整改的养殖场应在规定的时限内完成整改，并将整改报告报评估专家组。评估专家组对整改报告进行审核，必要时可再次进行现场评审，并重新提出通过或不通过的评估意见。评估专家组组长对评估结果进行确认，完成评估报告。

通过评估的净化场需接受当地动物疫病预防控制机构对辖区内动物疫病净化场开展日常管理和抽样检测或中国动物疫病预防控制中心的抽检，对不符合要求并在规定时间内仍整改不到位的国家级动物疫病净化场，将报告农业农村部，建议取消其动物疫病净化场资格。被取消资格的国家级动物疫病净化场两年内不得重新申报。

国家级猪繁殖与呼吸综合征净化场的有效期为5年，应在有效期到期前6个月以上提出复评估申请。

六、净化维持

达到净化标准或通过净化评估后，养殖场还需进一步建立完善的防疫和生产管理等制度，优化生产结构和建筑设计布局，构建持续有效的生物安全防护体系，确保净化效果持续、有效。

1. 加强管理

全面做好清洁和消毒，严格执行生物安全管理措施，实行人员进出控制隔离制度，规范饲养管理行为。

2. 规范免疫

根据本地区和本场疫病流行情况，依据《动物防疫法》及有关法律法规的要求，制定免疫程序，并按程序执行。通过净化评估的企业，根据自身情况可逐步退出免疫，实施非免疫无疫管理。如净化维持期间监测发现隐性感染或临床发病，应及时调整免疫程序，必要时全群免疫，加大监测和淘汰力度，实行全进全出，严格生物安全操作，维持净化效果。

3. 持续监测净化

猪群建立后，监测比例和频率同净化维持阶段，以持续维持净化猪群的健康状态。

4. 保障措施

动物疫病防控和净化根除的实施主体和实际受益者是养殖企业，养殖场应保障疫病净化的人力、物力、财力投入，做好必要的软硬件设计改造，加强饲养管理，主动监测或配合相关部门做好采样、检测，落实生物安全管理、淘汰清群及无害化处理等措施。

单个养殖场实现猪繁殖与呼吸综合征净化后还容易受到周边环境的影响，容易引发病毒的再感染和传播。但只要企业提高认识，持续净化，区域内联动，配合国家政策推动，可逐步实现 PRRS 的区域化控制和净化并最终实现清除。

第六章

非洲猪瘟的防控与净化

第一节 概 述

一、简介

非洲猪瘟（African swine fever，ASF）是由非洲猪瘟病毒（African swine fever virus，ASFV）感染猪后引起的一种急性、热性、出血性、高度接触性传染病。通常表现为高热、呼吸障碍、全身出血等临床症状。该病病程短，所有猪均可感染，家猪发病率和死亡率可高达100%，会对养猪业造成严重影响。ASF被世界动物卫生组织列为必须报告的动物疫病之一，我国将其列为一类动物疫病和外来疫病。

二、起源及流行史

非洲猪瘟，于1921年首次在非洲东部肯尼亚报道，1928年在南非再次暴发，1932年传入安哥拉，随后疫情不断在非洲东部、中部、南部蔓延流行。1957年，ASF从非洲传入欧洲的葡萄牙，在里斯本机场附近农户的猪群中发现，致病原因是饲喂了航班上受ASF病猪污染的食物残渣。此次疫情因采取快速有效的扑灭措施（早期发现感染畜群、隔离、限制移动、扑杀感染群体等），于1958年6月19日全部消灭。1960年，葡萄牙再次暴发ASF，且快速传播到整个伊比利亚半岛。20世纪60—70年代，ASF相继在西班牙、比利时、荷兰、法国、意大利、马耳他、古巴、海地、多米尼加、巴西等国家和地区出现。1978年，塞内加尔、几内亚比绍发生ASF，其后扩散到喀麦隆、科特迪瓦、佛得角；1994年，又在肯尼亚和莫桑比克大规模传播，引起了社会关注。21世纪初，ASF疫情再次在莫桑比克、多哥、肯尼亚、贝宁、加纳、赞比亚、刚果（金）、尼日利亚、纳米比亚发生。ASF不断在非洲蔓延的同时，疫病向东穿越印度洋，传入毛里求斯等国。2007年ASF又一次发生远距离传播，同年6月，格鲁吉亚农业部报道ASF疫情，之后疫情蔓延到亚美尼亚、阿塞拜疆、俄罗斯。ASF 进入俄罗斯后，疫情在南部地区、西北地区和中部地区扩张（王功民 等，2010）。2012 年 7 月 ASF 进入了乌克兰，2013 年 6 月进入白俄罗斯等国家（张睿，2019）。2014 年以来，ASF 先后传入立陶宛、波兰、拉脱维亚。2017 年，ASF 到达俄罗斯远东地区的伊尔库茨克州，此处距离我国满洲里市仅 1 000km。2018 年 8 月 3 日我国辽宁暴发了首次 ASF 疫情，病毒基因序列与俄罗斯流行的格鲁吉亚毒株属于同一进化分支，为基因Ⅱ型。2019 年蒙古国、越南、柬埔寨、菲律宾、朝鲜、韩国、老挝、缅甸、东帝汶、印度尼西亚、印度等国家相继发生 ASF 疫情。

近年来，ASF 疫情在世界范围内不断扩张或再次暴发，2020 年韩国、俄罗斯、罗马尼亚、保加利亚、摩尔多瓦、印度、乌克兰、德国、菲律宾、匈牙利、拉脱维亚等国家发生 ASF 疫情。2021 年俄罗斯、罗马尼亚、菲律宾、坦桑尼亚、马来西亚、科特迪瓦、不丹、摩尔多瓦、韩国、南非、波兰、海地、乌克兰、拉脱维亚、多米尼加等国家发生 ASF 疫情。截至目前，仍然有国家发生 ASF 疫情。

三、危害

ASF 的死亡率可高达 100%，不仅引起巨大的经济损失，而且对养猪业的发展、食品安全和国际贸易构成威胁。

（一）引起生猪发病和死亡

生猪一旦感染 AFSV，发病率高，可呈现出最急性、急性、亚急性、慢性和亚临床感染症状。最急性型感染后发病率和死亡率可达到 100%。

（二）引起巨大的经济损失

目前，尚无 ASF 有效疫苗，一旦发生 ASF 后主要采取扑杀、净化和根除等措施，采取这些措施需要花费大量的人力、财力和物力，造成严重的经济损失。

（三）影响猪及其产品的国际贸易

且某国家或地区发生了 ASF，该国家或地区的猪及其产品出口受到限制，会严重影响国际贸易。

第二节　病　原　学

一、病毒命名

非洲猪瘟病毒（ASFV）是单分子线状双链 DNA 病毒，属于 DNA 病毒目、非洲猪瘟病毒科、非洲猪瘟病毒属，是 ASFV 家族中的唯一成员（Fauquet et al.，2005），也是目前唯一已知核酸为 DNA 的虫媒病毒。ASFV

的基因组特性与其他巨型 DNA 病毒科病毒可能具有相同的来源，它们组成的超家族被命名为核质互作大 DNA 病毒家族，包括痘病毒科、虹彩病毒科、藻类 DNA 病毒科等（Iyer et al.，2006）。

二、形态结构

ASF 病毒粒子为二十面体对称的 DNA 病毒，病毒的直径为 175～215nm。细胞外病毒粒子具有双层囊膜，中间含多种蛋白，内含核衣壳（于新友 等，2018）。病毒核心由核蛋白或类核结构组成，平均直径约为 80nm，外围被核衣壳蛋白包裹，核衣壳蛋白含量占整个病毒蛋白的 1/3（Tulman et al.，2009）。

成熟病毒粒子由多层结构组成，含有 50 多种病毒编码的蛋白质，包括结构蛋白、基因转录和 RNA 加工需要的酶，对病毒粒子的感染具有重要作用（孙怀昌，2006）。Breese（1966）用电镜观察长在猪肾细胞系上的 ASFV，该细胞质中具有成熟的病毒颗粒，呈六角形外膜结构，病毒核酸密集区直径为 72～89nm，病毒外层包被有类脂囊膜，该囊膜是病毒感染所必需的（殷震 等，1997）。

ASFV 通常被认为只有一种血清型，但根据红细胞吸附抑制试验（HAI）可将 32 个 ASFV 毒株分成 8 个血清组（陆继爽 等，2015）。ASFV 基因组变异频繁，表现出明显的遗传多样性。根据 ASFV p72 蛋白 C 端编码基因的序列，可将 ASFV 分为 24 个基因型，根据 *p54* 和 *pB602L* 基因的中央可变区（CVR）以及 *I73R* 基因和 *I329L* 基因中间（intergenic region，IGR）的串联重复序列（tandem repeat sequences，TRS）进行遗传分析，可进一步细化 *p72* 基因分型（Malogolovkin，2015）。

三、病毒基因组结构

ASFV 基因组为一线性双股 DNA 分子，最早研究的分离自西班牙的强毒株 BA7IV 基因组总长为 170kb，后陆续测定了 MalawiLi20/1、Pretoriuskop/94/4 等其他 ASFV 毒株，发现毒株不同基因组的长度也不一致，在 170～190kb 之间，中部为中央保守区（C 区），长度约 125 kb，该区域的 *p72* 等基因常常作为 ASFV 基因分型的依据。C 区另外还包含 4kb 的中央可变区（CVR），不同基因型或同一基因型不同毒株间在这一区域存在差异。C 区的两侧各有一个可变区，左侧可变区（VL）长度约 38～48kb，右侧可变区（VR）长度约 13～22 kb，并含有 5 个多基因家族（MGF），且每个多基因家族都有可能发生缺失、增加和分化等变异，在不同毒株之间有很大差异，与病毒抗原变异和逃避宿主防御系统等机制有关。基因组两末端长度为 2.1～2.5kb，为反向重复序列。不同 ASFV 毒株基因组内包含的开放阅读框

（ORF）约 160～175 个，保守开放阅读框约 125 个，目前明确功能编码蛋白约有 50 个。

四、病毒主要结构蛋白

（一）p220

由 ASFV ORF *CP2475L* 编码，是多聚蛋白的前体分子，被 SUMO1 样蛋白酶加工之后形成 p14、p34、p37 和 p150，它们构成病毒粒子的主要成分（Yanez et al.，1995；Carracosa et al.，1986）。

（二）p62

由 ASFV ORF *CP530R* 编码，是 ASFV 复制晚期表达的蛋白，也是多聚蛋白前体分子，被蛋白酶水解后形成 p15 和 p35 结构蛋白。p62 比 p30、p54 抗体特异性好和灵敏度高，可作为 ASFV 抗体诊断的抗原。

（三）p72

是由 ASFV ORF *B646L* 基因编码的主要结构蛋白，产生在病毒感染的晚期，是衣壳的重要成分。它的序列高度保守，抗原性好，病毒感染机体后能产生高滴度抗 p72 抗体，常用于 ASF 血清学诊断，它对应的基因比较保守，常用于基因型分析。

（四）p54

由 ASFV ORF *E183L* 编码，横跨病毒粒子内层囊膜，与 LC8 链结合，参与病毒的吸附和进入。

（五）p30

又称 p32，由 ASFV ORF *CP204L* 编码，相对分子质量为 30 000。该蛋白在病毒感染早期大量表达，其氨基末端丝氨酸残基发生磷酸化后被包装进病毒粒子（Pados et al.，1993）。

（六）pB438L

由 ASFV ORF *B438L* 编码，相对分子质量约 48 800。该蛋白与病毒粒子形成有关，病毒在复制过程中如果缺少该蛋白，只能形成异形小管，外部包裹纤维状结构，而不能包装成为二十面体对称的衣壳（Galindo et al.，2000）。

（七）p14.5

由 ASFV ORF *E120R* 编码，是一种在感染后期细胞内表达的相对分子质量不均一的蛋白，大小在 12 000～25 000 之间。p14.5 具有与 DNA 结合的特性，能和晚期表达的 p72 蛋白相互作用并结合在一起，组成病毒衣壳。

（八）p104R

由 ASFV ORF *A104R* 编码，相似于细菌 Histone 样蛋白，与病毒 DNA 结合，相对分子质量为 11 600，是病毒重要的结构蛋白。

（九）p10

由 ASFV ORF *A78R* 编码，是一种疏水性多肽，富含碱性氨基酸赖氨酸残基，可与单股或双股 DNA 结合，与活化病毒 DNA 转运进宿主细胞核及 DNA 包装有关（Nunes-Correia et al.，2008）。

（十）CD2v

由 ASFV ORF *EP402R* 编码，位于病毒粒子的外层囊膜，具有信号肽序列及一个跨膜区。胞外区含两个免疫球蛋白样结构域，其氨基酸序列与 CD2 很相似，由于猪的红细胞表面具有 CD2 受体，所以 ASFV 能吸附到猪的红细胞上。

（十一）病毒装配蛋白 pB602L

由 ASFV ORF *B602L* 编码，是一种伴侣蛋白，能封闭细胞内表达的 p72 暴露的部分疏水性结构域，增加其可溶性，防止聚集。pB602L 在病毒成熟过程中有利于 p72 的正确折叠，待成熟 p72 包装进内质网表面的病毒粒子后才从 p72 上解离。

（十二）调节宿主细胞功能蛋白 MGF360 和 MGF530

ASFV 多基因家族蛋白 MGF360、MGF530 决定细胞的嗜性，且与病毒在巨噬细胞及蜱体内复制密切相关。

五、对理化因子的抵抗力

非洲猪瘟病毒对温度、腐败、干燥及消毒剂都有较强的抵抗力。对高温敏感，在 56℃70min 或者 60℃20min 可杀灭病毒。在血液、尿液和粪便中非常稳定，在冷藏条件下，病毒在血液或血清中保存数年都具有活性；病毒在常温粪便中可存活 11d。在经加工的猪肉制品中能长时间存活，如在干的腌制火腿中可存活 150d。病毒在 pH3.9～11.5 条件下能保持稳定。由于病毒粒子表面有囊膜，对氯仿、乙醚等有机溶剂敏感；常规消毒剂如次氯酸盐、福尔马林、氢氧化钠等均可使病毒灭活，见表 6-2-1、表 6-2-2。

表 6-2-1 ASFV 对理化因子的抵抗力

理化指标	抵抗力
温度	对低温有很强的抵抗力；在 56℃需要 70min，60℃需要 20min 才能将病毒灭活
pH	在无血清的培养基中，pH < 3.9 或 pH > 11.5 才能灭活病毒；在 pH13.4 条件下，无血清时病毒可存活到 21h，有血清时病毒可存活到 7d
化学成分/消毒剂	对乙醚、氯仿敏感；在如下消毒剂的耐受时间分别为：0.8％氢氧化钠 30min，含 2.3％有效氯的次氯酸盐 30min，0.3％福尔马林 30min，3％邻苯基苯酚 30min。碘化合物都可以灭活病毒

（续）

理化指标	抵抗力
存活力	可在血液、粪便和组织中存活很长时间，特别是在生肉或未完全煮熟的肉制品；能在载体（如钝缘蜱）内繁殖

来源：非洲猪瘟知识手册［M］. 中国农业出版社，北京，2019：23.

表 6-2-2　ASFV 在各种环境条件下的抵抗力

材料/产品	ASFV 存活时间（d）
有或没有骨头的肉以及碎骨	105
咸肉	182
熟肉（70℃ 30min 以上）	0
干肉	300
熏制和剔骨肉	30
冻结肉	1 000
冷冻肉	110
内脏	105
皮肤/脂肪	300
4℃保存的血液	540
室温下粪便	11
腐烂的血液	105
被污染的猪圈	30

来源：非洲猪瘟知识手册［M］. 中国农业出版社，北京，2019：24.
注：所给出的时间为已知或估计的最长持续时间，并取决于实际环境温度和湿度。

六、培养特性

（一）体内培养

ASFV 在体内的培养，主要依靠易感动物——猪培养。此外，早期研究还尝试过在兔体内传代，且兔体适应株可在 8 日龄鸡胚卵黄囊中培养，并可在 6～7d 使鸡胚死亡（于新友 等，2018）。据报道，先用猪和兔交替传代 ASFV，然后接种于鸡胚传代，可顺利传到第 12 代（常华 等，2007）。

（二）体外培养

1. 原代细胞

ASFV 既可在猪的外周血单核细胞、外周血白细胞、肺泡巨噬细胞、骨髓细胞等原代细胞中生长，也可在其他猪组织的原代细胞培养物上生长。Malmquist 等（1960）首次用猪 BC 细胞和 BM 细胞分离到 ASFV，将其感染细胞后可产生红细胞吸附现象，这种现象对于 ASFV 的分离鉴定具有重要意义。猪 BC 细胞和 BM 细胞被认为是分离 ASFV 最可靠的细胞。

2. 传代细胞

猪肾细胞、非洲绿猴肾细胞、幼地鼠肾细胞等可用于病毒的分离传代。通常情况下，ASFV 需要先在传代细胞上驯化传代数次之后才能保证病毒大量增殖并出现 CPE 现象。

七、生物学特性

（一）红细胞吸附特性

Malmquist 等（1960）发现猪白细胞培养物接种病毒后具有红细胞吸附活性（Hemadsorption，HAD）。猪的红细胞可以吸附在感染 ASFV 的巨噬细胞和单核细胞的表面，形成"玫瑰花环"或"桑葚"状，最终引起 CPE 并导致感染细胞坏死。HAD 是 ASFV 特有的生物学特性，HAD 试验是确诊 ASFV 感染最经典的诊断方法。

（二）抗原特性

有研究表明，ASFV 感染后产生的抗体只能降低但不能中和病毒的感染性。在培养猪 BC 细胞和 BM 细胞时加入红细胞可以被 ASFV 感染白细胞所吸附，导致感染白细胞的消散。也有进一步的研究表明，感染后的耐过猪血清可以抑制 HAD，但不能阻止感染白细胞 CPE 的出现，说明 HAD 抑制反应具有分离株特异性。

（三）致病性

对 ASFV *p72* 基因序列分析证明，病毒存在遗传学差异，即病毒存在 24 个基因型，且同一基因型毒株存在不同的致病力。ASFV 可分为高感染性的强、中毒力毒株及低感染性的低毒力毒株，但这些病毒无明显的血清学分型。非洲西部和中部地区流行的 ASFV 只有基因Ⅰ型，东部有 13 个基因型流行，南部有 14 个基因型流行。2007 年传入格鲁吉亚和俄罗斯的 ASFV 属于基因Ⅱ型。2018 年我国首次暴发的非洲猪瘟病毒属于基因Ⅱ型，与格鲁吉亚、波兰、俄罗斯等毒株的同源性为 99.95% 左右（李晶，2020）。近年来研究发现，从河南和山东猪场中分别分离出的 HeN/ZZ-P1/21 和 SD/DY-I/21 均为基因Ⅰ型，全基因组序列分析表明，这两株与 20 世纪在葡萄牙分离的 ASFV 基因Ⅰ型 NH/P68 和 OURT88/3 具有高度相似性（Sun et al.，2021）。

第三节 流行病学

非洲猪瘟是唯——种虫媒传播的 DNA 病毒，蜱类是 ASFV 重要的储存宿主和传播媒介；疣猪、薮猪等野猪可作为 ASFV 的储存宿主，并使病毒在自然界长期存在。本病的主要传播途径是接触传播、经食物传播和软蜱吸血传播。病毒在野生动物之间、野生动物与家养动物之间，以及在家养动物之间循环传播，使得该病难以根除。

一、普通流行病学

(一)传染源

1. 家猪

发病猪和带毒猪是 ASF 的主要传染源。发病猪与健康猪直接或间接接触可传播病毒，发病猪的组织和体液中含有大量的病毒，可经唾液、鼻腔分泌物、粪便、尿液和生殖道分泌物等排出体外。

(1) 急性发病猪：急性发病猪的传染性极高。家猪感染后出现症状前和临床发病期间直至死亡都会排出大量的病毒。首先从鼻咽部开始排出病毒，眼结膜和泌尿生殖道排出病毒的时间较晚。急性发病猪的血液中 ASFV 含量非常高，病猪在排血便、相互撕咬或者解剖时，血液流出可造成环境大面积污染（韦瑞强，2009）。病猪的排泄物和分泌物也含有大量的病毒，其他猪可因接触或者食入被污染的物品而感染。发病猪的尸体未经无害化处理随意抛弃后，可因散养家猪或野猪食入而致病。

(2) 带毒猪：亚临床感染和隐性感染的猪，体内血液带有大量的病毒，由于没有抗体中和，病毒血症会持续数周至数月。慢性病猪可以终身带毒，并可间歇向外排毒，但排毒量低，健康猪接触后一般不会感染；当健康猪食入带毒猪的血液或组织后容易感染。

(3) 怀孕母猪：怀孕母猪感染 ASFV 后，会导致母猪流产，流产的体液和胎儿组织是重要的传染源，如果未经无害化处理则容易污染环境造成病毒的传播。

2. 野猪

(1) 疣猪：疣猪是 ASFV 传播给软蜱的重要传染源。研究表明，成年疣猪血液中的病毒含量较低，蜱吸血后不会感染；当疣猪处于哺乳期时，血液中的病毒含量较高，蜱吸血后可被感染。寄居在疣猪洞穴中的软蜱可将病毒传播给疣猪，当疣猪与散养家猪接触后可传播给家猪（Jori，2009）。

(2) 薮猪：研究表明，薮猪与疣猪相比，薮猪的病毒血症持续时间更长，

ASFV 在淋巴结中存在的时间可达 34 周（Anderson et al.，1998）。由于薮猪的生活习性独特，不易与家猪接触，因此其传播给家猪的概率较小。

（3）野猪：野猪一旦感染 ASFV 后，会成为重要的传染源。健康野猪与感染野猪接触后可感染病毒发病。

3. 软蜱

钝缘蜱常寄居于疣猪洞穴中，在叮咬了感染 ASFV 的疣猪后而被感染，成为传染源。当感染蜱再次叮咬其他家猪或疣猪时，可导致病毒的传播。

4. 产品及污染物

感染 ASFV 的猪，其猪肉及副产品均是重要的传染源；感染公猪的精液也是重要的传染源；ASFV 污染的饲料、栏舍、厨余垃圾、车辆、器具等也能使健康猪感染。

5. 其他吸血昆虫

蚊、蝇、虻等吸血昆虫通过叮咬被感染 ASFV 的猪后，可能会将病毒传播给未感染的猪。

（二）传播途径

ASFV 主要通过猪的接触传播、食入被病毒污染的食物以及软蜱传播。

1. 接触传播

（1）直接接触传播：易感猪与发病猪通过口、鼻直接接触后发生感染。Maurer（1958）的研究显示，将健康家猪与实验感染猪同群饲养，健康家猪经 5～9d 潜伏期后可出现急性 ASF 临床症状（Maurer et al.，1958）。

（2）间接接触传播：急性发病猪的排泄物和病猪死亡后的组织、血液污染圈舍、车辆、工具和环境，从而间接传播给易感猪。

2. 经食物传播

健康猪食入了污染病毒的厨余垃圾、饲料、残羹或猪肉制品，极易感染 ASFV。国际机场、港口是病毒通过食物传播的高风险地区，1957 年 ASF 从非洲传播到葡萄牙就是通过国际航班产生的废弃物传播的，马耳他报道的在海港给进口的猪饲喂未煮熟的残羹暴发了 ASF（王君玮 等，2009）。家猪食入感染蜱或其内脏后也可感染 ASFV。

3. 蜱等节肢动物传播

ASFV 在非洲野猪群的传播主要依赖软蜱（韦瑞强，2009）。软蜱叮咬带毒宿主后，病原体进入软蜱的肠腔，进而发生感染。

4. 其他途径

ASFV 在距离不超过 2m 的范围内可经空气传播（Penrih et al.，2009）。ASFV 污染物排入河流时，由于被高度稀释，经水传播的可能性不大。垂直传播也尚未得到可靠证实。

（三）易感动物

ASFV 可以感染不同品种、年龄、性别的猪科动物，家猪、疣猪、巨林猪、丛林猪、欧洲野猪等以及蜱类是 ASF 的易感动物；家猪及欧洲野猪高度易感，但非洲野猪感染 ASFV 后几乎不出现临床症状，仅是病毒的储存宿主；非洲和欧洲南部的钝缘蜱是病毒的自然宿主。

（四）流行特点

ASF 流行的季节性不很明显。相对而言，北方的寒冷季节、南方的多雨季节以及在生猪调运频繁时，疫情发生的风险相对较高。

（五）描述性分析

1. 时间分布

2018 年 8 月 3 日，我国辽宁沈阳首次发生 ASF 疫情，到 2019 年 4 月，全国 31 个省份均发生过 ASF 疫情。ASF 疫情在我国的传播可分为 5 个阶段（石国宁 等，2020）：第一个阶段为 2018 年 8—9 月，是疫情流行的起初期；第二个阶段为 2018 年 10 月，是疫情的快速增长期；第三个阶段为 2018 年 11—12 月，新增染疫生猪数量下降；第四个阶段为 2019 年 1—2 月，新增染疫生猪数量急剧上升；第五个阶段为 2019 年 3—4 月，新增染疫生猪数量回落，疫情得到整体控制。

2. 空间分布

我国发生的 ASF 疫情具有如下特征：2018 年疫情呈现局部地区发病集中、全局地区发病分散，主要分布于东北、中东部地区；2019 年局部地区发病集中度增加，全局发病分散度下降，分布于东北、中东部、南部地区；2020 年，疫情呈发散趋势，逐渐向西北、西南地区转移（王鑫 等，2021）。

3. 群间分布

发病猪基本未见性别、年龄的差别，无明显的群间分布特征（刘莹 等，2020）。

二、分子流行病学

（一）基因分型

对 ASFV 基因片段进行系统进化分析，可以比较 ASFV 不同分离毒株的序列差异（Costard et al.，2009）。ASFV *B646L* 基因高度保守，编码 p72 蛋白，是常用的基因分型片段。通过 *B646L* 基因分析，可将非洲流行的毒株分为 24 个基因型，其中最大的基因群为基因 I 型，主要分布在西非。据报道，1959 年塞内加尔（西非西部）有非洲猪瘟疫情确诊病例（Etter et al.，2011）。1973 年，尼日利亚（西非东南部）可能也发现过非洲猪瘟疑似病例（未官方确认），但直到 1997 年官方才正式确认本地存在非洲猪瘟（Babalobi et al.，2007）。1982 年，喀麦隆（非洲中西部）也报道有基因 I 型毒株流行（Ebwanga et al.，2021）。但西非的基因 I 型毒株流行蔓延主要开始于 1996年，由科特迪瓦开始逐步扩散传播至贝宁、佛得角（1996—1999 年）、多哥、尼日利亚（1997 年）、塞内加尔（1996—1999 年，2001 年和 2002 年）、加纳（1999 年）、冈比亚（1997 年和 2000 年）、布基纳法索（2003 年），直至传入马里（2016 年）（Couacy-Hymann et al.，2018；Bastos et al.，2003；Minoungou et al.，2021；Brown et al.，2018）。此外，基因 I 型毒株在刚果（金）（非洲中部，1967 年）、安哥拉（非洲西南部，1972 年）、纳米比亚（非洲西南部，1980 年）、赞比亚（非洲中南部，1983 年）（Ndlovu et al.，2020）和津巴布韦（非洲东南部，1990 年）等国家和地区也有分离的报道（Bastos et al.，2003；Gallardo et al.，2009）。进一步分析显示，同属于基因 I 型的毒株可以进一步被 p54 基因分为 a、b、c、d 4 个分支。占比最大的 Ia 分支毒株主要来源于欧洲和南美洲地区，Ib 分支毒株主要来自西非国家（包括最早传入欧洲的 Lisbon 57）。而 1960 年传入葡萄牙的里斯本 60 毒株（Lisbon 60）被划为 Ic 分支，1979 年南非毒株（MZUKI/1979）被划为 Id 分支（Gallardo et al.，2009）。结合血清群分型差异（Lisbon 57 毒株和 Lisbon 60 毒株分别属于血清 1 群和血清 4 群）（Malogolovkin et al.，2015），可以推断 1957 年和 1960 年传入葡萄牙的基因 I 型毒株可能为不同来源毒株。

1957 年后开始在欧洲、南美洲和加勒比地区流行的毒株均为基因 I 型毒株，因此基因 I 型毒株也曾被称为 ESAC-WA 基因型，即欧洲、南美洲、加勒比地区和西非流行株（Europe，South America，the Caribbean and West Africa，ESAC-WA）。一般认为，基因 I 型仅在家猪群中流行，但在东部非洲蜱-野猪中也有基因 I 型的报道（Lubisi BA 等，2005）。伴随着葡萄牙、西班牙经过 30 多年的根除净化成功、2000 年之前除意大利撒丁岛（基因 I 型）和非洲存在非洲猪瘟（24 个基因型皆有），其他国家均全部消灭了非洲猪瘟。但 2007 年伴随着基因 II 型 ASFV 传入格鲁吉亚后，全世界再次陷入基因 II 型毒株的流行扩散中，欧亚大陆北部（俄罗斯，2007 年）、东欧（乌克兰，2012 年）、中欧（波兰，2014 年）、西欧（比利时，2018 年）、东亚（中国，2018 年）、东南亚（越南，2019 年）、南亚（印度，2020 年）、大洋洲（巴布亚新几内亚，2020 年）和加勒比地区（多米尼加，2021 年）均相继暴发非洲猪瘟。

（二）基因型与区域关系

ASFV 不同基因型毒株分布存在一定区域性特点。非洲大陆主要有两大流行区域：一是非洲西部和中部地区，从纳米比亚到刚果（金）、塞内加尔，该区域只流行基因 I 型。二是非洲东部和南部地区，从乌干达、肯尼亚到南非，这些地区的 ASFV 分离株变异较大。在已知的 24 个基因型中，东部非洲有 13 个，南部非洲有 14 个。已经鉴定流行的基因型中，赞比亚有 7 个、南非有 6 个、莫桑比克有 4 个、马拉维和坦桑尼亚均有 3 个、肯尼亚和乌干达均有 2 个。地区流行毒株的高度多样性与这些国家中多数存在蜱-野猪循环模式密切相关，而蜱-野猪循环模式在 ASFV 的流行中具有重要作用（Lubisi et al.，2005；Bastos et al.，2004）。

非洲东部和南部地区，有些基因型高度同源，如Ⅷ和ⅩⅨ，这些毒株可能只限于猪-猪间传播，或猪-蜱间传播。有些基因型（如Ⅴ、Ⅹ、Ⅺ、Ⅻ、ⅩⅢ和ⅩⅣ）毒株，或分离自家猪，或分离自野生蜱或疣猪，既有猪-蜱循环，也有猪-猪循环（Lubisi et al.，2005；Bastos et al.，2004）。有些基因型（如Ⅴ、Ⅵ、ⅠⅩⅪ、Ⅻ、ⅩⅣ、ⅩⅤ 和 ⅩⅥ）仅在某个国家发生，而有些基因型毒株不受国界限制，如Ⅰ、Ⅱ、Ⅴ、Ⅹ 和Ⅻ。正是由于在同一地区或某一阶段不同基因型毒株共同流行，所以目前很难说明国家或区域性流行模式是否与脊椎动物宿主和虫媒宿主有关，同时导致了不同毒力毒株、不同致病性毒株的出现。用 p72 或其他分子识别标记，如 9RL ORF 可以区分地理上或者暂时存在相关性的 ASFV 毒株。比如 1995 年乌干达暴发的 ASF 疫情是由两个不同毒株引起的，1984 年、1990 年布隆迪暴发的疫情是同一毒株导致的（Lubisi et al.，2005）。此外，研究表明，1998 年莫桑比克暴发的同一疫情是由基因Ⅱ型和基因Ⅷ型完全不相关的两个毒株引起。马达加斯加基因Ⅱ型和莫桑比克基因Ⅱ型引起的疫情流行说明，马达加斯加 1998 年的 ASF 疫情很可能是由莫桑比克传入的。

目前 ASFV 分子流行病学分析的方法是用 *B646L* 基因分型，进一步用 PCR 或其他方法细分亚型。用此方法对 2007 年传入高加索地区和毛里求斯的 ASFV 毒株分析表明，当年传入这两个地区的 ASFV 毒株均为基因Ⅱ型（Rebecca et al.，2008）。基因Ⅱ型曾经在莫桑比克、赞比亚和马达加斯加的家猪群流行（Bastos et al.，2004）。从 *B646L*（p72）基因和 *B602L* 基因两个基因序列分析表明，2007 年格鲁吉亚毒株与 1993 年和 2002 年在莫桑比克、赞比亚分离的毒株，以及 1998 年马达加斯加分离的毒株属于基因Ⅱ型（Boshoff et al.，2007）。进一步流行病学调查追踪显示，格鲁吉亚 ASF 疫情的传入可能是由从非洲经船舶运输的 ASF 病猪肉在黑海的波季港入境，然后饲喂家猪而引起。

自 2018 年我国首次暴发非洲猪瘟疫情以来，主要流行毒株属于基因Ⅱ型，与格鲁吉亚、俄罗斯等毒株具有高度的同源性。2021 年国家非洲猪瘟专业实验室分别从山东和河南分离出的 SD/DY-Ⅰ/21 和 HeN/ZZ-P1/21 毒株均为基因Ⅰ型无血吸附活性的低毒力毒株，分析表明该两株毒株与 20 世纪葡萄牙分离的 NH/P68 和 OURT88/3 基因Ⅰ型低致死毒株高度相似,与欧洲及非洲早期分离的 L60 和 Benin97 基因Ⅰ型强毒株存在较大差异(康健峋等,2022)。

第四节 致病机理

一、病毒与宿主动物的相互作用

家猪、野猪、软蜱是非洲猪瘟病毒的主要宿主,病毒通过呼吸道和消化道侵入动物机体,首先在扁桃体中进行繁殖,随血液循环进入其他循环系统,从而引起机体的病毒血症。病毒在巨噬细胞或内皮细胞进行复制,对血管内皮细胞和淋巴细胞进行侵袭,导致组织、器官出血、浆液性渗出和梗死等病变,同时出现淋巴细胞显著减少、凋亡和免疫系统受损等。肝脏、肺和骨髓是急性型 ASFV 复制的二级场所(欧云文 等,2017)。

ASFV 对家猪、野猪以及软蜱等宿主的致病性是有区别的,病毒的毒力不同,对家猪的致病力也不相同。家猪感染病毒后,会出现最急性、急性、慢性以及亚临床感染等不同临床症状(Malogolovkin et al.,2015)。野猪感染 ASFV 后,血液中的病毒浓度较低,无明显临床症状;在流行地区的成年野猪多为持续感染,虽然其血清抗体检测呈阳性,但病原检出率较低,有的甚至检测不到。蜱主要是通过吸食带毒猪的血液而感染,病毒的初始复制场所是蜱肠上皮中的吞噬细胞,随后病毒在未分化的肠细胞中复制,2~3 周后扩散到其他组织,被感染蜱再次通过叮咬将病毒传播给易感猪(Burrage et al.,2013)。

二、病毒与宿主细胞的相互作用

(一)病毒入侵

猪单核细胞、巨噬细胞是 ASFV 感染的最主要的靶细胞。病毒入侵需要细胞表面受体介导,研究证实 ASFV 易感细胞表面有很多病毒结合位点,如细胞脂质胆固醇就参与了 ASFV 感染过程(Cuesta-Geijo et al.,2016)。也有研究表明,CD163 抗体作用巨噬细胞后,对 ASFV 的感染起抑制作用,说明细胞对 ASFV 的易感性与巨噬细胞表面的 CD163 受体密切相关(Franzoni et al.,2016)。病毒编码的许多蛋白如 p72 和 p54 参与了细胞表面受体的结合过程,它们的中和抗体阻断了病毒与巨噬细胞的结合,因此 p72 和 p54 蛋白在病毒的入侵过程中发挥了重要作用(Neilan et al.,2004)。病毒是通过受体介导的内吞机制进入宿主细胞的内吞体中,利用囊膜、内吞泡膜的融合,将病毒释放到细胞质中。病毒进入细胞内,其颗粒从内涵体移动到大囊泡体,在酸性环境、病毒外膜和蛋白质衣壳的破坏作用下完成脱壳,并释放出带有复制功能的病毒基因组。

（二）病毒基因复制与表达

病毒进入细胞后，病毒核心游离到细胞核的周围，在病毒粒子内部酶以及蛋白因子的作用下，开始早期 mRNA 转录和翻译，为病毒的复制提供所需的 DNA 聚合酶以及其他材料。一般在病毒感染 6h 后，以类似于痘病毒复制的方式在细胞质中进行复制（Bruno et al.，2016）。在病毒感染 3h 后，病毒 DNA 先在细胞核中开始复制，形成小型的中间体，之后再转移到细胞质中产生大的复制型中间体，逐渐在病毒加工厂中成熟。病毒基因的转录、DNA 的复制之间相互协调，对病毒基因的表达起着调控作用，当细胞质中的病毒 DNA 开始复制时，病毒基因转录模式就会发生转变，使病毒的独立性变强，从而使病毒基因的表达变得更加准确、可控（Rodriguez et al.，2013）。

（三）病毒粒子形成

ASFV 粒子是在细胞核周围的"病毒加工厂"区域形成的。病毒感染 24h 后，没有成熟的病毒空泡衣壳和已成熟的病毒粒子开始增多。p54 蛋白与动力蛋白作用后，将细胞质中的 ASFV 粒子转运到"病毒加工厂"，并在其中装配，因此 p54 蛋白在病毒感染过程中发挥着极其重要的作用。病毒粒子形成的开始阶段，富集在细胞质中的 p72 结构蛋白与内质网膜结合后，分别在膜凸起的表面和凹进的表面形成衣壳及衣壳心（Windsor et al.，2012）。在病毒粒子的装配阶段，内质网膜作为病毒粒子内膜，p72 蛋白被装配到病毒粒子内，多聚蛋白 p220 被连接到尚未成熟的病毒粒子的衣壳内膜，紧接着病毒 p49 结构蛋白得到表达，便形成了二十面体病毒粒子（Galindo et al.，2000）。其次，p220、p62 经 S273R 酶分解加工为 6 种位于成熟病毒粒子核衣壳中的结构蛋白 p37、p150、p35、p34、p15 和 p14，从而形成核衣壳以及具有感染性病毒粒子，经过病毒粒子二十面体闭合和病毒 DNA 的嵌入以及核心蛋白的浓缩，最终形成了成熟的病毒粒子（Salas et al.，2013）。

（四）病毒释放

成熟病毒粒子形成后沿微管依次排列，被微管蛋白中的驱动蛋白转运到细胞膜，以出芽方式从细胞中释放出来（Jouvenet et al.，2004）。

第五节　临床症状

一、潜伏期

ASFV 感染后的潜伏期与病毒毒株的毒力、感染剂量、感染途径、猪的抵抗力及自然感染还是试验感染等因素有关。

ASFV 自然感染后的潜伏期一般为 3～15d，也可延长至 19d，最长可达

28d，经软蜱感染后的潜伏期一般在5d内（张冰斌，2021）。非洲野猪感染ASFV后通常不表现明显的临床症状，对病毒有一定的抵抗力，但家猪和欧洲野猪感染ASFV后临床症状明显（于世彬，2018）。

试验感染的潜伏期与病毒毒力、接种途径和接种剂量相关，人工接种强毒株病毒的潜伏期为1～5d，接触感染的潜伏期为4～19d。试验表明，家猪肌肉途径接种强毒株的肯尼亚Hinde毒株后，潜伏期为4d；接种中等毒力毒株或低毒力毒株的ASFV后，潜伏期会延长。也有报道家猪感染ASFV后的潜伏期为8～15d，出现发热后12～15d就死亡（于世彬，2018）。

二、发病率和死亡率

ASF的发病率和死亡率由动物品种和ASFV毒力所决定。疣猪、丛林猪等非洲野猪感染后出现病毒血症，表现为亚临床症状；欧洲野猪、家猪感染ASFV后发病率可高达100%，死亡率为0～100%。

有学者将毒株分为高传染性的强毒力毒株、中等毒力毒株和低传染性的低毒力毒株3种类型（Pan et al.，1984）。毒力的差异使感染动物的发病率、死亡率各有不同。强毒株感染后死亡率可达100%，中等毒力毒株感染的死亡率为30%～50%，低毒力毒株只引起猪的极少死亡。

三、临床表现

ASFV不同毒力毒株感染猪后，临床症状可分为最急性型、急性型、亚急性型、慢性型和亚临床型感染。

（一）最急性型

最急性型通常是由高传染性的强毒力毒株感染引起，感染猪基本没有任何症状就突然倒地死亡。有的病猪表现为体温升高，41～42℃，厌食，精神不振，呼吸困难，皮肤充血，死亡率100%。

（二）急性型

急性型主要是由高传染性的强毒力毒株或者中等毒力毒株感染引起，此种类型最为常见。病猪表现为厌食，高热（一般40～42℃），精神萎靡，扎堆。胸部、腹部、耳朵、尾根、四肢末梢及肛门皮肤发红、发绀，有的皮下出血（图6-5-1），有的表现呕吐、腹泻或便秘，母猪流产等，死亡率可达100%。

（三）亚急性型

亚急性型是由感染高传染性的中等毒力毒株引起的，临床症状类似于急性型。但是水肿和出血比急性型严重，患病母猪流产，在7～20d内死亡，病死率一般为30%～70%。耐过病猪在3～4周内康复，康复后在6周内仍能够向外排毒（高媛，2019）。

（四）慢性型

慢性型是由感染低传染性的低毒力毒株所引起，主要表现为低热，呼吸症状，关节肿胀，病猪消瘦。病程2～15个月，死亡率较低，少数存活的病猪可能终生带毒（刘娜，2018）。

（五）亚临床型感染

亚临床型感染是家猪感染了低传染性的低毒力野生毒株后出现的亚临床病例。临床上无明显异常症状，有的病猪出现食欲不振、关节炎、跛行、皮肤坏死，持续低热1周左右，康复猪成为病毒携带者。

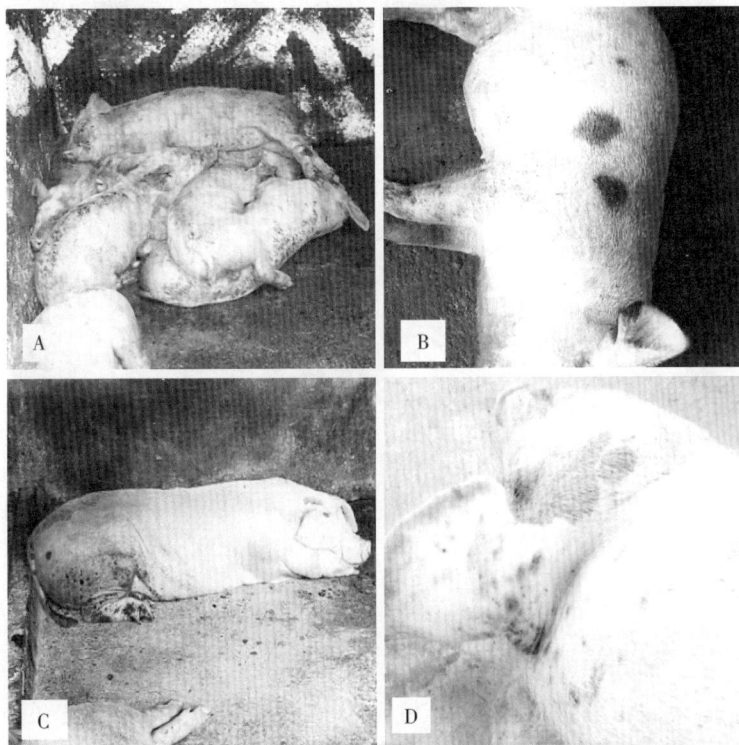

图6-5-1　非洲猪瘟临床表现
A～C. 皮肤充血、出血　D. 皮肤发紫
（覃志初供图）

第六节　病理变化

家猪感染非洲猪瘟后，病毒在淋巴器官蔓延，造成感染器官充血和水肿，体腔积液，内脏器官出现明显的出血点。脾肿大数倍，在病初阶段为深红色，后期逐渐变为黑色，质地较脆，边缘有梗死；肺分泌的黏液带有气泡；肠道黏

膜出血；淋巴结肿大、出血（顾贝 等，2021）（图 6 - 6 - 1）。

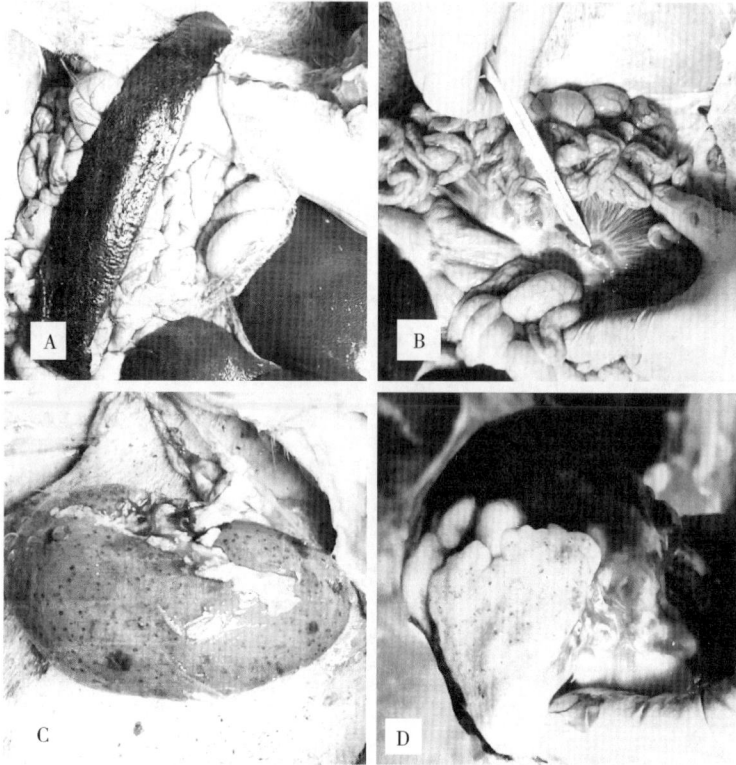

图 6 - 6 - 1 非洲猪瘟病理变化
A. 脾肿大 B. 淋巴结肿大、出血 C. 肾脏出血点 D. 心冠脂肪出血
（覃志初供图）

一、最急性型和急性型

剖检病变、病理组织学变化与感染病毒后死亡时间有关（邓桦 等，2020）。

（一）最急性型

剖检病变不明显，体腔少量积液，脏器、黏膜和浆膜有少数出血斑点。

（二）急性型

1. 心脏

剖检病变以渗出性、出血性变化为主。早期只见心外膜轻度出血；中后期心外膜弥散性点状出血，心包积液，呈淡黄色，少量病死猪中期出现出血性纤维素性心包炎，心内膜索状出血。病理组织学变化中，早期为间质血管充血和出血，心肌纤维结构疏松，排列紊乱。中后期心内、外膜血管扩张充血显著；

肌间有大量出血灶；血管内皮细胞肿胀、脱落，血管平滑肌细胞变性和透明样变。

2. 肝脏

剖检病变中，早期主要是淤血，中后期为病毒性肝炎病变。肝肿大，呈暗红色；肝间质增宽，实质中散在灰白色炎症灶。病理组织学变化可见：早期肝间质增宽，小叶间静脉与肝窦淤血，肝细胞变性坏死。中后期肝间质显著增宽，肝小叶呈小岛状；肝细胞排列紊乱和凋亡。小叶间质、肝窦淋巴细胞坏死和凋亡。

3. 脾

剖检病变可见：早期脾显著肿大和梗死，呈黑红色，被膜点状出血；中后期以炎性脾为主。病理组织学变化为脾严重出血、红细胞浸润。严重病例以出血性坏死性脾炎为主，脾实质明显萎缩，脾小体接近消失，红髓中细胞成分减少，脾髓有血液，被膜和小梁中的胶原纤维、弹性纤维肿胀，且排列疏松。

4. 淋巴结

剖检病变可见：早中后期均为出血性、坏死性淋巴结炎，全身淋巴结显著肿胀出血，呈黑红色，切面呈大理石样变，严重时呈血肿样。病理组织学变化为早期淋巴结肿胀、边缘出血、坏死；中期出现淋巴结炎，淋巴细胞坏死、崩解碎裂，有大量微血栓，严重出血；皮髓结构破坏，大量红细胞取代了淋巴小结位置。

5. 肺

剖检病变可见：早中后期均表现为水肿、出血和小叶性肺炎，肺体积增大，间质增宽，肺小叶明显；肺被膜点状或斑点状出血；有的病猪肺实变、质地变硬、颜色变深，呈暗红色。病理组织学变化可见：早期以肺水肿、出血变化为主，肺泡腔内有大量浆液，其间夹杂大量红细胞，肺泡壁毛细血管扩张、充血和出血，有少量淋巴细胞。中后期呈出血性、间质性肺炎，肺间质水肿、增宽，淋巴细胞、红细胞和巨噬细胞增多，并且淋巴细胞崩解、碎裂；细支气管和肺泡腔内有大量浆液、上皮细胞；肺泡壁毛细血管充血，有透明的血栓。

6. 肾脏

剖检病变主要是出血和梗死。皮质呈弥散性、点状出血，外观呈花斑肾；髓质出血严重。肾表面有不规则的梗死灶，呈灰白色，其边缘有炎性反应带。早期皮质有瘀点，中后期有梗死，髓质逐渐加重出血。病理组织学变化可见：早期以出血性变化为主，肾小球稍微肿胀，肾间质聚集大量红细胞。中后期肾间质血管出血和有血栓形成，间质中有少量淋巴细胞、巨噬细胞和大量红细胞；肾小球肿胀，有血栓形成；肾小管上皮细胞坏死、脱落。

7. 脑

剖检病变可见：早中后期以脑膜充血、脑实质水肿为主。脑膜血管树枝状充血、少量点状出血；脑沟、脑膜、脑回分别变浅、紧张、扁平；切面湿润稍突起。病理组织学变化为早期脑水肿，神经元肿胀、变圆，血管周围间隙增宽；中后期脑结构疏松，神经元胞核与胞质肿胀淡染；血管周围有淋巴细胞性管套形成，可见噬神经细胞现象。

二、亚急性型

亚急性型剖检病变为脾水肿、出血，淋巴结和肾脏出血，肺水肿、充血，偶尔间质性肺炎（于世彬，2018）。病理组织学变化为淋巴结内有吞噬细胞和巨噬细胞，淋巴细胞坏死，毛细血管内皮细胞肿胀；扁桃体髓质浸润单核细胞；肾淤血和出血，肾小血管内有纤维蛋白血栓、纤维蛋白血小板血栓，间质散在出血，中性粒细胞、嗜酸性粒细胞和巨噬细胞等炎性浸润；肺水肿、淤血和出血，肺泡间隔内有巨噬细胞、单核细胞浸润，也有大量坏死细胞碎片和纤维素性渗出物；肝枯否氏细胞增生（韦瑞强，2009）。

三、慢性型和亚临床型感染

慢性型剖检病变为纤维素性心包炎和心外膜炎，胸膜粘连，纤维素性胸膜炎；肺干酪样坏死；肾脏点状出血；脾质地较脆，颜色较深；淋巴结横切面呈大理石样病变（杨杨，2019）。亚临床型感染剖检病变一般不明显。慢性型病理组织学变化为肺泡腔内有脱落的肺泡巨噬细胞，肺小叶间隔和肺泡壁炎性细胞浸润；肾脏出现膜性肾小球肾炎。亚临床型感染病理组织学变化为脾、淋巴结轻度炎性反应，淋巴细胞凋亡等。

四、鉴别诊断

非洲猪瘟与其他猪病在临床症状和病理变化上既有相似之处，也有不同点。下面列举几种猪病的鉴别诊断。

（一）非洲猪瘟与猪瘟

猪瘟是由猪瘟病毒引起的猪的一种急性、发热性传染病。

相似症状：发病均无季节性。猪发病后高热，食欲废绝或减退，呕吐，耳朵、腹部、四肢和会阴等毛少或无毛处皮肤有出血点和出血斑，便秘或腹泻（石明 等，2019）。可发生结膜炎、共济失调和神经症状（刘建柱 等，2019）。

鉴别诊断：ASF 的腹泻带有血色，猪瘟是先便秘后腹泻，便秘时粪便呈羊球状（张冰彬，2021）。ASF 剖检可见胸腹腔及心包内液体明显增多，液体呈黄色、红色；肺小叶间、浆膜、肠黏膜及系膜、胆囊壁等处有水肿、胶样浸润。猪瘟病猪黏膜、浆膜、喉头、膀胱等处有数量及程度不一的出血点，慢性猪瘟病猪回肠末端、结肠和盲肠的黏膜上有突出于黏膜表面的纽扣状肿，有的脱落形成溃疡（刘建柱 等，2019；赵应强，2020；王晋磊，2019）。ASF 的淋巴结特别是腹腔内淋巴结出血严重，类似于血瘤；猪瘟淋巴结切面边缘出血，似大理石样条纹；ASF 的脾肿大，是正常脾的 4～6 倍，甚至更大，呈深红色甚至紫色，易碎；猪瘟的脾主要表现为边缘梗死（张冰彬，2021）。

（二）非洲猪瘟与猪繁殖与呼吸综合征

猪繁殖与呼吸综合征是由猪繁殖与呼吸综合征病毒引起的猪的高度接触性传染病。

相似症状：妊娠母猪流产，哺乳仔猪急性死亡，生长育肥猪出现高热、眼结膜炎、食欲废绝、咳嗽、呼吸困难等症状。

鉴别诊断：猪繁殖与呼吸综合征呼吸困难程度更为严重，且会出现间质性肺炎、肺胰样变，但脾变化不如非洲猪瘟明显。

（三）非洲猪瘟与猪肺疫

猪肺疫是由多杀性巴氏杆菌感染引起的细菌性传染病。

相似症状：最急性型发病突然，体温升高至 41～42℃，潜伏期短，突然死亡，无明显临床症状。

鉴别诊断：猪肺疫以喉头水肿及其周围结缔组织出血性浆液性浸润为主要特征，颈部皮肤切开有胶冻样、纤维素样液体，颜色多为浅黄色、深灰色。

（四）非洲猪瘟与猪丹毒

猪丹毒是由猪丹毒杆菌引起的猪的一种热性、急性传染病。

相似症状：两者均呈地方性流行，各年龄阶段的猪均易感；腹部、四肢皮肤等出现紫色斑。

鉴别诊断：猪丹毒皮肤上有典型的疹块，俗称"打火印"；感染猪丹毒后使用青霉素、阿莫西林等抗生素治疗，效果明显，但非洲猪瘟对抗生素无效。猪丹毒病猪肾会出现淤血、肿大，呈紫红色，俗称"大红肾"；非洲猪瘟病猪的肾以出血和梗死为主。

（五）非洲猪瘟与猪圆环病毒感染

猪圆环病毒感染是由猪圆环病毒引起猪的一种传染病。

相似症状：两者均有高热现象，食欲不振，死亡率较高。

鉴别诊断：猪圆环病毒感染病猪皮肤上出现不规则形或圆形的红紫色斑点及斑块，耳朵上会出现紫斑并脱皮；颌下淋巴结髓样肿大，出血很轻；肺肿胀似橡皮样，表面散在大小不等的褐色实变区。

（六）非洲猪瘟与沙门菌病

猪沙门菌病是由猪霍乱（猪伤寒、鼠伤寒、肠炎）沙门菌等引起仔猪的传染病。

相似症状：感染沙门菌的仔猪与非洲猪瘟病猪都出现高烧、食欲不振、腹泻等症状，猪死后在耳朵、尾部和腹部均出现紫红色斑块。

鉴别诊断：沙门菌感染腹泻呈淡黄色，猪伴有震颤、抽搐等神经症状；脾和淋巴结既不肿大，也不淤血，但肝脏有坏死灶。

第七节 诊　　断

非洲猪瘟的诊断包括临床诊断和实验室诊断，临床诊断是从临床症状和病理变化进行的初步诊断，实验室诊断包括病原学、免疫学和分子生物学等诊断技术，是对病毒抗原、血清抗体和病毒核酸的检测。

一、临床诊断

（一）临床症状

1. 最急性型

猪没有表现任何临床症状就突然死亡，死亡率可高达100%。

2. 急性型

潜伏期一般为4～6d，高烧可达42℃。发病猪食欲减退、废绝，扎堆，嗜睡，站立不稳，甚至共济失调或步态僵直。耳朵、腹部、四肢皮肤充血、有出血点，可视黏膜发绀。可见发病猪呕吐、便秘，或腹泻、粪便带血；妊娠母猪流产、产弱仔或死产，死亡率可达100%。

3. 亚急性型

临床症状与急性型基本相同，但感染猪发病温和，病情较轻，病死率较低，病程5～30d。间断性发热，体温高于40.5℃，怀孕母猪常出现流产。通常死亡率为30%～70%，仔猪死亡率相对较高。

4. 慢性型

由亚急性型耐过猪转为慢性感染。发病猪极色粗乱喘咳、消瘦、发育迟缓；波状发热，体温低于40.5℃；怀孕母猪通常也会流产；皮肤溃疡，关节肿胀、跛足；病程2～15个月。

5. 亚临床型感染

感染猪无临床表现，是病毒的携带者。

（二）病理变化

ASF典型的病理变化包括浆膜表面充血、出血，心内膜、心外膜有大量出血点，肺、肾脏表面有出血点；肺肿大，切面流出泡沫性液体，气管内有血性泡沫样黏液；胃及肠道黏膜弥漫性出血，胆囊、膀胱出血；脾肿大、质脆，呈暗红色甚至黑色，表面有血出点，边缘钝圆，有时边缘出现梗死；颌下淋巴结和腹腔淋巴结肿大，严重出血。

二、实验室诊断

（一）样品采集、运输与保存

1. 样品采集的基本原则

（1）安全采样：

①凡是天然孔流血、血液凝固不良的病、死动物，应先排除炭疽后再解剖。

②剖检过程中应注意防止疫病传播和污染环境。

③采集蜱时，应做好个人防护，防止被蜱叮咬而感染人畜共患病。

（2）适时采样：

①在猪发热初期或症状典型时采样。

②病猪死亡后应尽快解剖采样（务必做好现场防护，防止带毒猪血污染环境）。

（3）合理采样：

①选取症状最典型的动物或病变最明显的脏器。

②应尽量全面地、系统地采集样品。

（4）无菌采样：

①采样器具须灭菌处理。

②先采胸腔样品，再采腹腔样品，尽量做到无菌。

（5）适量采样：

①疫病诊断时每场采集动物不超过 5 份。

②疫情监测或流调时，应随机采样，且数量应满足生物统计学的要求。

③疫病净化和根除时，种群逐头采样。

④每份样品采集量应满足检测的需要。

2. 血液样品采集及预处理

（1）采集方法：在发病猪群中采集发病猪、同群猪的血液，小猪采用仰卧定位的方法前腔静脉采血 5mL，大、中猪采用站立保定的方法前腔静脉采血 5mL。

（2）血清样品的处理：将采好猪血的一次性采血器在室温下平放或倾斜静置 2～3h，或置于 37℃ 温箱内 1h，当大部分血清析出后，取出血清；也可使用离心机分离血清。

（3）抗凝血处理：将一次性采血器采集的血液缓慢注入含 EDTA 抗凝剂的抗凝管内，并轻轻上下颠倒，使血液与抗凝剂充分混匀，既要防止血液凝固，又要避免溶血。

3. 组织样品采集及预处理

（1）活体扁桃体采集：从活体采集扁桃体样品时，使用专用扁桃体采集器；保定绳套住猪的上颌，先用开口器将猪嘴张开，找到扁桃体的位置，再用采样钩紧贴在扁桃体上，然后快速扣动扳机取出扁桃体，用牙签将扁桃体样品转移到离心管内，冷藏保存。

（2）剖检取样：对 ASF 发病死亡的动物，应解剖取样。

①ASFV 的首选样品：脾、淋巴结、肾脏、扁桃体。

②其他病变组织：肝脏、肺、心脏等，选取病变和健康组织交界处样品。对于腐败动物，剖检取股骨，在实验室收集骨髓。

（3）组织样品的预处理取：1g 左右组织样品置于组织匀浆器中先剪碎，然后充分研磨，加入终浓度为 1 000IU/mL 的青霉素、1 000μg/mL 的链霉素，并以 0.1mo/L PBS（pH 7.4）制成组织匀浆液。以 5 000r/min 离心 5min，取上清液冷冻保存。

4. 口、鼻拭子采集及预处理

（1）采集口、鼻拭子样品：用医用棉签紧贴猪的口腔、鼻腔顺时针和逆时针转动至少 3 圈，采集口腔、鼻腔的分泌物，然后将拭子浸入 1mL 50％甘油-PBS 保存液中，折断棉签露出部分，盖紧离心管盖，冷藏或冷冻保存。

（2）口、鼻拭子预处理：检测口、鼻拭子之前，先将样品解冻达到室温，然后以 2 kHz 的速度在混匀振荡器上震荡 5min，震荡混匀后，6 000r/min 离心处理 3min，上清液保存备用。

5. 样品记录、运输与保存

（1）样品记录：采样过程中应详细记录样品编号和填写采样单，采样单一式两份，一份随样品送到实验室，另一份留送检方保存。

（2）样品运输：根据样品的保存条件及检测目的，应尽可能快速送到实验室。在运输过程中尽可能提供样品保存的最佳条件，且应确保样品包装安全，防止泄漏。

（3）样品保存：

①抗凝血和血清样品短期保存（一周内）时，4～8℃冷藏即可；长期保存时，需置于-70℃的超低温冰箱。

②组织、拭子样品短期保存时，4～8℃冷藏即可；长期保存时，需置于-70℃的超低温冰箱。

（二）病毒分离培养

临床样品中 ASFV 的分离培养，一般选用肺泡巨噬细胞（PAM）或猪骨髓细胞（PBM），复制 ASFV 则选用猪单核细胞、猪巨噬细胞系统（Wardley et al.，1979)。将猪的脾、淋巴结、肺和肾脏等组织样品剪碎，加入 pH7.4、0.01mol/L PBS 缓冲液研磨成匀浆后，加入双抗悬液，继之用 0.22μm 微孔滤膜过滤除菌，然后加入经过 37℃ pH7.4、0.01mol/L PBS 缓冲液洗涤过的长成单层的细胞培养瓶中，在 37℃、5%CO_2 培养箱中培养，培养 24h（连续培养 5~7d）后，每天在倒置显微镜下观察结果，可见有的白细胞有伪足，且胞质内有明显颗粒；在显微镜下可见培养中的单核细胞变圆、增大，发生脱附作用，逐渐形成葡萄串似的细胞，最终裂解。高毒力、中等毒力毒株可致单核细胞出现明显的细胞病变（CPE）（Villiger et al.，1990；Rowlands et al.，2007）；强毒力毒株接种后 9h，在细胞质中可见空泡，15h 后出现严重的空泡（Oliveros et al.，1999）。

（三）红细胞吸附试验（haemadsorption, HAD）

HAD 是指大量猪的红细胞吸附在感染了 ASFV 的单核-巨噬细胞的表面，并在出现细胞病变前形成特征性的玫瑰花环状（林彦星 等，2018），但不是所有的 ASFV 毒株都有吸附红细胞的能力。Tubiash 等（1963）在西班牙首次发现能在白细胞培养物内产生细胞病变的毒株，但不能吸附红细胞。HAD 的主要操作方法为：按照病毒分离处理病料样品的方法处理好样品后，接种于培养管内长成单层的白细胞或肺泡巨噬细胞上，同时做好阴性、阳性对照。然后在 37℃、5%CO_2 培养箱中培养 3d 后，每管加入 0.2mL 用缓冲盐水配制的新鲜的 1% 猪红细胞，连续 7~10d 用显微镜观察 HAD 现象。当阳性对照出现 HAD 现象和 CPE 现象，阴性对照不出现 HAD 现象时，则试验成立。当接种感染材料的培养物在 2~5d 出现典型的玫瑰花环现象，之后出现细胞病变，则判为阳性，否则判为阴性。

（四）病毒抗原检测

1. 直接免疫荧光试验（DIF）

Heuschele 等（1966）首次建立了用于检测 ASFV 抗原的 DIF 试验，并得到了广泛应用。ASFV 单克隆抗体研制成功后，研究者利用荧光标记单抗对组织培养物和纯化病毒进行检测，获得了比多抗更好的特异性（Sanz et al.，1985）。DIF 既可以用于检测感染猪组织的冰冻切片或者压印涂片，又可以用于检测白细胞培养物和血液涂片中的病毒抗原，还可以检测无 HAD 的 ASFV 分离株，以及区分 ASFV 和其他在细胞上形成 CPE 的病毒。DIF 方法具有敏感性和特异性高、经济、快速的优点，虽对最急性型和急性型 ASF 感染敏感性高，但对亚急性型、慢性型和亚临床型感染敏感性低（南文龙 等，2020）。

2. 双抗体夹心 ELISA 试验

Vidal 等（1979）用商品化的 p72 蛋白单抗 17LD3 和 18BG3 建立了双抗

体夹心 ELISA 法，它的检测灵敏度可达 $0.05\mu g/mL$ p72 抗原或蚀斑形成单位（PFU） $2.3\times10^2/mL$ ASFV。在夹心 ELISA 试验中，如果用多抗替代单抗其敏感性降低 $0.6\mu g/mL$ p72 抗原（Vidal et al.，1997）；也有研究者指出用多抗包被的夹心 ELISA 方法更为敏感，Hutchings 等（2006）分别采用 p72 单抗 4H3（捕获抗体）/ASFV 兔多抗（检测抗体）、ASFV 兔多抗（捕获抗体）/ASFV 豚鼠多抗（检测抗体）建立的两种间接双抗体夹心 ELISA 试验，检测不同 ASFV 分离株的 BM 培养物或脾悬液，证实了 p72 单抗 4H3/ASFV 兔多抗最低检出量为 HAD_{50} $10^{3.64}\sim10^{6.25}/mL$，ASFV 兔多抗/ASFV 豚鼠多抗最低检出量为 HAD_{50} $10^{2.74}\sim10^{6.55}/mL$，后者敏感性略高于前者（Hutchings，2006）。双抗体夹心 ELISA 比 DIF 试验操作更为简单，且它的自动化程度更高，可以实现大规模检测，是应用前景最好的 ASFV 抗原检测技术。目前已有用于检测感染猪脾、淋巴结、血液中 p72 蛋白的商品化试剂盒。

双抗夹心 ELISA 试验是在包被板中包被特异性抗 ASFV p72 的单克隆抗体（McAb），若样品中含有 ASFV 抗原时，McAb 捕获其抗原，洗完板后，加入过氧化物酶标记的抗 ASFV p72 的 McAb，加入底物后出现颜色反应，反应一段时间后加入终止液终止反应，在酶标仪下读取结果。

3. 免疫酶组化技术

免疫酶组化技术中亲和素-生物素-酶复合物法（Avidin-Biotinylated Enzyme Complex，ABC）是被广泛使用、灵敏度高、可靠性好的染色法。生物素为含硫的杂环单羧酸，相对分子质量小，通过其羧基与蛋白质的氨基结合，从而可标记抗体和酶。亲和素又称抗生物素，是一种糖蛋白。生物素与亲和素很有高的亲和力，1 个亲和素分子上有 4 个生物素结合位点。在 ABC 法中，不对特异性第一抗体进行标记，而用生物素标记第二抗体，染色前按一定比例将亲和素与生物素标记的过氧化物酶混合，制成 ABC 复合物，并使亲和素分子上至少空出 1 个生物素结合位点。染色时，标本中的抗原先与第一抗体结合，后者再与生物素标记的第二抗体结合，然后加入 ABC 复合物，结合到第二抗体的生物素上，最终形成的复合物网罗了大量的酶分子，因此敏感性更高。

4. 补体结合试验（Complement fixation，CF）

CF 试验是一种有补体参与，以绵羊红细胞和溶血素作为指示系统的抗原抗体反应。参与该反应可分为待检系统（已知抗体和待测抗原）和指示系统（绵羊红细胞以及相应溶血素）。先加入补体与待检的抗原、抗体作用后，再加入指示系统。如果反应不发生溶血现象，表示待检的抗原与抗体特异性结合后固定了补体，指示系统无补体结合，判为补体结合反应阳性；反之，如果反应发生溶血现象，表示待检的抗原与抗体不对应或者缺少其一，不能固定补体，加入指示系统后固定了游离补体，导致绵羊红细胞溶解，判为补体结合反应阴性（Whyard et al.，1985）。CF 试验在 20 世纪 60 年是一种辅助诊断 ASFV 的方法，具有一定的敏感性和较高的特异性，由于该试验操作烦琐，因此已逐渐被其他方法所取代。1967 年 Boulanger 等提取了感染 ASFV 的猪肝脏和脾中的病毒抗原以及人工感染 ASFV 制备的多抗血清建立了补体结合试验（王伯云 等，2001），可对 ASFV 及其抗原进行检测。1961 年和 1963 年 Cowan 通过补体结合试验对 ASFV 进行了检测（Hamdy et al.，1981；Wardley，1979）。

5. 琼脂双向扩散试验（Agardouble-diffusionprecipitation，AGDP）

AGDP 是将可溶性抗原和抗体分别加到琼脂板对应孔中，抗原抗体向四周扩散，若抗原和抗体相对应，则在两者扩散交界处形成白色沉淀线。如果同时含有若干对应抗原抗体，由于扩散速度不同，可在琼脂板中出现多条沉淀线（鲍建芳 等，2006）。AGDP 试验操作简单、成本低廉、结果易于观察，但用时较长，且灵敏度不高，因此已逐步被 ELISA 和免疫荧光等方法代替。Malmquist（1963）和 Hess 等（1965）利用琼脂扩散试验对 ASFV 细胞培养物中的病毒抗原进行了检测。Boulanger（1967）分别利用 ASFV 非免疫血清和免疫血清作为阴阳性对照建立了 AGDP 试验方法，并检测了感染 ASFV 猪的脾、淋巴结中的 ASFV 抗原，于 24h 后观察到白色沉淀线。

6. 斑点免疫结合试验（Dot Immunobinding Assay，DIA）

由于醋酸纤维素膜和硝酸纤维素膜的强静电吸附力，在中性条件下，可有效地吸附蛋白质等生物大分子，因此将抗原吸附在纤维素膜上后，利用纤维素膜作为固相支持物进行抗原抗体反应。当加入抗体后与膜上的抗原结合，再加入带有标记物的二抗，使标记通过抗抗体和相应抗体结合，间接地交联在纤维素膜上。加入标记物相应的底物后，标记物与底物作用后形成不溶性产物，呈现斑点状着色，从而判定结果。

Gooring（1986）建立了用 DIA 检测软蜱血淋巴液中 ASFV 抗原的方法。该方法具有检测速度快、敏感性及特异性高、检测成本低、不需要特殊仪器等优点，特别适合于基层应用。

（五）病毒核酸检测

从 20 世纪 80 年代开始，分子生物学诊断技术逐渐应用，它具有快速、简便、灵敏、特异以及"高通量"等优点。病毒核酸检测方法主要有聚合酶链式反应（PCR）、实时荧光定量 PCR、环介导等温扩增技术（LAMP）、原位杂交技术（ISH）、入侵检测法等，目前应用最广泛的是实时荧光定量 PCR 技术。ASFV 核酸检测除 ISH 外，其余方法都要先提取病毒核酸。ASFV DNA

的提取主要有酚/氯仿提取法、柱式提取法、磁珠提取法。

1. PCR 检测法

（1）普通 PCR 法：PCR 方法是一种分子生物学检测技术，它具有操作比较简单、检测速度较快的特点，但它的敏感性有一定限制，并且扩增后的产物在进行电泳时需要使用溴化乙锭等化学试剂，对环境有一定污染。普通 PCR 是以 ASFV 基因组中特定的核酸 DNA 为模板，4 种脱氧核苷酸为原料，用 ASFV 高度保守区域的特异性引物为延伸起点，在耐热 DNA 聚合酶的催化作用下，经过 DNA 变性把双链解开成单链、退火温度降低后引物与模板序列结合、温度升高后延伸新链 DNA 合成为一个循环，使 ASFV 模板 DNA 拷贝数增加 1 倍，在以后进行的循环中，每次循环的产物便作为下轮循环的模板，经 n 次循环后，拷贝数增加 2^n 倍。因此，进行 30 个左右循环后，拷贝数可达到上百万倍。

（2）巢氏 PCR：ASFV 巢式 PCR 是利用外引物和内引物两套引物，针对 ASFV 进行两轮 PCR 的扩增反应。两次 PCR 扩增既能增加检测的敏感性，也能增加检测的可靠性。Basto 等（2006）建立的巢氏 PCR 方法既可以检测组织、血液、细胞培养物中的 ASFV，也可以检测蜱体内的 ASFV。本方法根据 ASFV 编码 p72 蛋白的 *B646L* 基因设计内外两对引物，扩增分为两轮，在第一轮扩增中除外引物产生 370bp 的扩增产物条带外，还有一个内部质控（IC）产生 498bp 的扩增产物条带；第二轮扩增是以第一轮扩增产物作为巢氏 PCR 扩增的模板，扩增出 243bp 的产物条带。

（3）多重 PCR：多重 PCR 主要用于两种及其以上的多种病原微生物的同时检测或鉴定，它的反应试剂和操作过程与普通 PCR 一样，不同点在于它在同一 PCR 反应体系里同时加上两对及以上针对不同特异性引物进行的 PCR 扩增，从而扩增出多个核酸片段。

（4）实时荧光 PCR 技术：1996 年，美国 Applied Biosysterms 公司推出实时荧光定量 PCR 技术，实现了 PCR 从定性到定量的飞跃。该方法将光谱技术引入 PCR 反应过程中，通过荧光信号的强弱变化定量测定特异性扩增产物的量，且反应完成后不需要电泳的过程，从而既解决了常规 PCR 灵敏低的问题，又解决了电泳过程中溴化乙锭对环境污染的问题。荧光定量 PCR 方法已成为 ASFV 检疫、诊断、食品安全检验的重要方法（祖立闯 等，2018）。它与常规 PCR 相比，具有敏感性高、特异性更强、重复性好、定量准确、全封闭反应、自动化程度高等特点。

实时荧光 PCR 技术是在 PCR 反应体系中除 1 对针对 ASFV 的特异性引物以外，另加有 1 个能与 ASFV PCR 产物杂交的荧光双标记探针。该探针的 5' 端标记 1 个报告荧光基团，3' 端标记 1 个淬灭荧光基团。反应前 5' 端荧光基团吸收能量后将能量转移给临近的 3'端荧光基团，因此正常情况下该探针检测不到 5'端荧光基团发出的荧光信号。但当 PCR 反应体系中存在 ASFV DNA 模板时，在低温退火阶段，引物与探针同时与模板结合。在 TaqDNA 聚合酶的作用下，引物沿模板向前延伸至探针结合处，发生链置换，激活 Taq 酶的 5'外切酶活性，将探针酶切降解，使报告荧光基团和淬灭荧光基团分离，从而荧光检测系统可接收到荧光信号，分离的荧光基团数与 PCR 产物的数量成正比。

（5）环介导等温扩增技术（LAMP）：等温扩增方法是近年来新兴的一种分子生物学检测方法，特点是不需要 PCR 方法中的变性及退火就可以完成对靶序列的循环扩增，从而反应时间缩短，一般 60min 左右，因此大幅压缩了扩增时间，且该反应在恒温条件下进行，对仪器设备的要求低，仅用一台水浴锅就可以完成扩增反应。等温扩增非常适合 ASFV 的现场快速诊断。该方法的缺点是灵敏度较高，容易导致假阳性结果。

利用针对 ASFV 基因序列而设计的 4 种特异引物依靠一种高活性链置换 DNA 聚合酶，使得链置换 DNA 不断地循环合成，它的扩增分为 LAMP 循环起始结构的构建阶段和扩增循环阶段（Parida et al.，2008）。LAMP 与普通 PCR、实时荧光 PCR 相比，具有敏感性高、特异性好、成本低廉、操作简便的优点，但由于它的敏感性很高，易于造成污染，之后的试验易出现假阳性。

2. 入侵检测法（Invaderassay）

入侵检测法是一种线性、等温（63℃）信号扩增系统，它既可用于检测 DNA，又可以用于检测 RNA，具有敏感性高和特异性好的优点。该技术操作灵活，只需等温扩增，且结果分析用普通的荧光读数仪，适用于高通量检测和基层实验室。它是 1999 年由 Third Wave Technologies 公司研究人员发明的。该方法只有当两个探针与模板完全配对后，才可形成复合物，产生荧光信号，因此检测结果准确。入侵检测法无须电泳，产物是寡聚核苷酸，易与其他杂质区分，并且在检测前模板不需 PCR 扩增，从而消除了 PCR 引入突变导致出现假阳性的因素。研究者利用 p72 蛋白编码基因 *B646L* 设计的入侵检测法检测 ASFV 核酸的灵敏度高，且在仪器设备简陋的条件下可快速检测（Hjertner et al.，2005）。

3. 荧光 RAA 方法

重组酶介导扩增技术（RAA）是利用重组酶、单链结合蛋白和 DNA 聚合酶对目的基因进行大量扩增。首先是在 37℃恒温条件下，重组酶和引物 DNA 紧密结合，形成重组酶-引物聚合体，接着是模板的解链，当引物在模板链上特异性地识别出互补序列时，再在单链结合蛋白的作用下，模板 DNA 会解链，在 dNTP 和能量的作用下，DNA 聚合酶完成链的延伸，形成新链（马巧

妮 等，2021）。整个反应过程在 37℃恒温下进行 15～30min，就能得到大量呈指数式增长的扩增产物（吕蓓 等，2010）。

（六）血清抗体检测

常用的血清抗体检测方法主要有：酶联免疫吸附试验（Enzyme linked immunosorbent assay，ELISA）、间接免疫荧光试验（Indirect immunofluoresce，IIF）、免疫印迹试验（Immunoblotting test，IB）及对流免疫电泳试验（Immuno electro osmophoresis，IEOP）。一般用 ELISA 方法进行筛选，再用 IIF 或 IB 对阳性样品进行确证。

1. 酶联免疫吸附试验（ELISA）

ELISA 是将抗原、抗体的特异性反应与酶对底物的高效催化作用相结合的一种敏感性很高的免疫学诊断技术，是目前血清学检测中最常用的方法。其基本过程是将酶与抗体或者抗原用交联剂连接起来，此种酶标记抗体或抗原可与固相载体上吸附的相应抗原或者抗体发生特异性反应，加入相应的酶底物时，底物被酶催化生成有色产物，根据成色深浅判定待测抗原或抗体的浓度（杨汉春，1996；刘玉斌 等，1989）。以 p72 蛋白为包被抗原的 ELISA 抗体检测方法有间接 ELISA 和阻断 ELISA。

2. 间接免疫荧光试验（IIF）

Sanchez 等（1970）建立了用于检测 ASFV 抗体的 IIF 技术。IIF 不仅可以用于检测血清中的抗体，也可用于检测病料组织浸液中的抗体。IIF 作为无 ASF 流行地区 ELISA 检测阳性结果的参考试验，ASF 地方性流行地区 ELISA 检测无法确定结果时的确证试验，同时适用于除急性型以外的小规模血清学检测。IIF 敏感性很高、检测也速度很快。

3. 免疫印迹试验（IB）

IB 是将 SDS 聚丙酰胺凝胶电泳的高分辨率与抗原抗体反应的特异性相结合的一项检测蛋白质的技术。它的原理是将从病毒感染细胞中纯化的细胞可溶性病毒蛋白进行电泳，并将其转印到硝化纤维素膜上，选取相对分子质量达23 000～35 000 的蛋白质区段制成抗原条，然后利用抗原抗体的特异性反应，将被检血清与 ASFV 蛋白反应，再将酶标抗猪 IgG 与抗原抗体复合物作用，通过显色确定被检血清中的特异性抗体。

4. 对流免疫电泳试验（IEOP）

对流免疫电泳又称为免疫电渗电泳。它的原理是带电的胶体颗粒可在电场中移动，移动方向与胶体颗粒所带电荷有关。蛋白质抗原在碱性缓冲液（pH8.2 以上）中，由于羧基解离而带负电荷，在电泳时从负极向正极移动。抗体属球蛋白，所暴露的极性基团较少，在碱性缓冲液中电离也少，只带微弱的负电荷，而且相对分子质量较大，电泳力较小，在琼脂电渗力作用下反而由正极向负极移动，这样就使抗原和抗体定向对流，在两孔相遇时发生反应，并在比例合适处形成肉眼可见的白色沉淀线。

第八节　防　　控

非洲猪瘟是猪病的"头号杀手"，被世界动物卫生组织列为必须报告的动物疫病之一，我国将其列为一类动物疫病。2018 年 8 月我国辽宁沈阳首次报告 ASF 疫情，并在短期内迅速扩散到全国各地，导致我国生猪生产遭受重创，给养猪业带来巨大的经济损失。尽管国家采取了一系列防控措施，使生猪生产已恢复到疫情发生前的生产水平，但 ASFV 在我国长期定殖已基本定局，因此，ASF 的防控是一项长期而艰巨的任务。

一、国外防控策略

(一)法国

法国是欧盟的养猪大国，养殖量位居欧盟第三位。法国规模猪场分布十分集中，主要是在布列塔尼大区，该地区土地面积仅占法国的 10%，却饲养了全国近 70% 的生猪。法国的种猪养殖场也十分集中，全国只有 4 家育种公司。法国生猪养殖主要有两种经营模式：一是由核心企业牵头，掌控着育种、扩繁、饲料、饲养、屠宰、肉品加工等全产业链。二是由农场主作为联合经营的主体，以相互间签订合同进行产业链内各环节的合作。

法国暴发过 3 次 ASF 疫情，分别在 1964 年、1967 年、1977 年，每次暴发都得到了成功扑灭。法国之所以成功，在于有成熟的生猪产业和疫病防控体系，同时也创建了完善的生物安全体系。即便 1977 年法国暴发了 ASF 疫情，1977 年和 1978 年的生猪存栏量也仅仅分别下降了 2.5% 和 0.8%。布列塔尼大区位于法国的西部，是全国生猪养殖的集中区域，该地区三面临海，因此，ASF 通过陆路传播的途径相对较少，具有得天独厚的天然屏障，在一定程度上阻隔了与野猪接触的传播途径。法国养猪场的建设标准较高，布局十分合理，为疫病防控提供了条件，法国养猪的现代化水平非常高，处于全球领先水平。法国生猪养殖以家庭式专业农场为主，生产规模多数都集中在 150～1 000 头母猪存栏量，近 70% 为自繁自养，由于养殖场的自动化程度较高，人均管理母猪数量超过 100 头。适度规模化容易做到全进全出，实施精细化的管理，符合生产工艺的合理性要求，便于疫病防控。合作社是最主要的养殖企业组织形式，生猪养殖规模化过程中，农业合作社起到了决定性作用，90% 的猪肉由合作社生产。农业合作社是由农民创建并自行管理的公司，经营范围覆盖了生产、收集、屠宰、初加工到销售的全过程。随着生猪养殖规模化发展，生产效率持续上升。自 1970 年以来，法国母猪 PSY（每头母猪每年所能提供的断奶仔猪头数）平均水平从 16.4 头提升到 2015 年的 29.4 头；母猪平均产仔间隔天数由 184d 减少到约 146d。法国屠宰场布局也十分集中，区域化明显，布列塔尼大区亦是主要的屠宰区域，该地区有 9 个年屠宰量 100 万头以上的屠宰场，占全国 50% 以上的生猪屠宰量。养猪与屠宰的产业链配套比较完善，有效减少了生猪长途调运带来的疫病风险。

法国猪肉产品的运输以冷鲜肉和冷冻肉为主。在消费层面，加工品消费占80%，直接食用消费仅占 20%，长途调运活猪的情况较少，避免了高密度猪群的接触和移动，从根源上减少了病毒侵染的风险。法国通过高度集约化布局和自动化的生产能够最大限度地减少生猪与外界的接触，特别利于各种疫病防控的实施（刘丑生 等，2020）。

（二）巴西

巴西首例 ASF 疫情发生于 1978 年，是非洲猪瘟防控最成功的国家，仅仅花了 7 年时间就将非洲猪瘟根除。ASF 防控分为两个阶段：1978—1980 年为ASF 紧急防控应对阶段，1980—1987 年为 ASF 根除阶段。

第一阶段，在首例 ASF 疫情确诊后第 15 天，巴西政府高度重视，通过总统令启动了 ASF 紧急防控状态，对 ASF 防控提出了严格要求，一是禁止感染区和风险区内猪的调运。二是扑杀感染区内的所有猪和对污染物彻底清洗及消毒等。第一阶段扑杀生猪约 70 万头，财政投入达 1 300 万美元。

第二阶段，巴西通过第一阶段对 ASF 的有效防控后，政府于 1980 年 11提出了 ASF 根除计划。根据巴西国内的实际情况，从养殖场的分布特点、动物及动物产品的流向、猪肉出口企业密集程度和疫病传播的风险程度，分地域和区域进行先后根除。由于巴西根除计划设计科学且执行坚决果断，境内暴发的所有疫情都被扑灭，并于 1984 年 12 月重新获得世界动物卫生组织的 ASF无疫认证。

巴西 ASF 根除计划对生猪调运管理进行了严格规定：用于屠宰的商品猪或者其他仔猪、种猪等，必须获得动物检疫许可证后方可在各州运输，只有无疫情的农场或地区才有机会获得建议许可。跨区域运输的育肥用生猪在出发地和目的地需隔离饲养且血清学检测合格后才能入栏。另外，还加强了猪场和屠宰厂抽样检测以及疫情监测、通报，专门指派兽医负责疫情检查。巴西能 7 年根除 ASF 的主要经验为：一是政府反应迅速，积极引导养殖场。二是投入大量财政资金予以支持。ASF 疫情发生后累计支出超过 2 300 万美元，专业技术人员得到 ASF 疫情防控的有效培训，同时对屠宰的生猪给予补偿，农场主愿意主动上报疫情。三是疫情防控宣传到位和信息交流畅通（刘丑生 等，2020）。

(三) 西班牙

1960 年 ASF 传入西班牙，在其国内流行 25 年后，1985 年西班牙颁布 ASF 根除计划（王志亮 等，2015），关键措施如下。

1. 建设流动兽医临床团队

兽医临床团队参与动物圈舍卫生监督、动物识别、流行病学调查、血清样品采集，并督促和鼓励养猪生产者创建卫生协会。兽医临床团队根据猪群健康状态、猪场卫生设施水平和当时猪场所处的状态等对猪场进行分类登记和注册。

2. 开展所有猪场血清学监测工作

设立国家农业研究院，并在研究院建立国家级实验室，目前该实验室已成为世界动物卫生组织和欧盟的 ASF 国际参考实验室。实验室建立了准确性高、特异性强的 ELISA 快速诊断方法，向全国 17 个自治区参与 ASF 根除计划的 39 个实验室提供血清学检测标准品和耗材，以确保检查结果的准确性和可信度。

3. 提高饲养场及饲养设施卫生水平

采用或建设栅栏、安全处置粪便等基本卫生设施，同时财政给予高效、低利率的贷款用于设施改造等相关支持。

4. 拔除所有 ASF 疫点

国家参考实验室一旦确认暴发 ASF，就立刻对感染猪群全部扑杀，同时对周边所有猪群开展流行病学调查和采集样品进行 ASF 监测，并遵照有关法律，对感染猪群生产者进行足额补偿，避免感染猪流出本场。

5. 严格控制猪群移动

运猪工具必须冲洗消毒，猪群移动调运必须获得官方兽医证明，并标注出发地和健康状况。在整个移动过程中，根除计划管理者都具有管理控制动物的权利。当猪抵达屠宰场时，官方兽医会在屠宰之前审查检疫证明，且屠宰之后该检疫证明在屠宰场至少要保存一年。对于猪肉生产企业，需保留猪肉来源的证明材料。

二、国内防控策略

2019 年 12 月，农业农村部办公厅印发了《无非洲猪瘟区标准》和《无规定动物疫病小区管理技术规范》，截至 2024 年 3 月，我国已有 281 个通过国家评估的非洲猪瘟无疫小区。2021 年 4 月，农业农村部印发《非洲猪瘟等重大动物疫病分区防控工作方案（试行）》，决定自 2021 年 5 月 1 日起在全国范围内开展非洲猪瘟等重大动物疫病分区防控工作。按照此方案，全国共划分为北部区、东部区、中南区、西南区、西北区 5 个大区开展分区防控工作。分区防控的主要任务包括在区域内优先做好动物疫病防控、加强生猪调运监管、推动优化布局和产业转型升级等。

（一）优先做好动物疫病防控

1. 开展联防联控

建立大区定期会商制度，组织研判大区内动物疫病防控形势，互通共享动物疫病防控和生猪等重要畜产品生产、调运、屠宰、无害化处理等信息，研究协商采取协调一致措施。建立大区重大动物疫病防控与应急处置协同机制，探索建立疫情联合溯源追查制度，必要时进行跨省份应急支援。

2. 强化技术支撑

及时通报和共享动物疫病检测数据和资源信息，推动检测结果互认。完善专家咨询机制，组建大区重大动物疫病防控专家智库，定期组织开展重大动物疫病风险分析评估，研究提出分区防控政策措施建议。

3. 推动区域化管理

推动大区内非洲猪瘟等重大动物疫病无疫区、无疫小区和净化示范场创建，鼓励连片建设无疫区，全面提升区域动物疫病防控能力和水平。

（二）加强生猪调运监管

1. 完善区域调运监管政策

规范生猪调运，除种猪、仔猪以及非洲猪瘟等重大动物疫病无疫区、无疫小区生猪外，原则上其他生猪不向大区外调运，推进"运猪"向"运肉"转变。分步完善实施生猪跨区、跨省"点对点"调运政策，必要时可允许检疫合格的生猪在大区间"点对点"调运。

2. 推进指定通道建设

协调推进大区内指定通道建设，明确工作任务和方式，开展区域动物指定通道检查站规范化创建。探索推进相邻大区、省份联合建站，资源共享。

3. 强化全链条信息化管理

推动落实大区内生猪等重要畜产品运输、屠宰和无害化处理全链条数据资源与国家平台有效对接，实现信息数据的实时共享，提高监管效能和水平。

4. 加强大区内联合执法

密切大区内省际间动物卫生监督协作，加强线索通报和信息会商，探索建立联合执法工作机制，严厉打击违法违规运输动物及动物产品等行为。严格落实跨区跨省份调运种猪的隔离观察制度和生猪落地报告制度。

（三）推动优化布局和产业转型升级

1. 优化生猪产业布局

科学规划生猪养殖布局，加强大区内省际间生猪产销规划衔接。探索建立销区补偿产区的长效机制，进一步调动主产省份发展生猪生产的积极性。推进生猪养殖标准化示范创建，科学配备畜牧兽医人员，提高养殖场生物安全水平。探索建立养殖场分级管理标准和制度，采取差异化管理措施。

2. 加快屠宰行业转型升级

加强大区内屠宰产能布局优化调整，提升生猪主产区屠宰加工能力和产能利用率，促进生猪就地就近屠宰，推动养殖屠宰匹配、产销衔接。开展屠宰标准化创建。持续做好屠宰环节非洲猪瘟自检和驻场官方兽医"两项制度"落实。

3. 加强生猪运输和冷链物流基础设施建设

鼓励引导使用专业化、标准化、集装化的生猪运输工具，强化生猪运输车辆及其生物安全管理。逐步构建产销高效对接的冷链物流基础设施网络，加快建立冷鲜肉品流通和配送体系，为推进"运猪"向"运肉"转变提供保障。

三、综合防控措施

（一）加强饲养管理

一是猪舍保持清洁、干燥，定期清除猪舍内被污染的饲料、垫草和粪便等。二是改善饲养环境，注意冬季保暖、夏季降温，加强舍内通风换气，提高空气质量。三是减少猪只的惊吓和刺激，降低各种应激因素。四是日粮营养搭配均衡，满足各阶段猪的营养需求，同时注意饲料的适口性，以提高采食量。五是确保猪只饮水充足，水质清洁。六是猪只实行全进全出和批次化管理。

（二）做好生物安全管理

养殖场（户）根据本场实际情况建立人员、车辆、畜群、物资等管理制度，严格落实生物安全措施。限制无关人员进出养殖场，严格执行进出人员更衣换鞋、手部消毒等卫生制度，有条件的养殖场可在入口处设立淋浴间。禁止外来车辆随意进入养殖场，确需进入的，应彻底清洗消毒。场内严格实施净区和污区管理，人员、物资、车辆、家畜等应遵循从低风险区向高风险区移动的原则。落实引种隔离观察制度，确认畜群健康后方可混群饲养。

（三）做好监测排查

对养殖密集、交易频繁、屠宰集中的重点场所，加大抽检频率，科学开展风险评估，定期对生猪屠宰场和无害化处理厂进行全覆盖抽检，严格网格化巡查排查，划定巡查范围，明确责任人员和监管内容，常态化入场入户巡查，定期报告网格内生猪存栏、出栏、发病、死亡等情况，对发现的生猪不明原因大量死亡等异常情况，及时调查、核实、处置。

（四）做好清洗消毒

针对养殖场（户）、屠宰场、无害化处理厂、病死猪掩埋点、运输工具和人员等，使用含氯类、含溴类、过氧化物类、醛类和含碘类等消毒剂，对室内空气，地面、墙面、物体表面，器具，车辆，工作服等纺织品，采用喷雾、喷洒、擦拭、浸泡、熏蒸等方法，先上后下、先左后右、由里向外、先表面后空间等方式进行全面彻底清洗消毒。

（五）做好检疫监督

严格执行国家检疫监管制度，认真落实网格化管理和风险评估分级管理规定。规范开展产地检疫，强化日常监管查验和临床健康检查，严防问题生猪进入流通环节。认真执行官方兽医驻场规定，生猪产品经检疫合格方可出厂，严格落实生猪无疫区输入（过境）管理规定和东部区跨大区调运政策，确保调入生猪手续齐全、合规合法。强化从事生猪运输的单位、个人以及生猪运输车辆备案管理，加强车辆清洗消毒，对运输车辆定期采样检测，科学评价洗消效果。

（六）做好监督执法

开展生猪调运联合整治行动，严查严打逃避检疫、未使用备案车辆运输、不经指定通道进入以及收购、贩运病猪死猪、买卖检疫证章标志等违法违规行为，震慑违法分子，维护行业秩序。严厉打击买卖、加工、随意弃置病死畜禽和病害畜禽产品的违法犯罪行为，开展屠宰专项治理，严厉查处私屠滥宰、屠宰病死猪、注水或注入其他物质等违法行为。

（七）做好屠宰管理

落实屠宰企业防控主体责任，督促其强化生猪入场查验、待宰静养、肉品检验，定期清洗消毒，屠宰企业按照"头头采、批批检、全覆盖"的要求，规范开展自检，对检测弄虚作假、检出阳性不报告不处置的，依法依规坚决关停整改，情节严重的一律予以取缔。

（八）做好应急管理

强化应急物资储备，加强应急演练，开展应急培训，提升应急事件处置能力，确保一旦发现异常，按照"早、快、严、小"原则，迅速报告、妥善处置，强化动物疫情线索核查，及时排除风险隐患。强化正面宣传引导，避免引起网络炒作和社会恐慌。

（九）做好疫情报告处置

一旦发现病畜出现体温升高，沉郁，厌食，耳、四肢、腹部皮肤有出血点，可视黏膜潮红、发绀，眼、鼻有黏液和脓性分泌物，呕吐，便秘，粪便表面有血液和黏液覆盖，腹泻，粪便带血；共济失调或步态僵直，呼吸困难，瘫痪、抽搐等其他神经症状；妊娠母猪流产等情况。要立即向所在地农业农村主管部门或者动物疫病预防控制机构报告，限制家畜及其产品、饲料及垫料、废弃物、运载工具、有关设施设备等移动。

(十) 做好无害化处理

落实生产经营者主体责任，强化病死畜无害化处理和信息化监管，确保无害化处理各环节规范运行，加强专业无害化处理厂内部风险管控，督促无害化处理厂规范使用包装、转运、清洗消毒工具。对所有病死畜、被扑杀畜及其产品、排泄物，以及被污染或可能被污染的饲料、垫料及污水等，进行无害化处理。对被污染或可能被污染的物品、用具、交通工具、圈舍环境等进行彻底清洗消毒。

四、疫情应急处置

发生可疑和疑似 ASF 疫情时，所在地县级人民政府农业农村（畜牧兽医）主管部门和乡镇人民政府应立即组织采取隔离、采样送检、限制易感动物及相关物品进出等措施。疫情确诊后，县级以上地方人民政府农业农村（畜牧兽医）主管部门应立即划定疫点、疫区和受威胁区，向本级人民政府提出启动应急响应的建议，由本级人民政府依法作出决定。

(一) 划定疫点及处置

1. 划定疫点

对具备良好生物安全防护水平的规模养殖场，发病猪舍与其他猪舍有效隔离的，可将发病猪舍划为疫点；发病猪舍与其他猪舍未能有效隔离的，以该猪场为疫点，或以发病猪舍及流行病学关联猪舍为疫点。

对其他养殖场（户），以病猪所在的养殖场（户）为疫点；如已出现或具有交叉污染风险，以病猪所在养殖场（户）和流行病学关联场（户）为疫点。

对放养猪，以病猪活动场地为疫点。

在运输过程中发现疫情的，以运载病猪的车辆、船只、飞机等运载工具为疫点。

在牲畜交易和隔离场所发生疫情的，以该场所为疫点。

在屠宰过程中发生疫情的，以该屠宰加工场所（不含未受病毒污染的肉制品生产加工车间、冷库）为疫点。

2. 采取的措施

县级人民政府应依法及时组织扑杀疫点内的所有生猪，并参照《病死及病害动物无害化处理技术规范》等相关规定，对所有病死猪、被扑杀猪及其产品，以及排泄物、餐厨废弃物、被污染或可能被污染的饲料和垫料、污水等进行无害化处理；按照《非洲猪瘟消毒规范》等相关要求，对被污染或可能被污染的人员、交通工具、用具、圈舍、场地等进行严格消毒，并强化灭蝇、灭鼠等媒介生物控制措施；禁止易感动物出入和相关产品调出。疫点为生猪屠宰场所的，还应暂停生猪屠宰等生产经营活动，并对流行病学关联车辆进行清洗消毒。运输途中发现疫情的，应对运载工具进行彻底清洗消毒，不得劝返。

（二）划定疫区与处置

1. 划定疫区

对生猪生产经营场所发生的疫情，应根据当地天然屏障（如河流、山脉等）、人工屏障（道路、围栏等）、行政区划、生猪存栏密度和饲养条件、野猪分布等情况，综合评估后划定。具备良好生物安全防护水平的场所发生疫情时，可将该场所划为疫区；其他场所发生疫情时，可视情况将病猪所在自然村或疫点外延 3km 范围内划为疫区。运输途中发生疫情，经流行病学调查和评估无扩散风险的，可以不划定疫区。

2. 采取的措施

县级以上地方人民政府农业农村（畜牧兽医）主管部门报请本级人民政府对疫区实行封锁。当地人民政府依法发布封锁令，组织设立警示标志，设置临时检查消毒站，对出入的相关人员和车辆进行消毒；关闭生猪交易场所并进行彻底消毒，对场所内的生猪及其产品予以封存；禁止生猪调入，禁止生猪及其产品调出疫区，经检测合格的出栏肥猪可经指定路线就近屠宰；监督指导养殖场（户）隔离观察存栏生猪，增加清洗消毒频次，并采取灭蝇、灭鼠等媒介生物控制措施。

疫区内的生猪屠宰加工场所，应暂停生猪屠宰活动，进行彻底清洗消毒，经当地县级人民政府农业农村（畜牧兽医）主管部门组织对其环境样品和生猪产品检测合格的，由疫情所在县的上一级人民政府农业农村（畜牧兽医）主管部门组织开展风险评估，通过后可恢复生产。恢复生产后，经检测、检验、检疫合格的生猪产品，可在所在地县级行政区内销售。

封锁期内，疫区内发现疫情或检出核酸阳性的，应参照疫点处置措施处置。经流行病学调查和风险评估，认为无疫情扩散风险的，可不再扩大疫区范围。

（三）划定受威胁区与处置

1. 划定受威胁区

受威胁区应根据当地天然屏障（如河流、山脉等）、人工屏障（道路、围栏等）、行政区划、生猪存栏密度和饲养条件、野猪分布等情况，综合评估后划定。没有野猪活动的地区，一般从疫区边缘向外延伸 10km；有野猪活动的地区，一般从疫区边缘向外延伸 50km。

2. 采取的措施

所在地县级以上地方人民政府应及时关闭生猪交易场所，农业农村（畜牧兽医）主管部门应及时组织对生猪养殖场（户）全面排查，必要时采样检测，掌握疫情动态，强化防控措施。禁止调出未按规定检测、检疫的生猪，经检测、检疫合格的出栏肥猪，可经指定路线就近屠宰；对取得《动物防疫条件合格证》并按规定检测合格的养殖场（户），其出栏肥猪可与本省符合条件的屠宰企业实行"点对点"调运，出售的种猪、商品仔猪（重量在 30kg 及以下且用于育肥的生猪）可在本省范围内调运。

受威胁区内的生猪屠宰加工场所，应彻底清洗消毒，在官方兽医监督下采样检测，检测合格且由疫情所在县的上一级人民政府农业农村（畜牧兽医）主管部门组织开展风险评估，评估通过后可继续生产。

封锁期内，受威胁区内发现疫情或检出核酸阳性的，应参照疫点处置措施处置。经流行病学调查和风险评估，认为无疫情扩散风险的，可不再扩大受威胁区范围。

（四）紧急流行病学调查

1. 初步调查

在疫点、疫区和受威胁区内搜索可疑病例，寻找首发病例，查明发病顺序；调查了解当地地理环境、易感动物养殖和野猪分布情况，分析疫情潜在扩散范围。

2. 追踪调查

对首发病例出现前至少 21d 内，以及疫情发生后采取隔离措施前，从疫点输出的易感动物、风险物品、运载工具及密切接触人员进行追踪调查，对有流行病学关联的养殖、屠宰加工场所进行采样检测，评估疫情扩散风险。

3. 溯源调查

对首发病例出现前至少 21d 内，引入疫点的所有易感动物、风险物品、运输工具和人员进出情况等进行溯源调查，对有流行病学关联的相关场所、运载工具、兽药等进行采样检测，分析疫情来源。流行病学调查过程中发现异常情况的，应根据风险分析情况及时采取隔离观察、抽样检测等处置措施。

（五）应急监测

疫情所在县、市要立即组织对所有养殖场所开展应急排查，对重点区域、关键环节和异常死亡的生猪加大监测力度，及时发现疫情隐患。加大对生猪交易场所、屠宰加工场所、无害化处理场所的巡查力度，有针对性地开展监测。加大入境口岸、交通枢纽周边地区以及货物卸载区周边的监测力度。高度关注生猪、野猪的异常死亡情况，指导生猪养殖场（户）强化生物安全防护，避免饲养的生猪与野猪接触。应急监测中发现异常情况的，必须按规定立即采取隔离观察、抽样检测等处置措施。

（六）解除封锁和恢复生产

在各项应急措施落实到位并达到下列规定条件时，当地县级人民政府农业农村（畜牧兽医）主管部门向上一级人民政府农业农村（畜牧兽医）主管部门申请组织验收，合格后，向原发布封锁令的人民政府申请解除封锁，由该人民政府发布解除封锁令，并组织恢复生产。

（1）疫点为养殖场（户）的。应进行无害化处理的所有猪按规定处理后21d内，疫区、受威胁区未出现新发疫情。所在县的上一级人民政府农业农村（畜牧兽医）主管部门组织对疫点和屠宰场所、市场等流行病学关联场点抽样检测合格。解除封锁后，符合下列条件之一的可恢复生产：①具备良好生物安全防护水平的规模养殖场，引入"哨兵猪"饲养至少21d，经检测无非洲猪瘟病毒感染，经再次彻底清洗消毒且环境抽样检测合格。②空栏5个月且环境抽样检测合格。③引入"哨兵猪"饲养至少45d，经检测无非洲猪瘟病毒感染。

（2）疫点为生猪屠宰加工场所的。对屠宰加工场所主动排查报告的疫情，所在县的上一级政府农业农村（畜牧兽医）主管部门组织对其环境样品和生猪产品检测合格后，48h内疫区、受威胁区无新发病例。对农业农村（畜牧兽医）部门排查发现的疫情，所在县的上一级政府农业农村（畜牧兽医）主管部门组织对其环境样品和生猪产品检测合格后，21d内疫区、受威胁区无新发病例。封锁令解除后，生猪屠宰加工企业可恢复生产。对疫情发生前生产的生猪产品，经抽样检测合格后，方可销售或加工使用。

第九节　净　　化

新修订并于2021年5月1日施行的《动物防疫法》，明确将动物疫病"净化、消灭"纳入动物防疫的方针。为贯彻落实《动物防疫法》的要求和推进动物疫病净化工作，2021年10月，农业农村部印发了《关于推进动物疫病净化工作的意见》。中国动物疫病预防控制中心制定并发布了《动物疫病净化场评估管理指南》和《动物疫病净化场评估技术规范（2021版)》，为我国的动物疫病净化指明了方向。

一、净化路线

养猪场根据自身的条件和实际情况，结合辖区内养殖情况和疫病流行风险，采取检测-扑杀-监测-净化-维持的净化路线。平时加强人流、物流管控，降低疫病水平与传播风险；强化本场留种和引种的检测，避免外来病原传入风险；建立完善的防疫和生产管理等制度，构建持续有效的生物安全防护体系。即采取严格的生物安全措施、病原学检测、感染抗体监测，扑杀阳性动物，建立假定阴性群的流程来逐步净化；再对假定阴性群加强综合防控措施，维持群体阴性，最终建立净化场，确保净化效果持续有效。

二、净化标准

1. 标准要求

按照中国动物疫病预防控制中心印发的《动物疫病净化场评估技术规范》的规定，同时满足以下要求，视为达到净化标准：

(1) 种公猪、生产母猪、后备种猪抽检，非洲猪瘟病原学检测均为阴性。

(2) 连续两年以上无临床病例。

(3) 现场综合审查通过。

2. 抽样检测要求

按照中国动物疫病预防控制中心印发的《动物疫病净化场评估技术规范》的规定，开展抽样检测（表6-9-1、表6-9-2）。

表6-9-1　规模猪场净化评估实验室检测方法

检测项目	检测方法	抽样群体	抽样数量	样本类型
病原学检测	荧光 PCR	所有猪	按照证明无疫公式计算（$CL=95\%$，$P=3\%$）；随机抽样，覆盖不同猪群	全血

表6-9-2　种猪场净化评估实验室检测方法

检测项目	检测方法	抽样种群	抽样数量	样本类型
病原学检测	荧光 PCR	种公猪	生产公猪存栏50头以下，100%采样；生产公猪存栏50头以上，按照证明无疫公式计算（$CL=95\%$，$P=3\%$）	全血
		生产母猪后备种猪	按照证明无疫公式计算（$CL=95\%$，$P=3\%$）；随机抽样，覆盖不同猪群	

三、净化步骤

1. 本底调查

在净化开展前，应了解本场各年龄段猪群健康状态和感染状况，评估 ASF 发生和传播风险。采集规模猪场或种猪场种公猪、生产母猪、后备种猪的抗凝血，检测非洲猪瘟病原。分析本场非洲猪瘟发生情况、周围疫情情况等关键风险因子，重点了解本场后备种猪的健康筛选制度。根据净化成本和人力物力投入，制定适合于本场实际情况的净化技术方案。

2. 风险评估

（1）临床状况评估主要考察猪群的生产性能和临床表现。发现减料、供料不食等早期症状及发热、昏睡、皮肤出血等典型症状的可以锁定可疑个体，为早期发现感染猪只、减小传播风险赢得时间。

（2）流行情况调查结合病原学检测结果，全面评估猪群发病、流行情况。同时需要对其他主要传染病病原（猪繁殖与呼吸综合征病原、猪瘟病原、猪口蹄疫病原和猪伪狂犬病病原）进行监测，以此作为辅助手段来加强猪群的整体健康管理。

（3）监测结果处理。

①对具备良好生物安全防护水平的规模猪场或种猪场，发病猪舍与其他猪舍有效隔离的，可将发病猪舍划为疫点，扑杀该猪舍所有猪只。发病猪舍与其他猪舍未能有效隔离的，以该猪场为疫点或以发病猪舍及流行病学关联猪舍为疫点，扑杀疫点内所有猪只。

②对其他生物安全防护水平不高的规模猪场（种猪场），以病猪所在的场为疫点。如已出现或具有交叉污染风险，以病猪所在场和流行病学关联场为疫点，扑杀疫点内所有猪只。

四、净化方案

（一）病原阴性养猪场

对于新建、全部从国外或者国内其他大型种猪场引入阴性猪的种猪场，或者已经完成净化的阴性种猪场，或者其他阴性规模猪场，主要目标是维持猪场所有猪只的阴性状态。

1. 加强引种管理

引入种猪需全部检测 ASF 病原，均为阴性方可引种。引进的种猪要放在隔离舍饲养，稳定后逐头再次检测，确认 ASF 病原阴性后方可混群饲养。如外购精液，应确保所购精液或其供体猪（种公猪）ASF 病原检测阴性。

2. 定期监测

开展诊疗巡查，发现异常母猪（包括产死胎、流产等），随时采集病料检测病原；定期按照一定比例对规模猪场或种猪场的种公猪、生产母猪、后备种猪进行病原监测。

3. 防范外来风险

严格执行相应的生物安全管理措施，加强员工的生物安全知识培训，提高生物安全意识，通过对饲料、工具、车辆、人员、其他动物等的控制，防范外来病原传入。

（二）出现监测阳性规模养殖场

（1）具备良好生物安全防护水平的规模猪场，在净化过程中，出现监测阳性。这类猪场通常软硬件设施齐备，条件较好，在监测过程中出现 ASF 病原阳性时，可参照本章第八节中疫情应急处置里有关疫点、疫区的扑杀和封锁措施，以及解除封锁和恢复生产的相关介绍执行。

（2）不具备良好生物安全防护水平的规模猪场（种猪场），在净化过程中，出现监测阳性。对结构布局不合理、设施设备配套不齐全、生物安全防护水平不高的规模猪场（种猪场），在净化过程中出现监测阳性，应按照本章第八节中疫情应急处置的相关内容处理疫情。猪场全部清场后，建议通过改造升级猪场布局，增添设施设备，对猪场设施和场地进行彻底清洗、消毒，空栏 5 个月且环境抽样检测合格后，重新培育阴性猪群，加强猪场管理，提高生物安全防护措施等，按照阴性猪场的净化方案启动净化程序。

五、净化评估

规模猪场（种猪场）根据本场的净化情况进行自评估。自评估达到净化标准后，向省级农业农村主管部门申请省级 ASF 净化场或向农业农村部申请国家级 ASF 净化场。

1. 省级 ASF 净化场评估

省级农业农村主管部门收到规模猪场（种猪场）的净化申请后，从动物疫病净化评估专家库中抽取专家，组成净化评估专家组，对申请猪场（种猪场）进行 ASF 净化场的评估。专家组按照中国动物疫病预防控制中心印发的《动物疫病净化场评估技术规范》的要求开展评估。

2. 国家级 ASF 净化场评估

通过省级 ASF 净化场评估后，省级农业农村主管部门按《国家级动物疫病净化场申报书》的要求向农业农村部申请国家级 ASF 净化场评估。通过农业农村部书面材料审查的规模猪场（种猪场），由中国动物疫病预防控制中心组织专家组，按照中国动物疫病预防控制中心印发的《动物疫病净化场评估技术规范》的要求开展评估。

六、净化维持

规模猪场（种猪场）通过省级或国家级 ASF 净化场验收后，继续采取种源管理、防疫管理、生产管理、消毒管理、无害化处理等综合防控措施，提高生物安全防护水平，防范外来病原传入。以后可每半年开展 ASF 病原学维持监测，同时辅助监测其他主要传染病（PRV、PRRSV、CSFV、FMDV）的抗体水平。

第七章

口蹄疫的控制与净化

第一节　概　　述

一、概况

口蹄疫（foot-and-mouth disease，FMD），俗名"口疮病、鹅口疮、烂舌癀、蹄癀或脱靴症"等。是由口蹄疫病毒（foot-and-mouth disease virus，FMDV）引起的，严重危害偶蹄动物的一种急性、热性和高度接触性传染病。其特征是在口腔黏膜、蹄部及乳房等皮肤形成水疱和烂斑。本病具有很强的传染性，易感动物种类繁多、传播途径广泛、潜伏期短、传播速度极快，一旦发生，往往造成大流行，不易控制和消灭，使得动物及其产品流通和国际贸易受到限制，造成巨大的经济损失和政治影响，因此该病也被称为"政治经济病"。由于该病危害严重，世界动物卫生组织将其列为必须报告的动物疫病，是国际活畜及畜产品通关贸易必检的一类疫病，我国《动物防疫法》也将其列为一类动物疫病。我国于 2012 年印发了《国家中长期动物疫病防治规划（2012—2020 年）》，将口蹄疫列为优先防治病种之一；于 2014 年向 WOAH 提交了口蹄疫官方控制计划，并在 2015 年经 WOAH 认可通过。英美等国家主要采取扑杀措施进行防控，我国现阶段采取以免疫为主的综合防控措施和区域控制、无疫区建设等措施。依照《动物防疫法》《重大动物疫情应急条例》等规定，一旦发生口蹄疫，应采取封锁、隔离、扑杀、销毁、消毒、无害化处理、紧急免疫接种等强制性措施，为避免疫情扩散，规定禁止对所有口蹄疫发病动物采取治疗措施。

二、流行史

据悉，口蹄疫是第一个被发现的病毒性疾病，最早的与口蹄疫相关的记载可以追溯到 1514 年的威尼斯，一位意大利学者比较详细地记述了该病在牛群中的发病症状。1546 年，弗拉卡斯托罗（Fracastoro）首次发现了口蹄疫病毒，17—18 世纪，德国、法国和意大利暴发该病。1872 年，通过扑杀病畜和同群畜，澳大利亚宣布消灭口蹄疫。随后 1898 年，德国格赖夫斯瓦尔德大学（University of Greifswald）卫生研究所微生物学家勒夫勒（Loeffler）和弗罗施（Frosch）通过试验证实了这是一种能够引起动物疾病，比细菌小的可过滤的病毒。19 世纪，该病在欧洲大陆流行，随后相继传入非洲、亚洲，在全球范围内大面积暴发。自进入 20 世纪以来，除美国、加拿大和墨西哥分别于 1929 年、1952 年和 1954 年宣布消灭口蹄疫外，欧洲国家口蹄疫仍很猖獗，其他各洲均有不同程度的流行；到 20 世纪 80 年代，除大洋洲、北美洲早已无口蹄疫疫情外，欧洲虽有不少国家仍有此病，但疫情大大减少，而亚洲、非洲和南美洲各国则是口蹄疫的重疫区。1933 年，日本宣布消灭口蹄疫，但是在 2000 年再次暴发，同年，朝鲜和韩国也呈现暴发流行。目前，亚洲、南美洲、欧洲和非洲均有口蹄疫流行，其中欧洲、南美洲等部分国家呈散发流行，而在亚洲、非洲等地区仍呈地方性或暴发流行。大洋洲、美洲中部地区以及西欧大陆目前没有口蹄疫。然而，口蹄疫作为一种跨界动物疾病，仍然可在任何类型的无疫区零星发生。

我国与许多国家接壤，周边不断发生口蹄疫疫情，导致疫情入侵到我国，造成了巨大威胁。口蹄疫在我国流行历史已久，其特征是在一定时间、一定区域持续不断发生。根据部分省份动物疫病志记载，我国最早在 1893 年云南省西双版纳发现类似口蹄疫疫情，但由于首次发病，国内未有相关资料证实该病病原，直到 1897 年才确定病原为口蹄疫病毒。1902 年甘肃省酒泉一带发生口蹄疫大流行，1935 年初苏沪铁路沿线也有本病流行，1935—1938 年青海、甘肃的河西走廊及云南和内蒙古流行本病。1939 年口蹄疫由缅甸传入云南的德宏、临沧、思茅一带。1940 年，云南疫情未熄，新疆喀什一带以及内蒙古又暴发疫情。新中国成立后，经过全面组织防治，老疫区扑灭了疫情，新疫区新疫情有时又有出现，如 1950 年和 1963 年曾由苏联、蒙古国传入我国新疆、内蒙古、东北地区，1952—1953 年多次由缅甸传入云南的中缅边境地区。据农业农村部官网疫情数据统计显示，2005—2020 年，国内累计报告口蹄疫疫情 172 次，其中 2005年、2009 年、2010 年、2013 年是口蹄疫疫情高发年份，流行毒株主要为 O 型和 A 型 2 种血清型。2020 年报告疫情 5 次，主要流行毒株也为 O 型和 A 型。根据我国口蹄疫参考实验室监测数据显示，近两年，我国猪口蹄疫流行毒株主要有缅甸 98 毒（O/Mya-98）、猪毒（O/Cathay）、南亚毒（O/PanAsia）、O/Ind-2001和 A/Sea-97 G2。其中，缅甸 98 毒是最主要的优势流行毒株。

三、全球防控态势

全球各区域流行的口蹄疫病毒血清型和毒株各有不同。亚洲主要流行 O 型、

A 型和 Asia 1 型，非洲东部地区主要流行 O 型、A 型和 SAT 1 型、SAT 2 型、SAT 3 型，非洲西部地区主要流行 O 型、A 型和 SAT 1 型、SAT 2 型，非洲南部地区主要流行 SAT 1 型、SAT 2 型、SAT 3 型，南美洲北部地区主要流行 O 型和 A 型口蹄疫病毒。随着世界联系越来越紧密，动物和人类的流动、物品的运输、气候的变化以及口蹄疫病毒毒株自身的改变也影响着世界口蹄疫的流行。世界各国也在共同联合实施口蹄疫的防控，截至 2024 年 4 月，世界动物卫生组织公布的全球口蹄疫非免疫无疫国（地区）有澳大利亚、德国、西班牙、法国、意大利、日本等共 68 个（表 7 - 1 - 1），免疫无疫国有巴拉圭和乌拉圭 2 个，阿根廷、巴西、中国、俄国等 11 个国家的部分地区成立了口蹄疫非免疫无疫区，另外，中国、俄国、土耳其等 9 个国家成立了口蹄疫免疫无疫区。口蹄疫防控总体格局为：发达国家大部分都已经成功消灭及净化了口蹄疫，成为无疫区，而发展中国家仍在遭受口蹄疫的危害，特别是亚洲、中东和非洲的大多数地区。

表 7 - 1 - 1　口蹄疫非免疫无疫成员情况

欧洲	圣马力诺		意大利	瑞典	芬兰
	白俄罗斯		拉脱维亚	瑞士	法国
	黑山		阿尔巴尼亚	塞尔维亚	斯洛伐克
	奥地利		卢森堡	乌克兰	希腊
	保加利亚		马耳他	英国	匈牙利
	克罗地亚		斯洛文尼亚	罗马尼亚	冰岛
	塞浦路斯		北马其顿	立陶宛	爱尔兰
	捷克		挪威	荷兰	德国
	丹麦		波兰	瑞典	比利时
	爱沙尼亚		葡萄牙	西班牙	
大洋洲	澳大利亚		新西兰	瓦努阿图	法属新喀里多尼亚
北美洲	海地		加拿大	多米尼加	古巴
	哥斯达黎加		萨尔瓦多	危地马拉	墨西哥
	美国	洪都拉斯	伯利兹	巴拿马	尼加拉瓜
南美洲	智利		圭亚那	秘鲁	苏里南
亚洲	文莱		印度尼西亚	日本	菲律宾
	新加坡				
非洲	斯威士兰		莱索托	马达加斯加	

四、危害

口蹄疫对家畜有高度传染性和经济破坏性，能够造成家畜生产性能下降，病畜死亡。动物在患病期间肉奶生产停滞，病后肉奶产量锐减以及种用价值丧失可造成较大的经济损失，除此之外，还会造成严重的经济和社会影响，包括对饲料、兽药和旅游相关产业的破坏，尤其是制约了发展中国家的畜牧业发展。因此，一旦发现疫情，必须对病畜和疑似潜伏期内动物实施紧急无害化处理，对疫点周边范围进行封锁，禁止相关动物移动及其畜产品调运上市。

2018年我国发生非洲猪瘟疫情后，针对生猪生产大幅度下降、猪肉价格大幅上涨等严峻形势，我国出台了一系列"稳产保供"政策，加快恢复生猪生产。随着疫情给生猪养殖产业带来的巨大压力以及《中华人民共和国动物防疫法》（2021年新修订）和《中华人民共和国生物安全法》的实施，疫病防控措施得到加强，猪场生物安全管理更加完善，养猪业发生了很大变化，楼房养猪、智能养猪等新型现代化养殖模式得到了快速发展。但从近年来的口蹄疫发生情况来看，即使是生物安全良好的猪场也仍然存在发生口蹄疫的风险，为防控非洲猪瘟而建立的生物安全体系并不能完全阻断口蹄疫的传播，因此，仍然需要高度重视口蹄疫的防控和净化。

第二节 病 原 学

一、形态结构

口蹄疫病毒属于小RNA病毒科（Picornaviridae），为口蹄疫病毒属（Aphthovirus）的唯一成员，是已知最小的动物核糖核酸病毒。口蹄疫病毒是一个近球形的粒子，正二十面体对称，即有12个顶点、30条棱和20个正三角形面，直径为20~25nm，相对分子质量6.9×10^6，沉降系数为140~146S。由中央的单股线状RNA核芯和周围的4种结构蛋白（VP1、VP2、VP3、VP4）各60个拷贝形成的蛋白质衣壳所组成，无囊膜。除1D（VP1）第141~160氨基酸突出于表面外，其余整个表面光滑平整，无凹陷结构。病毒RNA决定其感染性和遗传性，蛋白质外壳决定其抗原性、免疫性和血清学反应能力，介导病毒核酸进入宿主细胞，并保护中央的RNA不受外界RNA酶等的破坏。成熟的病毒颗粒约含有30%RNA，剩余70%都是蛋白质。在负染标本中，可见其衣壳由约32个壳粒组成。口蹄疫病毒感染动物后，侵入宿主细胞，在细胞质中大量增殖，聚集形成晶格状排列，破坏细胞结构，引起动物发病。取感染细胞培养物做超薄切片，进行电子显微镜检查，常可见到胞质内呈晶格状排列的口蹄疫病毒。

二、病毒基因组构成

口蹄疫病毒为单股正链RNA病毒，单顺反子，完整的基因组RNA具有感染性，转染细胞或注射动物体内可以包装出感染性的病毒。口蹄疫病毒基因组全长为 8 046~8 214bp，由中间编码区及其两侧的非编码区组成。口蹄疫病毒的基因组构图见图 7-2-1。

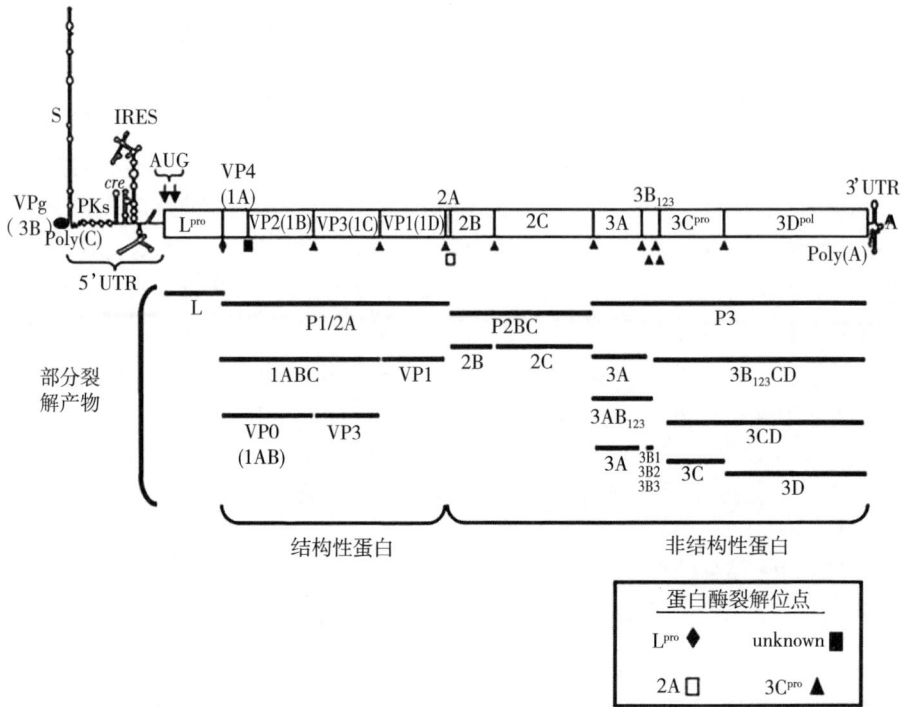

图 7-2-1　口蹄疫病毒的基因组构成

1. 非编码区

5′端非编码区（5′UTR）长约 1 300bp，离 5′UTR 400~500bp 处是一个长为 100~200bp 组成的 Poly C（多聚胞嘧啶）区，此区后还有一个 800bp 左右的非编码区。5′UTR 主要能稳定 RNA 基因组的结构，是病毒基因启动复制和翻译的重要区域，蛋白质的翻译与该区域内的一个高度保守的颈环结构组成的内部核糖体进入位点（IRES）相关，可不依赖于帽子结构而启动翻译程序。3′端非编码区（3′UTR）包括一段长约 100nt 的 Poly A（多聚腺嘌呤）尾巴和一个约 90 个核苷酸组成的，能折叠成特殊颈环结构的非翻译区。3′UTR 区与大量复制过程所需蛋白结合，可以终止病毒蛋白的翻译，且与口蹄疫病毒的毒力密切相关，缺失 3′UTR 则不能组装形成完整病毒粒子。

2. 编码区

口蹄疫病毒基因组的编码区分为 4 个区域，共同编码一个约由 2 330 个氨基酸组成的多聚蛋白，该蛋白可在病毒自身编码的蛋白酶的作用下，裂解成病毒自我复制和组装所需要的结构蛋白以及非结构蛋白。5'UTR，即 L 区，编码该多聚蛋白的氮端部分，包含两个框内 AUG 起始密码子，转录并翻译形成与病毒体外复制及侵染有关的 L^Pro 蛋白。基因组中部是一个大的开放阅读框（open reading frame，ORF），框内有 P1、P2、P3 三个区，共计编码口蹄疫病毒的 13 种蛋白。其中 P1 区编码组成衣壳的 4 个结构蛋白（VP1、VP2、VP3 和 VP4），P2 区编码 3 种参与 RNA 病毒复制的蛋白（2A、2B、2C），P3 区编码 6 种与病毒复制加工相关的蛋白酶类（3A、3B1、3B2、3B3、3C 和 3D）。

三、病毒的主要蛋白

（一）非结构蛋白

1. L^Pro 蛋白

L^Pro 蛋白为前导蛋白，是一种木瓜蛋白酶样的半胱氨酸蛋白酶。由于口蹄疫病毒可以从两个可变的起始密码子（AUG）起始翻译，因此可形成两种形式的 L^Pro，即 Lab 和 Lb。L^Pro 蛋白具有自身裂解活性，可以通过自我剪切与聚蛋白分离，还能特异性裂解宿主细胞的翻译起始因子 4G（eIF4G），使帽结构依赖性的 mRNA 的翻译受阻，从而抑制宿主的一些免疫相关蛋白的合成，抵抗天然免疫，因此 L^Pro 蛋白是病毒毒力的决定因素之一。L^Pro 的缺失可导致在 BHK-21 细胞上培养的口蹄疫病毒毒力下降，接种牛不引起发病，接种猪只出现轻微症状。

2. P2 蛋白

P2 蛋白裂解后的最终产物是 2A 蛋白、2B 蛋白和 2C 蛋白。2A 蛋白含有 18 个氨基酸，可能是 tyr-gly 特异性蛋白酶，能够介导 P1-2A 与 P1-2B 的裂解。2B 和 2C 参与病毒诱导细胞病变，在两者的共同作用下能够影响宿主细胞的正常生理功能。此外，2C 蛋白对病毒的增殖方式和病毒衣壳的装配也有一定影响。

3. P3 蛋白

P3 也经过加工产生 3A 蛋白、3B 蛋白（VPg）、3C 蛋白（gln-gly 特异性蛋白酶）和 3D 蛋白（RNA 聚合酶成分）。3A 蛋白是一个 N 端高度保守，而 C 端易变的蛋白，由 153 个氨基酸组成，在 RNA 复制中起重要作用。病毒 RNA 复制起始时，3A 蛋白与宿主细胞的成分相互作用，引导病毒复制复合物锚定到膜上，诱发细胞内膜增生，为病毒 RNA 复制创造前提条件。3B 蛋白是一个由 3 个序列略有不同的拷贝（分别是 3B1、3B2、3B3）组成的偶联蛋白，位于口蹄疫病毒基因组的 5' 端，与病毒的起始复制有关。另有研究表明，3B 蛋白组分的缺失并不影响口蹄疫病毒生长和复制，但是拷贝数量会直接影响病毒毒力和病毒的宿主范围。含有 3 个 3B 蛋白的病毒粒子,其毒力和宿主范围都高于只含有 1 个 3B 蛋白的病毒粒子。3C 蛋白是由 213 个氨基酸组成的丝氨酸蛋白酶,主要对病毒多聚蛋白行使切割作用,另外对 3B 尿苷酰化和病毒的复制有一定作用。3D 蛋白是 RNA 转录和翻译依赖的聚合酶成分,又称病毒感染相关抗原,其序列具有高度保守性,参与病毒 RNA 的合成。

(二) 结构蛋白

P1 即衣壳蛋白的前体,在蛋白酶的裂解作用下产生 VP1、VP2、VP3 和 VP4,这 4 种结构蛋白自组装成病毒衣壳。编码这 4 种蛋白的基因片段分别被命名为 1D、1B、1C 和 1A。VP1、VP2、VP3 结构相似,均呈楔形,由 8 股 β 折叠构成,位于病毒粒子表面,决定着病毒的细胞嗜性与免疫原性。

1. VP1 蛋白

VP1 是 4 个结构蛋白中研究得最多的。VP1 蛋白由 213 个氨基酸组成,大部分暴露在病毒表面,蛋白第 140~160 位(βG-βH 环)和 200~213 位氨基酸是主要的抗原位点,也是高度变异的区域,当前口蹄疫病毒基因型的划分基础就是依赖于 VP1 的基因序列,各型之间 VP1 基因序列氨基酸差异为 30%~50%。在 VP1 上有个重要的 RGD 基序,是细胞受体整合素的识别位点,有研究表明,在选择压力下,暴露于衣壳外部的 VP1 蛋白极易发生变异,导致病毒抗原性发生改变,从而给疫病的防控带来很大的阻碍。另外,VP1 蛋白还含有大量能够刺激机体产生有效体液免疫应答和细胞免疫应答的抗原决定簇,是诱导机体产生中和抗体的关键蛋白。因此,分析 VP1 的核苷酸序列对研究口蹄疫病毒遗传变异、口蹄疫的流行病学及研制新的口蹄疫疫苗有很重要的作用。

2. VP2 蛋白

VP2 蛋白由 218 或 219 个氨基酸组成,不同的血清型,其氨基酸数目差异不大,但其 B-C 环是大多数血清型抗原位点的构成成分。VP2 蛋白对于病毒粒子成熟与稳定发挥关键作用。

3. VP3 蛋白

VP3 蛋白由 219~221 个氨基酸组成,含重要的构象型表位,维持病毒衣壳的稳定。不同血清型间,VP3 的氨基酸数目存在一定差异,O 型最少,218 个,Asia 1 型 219 个,最多的是 SAT 2 型有 222 个,其 B-B 结节是口蹄疫病毒抗原位点的构成成分。

4. VP4 蛋白

VP4 位于衣壳内侧,紧贴于 VP1、VP2、VP3 复合体,并与 RNA 紧密结合,与病毒衣壳的稳定性有关,还起着增大内含体膜通透性和释放病毒 RNA

的作用。它由 85 个氨基酸组成，是最为保守的口蹄疫病毒蛋白，可达 81% 的氨基酸保持不变，各型之间氨基酸数目差异很小。

用聚丙烯酰胺凝胶电泳分离 VP1、VP2 和 VP3，加入弗氏不完全佐剂后注射豚鼠，仅 VP1 产生对病毒粒子的沉淀反应抗体，并能引起部分免疫保护力。在 VP1、VP2、VP3 和 VP4 4 种蛋白质中，与中和抗体以及抗感染有关的主要是 VP1，但只有完整病毒粒子和空衣壳有良好的免疫原性。因此 VP1 可能必须有 VP4 共存或存在佐剂时才能具有免疫原性，而且与 VP1 本身的立体构型有关。

四、主要血清型

理论上，口蹄疫病毒开放阅读框内的蛋白重组可以产生共计 7 820 种病毒，成为该病毒毒型多、各型之内抗原性存在差异并形成若干毒株的基础。实际上，根据动物交叉保护和血清学试验，口蹄疫病毒被具体划分为 C 型、O 型、A 型和 Asia 1 型（亚洲 I 型或称泛亚型）、SAT 1（南非 I 型）、SAT 2（南非 II 型）、SAT 3（南非 III 型）共 7 个血清型，每种血清型又根据抗原亲缘关系分为不同亚型。根据 VP1 核苷酸序列同源性，全球将 O 型口蹄疫病毒分为 Euro-SA、Me-SA、SEA、Cathay、WA、EA、ISA-1 和 ISA-2 共 8 种拓扑型，不同血清型间甚至亚型毒株之间交叉免疫保护不佳，也是临床不断出现新的病毒亚型和使用疫苗免疫效果不理想的主要原因。这给口蹄疫的控制和消灭造成极大困难。目前，在我国主要流行的有 O 型和 A 型。

口蹄疫病毒的型别（抗原差异）是由病毒粒子外部构象决定的，即抗原的差异是由蛋白结构决定的。那些决定病毒抗原性的蛋白结构小区段被称为抗原位点。比较分析 7 个不同血清型口蹄疫病毒基因组核苷酸序列后发现，1C（编码 VP3 结构蛋白）和 1D（编码 VP1 结构蛋白）区段变异最大。实验表明，对胰酶敏感的口蹄疫病毒抗原位点集中在显示血清型差异的 VP1 上。受宿主免疫系统选择压力等影响，VP1 变异最频繁，许多 O 型、A 型和 C 型毒株在 VP1 一些区段的氨基酸组成不同，构成了型的抗原差异。研究发现，VP1 蛋白由 213 个氨基酸组成，是序列依赖型表位的主要结构基础。VP1 有一段高度无序的螺旋样环结构，叫作 G-H 环，与抗原结合位点（Fab）相结合时会形成一个突触，突出于病毒衣壳表面。前面也提到过，口蹄疫病毒衣壳比较光滑，唯一比较显著的就是 VP1 的 G-H 环突出于病毒表面，增加了 VP1 蛋白的移动性和免疫原性。其中的 RGD 肽段是细胞受体结合位点，在病毒侵入细胞的过程中发挥着重要作用，这个区域属于高变区，VP1 中关键氨基酸的点突变最易发生在这个区域。该位置有中和性的抗原位点，通过突变可以改变病毒的抗原性，是决定病毒抗原性的主要结构域。VP1 蛋白不仅是主要的抗原，并且含有病毒受体结合区，因此是近年来免疫、诊断制剂研究的重点。

五、病毒抵抗力

（一）对环境的抵抗力

分离纯化得到的口蹄疫病毒在低温下十分稳定，4～7℃可存活数月，在－20℃，特别是－50℃至－70℃以下，可以存活数年。而口蹄疫病毒野毒对外界环境抵抗力较强，视条件不同而异（表7-2-1）。

表7-2-1　口蹄疫病毒在各种环境下的抵抗力

环境条件	存活时间
病畜皮毛上	自然条件下可存活24d
脱落痂皮中	存活67d
尿液中	可存活39d
麸皮中	存活104d
土壤表层中	夏季存活2～3d；秋冬季存活3～4周
干草中	22℃条件下可存活140d
污水中	17～21℃条件下可存活21d
病死猪的冷冻骨髓中	可存活70d
病死猪的血液中	能保持毒力达4～5个月
肉品中	能存活30～40d
50%甘油生理盐水	4℃下存活360～370d

（二）对理化因子的抵抗力

口蹄疫病毒对热作用较敏感，在自然条件下，高温和直射阳光（紫外线）对病毒有杀灭作用。电离辐射，如 χ、α、β、γ 射线均可使病毒灭活。超声波对口蹄疫病毒没有明显的灭活作用。此外，口蹄疫病毒对酸、碱都很敏感，对其他化学消毒药的抵抗力较强（表7-2-2）。

表7-2-2　口蹄疫病毒对理化因子的抵抗力

理化指标	抵抗力
温度	80℃1min，70℃10min，或60℃15min即失去自然感染力
酸碱	pH小于5和大于9时，每分钟可杀灭90%以上的病毒。因此在实际中，2%～4%烧碱（NaOH），3%～5%福尔马林溶液、0.2%～0.5%过氧乙酸、1%强力消毒灵、5%次氯酸钠或5%氨水等均是良好的消毒剂

（续）

理化指标	抵抗力
常用消毒剂	0.1%升汞、3%来苏儿 6h 不能杀死病毒，在 1%石炭酸中 5 个月、70%酒精中 2～3d 病毒尚能存活
有机溶剂	酚类、酒精、乙醚、氯仿等有机溶剂和吐温－80 等表面活性剂对病毒作用不大

第三节　流行病学

一、传染源

病畜是口蹄疫最主要的传染源。病毒随呼出的气体、分泌物和排泄物以及母畜流产时随羊水同时排出。水疱皮、水疱液、奶、尿、唾液及粪便等含毒量最多，毒力也最强，最具传染性。患病动物在潜伏感染期（出现症状前 3～4d）即可开始大量排毒，因此，处在该病潜伏期的动物具有极大的危险性；急性发病期排毒量最多，恢复期排毒量逐步减少。在急性传染过程中屠宰病畜也可造成大量病毒的散布。病畜的肉品、奶制品、内脏、皮、毛等均可带毒成为传染源。

潜伏期从机体分泌物、排泄物排出病毒与感染过程开始阶段有密切关系。猪病毒血症的开始时间为感染后 1d 至临床症状期，并持续至 8d，血液中的病毒最高滴度为 5.76 logID$_{50}$/mL。感染动物排出病毒的数量与动物的种类、感染时间、发病的严重程度以及病毒毒株有直接关系。发病猪一昼夜从呼出的气体排出 $10^{5.4}$ ID$_{50}$病毒，粪便中可达 $10^{5.5}$～$10^{6.5}$ ID$_{50}$。被感染的机体从发现口蹄疫病毒排出到出现口蹄疫损伤，两者的时间间隔为 2～12h。但在接触感染的情况下，时间可大大延长，从乳汁和精液排出病毒是 1～4d，唾液为 1～7d，咽部为 0～9d。

根据患病动物的种类和病程阶段的不同，临床症状及排出病毒的数量和毒力是有区别的。发病急的牛和猪，在表现出临床症状的同时也是排毒最多的时期。病猪的排毒量远远超过牛、羊，因此认为猪对本病的传播起着非常重要的作用。绵羊和山羊口蹄疫，由于患病期症状轻微，易被忽略，因此在羊群中成为长期的传染源，如果诊断和采取措施不及时，将导致该病的快速传播。从流行病学的观点来看，牛是"指示器"，对口蹄疫病毒最敏感；羊是本病的"贮存器"，保存病毒常常无症状表现；猪是"放大器"，可将弱毒株变为强毒株，且病猪的排毒量远远超过牛、羊。

二、传播途径

口蹄疫的发生与传播受多种因素影响。其传播方式分为接触传播和空气传播，接触传播又可分为直接接触和间接接触。口蹄疫在临床中未见有垂直传播的报道，但有研究表明，在小鼠和绵羊的动物实验中，口蹄疫病毒可以通过胎盘屏障，对胎儿造成感染。

（一）接触传播

自然条件下，猪一般通过直接或间接接触污染物或传染源的途径感染口蹄疫。

1. 直接接触

直接接触主要发生在同群动物之间，包括圈舍、牧场、农贸市场和运输车辆中动物的直接接触，由发病动物直接传给易感动物。或者由被感染动物及分泌物、排泄物与易感动物直接接触传染。

2. 间接接触

主要通过传播媒介以多种方式和途径间接接触传染，从而使该病扩散蔓延引起暴发。许多生物，包括带毒的野生偶蹄类动物、鸟类、啮齿类、猫、狗、吸血蝙蝠、昆虫等都可能是中间的病毒携带者，均机械地传播病毒到疫点之外。人也是传播本病毒的媒介之一。无生命物品都可能成为传播媒介。研究表明，可从与病猪接触过后 28h 的人鼻黏膜中分离出口蹄疫病毒。

（二）空气传播

空气气溶胶的传播是口蹄疫病毒的重要特点，因此，在研究口蹄疫远距离传播时，常常归结于口蹄疫病毒的气源传播方式。空气中病毒的来源主要是病畜呼出的气体。病畜呼出的气体、圈舍粪尿、含毒污物等可形成含病毒气溶胶。对于大多数口蹄疫病毒毒株，每头感染猪每天排毒量可达 1×10^6 TCID$_{50}$，而猪的最低感染剂量为 1×10^3 TCID$_{50}$。尽管排毒量高于最低感染剂量，但事实上，空气中形成气溶胶的病毒含量却远低于此，因此当出现大量感染猪排出病毒气溶胶时，长距离的空气传播才成为可能，并且还要受到天气、地形、光照、温湿度的影响，其中最大的因素是相对湿度（RH）。RH 高于 55％以上，病毒的存活时间较长；低于 55％很快失去活性。在 70％的相对湿度和较低气温的情况下，病毒可见于 100km 以外的地区。

三、易感动物

口蹄疫主要感染偶蹄动物，包括牛、猪、绵羊和山羊等家畜，还包括鹿、野牛、羚羊、野猪、刺猬、大象在内的 70 多种野生动物。此外，牛、绵羊和山羊可能成为病毒携带者，牛可以携带病毒长达 2～3 年。小鼠和大鼠已经通过人工方法成功感染口蹄疫，通常认为它们在自然条件下不会感染这种疾病。不同年龄易感动物的易感程度不完全相同，一般情况下年幼的仔猪发病率高，死亡率高，尤其是新生仔猪的发病率和死亡率可达 100％。而在成年阶段，尽管口蹄疫不会导致成年动物的高死亡率，但这种疾病会使动物机体衰弱，包括体重减轻、产奶量减少和失去畜力，从而在相当长一段时间内造成生产力损失。

四、分子流行病学

由于口蹄疫病毒的 RNA 聚合酶缺乏高效的校对机制，使其基因组 RNA 表现出非常高的突变率，在免疫压力等因素作用下，变异加快，同一地区可能存在多血清型和同一血清型的多个基因型流行毒株，这给口蹄疫的防控带来了极大的困难和挑战。世界多个口蹄疫流行区时常报告 A 型和 O 型疫情，其中 O 型感染引起的疫情最为复杂，威胁性巨大。相比之下 Asia 1 型和 SAT 型病毒主要分布在亚洲和撒哈拉以南的非洲地区。在我国同样是 A 型和 O 型口蹄疫流行最为普遍，Asia1 型已经被成功控制，直至 2009 年 5 月报道后再没有暴发过。2009 年湖北省武汉市暴发了 A 型口蹄疫，命名为 A/WH/CHA/09FMDV，它属于亚洲拓扑型 SEa-97/G1 基因型，对奶牛最为易感，但该基因型病毒从 2010 年下半年之后再未见报道。2013 年，广东茂名市出现了猪牛羊都感染发病的又一 A 型口蹄疫，命名为 A/QH/CHA/2013 FMDV 毒株，属于亚洲拓扑型 SEa-97/G2 基因型，G1 和 G2 分支的 VP1 基因核苷酸序列同源性大约 91%，推测是从东南亚传入我国，至今这个谱系的口蹄疫病毒仍在我国及其他国家偶有发生。O 型口蹄疫病毒在我国流行更为复杂多变，主要有 Cathay 拓扑型（经典疫苗株和嗜猪群）、PanAsia-1 谱系、Mya98 谱系和 IND2001d 分支，当前 4 个基因型病毒出现了共同循环流行的复杂局势。所以，首先选择净化和消灭 A 型口蹄疫更符合当前我国疫病流行规律和局势。

五、流行特征

（一）时间分布

单纯性猪口蹄疫的流行无明显季节性，但以冬春季节（天气比较寒冷时）多发。在大群饲养的猪舍，一年四季均可发生，呈 2~5 年暴发 1 次的周期性流行。

（二）空间分布

根据农业农村部畜牧兽医局疫情发布信息，2021 年，全球共有 11 个国家向世界动物卫生组织报告了口蹄疫疫情，其中 5 个亚洲国家，分别是以色列、中国、蒙古国、约旦和巴勒斯坦；6 个非洲国家，分别是纳米比亚、卢旺达、马拉维、南非、津巴布韦和赞比亚。亚洲报道的口蹄疫疫情均为 O 型，主要发病动物涉及牛、羊、猪、欧洲黄鹿、野生瞪羚等。非洲报道的口蹄疫疫情有 SAT1 型、SAT2 型、SAT3 型，发病动物主要为牛。总的来说，在西欧和南美一些地区已经通过扑杀和接种疫苗相结合的方式消除了口蹄疫病毒，目前，口蹄疫的主要疫区集中在亚洲、非洲和中东。2021年的具体疫情报告情况见表7-3-1。

表 7-3-1　2021 年世界动物卫生组织通报的全球口蹄疫疫情情况

国家		FMD 报告日期	分型	发病动物	发病动物数（头、只）	疫情上报数
亚洲	以色列	2021.1.5	/	牛、羊	牛 13，羊 150	2 起
		2021.1.14	O 型	牛	牛 89	6 起
		2021.1.25	O 型	欧洲黄鹿	鹿 1	1 起
		2021.2.13	/	牛、羊	牛 200，羊 3	2 起
		2021.6.3	/	牛	牛 157	7 起
		2021.6.3	/	野畜	野生瞪羚 1	1 起
	中国	2021.1.29	/	牛	牛 52	1 起
		2021.3.22	/	猪	猪 33	1 起
		2021.10.31	O 型	牦牛	牦牛 41	1 起
	蒙古国	2021.7.7	O 型	牛、羊	牛、羊共 924	4 起
		2021.7.20	O 型	牛	牛 85	1 起
		2021.9.7	O 型	绵羊	绵羊 75	1 起
	约旦	2021.11.9	/	牛	牛 10	1 起
	巴勒斯坦	2021.12.15	/	山羊、绵羊	山羊、绵羊共 40	1 起
非洲	纳米比亚	2021.1.5	SAT2	牛	牛 102	5 起
		2021.1.20	SAT2	牛	牛 2	1 起
		2021.7.1	/	牛	牛 100	1 起
		2021.8.12	O 型	牛	牛 10	1 起
		2021.9.23	/	牛	牛 4	1 起
		2021.11.25	O 型	牛	牛 2	1 起
	卢旺达	2021.1.12	/	牛	牛 63	1 起
	马拉维	2021.4.13	/	牛	牛 80	1 起
	南非	2021.4.14	SAT1	牛	牛 20	2 起
		2021.5.28	SAT2	牛	牛 4	1 起
		2021.6.15	SAT1	牛	牛 214	2 起
			SAT2			3 起
			SAT3			9 起

（续）

国家	FMD 报告日期	分型	发病动物	发病动物数（头、只）	疫情上报数
非洲					
南非	2021.6.22	SAT2	牛	牛 154	8 起
	2021.7.2	SAT2	牛	牛 50	6 起
	2021.8.12	SAT2	牛	牛 52	2 起
	2021.8.25	SAT2	牛	牛 3	1 起
	2021.9.9	SAT1	牛	牛 9	1 起
	2021.9.9	SAT3	牛	牛 78	7 起
	2021.10.12	SAT2	牛	牛 7	1 起
	2021.10.12	SAT3	牛	牛 11	2 起
	2021.10.22	SAT1	牛	牛 60	2 起
		SAT2			1 起
		SAT3			10 起
津巴布韦	2021.7.22	/	牛	牛 63	2 起
赞比亚	2021.8.27	SAT2	牛	牛 526	5 起
		/	牛	牛 82	4 起

（三）群间分布

猪口蹄疫在散养猪基本不会发生，一般在规模化猪场中容易发生，不同性别、不同饲养阶段的猪均易感。

（四）传播特点

猪口蹄疫传播流行特点有 3 个：一是蔓延性传播流行，即由原发疫区向周边地区蔓延。二是跳跃式传播流行，即在远离原发点的地区也能暴发，或从一个地区或国家传到另一个地区或国家。三是在一些老疫区，疫病断续发生，零星疫情辗转不断，周而复始。

第四节 致病机理

一、致病过程

有学者将口蹄疫致病过程分为 4 个阶段。

（一）浆液性渗出（或原发性水疱）阶段

口蹄疫病毒主要经呼吸道、消化道和破损皮表侵入机体，入侵后首先在上皮细胞内繁殖，使上皮细胞逐渐肿大、变圆，甚至破裂，发生坏死。坏死后细胞内液大量流出，使细胞间液体增多，形成一个或多个小水疱，称原发性水疱或第一期水疱。水疱内充满浆液、溶解的上皮细胞和少量中性粒细胞。此时，感染动物通常未表现出临床症状，或只表现轻度发热，因此往往不易被发现。人工感染时，浆液性水疱一般出现于感染后 14~16h。

（二）病毒血症阶段

通常在原发性水疱出现数小时后，机体抵抗力下降，病毒则通过原发性水疱进入血液和淋巴循环系统，随血流和淋巴液迅速遍布全身，导致病毒血症。此时，机体产生全身性反应，引起体温升高、脉搏加快、食欲减退等临床症状。人工感染后 10~26h，血液和部分内脏中含有大量病毒，56h 后则显著减少。

（三）继发性水疱阶段

此时，病毒除存在于病畜的体液（包括唾液、尿、粪便、乳汁、精液等）和排泄物中外，还会到达口腔黏膜、胃、蹄部和乳房的上皮细胞等嗜好部位，继续繁殖，使细胞肿大、变性、坏死最后溶解，形成大小不等的空腔。这些空腔互相融合，形成新的继发性水疱，即第二期水疱。此外，病毒还会在其他组织，如胰腺、唾液腺、乳房腺泡与腺管上皮细胞、胃、直肠及肾脏的上皮细胞，以及肌细胞内繁殖。哺乳幼畜中，病毒易在心肌组织繁殖，致使心肌变性或坏死而出现灰白色或淡灰色的斑点、条纹，形成所谓的"虎斑心"，故幼畜常死于因此病引起的急性心肌炎。

（四）转归阶段

随着第二期水疱的发展、融合、破裂，病毒逐渐被免疫细胞清除，从血液中减少乃至消失，体温即下降至正常，病畜进入恢复期，最后大多痊愈。

二、分子机制

（一）病毒感染及复制机制

口蹄疫病毒可以与宿主细胞表面的受体分子结合，通过胞饮作用进入细胞，在细胞质内增殖，4~6h 完成整个增殖过程。感染的第一步是与特异性受体识别。已有研究表明，口蹄疫病毒的受体有整联蛋白和硫酸乙酰肝素。体外实验表明，整联蛋白 αVβ1、αVβ3、αVβ5、αVβ6、αVβ8 可以识别口蹄疫病毒衣壳蛋白 VP1 的 RGD 肽段，其中 αVβ6 只存在于上皮细胞中，相较其他受体，病毒在体内更易于与其结合。然而，在口蹄疫病毒自然感染过程中，具体哪种整联蛋白发挥关键作用及整联蛋白间的协同功能尚不清楚。硫酸乙酰肝素是体外培养口蹄疫病毒时利用的受体，最新研究发现，JMJD6（Jumonji C-domain containing protein 6）为磷脂酰丝氨酸受体，具有精氨酸脱甲基酶活性的同时，也可以作为口蹄疫病毒的替代受体。

病毒侵入细胞后，脱衣壳，由一个 140S 的病毒粒子分裂为五聚体组成的

12S，释放出 RNA，在核糖体上借助 IRES 通过不依赖帽子结构的机制进行 RNA 翻译。口蹄疫病毒正链 RNA 的 IRES 可与翻译起始因子 eIF4G、eIF4B、PTBP 等相互作用，利用宿主蛋白合成系统先合成一条多聚蛋白，L^Pro 蛋白自我催化从多聚蛋白上裂解下来，然后多聚蛋白裂解成 P1、P2 和 P3 蛋白；P1 被 3C 蛋白酶分解为 VP0、VP1 和 VP3；2A 自我催化从 P2 蛋白上脱离，P2 和 P3 在 3C 蛋白酶作用下产生前面提到过的非结构蛋白 2B、2C、3A、3B、3C、3D。病毒 2B、2C、3A 等非结构蛋白及部分宿主蛋白形成 RNP 附着于内质网上，其中 2B、2C 定位于复合体外表面，为病毒基因组的复制起始位置，而 2C 是启动负链 RNA 合成的必需蛋白。3A 是病毒与内膜结合的锚定蛋白，其 93-102 残基与口蹄疫病毒的复制有关，通过 3A 与宿主蛋白 DCTN3' 端的相互作用发现，3A 还与病毒的毒力相关；3B 的 pUpU 结构可与基因组 RNA 的 3' 端 polyA 结合，作为病毒 RNA 复制的引物蛋白；3A 和 3B 可形成稳定的 3AB，3AB 可与基因组 RNA 的三叶茎环结构和 3D RNA 聚合酶结合，并作为 3D 的辅助蛋白发挥作用。3C 蛋白酶能与正链 RNA 结合，可在病毒感染后期切割 eIF4A，裂解组蛋白 H3，抑制宿主细胞的翻译。3D RNA 聚合酶在复合体内与正链 RNA 结合，以 VPg 为引物，合成负链 RNA，再以负链 RNA 为模板合成正链 RNA。另外，口蹄疫病毒基因组的 3' 端非编码区在病毒复制中起着至关重要的作用，病毒 poly（A）尾的茎环结构与其结合蛋白 PABP 蛋白作用后，病毒才可以开始启动翻译转录。VP0、VP1 和 VP3 装配成衣壳，组装成五聚体，然后 12 个五聚体再装配成病毒衣壳结构，病毒的衣壳包装与成熟标志着病毒复制的完成。正链 RNA 进入衣壳形成前病毒粒子，随后前病毒粒子的 VP0 裂解为 VP2 和 VP4，成为成熟的具有侵袭力的子代病毒粒子。子代病毒又继续利用嗜好的宿主细胞完成复制、增殖，细胞裂解、死亡后，病毒粒子被释放到胞外，侵染新的宿主细胞。

（二）免疫逃逸机制

免疫系统是机体抵御病原微生物入侵、监视并清除异物和外来病原微生物的重要保护系统，可分为天然免疫和获得性免疫两大类。现在存在着大量关于口蹄疫病毒逃避免疫系统主要机制的文献。免疫逃避可以通过中断各种宿主反应来实现，包括先天反应、细胞反应、体液反应和免疫效应分子的抑制。口蹄疫病毒感染初期具有免疫抑制作用，能使病毒在呼吸系统中快速增殖，然后传播到其天然的定植部位。

口蹄疫病毒的多数毒株可能引起机体外周血淋巴细胞出现急性短暂的减少，并伴随严重的病毒血症。此外，严重的病毒血症以及淋巴细胞的减少会导致 T 细胞受到破坏。这类功能缺陷的 T 细胞不能有效增殖，其分泌干扰素的能力也受到抑制，为口蹄疫病毒的快速复制和传播提供机会。

口蹄疫病毒侵染机体可抑制树突状细胞（dendritic cells，DCs）的功能。DCs 是一种抗原提呈细胞，能够分泌大量 α 干扰素和多种细胞因子，在抗口蹄疫病毒的天然免疫过程中起着重要作用。在口蹄疫病毒感染的急性期，外周血中的口蹄疫病毒可抑制 DCs 分泌 α 干扰素，这种抑制作用在病毒感染 48h 内最明显。牛感染口蹄疫病毒后，DCs 数量快速增加并在 3～4d 达到顶峰，在病毒血症期间，淋巴细胞减少，DCs 的 MHCII 分子表达下调，DCs 对抗原的处理能力受到损伤。

口蹄疫病毒可导致自然杀伤细胞（natural killer，NK）功能紊乱。NK 细胞能通过细胞应急信号识别被病毒感染的细胞，并激发细胞产生毒性。病毒可通过破坏 NK 细胞应答，逃逸宿主的免疫系统。研究表明，在口蹄疫病毒感染 2～3d 后，猪 NK 细胞的应答能力明显下降，持续 2～3d 天后恢复到正常水平。而且，从感染猪中所分离的 NK 细胞不能分泌 IFN-γ。

口蹄疫病毒结构蛋白和非结构蛋白均可参与宿主的免疫抑制。L 蛋白主要通过阻碍转录起始因子 NF-κB 基因的表达和调节 NF-κB 的活性、抑制干扰素及 MHC-I 的合成等途径抑制宿主细胞先天性免疫反应和炎症反应。L 蛋白具有裂解翻译起始因子 eIF4G 的功能，使 eIF4G 因子与 eIF4E、eIF4A、eIF3 因子相互分离，从而阻断宿主细胞依赖加帽 mRNA 的蛋白翻译，而抑制细胞蛋白合成。最新研究发现，L 蛋白还可与活性依赖的神经保护蛋白（ADNP）结合，在口蹄疫病毒感染早期，抑制 α-IFN 启动子募集 ADNP，从而使 IFN 和 ISGs 的表达降低。VP3 蛋白抑制酪氨酸磷酸化，抑制了 STAT1 的磷酸化，使 STAT1 二聚体化并在核内累积，同时 VP3 还能破坏 Janus 激酶 1（JAKl）复合体，并降解 JAK1，进而抑制 II-IFN 信号通路；另外，研究发现 VP3 还可以抑制病毒诱导信号配体（VISA）的表达，从而抑制 β-IFN 信号通路。研究表明，3C 蛋白在口蹄疫病毒感染晚期切割 eIF-4G，阻碍宿主细胞转录，并能抑制干扰素信号通路，从而逃避宿主抗病毒天然免疫；3C 蛋白可抑制 I 型 IFN 的应答和 IFN 刺激基因的表达，3C 可水解 NF-κB 的基本调节元件 NEMO，从而破坏 NF-κB 和 IFN 调节因子的信号通路，从而下调 IFN 表达；3C 还可以显著降低 IFN 刺激基因的转录和 IFN 刺激应答因子启动子活性，并能阻断 STAT1 和 STAT2 入核，降解核转运蛋白 αl 的作用。Li 等（2016）通过免疫共沉淀技术发现 3A 可以与 RIG-I、MDA5 和 VISA 相互作用，并抑制这些蛋白的表达，具有抑制 RLR 受体介导的 βIFN 信号的作用。此外，口蹄疫病毒的 2B 蛋白和 2C 蛋白以及前体蛋白 2BC 能够利用内质网和高尔基体途径阻止宿主细胞蛋白的交换；2B 还能与 RLRs 受体家族成员 RIG-I 结合，并抑制 RIG-I 蛋白的表达。

（三）持续感染机制

逃避免疫的结果是长期的临床疾病或感染。事实上，口蹄疫病毒在猪群中已进化成急性感染，其特征是在同群猪之间快速复制和传播。单一猪的持续性感染相对反刍偶蹄动物来说是比较少见的。这也更加说明了羊是"储存器"，猪是"放大器"的观点。反刍动物持续感染和带毒是一个潜在的、引发未来疫病暴发和流行的重要病毒传染来源。

被口蹄疫病毒感染过的反刍动物会成为不表现临床症状（持续感染）的带毒动物。反刍动物自然感染口蹄疫病毒后，主要是在上呼吸道的咽部上皮细胞内进行病毒的复制。在急性期，病毒扩散到全身，在许多上皮组织复制。通常口蹄疫病毒在感染 7d 内被机体免疫系统清除，若未能及时清除，病毒则储藏在软腭和咽部，形成持续感染。持续性感染动物不断分泌低水平口蹄疫病毒，抑制宿主细胞的蛋白质合成，使宿主细胞不能提呈病毒抗原肽，调节 MHC Ⅰ 类分子的表达，不能刺激机体产生免疫应答，进而使口蹄疫病毒逃脱宿主的免疫监控。在口蹄疫病毒持续感染的牛鼻咽部，干扰素调节因子 7、CXCL10、γ-IFN 诱导蛋白 10 的表达受到抑制，IFN-λ 表达下调。通过对持续感染牛鼻咽部组织的转录组分析结果发现，与阴性对照牛相比，持续感染牛有 648 个基因表达差异，其中高表达基因 467 个，主要是趋化因子基因、细胞因子基因、T细胞和 B 细胞调节基因等与细胞增殖相关的基因和免疫反应基因。由于宿主体液免疫和细胞免疫功能的损害，减缓了体内病毒的清除，这将在感染组织中产生更多的病毒突变株。

口蹄疫病毒持续性感染是病毒与机体相互之间的一种特殊而复杂的关系，经常表现为：

（1）持续性感染的病毒在适当条件下被激活后引起急性发作。

（2）病毒与抗体形成抗原抗体复合物，沉淀在血管基底膜等部位，引起肾小球性肾炎等，或因致敏淋巴细胞或浆细胞浸润引起实质细胞坏死等多种免疫病理性疾病。

（3）由于病毒及病毒核酸的长期存在及整合性感染可能使原癌基因激活，导致肿瘤形成。

（4）持续性感染动物经常或反复不定地排出感染性病毒，从而使病毒在动物群中长期存在。

口蹄疫的上述特点给该病的控制与消灭增加了难度。

第五节　临床症状和病理变化

猪患口蹄疫，病变部位主要在蹄部发生水疱，其次是在鼻端和口腔。病猪不能站立、行走，食欲废绝，进行性消瘦，越大的肥猪损失越惨重。蹄壳脱落者，则抗拒驱赶走路，病程半个月左右，使肥猪变瘦，失重可达 10～20kg，病愈后恢复较慢。妊娠母猪则常见流产或早产。如我国台湾省 1997 年 3 月暴发的猪口蹄疫，猪场猪死亡率为 5%，而小猪死亡率为 50%，乳猪达 100%，共扑杀 400 多万头，占饲养量的 40% 以上，同时采用灭活疫苗进行紧急预防接种，经济损失巨大。

一、临床诊断

主要依靠流行病学资料和口蹄疫特征性症状进行诊断。流行病学调查主要了解发病家畜的种类、疾病的来源、疾病的经过变化、有无传染性、传播的速度、传播途径以及不同年龄病畜的不同表现等。猪自然感染口蹄疫的潜伏期为24～96h，个别情况下快者为 1d 发病，慢者为 14d 表现症状。人工感染的潜伏期为 18～72h。口蹄疫传染特别迅速，在畜群中若有 1 头发病，经过 2～3d后，就会波及整个畜群，若不进行防制，常常造成大流行。

病猪除流行病学资料外，还需要联合患病猪的实际症状进行诊断。典型的猪口蹄疫感染前期，病猪表现出精神沉郁、厌食、体温升高、流涎、跛行，在出现水疱前可见蹄冠部出现一明显的白圈，蹄温增高。而后主要特征表现为在蹄冠、蹄踵、蹄叉、副蹄和吻突皮肤、口腔腭部、颊部以及舌面黏膜及乳房等无毛部位出现大小不等的水疱和溃疡（图 7-5-1），水疱液透明或充满略微浑浊的浆液性液体。到了发病后期，蹄壳变形或脱落（脱靴），跛行明显，病猪卧地后不能站立。水疱很快溃烂，露出边缘整齐的暗红色糜烂面。根据本病的特征和临床表现的延续性可分为急性和亚急性经过。急性经过持续一至数日，出现典型的临床症状；如无细菌继发感染，亚急性则出现特征的临床症状，经 1～2 周进入恢复期，此时病损部位结痂愈合，重新长出蹄甲。若蹄部严重病损则需 3 周以上才能痊愈。口蹄疫对成年猪的致死率一般不超过 3%。在少数情况下，如外界环境因素不良（如气压低、温度高）以及集体抵抗力弱、病毒毒力强时，可呈现恶性经过，以高死亡率为特征。

临床上，动物发病的严重程度常因免疫程度、感染病毒量、病毒毒株和动物种类而不同，而且同种动物的不同个体之间也有差异。仔猪受感染时，水疱症状不明显，主要表现为胃肠炎和心肌炎，常突然死亡或成窝死亡，致死率高达 80% 以上。成年猪死亡率较低，通常不超过 5%，妊娠母猪感染可发生流产。当猪尚未出现肉眼可见的口蹄疫临床症状之前，如做活体检疫，可对屠宰前的猪逐头测温，当体温超过正常值 1.5～2℃ 时，立刻隔离、观察或触摸蹄冠少毛部位有无局部发热及隆起，可作初步诊断。临床上猪口蹄疫与猪水疱病症状相同，但诊断时均可按口蹄疫处理，并在实验室做进一步的鉴别诊断。

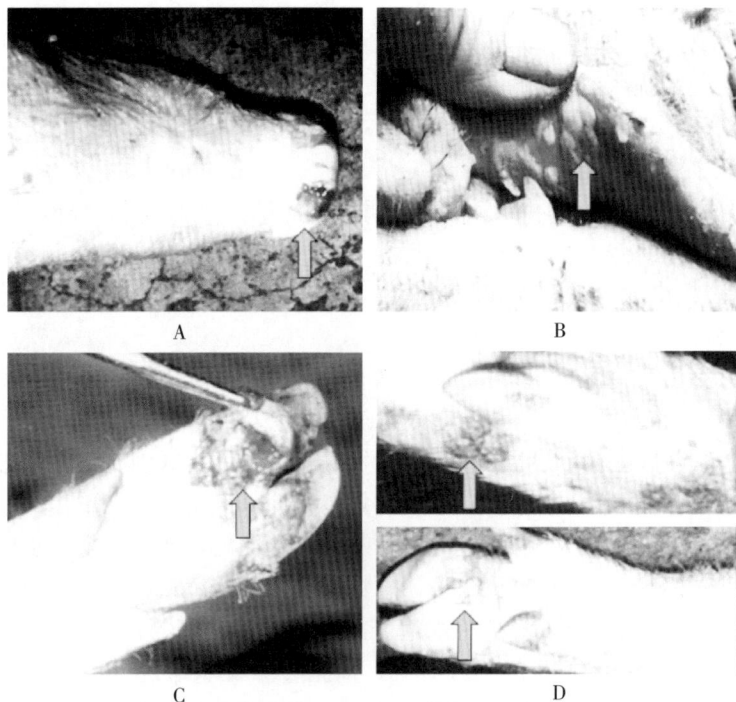

图 7-5-1　患病猪临床病变

A. 吻突水疱　B. 口腔黏膜水疱　C. 蹄冠出血　D. 蹄部结痂、蹄壳脱落

二、病理变化

病死畜尸体消瘦，除鼻镜、唇内黏膜、齿龈、舌面上发生大小不一的圆形水疱疹和糜烂病灶外，咽喉、气管、支气管和胃黏膜也有烂斑或溃疡，小肠、大肠黏膜可见出血性炎症。仔猪心包膜有弥散性出血点，骨骼肌、心肌切面有灰白色或淡黄色斑点或条纹，称"虎斑心"（图 7-5-2），心肌松软似煮熟状。以上病变都属于口蹄疫的特征性病变，有助于口蹄疫的初步诊断。为了与类似疾病鉴别和毒型鉴定及进一步确诊，必须采集病料送实验室进行鉴定。

图 7-5-2　特征性病变——"虎斑心"

三、鉴别诊断

猪口蹄疫与水疱性口炎、猪传染性水疱病、猪水疱性疹和塞内卡病毒病等4种引起水疱性病变的疾病十分相似，都是在口腔黏膜上产生水疱，不易区分，需作实验室检查才能区别。

（一）水疱性口炎

病原属于弹状病毒科水疱性病毒属。除能感染牛、猪和鹿外，还能感染马、骡等单蹄动物，而口蹄疫则不感染马、骡、驴。水疱性口炎流行范围小，发病率低，极少死亡，夏季到初秋发生，呈地方性流行，很少呈流行性发生，而口蹄疫则以冬春季节较为流行。

（二）猪传染性水疱病

病原属于小RNA病毒科肠道病毒属。只感染猪，羊、鹿等动物不致病，也不直接引起哺乳仔猪死亡。在只有猪发病的情况下，区别有一定困难，但有些病状的表现可供鉴别参考。口蹄疫比猪传染性水疱病病情严重，口和蹄往往都有水疱，蹄部水疱初期自蹄冠向蹄叉及蹄垫部伸延，而猪传染性水疱病的病变则从蹄垫部开始，然后波及蹄叉，病势也轻，多1蹄或2蹄有水疱，很少4蹄均发生水疱，或偶见4蹄都有水疱。此外，患口蹄疫的猪，口腔常有水疱，鼻盘出现水疱的比例可达30%～40%，而猪传染性水疱病口腔少有水疱，鼻盘发生水疱的只有2%～3%，且不会出现"虎斑心"的病理变化。

（三）猪水疱性疹

病原属于杯状病毒科囊泡状病毒属。猪水疱性疹很难与猪口蹄疫区别，但其不感染牛、羊、马等。其确切的鉴别有赖于接种实验动物。

（四）塞内卡病毒病

病原属于小RNA病毒科塞内卡病毒属。该病对7日龄内仔猪致死率较高，对母猪和育肥猪的致病力较小，各年龄段猪蹄冠和蹄叉等部位出现水疱。

第六节　实验室诊断

在临床上，口蹄疫的诊断一般通过流行病学、临床症状可做出初步诊断。为了与类似疾病鉴别及进行病毒血清型的鉴定，须进行实验室诊断。现已知口蹄疫病毒有7个血清型，65个以上亚型，虽然不同血清型的毒株所导致的疾病临床症状相同，但不同血清型之间不能产生交互免疫。为了使防制工作有的放矢，必须进行实验室诊断，对引起口蹄疫的口蹄疫病毒血清型进行鉴定，便于防疫时应用同型病毒疫苗。所以实验室诊断结果是处理疫情、组织防疫的必要依据。

口蹄疫的检疫方法包括病原学、血清学和分子生物学等方法，根据样品的不同，选用不同的诊断方法。依据我国国家标准《口蹄疫诊断技术》（GB/T 18935—2018）的规定，用于口蹄疫病毒病原学的诊断方法是分离培养；用于口蹄疫病毒抗原和核酸诊断的方法有多重反转录聚合酶链式反应（多重 RT-PCR）、病毒 VP1 序列基因分析和荧光定量反转录聚合酶链式反应（荧光定量 RT-PCR）；用于口蹄疫病毒结构蛋白抗体检测的方法有病毒中和实验（VN）、液相阻断酶联免疫吸附试验（LPB-ELISA）和固相竞争酶联免疫吸附试验（SPC-ELISA）；用于检测口蹄疫病毒非结构蛋白抗体诊断的方法有非结构蛋白（NSP）3ABC 抗体间接酶联免疫吸附试验（3ABC-I-ELISA）和非结构蛋白（NSP）3ABC 抗体阻断酶联免疫吸附试验（3ABC-B-ELISA）。

由于口蹄疫的特殊性，出于安全考虑，防止病毒泄漏、散播，各国政府都指定专门的实验室或检验机构进行口蹄疫病毒鉴定工作，疑似口蹄疫病毒的样品必须在安全条件下按国际规则运输，送往指定的授权实验室进行检验。

一、病料的采集、处理

快速、准确的诊断与采集病料的合适与否有直接的关系。口蹄疫病料应在检出率最高的时间和发病部位采集。获得确切的分离物后，再进行快速、准确的诊断鉴定，以便及时指导口蹄疫的防治工作。

（一）水疱皮采集

病猪感染口蹄疫病毒之后，首先表现为精神萎靡、食欲减退，然后体温升高到 40℃以上，同时舌面水疱已形成，少量流涎或不流涎，这是采集病料的最佳时间。当体温下降、大量流涎时，则水疱已破烂，就找不到合格的水疱皮了。猪水疱主要发生在蹄冠、蹄叉，有时也发生在鼻盘上。尽可能采集猪鼻盘上未破溃的水疱皮，若舌面水疱已破烂，可采集蹄叉、蹄冠和蹄踵部的二期水疱皮（陈旧、腐败变质者不能用）。用生理盐水或 0.04mol/L pH 7.4 的 PBS 清洗水疱表面，然后用灭菌手术剪刀剪取水疱皮 2～5g，放入样品保存管中，加 pH 7.4 的 50%甘油-PBS 保存液，使保存液液面没过样品，加盖封口，低温保存。

（二）水疱液采集

用灭菌注射器吸取舌面未破溃的水疱液和鼻盘或蹄叉、蹄冠部水疱液，装在样品保存管内，并加青霉素 1 000IU/mL，链霉素 500mg/mL，不加保存液，冷藏待检。

（三）组织样品采集

若采集不到典型的水疱皮，则采集病灶周围破溃组织 2～5g，装入样品保存管，加 50%甘油-PBS 保存液，使保存液液面没过样品，加盖封口，冷冻保存。临床表现健康，但需做口蹄疫病原学检测的动物，可在屠宰时采集肌肉、心脏、肝、脾、肺、肾、淋巴结、脊髓、血液和粪便等。对肉品进行口蹄疫病原学检测时，可采集骨骼肌。其余各器官组织样品应采集不少于 2g，装入样品保存管中，加 pH 7.4 的 50％甘油-PBS 保存液，密封，冷冻保存。

(四) 血清样品采集

当发生口蹄疫后水疱皮已破裂结痂，无法采集到合适的水疱液或水疱皮时，或者需要对免疫猪群进行血清抗体水平监测时，可采集血清样品。用无菌采血器采集血液，每头应采集不少于 5mL，5 000r/ min 离心 10min 后，无菌分离血清，尽量除去红细胞，装入 2mL 离心管中，加盖密封后置－20℃冰箱中备用。

(五) 样品的处理

所有口蹄疫病毒样品处理均需遵守《动物防疫法》和《生物安全法》的要求，相应的生物安全措施要按照《实验室 生物安全通用要求》(GB 19489—2008) 执行。水疱液、水疱皮和血液样品一般不需处理，可直接用于病毒分离或诊断。病畜的各组织器官样品，需要先剪碎后置组织匀浆器中充分研磨，加青霉素 1 000IU/mL、链霉素 500mg/mL，以及 0.04mol/L PBS (pH 7.4) 制成 1∶5 的组织混悬液，4℃浸毒过夜。次日以 3 000r/min 离心 10min，取上清液备用。

所得上清液可用于：①接种实验动物，进行口蹄疫病毒的分离。②接种组织培养细胞，进行口蹄疫病毒的分离。若接种组织培养细胞时，也可将悬液冻融 2 次，以 10 000～20 000r/min 离心 30min，除菌后取上清液接种细胞或加 1/3 体积氯仿混合振摇 30min，3 000r/min 离心 15min，取上清液，分装在有棉塞的试管中，置 4℃冰箱中过夜，氯仿挥发后，接种组织培养细胞。③将上清液直接作为待检样品进行抗原鉴定诊断。

二、病原学诊断

(一) 病毒分离鉴定

其中包括动物试验和细胞培养。通常使用该试验从病畜中分离病毒并进行病毒型的鉴定。病毒分离鉴定的首选病料是未破裂或刚破裂的水疱皮 (液)，对新发病死亡的动物可采取脊髓、扁桃体、淋巴结等。将上述处理过的病料悬液接种乳鼠或者接种细胞，乳鼠盲传 3 代无发病症状、细胞盲传 3 代未见细胞病变，且经病毒鉴定检测阴性者，判定病毒分离阴性；对发病死亡乳鼠和出现典型病变的细胞培养液，经任一项检测阳性者，判为病毒分离阳性。

目前培养口蹄疫病毒常用的是 IB-Rs-2 细胞系 (单层仔猪肾细胞系) 和

BHK-21 细胞系（幼仓鼠肾细胞系）。另外采用 IB-Rs-2 和 CYT 细胞（初代小牛甲状腺细胞）共培养，可以区分口蹄疫病毒和猪水疱病病毒。其原理为口蹄疫病毒在两种细胞上都可以生长，但是猪水疱病病毒只能在 IB-Rs-2 细胞上生长。虽然细胞培养分离口蹄疫病毒准确性较高，但其操作手续复杂且费时费力。

（二）病毒 VP1 基因序列分析

口蹄疫病毒蛋白在蛋白酶水解后，裂解为 4 种结构蛋白（VP1～VP4）和多种非结构蛋白。VP1 蛋白是主要的保护性抗原，由于 VP1 基因变异最频繁，因此其抗原性差异是进行口蹄疫病毒血清型的划分依据。获得病毒 VP1 序列后与已公布的序列进行比对分析，便可确定病毒的血清型及其亚型。整个过程比较烦琐，结果可靠性较病毒分离试验差，但只要确保克隆后 VP1 序列的完整性，也可得到较为可靠的结果。

（三）聚合酶链式反应

目前针对病毒核酸检测的方法很多，但大都是基于聚合酶链式反应（PCR）的方法。PCR 可以实现对核酸进行灵敏、特异和可重复的定量检测，避免了病毒分离培养的危险性和基因序列分析的烦琐性。对 PCR 扩增片段进行测序后，通过生物信息学分析就可以知道检测病毒的基因型和基因亚型。目前，应用于检测口蹄疫病毒的有 RT-PCR（实时定量 PCR）、巢式PCR、荧光 RT-PCR 等方法，并应用广泛，主要用于疫源追踪、毒型鉴定分析等。

多重 RT-PCR 是在普通 PCR 的基础上，通过设计多个引物（表 7 - 6 - 1），可在一次 PCR 反应中同时对多个模板进行定量检测。

表 7 - 6 - 1　用于扩增口蹄疫病毒的特异性引物

引物 1	5′-GAC TCG ACG TCT CCC GCC AAC T-3′
	5′-TGC GGA CGG CCA CCT ACT ACT TC-3′
引物 2	5′-ACG ACG GGG GCT TTT GCT TTC AC-3′
	5′-AGC TCC ACG AAA AAG TGT CGAG-3′
引物 3	5′-CGG GAA ACG CAC GAG CAG TAT C-3′
	5′-CGT GAT GTG GCG AGA ATG AAG AA-3′

定型反转录-聚合酶链式反应（定型 RT-PCR）是根据不同的血清型设计特异性引物（表 7 - 6 - 2），可对发病动物中分离到的口蹄疫病毒进行分型。将定性 RT-PCR 与多重 RT-PCR 结合起来，可以一次性同时检测几种不同的血清型。结合测序技术，能对检测样本进行准确定型，且灵敏度高，特异性强。

表 7 - 6 - 2　口蹄疫病毒 7 个血清型分型鉴定引物

下游引物（通用）	5'-AGCTTGTACCAGGGTTTGGC-3'
上游引物（O 型）	5'-GCTGCCYACYTCYTTCAA-3'
上游引物（A 型）	5'-GTCATTGACCTYATGCAVACYCAC-3'
上游引物（C 型）	5'-GTTTCTGCACTTGACAACACA-3'
上游引物（Asia 1 型）	5'-GACACCACHCARRACCGCCG-3'
上游引物（SAT 1 型）	5'-AGGATTGCHAGYGAGACVCACAT-3'
上游引物（SAT 2 型）	5'-GGCGTYGARAAACARYTBTG-3'
上游引物（SAT 3 型）	5'-TTCGGDAGAYTGTTGTGTG-3'

注＊：上述为通用下游引物和分别检测口蹄疫病毒 7 个血清型的上游引物，其中，Y、R、H、V、D 为兼并碱基，Y 对应 C/T，R 对应 A/G，H 对应 A/T/C，V 对应 G/A/C，D 对应 A/T/G。

　　荧光定量反转录聚合酶链式反应（荧光定量 RT-PCR）的 RNA 抽提和反转录步骤与普通凝胶常规 PCR 方法相同，只是在 PCR 扩增阶段，由于加入了带有荧光标记的荧光基团，利用荧光信号积累实时监测每个循环周期中生成的产物量，这些产物与 PCR 过程开始之前的模板量成正比，最后通过标准曲线可以对未知模板进行定量分析。实时荧光定量 PCR 的优势在于快速、敏感性高、特异性强，所使用的荧光物质主要有两种，分别是荧光染料法和荧光探针法。

　　表 7 - 6 - 3 所述两个引物和探针组合中，任一个都可以用于口蹄疫病毒的荧光定量 RT-PCR。

表 7 - 6 - 3　口蹄疫病毒荧光定量 RT-PCR 检测引物

组合 1	5'UTR 正向引物	CACYTYAAGRTGACAYTGRTACTGGTAC
	反向引物	CAGATYCCRAGTGWCICITGTTA
	TaqMan 探针	CCTCGGGGTACCTGAAGGGCATCC
组合 2	3'UTR 正向引物	ACTGGGTTTTACAAACCTGTGA
	反向引物	GCGAGTCCTGCCACGGA
	TaqMan 探针	TCCTTTGCACGCCGTGGGAC

注＊：Y、R、W 为兼并碱基，Y 对应 C/T，R 对应 A/G，W 对应 A/T；I 为修饰碱基。

（四）反转录环介导等温扩增技术（RT-LAMP）

　　RT-LAMP 可在 65℃恒温条件下完成扩增反应，不需要热变性、电泳和紫外观察等过程，扩增产物可通过荧光定量 PCR 仪检测荧光强度或通过沉淀反应浊度仪检测焦磷酸镁的沉淀浊度来进行定量分析，也可通过肉眼观察颜色变化进行定性分析，该方法可用来替代 PCR 方法做初步检测。

　　袁彩虹根据 O 型、A 型和 Asia 1 型 3 种血清型的全基因组序列建立了一种口蹄疫病毒通用型 RT-LAMP 快速检测方法。李健等（2009）以口蹄疫病毒多聚蛋白基因建立了口蹄疫病毒的 RT-LAMP。与 PCR 方法相比，该方法更快速，整个扩增过程大约可在 1h 内完成，可直接用肉眼观察结果。该检测体系具有极高的特异性，与其他类似病毒如猪细小病毒、猪水疱病病毒、猪瘟病毒等无交叉反应，比普通 PCR 和荧光 PCR 的灵敏性高。谢佳芮等根据口蹄疫病毒 O 型、A 型和 Asia 1 型的 3D 基因序列，设计 17 套环介导等温扩增引物，建立了免开盖可视化判定检测结果的口蹄疫病毒群特异性 RT-LAMP 技术。免开盖是指避免空气中气溶胶的污染影响肉眼观察到的结果。

（五）基因芯片技术

基因芯片又称 DNA 微阵列，结合了基因探针和杂交测序技术，通过检测芯片上的杂交信号强度及分布来进行分析，具有高通量、高集成、微型化和自动化的特点。

作为较新的检测技术，近年来基因芯片被广泛应用与优化，更高效、更稳定。魏春霞等（2019）根据已知的 7 种牛易感病原核酸序列，利用多重 PCR 方法，通过肉眼观察芯片显色程度后，对芯片技术进行优化，建立了具有高通量、高灵敏度、高特异性等特点的基因芯片检测方法。该方法可在 3h 内同时检测牛 7 种病原（布鲁菌、结核分枝杆菌、炭疽杆菌、口蹄疫病毒、病毒性腹泻病毒、牛副流感病毒 3 型、牛传染性鼻气管炎病毒），相互之间无交叉反应，所有芯片可重复使用，且芯片在 2～8℃条件下能保存半年以上，可满足一般实验室的样品检测及流行病学监察，同时重复使用也可降低成本。刘志鹏等（2018）建立了可鉴定和区分口蹄疫病毒 O 型、A 型和 Asia 1 型 3 种血清型的分型芯片，灵敏度比常规 PCR 高 10～100 倍，特异性也较高，芯片可重复使用，保存期达 3 个月以上。

三、血清学诊断

在实践中，由于口蹄疫流行时出现水疱过程的时间较短，往往错过采集样品的最佳时间而采不到水疱皮，此时可采取康复期或愈后初期的动物血清进行抗体检查，进行回顾性诊断。血清学检测常用方法包括反向间接血凝试验（RIHA）、正向间接血凝试验、酶联免疫吸附试验（ELISA）、病毒中和试验（VNT）、补体结合试验（CFT）、荧光抗体病毒中和试验（FAVN）等。

目前，口蹄疫血清学抗体检测试验主要检测两类物质：病毒结构蛋白（SP）和非结构蛋白抗体（NSPs）。结构蛋白试验是血清特异性的，可以检测到免疫和感染的抗体，如 VNT 和 ELISA。如果试验中使用的病毒或抗原与田间流行的毒株密切相关，则这些试验可测出血清型，敏感性也高。在贸易中可采用这些试验检测动物是否感染或正在感染，同样可以检测田间免疫效果。

VNT 和 ELISA 是各国贸易中检测进出口动物是否感染口蹄疫病毒常用的检测方法，也是诊断口蹄疫最常用和最有效的方法。VNT 需要细胞培养设备，使用活病毒，2～3d 出结果。ELISA 抗体检测由于检测样本量大、时间短、操作难度较小、实验数据易处理和保存、结果更直观等优点，更适用于猪场用于确认可疑动物、证实有没有感染者和评价疫苗免疫效力。

口蹄疫病毒的非结构蛋白抗体测定已用于鉴别 7 个血清型病毒（既往或当前）感染和动物是否接种疫苗，因此，此方法可用于确诊口蹄疫可疑病例及检测病毒活力，并用于在群体水平证明没有感染。在贸易中使用此方法无须知道病毒的血清型，比结构蛋白法有优势。然而有试验证明，部分牛免疫后用活病毒攻击后被证实为持续感染，但有可能非结构蛋白试验为阴性，而出现假阴性结果。这些试验检测的是通过体外各种重组表达系统生产的非结构蛋白抗原的抗体。检测到多聚蛋白 3AB 或 3ABC 抗体则通常被认为是野毒感染抗体。然而，疫苗纯度不够会影响诊断特异性，因为制备疫苗时如果在疫苗中存在非结构蛋白，那么反复免疫的动物就会造成误判。

传统的 ELISA 检测口蹄疫主要有液相阻断 ELISA、间接 ELISA、间接夹心 ELISA、固相竞争 ELISA 方法，新型 ELISA 检测口蹄疫方法主要有生物素-亲和素 ELISA、单克隆抗体 ELISA、Rt-PCR ELISA、Dot-ELISA 方法等。在此主要介绍口蹄疫液相阻断酶联免疫吸附试验（LPB-ELISA，LPBE）、固相竞争酶联免疫吸附试验（SPC-ELISA，SPCE）和非结构蛋白（NSP）3ABC 抗体阻断酶联免疫吸附试验（3ABC-B-ELISA）的具体实验方法。市面上已有相关方法的 ELISA 检测试剂盒，具体操作步骤要按照试剂盒说明书进行。

（一）液相阻断酶联免疫吸附试验（LPB-ELISA，LPBE）

由于 VNT 在实际操作中的限制，研究者们一直在寻找能够替代 VNT 的方法，最早研究者们使用间接 ELISA 来检测抗体滴度，直到 McCullough 等（1985）首次利用 LPBE 进行抗体检测，结果表明 LPBE 的敏感性是间接 ELISA 的6～8 倍。1986 年，Hamblin 等基于 VNT 的原理建立了一种新的 LPBE，该实验是在酶标板上包被兔抗口蹄疫阳性血清，然后将定量的灭活病毒抗原与系列稀释血清在液相中孵育后的混合物加入酶标板中，酶标板上的兔抗口蹄疫阳性血清结合待检血清中未被血清抗体完全阻断的抗原，然后用相应血清型的豚鼠抗口蹄疫阳性血清和抗豚鼠酶标抗体来测定被捕获的抗原量，并通过检测感染或免疫的牛血清确定 LPBE 与 VNT 滴度的相关性。因此该方法可用于口蹄疫病毒抗体的定量检测，并能够替代 VNT。其精确性、稳定性高，因此液相阻断 ELISA 技术成为国际较为认可的一种标准化诊断技术，我国目前也将该技术广泛应用于口蹄疫流行病学调查和免疫。但 LPBE 也存在一些缺点，如反应步骤多，所需检测时间长，与 VNT 相比特异性较低，存在假阳性。此外由于 LPBE 检测抗体滴度是将血清进行梯度稀释后进行检测，因此每板所能检测的样本量少，导致工作量大，不适用于大量样本检测。王世杰等（2018）对该方法进行了改良，利用单一的血清稀释倍数来替代繁复的倍比稀释，使 LPB-ELISA 的检测通量提高了 5 倍左右。为了进一步改善 LPBE 的特异性和稳定性，SPCE 被开发并对其进行了评估。

（二）固相竞争酶联免疫吸附试验（SPC-ELISA，SPCE）

2001 年，Mackay 等建立了检测 O、A、C 三种血清型抗体滴度的 SPCE，该实验是用兔抗口蹄疫阳性血清捕获相应血清型的灭活病毒抗原，然后将稀释后的被检血清中的口蹄疫病毒抗体与定量的口蹄疫病毒豚鼠抗体血清竞争结合抗原来确定抗体滴度，被检血清中口蹄疫病毒抗体量越多，结合在固相载体表面的豚鼠抗体越少，显色后颜色就越浅。SPCE 与 LPBE 和 VNT 相比，结果表明 SPCE 敏感性相当于 LPBE，而特异性比 LPBE 高，相当于 VNT。为了进一步改善其诊断特异性并降低检测工作量，Paiba 等（2004）将血清 1∶5 稀释后用百分抑制率（PI）来检测血清中口蹄疫病毒 O 型抗体。Li 等（2012）建立了检测 A、C、SAT 1、SAT 2、SAT 3 以及 Asia 1 抗体的 SPCE，并可通过抗体滴度对各种血清型的抗体进行定量检测。李敏杰等（2020）以单抗 3D9 为捕获抗体，以 HRP 标记的单抗 9A9 作为检测抗体，建立了基于单抗的 A 型口蹄疫抗体 SPC-ELISA 检测方法；许智强等（2020）以单抗 3D9 为捕获抗体，以 HRP 标记的单抗 8E8 作为检测抗体，建立了优化的固相 ELISA 检测方法，此方法有较高敏感性、重复性、稳定性和特异性。与 VNT 和 LPB-ELISA 的相关性和符合率均较高，批内和批间差异性小。

（三）非结构蛋白（NSP）**3ABC 抗体阻断酶联免疫吸附试验**（3ABC-B-ELISA）

口蹄疫病毒的非结构蛋白（NSP）与病毒的复制和装配相关。非结构蛋白抗体试验用于区分人工免疫的动物和感染野毒的动物。其鉴别诊断的依据是：灭活疫苗免疫动物后，动物体内不会有病毒增殖，也就没有病毒特异性 NSP 表达。而感染野毒的动物体内则有病毒增殖，病毒刺激动物机体产生了相应的 NSP 抗体。因此，可通过检测动物体内是否产生 NSP 抗体来区分感染野毒的动物与人工接种疫苗的动物。该方法在最新的国家标准中替代了抗原琼脂凝胶免疫扩散试验（VIAAGID）。

王玉玲等（2015）利用 150 份牛血清对国内外 3 种口蹄疫非结构蛋白 3ABC 抗体间接 ELISA 检测方法和 1 种口蹄疫非结构蛋白 3ABC 抗体阻断 ELISA 检测方法进行比较，结果表明该方法敏感性达到 100%，特异性也接近

100%，说明该方法具有很高的敏感性和特异性，可用于口蹄疫病毒感染与疫苗免疫抗体的鉴别诊断。

(四) 化学发光免疫分析技术

化学发光免疫分析 （chemiluminescence immunoassay，CLIA），是将发光分析和免疫反应相结合而建立起来的一种新的检测微量抗原或抗体的免疫分析技术。

其原理是在抗原或抗体上标记发光物质进行免疫反应，通过反应剂激发发光物质形成不稳定的激发态中间体，当激发态中间体重回稳定基态时释放出光子，光信号用自动发光分析仪识别，进而测定光强度，以推算待测样品中抗原或抗体含量。化学发光作为免疫诊断最先进技术，国产技术蛰伏期已过，进入快速增长期。在欧美国家，化学发光免疫诊断技术已经实现了对酶联免疫方法的替代，占到了免疫诊断 90% 以上的市场份额。而国内，化学发光正逐渐替代酶联免疫成为主流的免疫诊断方法

按照标记物不同，化学发光免疫分析分为直接化学发光免疫分析、化学发光酶免疫分析和电化学分析三大类。按照抗原或抗体包被方法不同，化学发光分为微孔板式和微粒式，微粒式分为磁微粒式和非磁微粒式，其中磁微粒式是最先进的化学发光技术。

目前市面上已经出现了猪口蹄疫病毒 A 型化学发光 ELISA 抗体检测试剂盒。利用猪口蹄疫病毒 A 型重组 VP1 蛋白为包被抗原，较传统的 ELISA 法，其敏感性和精密度都大大提高，与猪 O 型、Asia 1 型口蹄疫病毒以及猪伪狂犬病、猪瘟、猪细小病毒病、猪圆环病毒感染等均无交叉反应，具有较好的特异性和重复性，可用于猪口蹄疫病毒 A 型抗体的检测。

第七节 防　　控

一、防控策略

在口蹄疫的防控政策方面，2009 年 6 月，联合国粮农组织和世界动物卫生组织在巴拉圭举行的第一届关于口蹄疫的全球会议中，开始着手制定全球口蹄疫控制战略。该战略主要包含以下 3 个内容：①加强全球口蹄疫的防控。②加强兽医服务。③加强牲畜其他重大疫病防控。全球口蹄疫控制战略的总体目标是促进发展中国家的减贫和改善生计，并保护和促进全球和区域动物及动物产品贸易。具体目标是提高口蹄疫仍在流行地区的防控能力，从而保护世界其他无疫地区。全球战略分为三个阶段，每 5 年为一个阶段，共计 15 年完成，并详细制定了每个阶段预期的相关目标，以便开展定期评估。

针对全球战略的第一点内容，2012 年，FAO 和 WOAH 要求全球各成员

国家或地区推行"口蹄疫渐进性控制计划（The Progressive Control Pathway for Foot-and-Mouth Disease，PCP-FMD）"，目的在于帮助流行口蹄疫的国家逐渐降低该病的影响，最终达到非免疫无疫。

PCP-FMD 将口蹄疫防控状态分为 6 个渐进阶段，用于国家或地区评价防控口蹄疫计划的成效。

0 级：口蹄疫风险没有得到控制，没有可靠的信息。

1 级：能够识别风险并选择控制措施。

2 级：推行基于风险的控制措施。

3 级：推行的控制策略目标是净化疫病传播。

4 级：保持本地区零传染和零侵入状态。

5 级：保持本地区零传染和零侵入状态，同时不进行免疫接种。

全球控制口蹄疫的主要策略是"分阶段、分区域"，从"免疫无疫到非免疫无疫阶段"逐步控制。依据 PCP-FMD 内容的评估规定来看，我国目前处于 PCP 第 3 级阶段，即实行根除流行的控制措施、减少病毒循环。我国推进口蹄疫防控参照 WOAH 推荐的 PCP-FMD 路线图，实行"因地制宜、分区防治、分型控制"的管理原则，大力推进口蹄疫综合防制策略。

（一）国内防控策略

1. 制定中长期规划

农业农村部以《国家中长期动物疫病防治规划（2012—2020 年）》和"口蹄疫防治技术规范"为主体，向 WOAH 递交了口蹄疫官方控制计划认可申请。WOAH 科学委员会经过严格评审认为中国口蹄疫防控路径设置合理，具有科学性和可行性，认可我国动物疫情报告、区域化管理、应急处置等相关制度，同意我国口蹄疫控制策略通过 WOAH 认可。

为认真贯彻落实《国家中长期动物疫病防治规划（2012—2020 年）》，进一步做好口蹄疫防治工作，有效控制和消灭口蹄疫，根据《中华人民共和国动物防疫法》等法律法规，2016 年 8 月，农业部印发了《国家口蹄疫防治计划（2016—2020 年）》。规划提出了口蹄疫防控目标，到 2020 年，全国亚洲Ⅰ型口蹄疫达到非免疫无疫，A 型口蹄疫免疫无疫；O 型口蹄疫海南岛、辽东半岛、胶东半岛非免疫无疫，辽宁（不含辽东半岛）、吉林、黑龙江、北京、天津、上海免疫无疫，全国其他地区维持控制标准。口蹄疫防治能力明显提升，全国省、市、县三级兽医实验室 O 型、亚洲Ⅰ型、A 型口蹄疫监测工作全面开展，有效防范境外变异毒株和 C 型、SAT 1 型、SAT 2 型、SAT 3 型口蹄疫传入。

2. 制定强免政策

根据《中华人民共和国动物防疫法》有关规定，国家通过实行强制免疫的政策来预防口蹄疫等重大动物疫病的发生。所以对于猪口蹄疫的防疫，首先必须通过接种疫苗来实现，若不注射疫苗而采用其他方式来预防，既没有明显效果，也不被国家认可。为了落实强免政策，每年各地政府都会投入大量资金，为辖区内所有养殖户提供免费口蹄疫灭活疫苗，动物疫控部门会根据饲养量向养殖户提供口蹄疫灭活疫苗，并通过"先打后补"等政策为某些地区自购疫苗的规模场提供免疫经费补助，为切实做好口蹄疫免疫防控工作提供保障。免疫接种疫苗是预防和控制口蹄疫的关键措施，区分自然感染与疫苗免疫动物、剔除感染者，是免疫无疫区建设的重要举措。区分感染和免疫动物的"金标准"是检测口蹄疫病毒非结构蛋白（3AB 或 3ABC）抗体，该指标是偶蹄动物及其产品的国际贸易必检项目。

3. 制定监测计划

在农业农村部制定的《国家动物疫病监测与流行病学调查计划（2021—2025 年)》中，设计了科学的监测实施方案，将以免疫效果评估和感染状况评估为主的主动监测，与接到举报后进行采样检测的被动监测相结合，将流行病学调查监测与无疫小区、净化场等监督监测相结合，将规模场猪口蹄疫病原学监测与免疫抗体、感染抗体监测相结合，强化对各地报送监测信息的汇总分析，提高监测工作的科学性、系统性和有效性。通过制定科学的免疫抗体监测周期，了解口蹄疫在本地区内的免疫情况，并根据监测结果调整免疫程序，及时免疫，来增强猪群免疫力。

该计划将口蹄疫作为优先防治病种，当发生口蹄疫重大疫情时，省级动物疫病预防控制机构应立即开展紧急监测工作，以快报方式报中国动物疫病预防控制中心，由中国动物疫病预防控制中心核报农业农村部畜牧兽医局，并及时将阳性样品送国家兽医参考实验室进行分析。为掌握口蹄疫病原感染与分布情况，了解高风险区域和重点环节动物感染情况，跟踪监测病毒变异特点与趋势，查找传播风险因素，证明免疫无疫区状态，按照口蹄疫监测计划要求对猪、牛、羊、鹿等偶蹄类动物的种畜场、规模饲养场、散养户、活畜交易市场、屠宰场、无害化处理厂等进行监测。任何单位和个人发现猪、牛、羊、鹿等偶蹄动物或野生动物出现水疱、跛行、烂蹄等类似口蹄疫的症状，应及时向当地畜牧兽医主管部门或动物疫病预防控制机构报告，动物疫病预防控制机构应及时采样进行监测。

4. 推行区域化管理

为有效控制和消灭动物疫病，提高动物卫生及动物产品安全水平，促进动物及动物产品贸易，我国加快推动实施动物疫病区域化管理，规范实施无规定动物疫病小区建设。无规定动物疫病小区是指处于同一生物安全管理体系下的养殖场区，在一定期限内没有发生一种或几种规定动物疫病的若干动物养殖和其他辅助生产单元所构成的特定小型区域。

在国家《无规定动物疫病小区管理技术规范》中，明确了"无口蹄疫小区标准"。把从易感动物样品中分离鉴定出口蹄疫病毒，检测出口蹄疫病毒抗原或病毒核酸，以及"非免疫所致的口蹄疫病毒结构蛋白抗体或非结构蛋白（non-structural protein，NSP 蛋白）抗体"，作为确定口蹄疫病毒感染的依据；把在免疫动物群体中，只要通过病原学监测出口蹄疫病原或口蹄疫非结构蛋白抗体，且口蹄疫非结构蛋白抗体滴度升高，或口蹄疫非结构蛋白抗体阳性动物数量增加，作为判定口蹄疫病毒传播的标准。口蹄疫病非结构蛋白抗体成为评定口蹄疫病毒感染和传播的重要参数，其指标的合格是评估免疫无口蹄疫小区和非免疫无口蹄疫小区的主要条件。

（二）国外防控策略

国外防控口蹄疫的主要对策分为免疫为主策略和扑杀为主策略。

免疫为主策略：以免疫接种措施为核心，辅以扑杀、消毒等其他措施，控制疫情蔓延和流行程度的温和政策。这项措施符合大多数有口蹄疫的发展中国家，绝大多数欧洲国家及部分南美洲国家或地区通过大量疫苗接种，在 20 世纪后半叶完成了对口蹄疫的控制，收到了显著成效，随后由于贸易的原因停止了免疫控制政策，通过扑灭根除政策加以控制。许多非免疫无口蹄疫国家经历过被 WOAH 认可的所谓"免疫无口蹄疫国家或地区"这个阶段。目前，疫苗接种作为控制口蹄疫的有效手段仍在广泛应用。在有口蹄疫流行的国家每年都要进行计划免疫，无口蹄疫国家在疫苗/抗原库中储备一定数量的战备疫苗；受口蹄疫威胁国家除进行严格的进口检疫外，对边境地区亦进行定期的疫苗预防接种，建立口蹄疫免疫带。免疫控制措施的好处是可将大范围的流行，在一次性支出不是很大的情况下，使疫情逐步得到控制，但耗时长，畜产品长期不能进入国际市场。同时疫苗免疫持续时间不长，每 6 个月需要免疫 1 次。此外，用于生产疫苗的病毒血清型必须与正在流行的毒株相匹配，因为口蹄疫病毒抗原变异快，在已经确认的 7 个血清型中的任一型又有许多亚型，这样更加降低了疫苗的有效性。从长期来看，经济损耗巨大。

扑杀为主策略：以强制扑杀全部病畜和可能感染病毒的易感动物为主，辅以限制移动、流行病学监测、进口控制以及严厉的动物卫生等生物安全措施的政策，也称为扑灭根除政策。美国 1929 年最后一次暴发，英国 1967—1968 年、2001 年及 2007 年的 3 次大流行，加拿大 1951—1952 年的流行都采取了扑杀策略。2000 年韩国和日本也都采取了这种策略。在无口蹄疫国家或地区暴发疫情时，通常应用"扑灭"政策来控制该病。一旦疫病已被控制，在"扑灭"消灭病毒的最后阶段，也可以应用"扑灭"政策控制该病。

扑杀根除策略的好处是可在短期内根除疫情，恢复无口蹄疫国家或地区地位，但一次性经济损耗巨大，需要有强大的经济实力作后盾，并有完善的兽医防疫体制和较高素质的防疫队伍。目前仅在常年无口蹄疫的发达国家采取这种政策。

二、综合防控措施

我国以"强制免疫、清除病原、净化畜群、基本消灭"为口蹄疫防控技术路线，坚持实施"预防为主、免疫和扑杀相结合"的综合防控措施，口蹄疫防控取得了举世公认的成效。"早、快、严、小"是控制口蹄疫的基本要求。尽早发现疑似病例，第一时间启动应急预案，及时扑杀，快速封锁疫区，完成规定动作，严格执行应急预案，避免疫情大规模扩散，减小经济损失。

（一）加强饲养管理

1. 全进全出，降低密度

猪场应以周为生产节律，将全年生产量，均匀分布于每周内，并分成配种妊娠、产仔哺育、保育与育肥 4 个阶段，在每个阶段采用"全进全出"的养殖模式，降低饲养密度，保证空气流通。每个批次的猪全部出舍后，及时在圈舍空闲期进行消毒杀菌工作，空舍 3d 后再进入下一批猪。这样可以避免不同日龄的猪与不同生长阶段的猪混群饲养，减少因猪的流窜造成病原微生物扩散和发生交叉感染。这是一项能降低猪群疫病发生的有效措施，也是提高生产水平的关键技术。

2. 自繁自养，严控外引

坚持自繁自养，有利于疾病的控制，避免病原微生物从外部进入。引种前要了解当地猪病流行情况，坚决不从疫区引入，若从外地引入生猪必须附有《产地检疫合格证》等必备手续，入隔离场隔离至指定期限，并按照规定接种疫苗后，才能允许入场。

3. 保持良好的饲养环境

禁止在养殖区域内饲养其他动物、宠物，消灭部分传染源，同时做好灭蚊、灭蝇、灭鼠工作，阻断疾病传播途径，提高养殖场所生物安全水平，病死猪及时进行无害化处理。定期打扫圈舍卫生，不饲喂厨余垃圾，加强管理，为家猪创造良好的养殖环境。对圈舍、场地进行彻底打扫、消毒，并经常更换不同强酸或强碱性消毒剂，避免滋生多种病原微生物。

（二）建立科学的生物安全管理体系

1. 科学规划场址

猪场的场址是疫病防治中的关键因素之一，运用科学的场址选择可以很好地避免传染源。在实际选址中应考虑以下几点：

（1）养殖场场址应选择地势高、通风干燥、水质良好、排水方便、便于设防的地方。

（2）远离交通干线 1 000m 以上，距离其他饲养场 1 500m 以上，距离屠宰场、畜产品加工厂、垃圾及污水处理厂等 2 000m 以上。

（3）远离河流支干流，严禁不经合格处理直接排放污水，污染水源。

2. 科学合理布局

（1）猪场四周应设置围墙、防疫壕沟、绿化带等物理隔离屏障。

（2）场门口要设立大门，建设人员、车辆消毒专用生物安全通道，尽量减少不必要出入通道的行为。

（3）生物安全通道要设专人把守，限制人员和车辆进出，并监督人员和车辆执行各项生物安全制度。

（4）场内要进行功能分区，一般可分为 4 个功能区，即生活区、管理区、生产区和隔离区。

（5）场内道路应区分净道和污道，要求独立通向各个功能区域，且不可有交会点。

（6）设置必要的生物安全设施，包括符合要求的消毒池、消毒通道、装有紫外灯/消毒设施的更衣室等。

（7）动物圈舍之间距离不应少于 10m。

3. 做好隔离消毒

（1）定期对养殖场周围及场内环境进行预防性消毒。

（2）对进出生产区的工作人员进行消毒，相应的工作服、鞋帽等要更换并定期消毒。

（3）对圈舍的全面消毒按畜舍排空、清扫、洗净、干燥、消毒、再干燥、再消毒顺序进行。消毒液可采用 3%～5%氢氧化钠溶液或常规消毒液进行喷洒消毒，另外还可采用杀虫剂等杀灭寄生虫和蚊蝇及其虫卵。带群消毒时，可选用 0.3%过氧乙酸、0.1%次氯酸钠等杀菌（毒）作用强而对畜体无害，对塑料、金属器具腐蚀性小的消毒药。

（4）对进出车辆及用具等，可采用紫外线照射或消毒药喷洒消毒，然后放入密闭室内用福尔马林熏蒸消毒 30min 以上。

（5）发生疫情后紧急消毒时，应首先对圈舍内外消毒后再进行清理和清洗。将畜舍内的粪便、垫料、剩料等污物清理干净，并作无害化处理。并对地面、墙面、车辆、道路等进行严格的无死角喷洒消毒。对金属笼具等可采用火焰消毒。对参与防控的各类工作人员，包括穿戴的工作服、鞋帽及器械都应进行消毒、消毒液浸泡或作无害化处理。消毒过程中产生的污水应作无害化处理。常用口蹄疫消毒药物及使用范围见表 7 - 7 - 1。

表 7-7-1　常用口蹄疫消毒药物及使用范围

品种	类别	常用浓度	pH	适宜温度	使用范围
过硫酸氢钾	氧化剂	1∶200	3	≥0℃	喷雾、熏蒸
过氧乙酸	氧化剂	0.05%～0.1% 1～2g/m³	3	≥0℃	喷雾、熏蒸
氢氧化钠	碱	1%～5%	≥13	≥22℃	环境喷洒
福尔马林	醛	5%～10% 15～40mL/m³	6	≥15℃	环境喷洒、熏蒸
二氧化氯	氧化剂	1∶1 500	6	≥0℃	喷雾、环境喷洒
二氯异氰尿酸钠	卤素	1∶800	6	≥0℃	喷雾、环境喷洒
三氯异氰尿酸钠	卤素	1∶800	6	≥0℃	喷雾、环境喷洒
络合碘	卤素	1∶800	6	≥0℃	喷雾、环境喷洒

4. 规范人员管理

（1）制定人员行为规范，规定各个场区的人员需要穿的衣服颜色、进出各个场所需要执行的消毒程序等，严格执行，并配套相应的监督措施和奖惩制度。

（2）外来人员禁止入内，并谢绝参观。

（3）任何人不准带食物入场，尤其是生肉及含肉制品的食物。

（4）在场技术员不得到其他养殖场进行技术服务。

（5）养殖场工作人员各司其职，严禁串舍或相互借用工具等。

（6）明确养殖场内管理人员、技术人员、饲养人员及后勤保障人员的工作职责。

（三）建立科学的免疫体系

1. 科学选用疫苗

口蹄疫疫苗是最早开发出来的动物疫苗之一，从 19 世纪末开始，人们便致力于通过免疫动物来避免接触感染性病毒，但由于病毒毒性的不可预测性和多种病毒血清型和亚型的存在，一直未研制出实用的疫苗。在口蹄疫的防制中，灭活疫苗功不可没。第一个灭活疫苗是用从人工感染的牛舌中提取水疱液，随后用甲醛灭活研制出来的，但直到 20 世纪 50 年代之后才开始工业化生产。直到 20 世纪 60 年代，随着 BHK 细胞悬浮培养口蹄疫病毒，二乙亚胺（BEI）灭活口蹄疫病毒以及 70 年代油性佐剂的使用，口蹄疫灭活疫苗的研究才得到了进一步的发展。但是却存在许多隐患：如疫苗生产过程中由于不慎引起病毒的逃逸以及灭活不完全而导致口蹄疫的暴发。此外，口蹄疫病毒不同毒株存在极大差异，接种动物接触到与疫苗株不同型的毒株时，不能提供有效保护，从而导致感染。因此，人们不得不探索更为有效的疫苗类型。20 世纪 70

年代末以来，随着生物科学的迅猛发展，口蹄疫疫苗的研究也有了很大进展，出现了很多新型疫苗，这类疫苗是利用化学合成、分子生物学、基因工程等现代生物技术制造出的疫苗，有别于传统常规疫苗。新型疫苗的研究主要集中在3个方面：即合成肽疫苗、核酸疫苗和重组病毒疫苗。

总的来说，目前疫苗共分为灭活疫苗、弱毒疫苗及新型疫苗3种，其中我国常用疫苗是灭活疫苗以及新型疫苗中的 O 型 VP1 合成肽疫苗和 O-A 二型 VP1 合成肽疫苗。虽然合成肽疫苗已全面投入市场，但其疫苗效力及安全保障仍需进一步深入评估。另外，重组病毒疫苗与核酸疫苗因其所具备的众多优点，备受关注。

科学使用口蹄疫疫苗，配合合理的免疫程序，再通过快速、便捷的实验方法监测抗体水平，对抗体较低的生猪进行及时免疫，使畜群整体抗体维持在较高水平，降低口蹄疫的发生率。

2. 优化免疫程序

对散养户每年要开展 3 次集中免疫，也可参考当地规模饲养场的免疫程序进行免疫。针对调出县（区）的种用猪，需要提前 2 周进行免疫注射，对新引入的家猪需要及时免疫并隔离。规模养殖场可根据疫苗种类、群体免疫抗体水平、母源抗体水平和抗体检测结果来制定符合本场的免疫程序，并严格按免疫程序实施免疫接种工作。

（1）仔猪及育肥猪，在 30 日龄左右进行首次免疫，因为 30 日龄以内的仔猪，其抗体水平会受到母源抗体的影响，不建议过早接种疫苗。仔猪的免疫剂量应是成年猪的 1/2，初免 1 个月后需再进行一次免疫接种以强化抗体水平，二次免疫后每隔 4～6 个月应重新进行免疫。

（2）生产母猪需要及时免疫，一般每年免疫 3 次（间隔 4 个月）。因灭活疫苗有一定的刺激性，因此尽量选择在产仔前或仔猪断奶后的时间段进行免疫接种。

（3）种公猪可一季度免疫 1 次。

（4）调出猪：跨省外调猪在调运前 2 周加强免疫 1 次。

3. 建立动物标识与免疫档案

（1）养殖场应每季度提前向动物防疫主管部门申报养殖种类、养殖数量以及所需动物标识数量，年出栏 1 000 头以上猪场须自行配备动物标识识读器。

（2）对动物实施免疫接种后须按照《畜禽标识和养殖档案管理办法》的规定，建立免疫档案，加施牲畜标识。

（3）免疫接种后应及时认真填写免疫接种记录表，内容包括疫苗名称、接种日期、舍号、栏号、年龄、免疫头数、免疫剂量、疫苗信息（类别、生产厂家、有效期、批号等）以及接种人员，针对每一头猪建立规范性的免疫档案。

（4）免疫注射后应进行免疫抗体水平监测和免疫效果评价。

三、疫情处置措施

成立重大动物疫病指挥部，由动监系统工作人员组成应急预备队，以便随时响应可能发生的紧急疫情。制定口蹄疫应急预案，一旦发现口蹄疫疑似病例，24h 内逐级上报至省级指挥部，由省级指挥部派遣专家组进行现场诊断并采集样品送国家实验室检测，若确诊为疑似病毒阳性，则立即发布封锁令，并通过消毒、扑杀、无害化处理等措施控制疫情。

（一）成立应急指挥机构

由当地政府兽医主管部门承担本行政区域内口蹄疫疫情应急管理的组织与协调工作，与多部门协调配合，联防联控，落实疫情监测、排查调查、消毒、监管、扑杀等疫情防控措施。

（二）完善报告制度

如发现口蹄疫疑似疫情，应第一时间报告给当地兽医部门，24h 内逐级上报至省级指挥部，专家组快速赶到现场调查、采样并判定疫情。

（三）划定疫点、疫区和受威胁区

疫点为病猪发病时的所在地，比如，相对封闭的规模化养殖场，散养户所在的自然村，放养猪的活动地点，发病猪的运输工具、市场及屠宰场等。疫区是在确定疫点后，由疫点外沿向外延伸 3km 范围的区域。受威胁区是由疫区外沿继续向外延伸 10km 范围的区域。以上地区的划定还需依据当地地理位置而定，如河流、山脉等天然屏障，或是道路、围墙等人工屏障，经综合分析评估后确定。

（四）封锁

当地人民政府依法发布疫区封锁令，应急预备队队员在疫点外围设置警示标志，出入口处安排人员值班检查。在受威胁区域以内，禁止易感动物的调出、调入，及动物产品的调出。关闭受威胁区以内的生猪交易市场，以及疫区内的屠宰场。

（五）扑杀与无害化处理

根据疫区内样品检测结果及流行病学调查，明确扑杀范围，扑杀疫点内的所有猪，对所有猪及其动物产品进行无害化处理，对其存在污染可能性的排泄物、饲料、垫料等物品全部进行无害化处理。做好扑杀信息的登记工作，并由相关人员签字确认。

（六）消毒

按照相关规定，对疫点内所有可能被污染的物品、交通工具、养殖场地等进行彻底消毒，并对出入疫区的人员及车辆进行监督消毒，做好出入登记。

（七）疫情监测

对受威胁地区以内的易感动物，进行紧急免疫接种，并开展全面监测，实时掌握疫情动态。

第八节 净 化

《全国兽医卫生事业发展规划（2016—2020 年）》中明确将口蹄疫列为有计划控制并净化的重点动物病种之一。"十三五"期间，为推动口蹄疫的净化工作，我国启动了"种畜场口蹄疫净化技术集成与示范"国家重点研发计划项目，旨在应用综合集成的疫苗免疫、检测、监测、淘汰及生物安全等技术，构筑种猪场口蹄疫综合防控体系，建立口蹄疫净化种猪示范场，以提升我国规模化养猪场动物疫病防控水平，促进畜禽养殖业的持续健康发展。

一、净化路线

规模场可根据自身条件和本场实际情况，建立完善的防疫和生产管理等制度，优化生产结构和建筑设计布局，构建可靠的生物安全防护体系；采取严格的生物安全措施，加强人流、物流管控，实行"全进全出"生产模式，降低疫病水平传播风险；强化对引入种用动物和本场留种动物的监测，降低疫病垂直传播风险；持续开展病原学监测和感染抗体监测，通过淘汰带毒动物、分群饲养等方法建立健康动物群，以野毒阴性的生产核心群为轴心，逐步扩大阴性群，最终实现全场净化。

具体分为以下几个阶段开展口蹄疫净化工作：

1. 第一阶段

建立口蹄疫根除计划项目，项目中制定适合本场的净化方案、进展规划、保障措施、最终目标、评定标准等。

2. 第二阶段

按照净化项目中的实施方案，采取具体的净化措施。

3. 第三阶段

对净化结果进行评估，对达到净化标准的，设定为假定阴性场，继续加强综合防控措施，维持阴性状态；若未达到净化标准，则开展风险评估，查漏补缺，完善净化方案后，重新开展净化。

二、净化标准

（一）标准要求

中国动物疫病预防控制中心发布的《动物疫病净化场评估技术规范》，对口蹄疫净化标准做出了相关规定，同时满足以下要求，视为达到免疫无疫标准：

(1) 生产母猪和后备种猪抽检，口蹄疫病毒免疫抗体合格率90％以上。

(2) 种公猪、生产母猪、后备种猪抽检，口蹄疫病原学检测阴性。

(3) 连续两年以上无临床病例。

(4) 现场综合审查通过。

(二) 抽样检测要求

按照中国动物疫病预防控制中心印发的《动物疫病净化场评估技术规范》的规定，开展抽样检测（表7-8-1）。

表7-8-1 免疫净化评估实验室检测方法

检测项目	检测方法	抽样种群	抽样数量	样本类型
病原学检测	PCR	种公猪	生产公猪存栏50头以下，100％采样；生产公猪存栏50头以上，按照证明无疫公式计算（CL＝95％，P＝30％）	扁桃体
		生产母猪、后备种猪	按照证明无疫公式计算（CL＝95％，P＝3％）；随机抽样，覆盖不同猪群	
抗体检测	ELISA	生产母猪	按照预估期望值公式计算（CL＝95％，P＝90％，e＝10％）	血清
		生产母猪	按照预估期望值公式计算（CL＝95％，P＝90％，e＝10％）	

(三) 现场综合审查要求

按照中国动物疫病预防控制中心印发的《动物疫病净化场评估技术规范》的规定，对必备条件、人员管理、结构布局、栏舍设置、卫生环保、无害化处理、消毒管理、生产管理、防疫管理、种源管理、监测净化、场群健康12个方面逐一进行评估。

三、净化步骤

猪场口蹄疫疫病净化工作需要经历3个阶段，即本底调查阶段、免疫控制阶段和净化阶段。有条件的养殖场可根据本场本底调查情况，自主选择进入免疫控制阶段或净化阶段。

(一) 本底调查

1. 调查目的

了解本场各年龄段猪群健康状态、口蹄疫免疫保护水平和非结构蛋白抗体水平，评估口蹄疫发生和传播风险。

2. 调查内容

按一定比例采集种公猪、生产母猪、后备种猪、保育猪和育肥猪血清，检测口蹄疫（O 型）免疫抗体及非结构蛋白抗体，非结构蛋白抗体阳性的，继续开展口蹄疫病原学检测。分析、评估本场口蹄疫发生史和控制情况、周围口蹄疫疫情情况和本场口蹄疫隐性带毒情况等关键风险因子，以及综合防控措施所涉及的普通风险因子。根据净化成本和人力物力投入，制定适合本场实际情况的净化技术方案（图 7-8-1）。

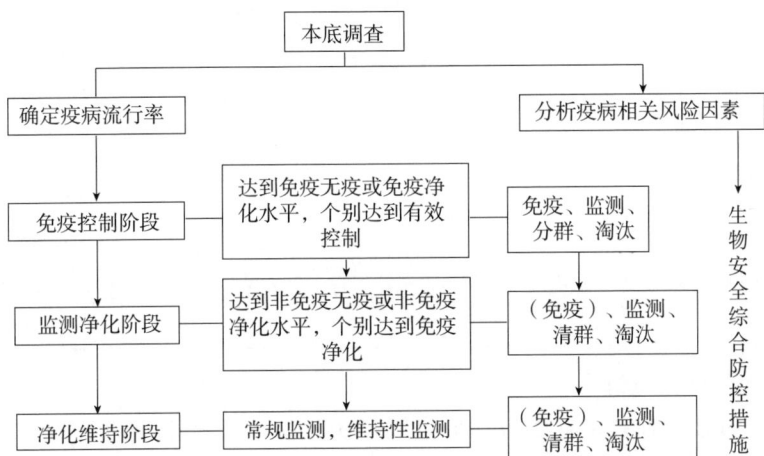

```
                        ┌──────────┐
                        │  本底调查  │
                        └──────────┘
            ┌───────────────┼───────────────────┐
   ┌──────────────┐                      ┌──────────────────┐
   │ 确定疫病流行率 │                      │ 分析疫病相关风险因素 │
   └──────────────┘                      └──────────────────┘

   ┌──────────┐   ┌────────────────────┐   ┌──────────────┐   生
   │ 免疫控制阶段 │──│ 达到免疫无疫或免疫净 │──│ 免疫、监测、  │   物
   └──────────┘   │ 化水平，个别达到有效 │   │ 分群、淘汰    │   安
                  │ 控制               │   └──────────────┘   全
                  └────────────────────┘                      综
   ┌──────────┐   ┌────────────────────┐   ┌──────────────┐   合
   │ 监测净化阶段 │──│ 达到非免疫无疫或非免疫 │──│（免疫）、监测、 │  防
   └──────────┘   │ 净化水平，个别达到免疫 │   │ 清群、淘汰    │   控
                  │ 净化               │   └──────────────┘   措
                  └────────────────────┘                      施
   ┌──────────┐   ┌────────────────────┐   ┌──────────────┐
   │ 净化维持阶段 │──│ 常规监测，维持性监测 │──│（免疫）、监测、 │
   └──────────┘   └────────────────────┘   │ 清群、淘汰    │
                                           └──────────────┘
```

图 7-8-1　规模化种猪场主要疫病净化技术路线

（二）免疫控制

本阶段，养殖场采取免疫、监测、分群、淘汰和严格后备猪管理相结合的综合防控措施，保障养殖管理科学有效、生物安全措施得力和环境可靠，将口蹄疫的临床发病控制在最低水平甚至免疫无疫状态，为下一步非免疫无疫监测净化奠定基础。

1. 阶段目标

种猪群、后备猪群及育肥猪群抽检抗体合格率达到 90% 以上，种猪群非结构蛋白抗体阳性率逐年降低，且逐渐维持在较低水平；连续两年以上无临床病例。

2. 免疫措施

免疫技术方面，养殖场应优先选用与本场或区域优势毒株相匹配的优质疫苗，制订口蹄疫免疫程序和抗体监测计划，根据抗体监测效果及周边疫情动态，适时调整免疫程序。

3. 监测内容及比例

本阶段的监测重点是严格后备猪筛选、确保种猪群及个体良好的免疫保护屏障、跟踪非结构蛋白抗体水平，具体监测情况见表7-8-2。

表7-8-2 口蹄疫免疫控制阶段具体检测情况

种群	监测比例	监测频率	监测内容	备注
生产母猪	25%或100头以上	1次/半年	免疫抗体、非结构蛋白抗体	非结构蛋白抗体阳性再结合病原学检测
后备猪群	100%	混群前1次；混群后纳入生产母猪/种公猪监测范畴	免疫抗体、非结构蛋白抗体	免疫抗体合格/非结构蛋白抗体阴性方可继续留用
种公猪	100%	1次/半年	免疫抗体、非结构蛋白抗体	非结构蛋白抗体阳性再结合病原学检测
育肥猪	30头以上	与生产母猪同步监测（采样）	免疫抗体	10周龄育肥猪，了解免疫抗体保护水平和非结构蛋白水平稳定性

4. 监测结果处理

生产母猪、种公猪、后备猪群口蹄疫免疫抗体合格率应达到90%，低于70%的需加强免疫。非结构蛋白抗体阳性者，开展病原学检测，如病原学阳性，对阳性畜及同群畜按有关规定处理；如病原学阴性，分群饲养，跟踪观察，适时淘汰，鼓励有条件的养殖场立即淘汰。育肥猪免疫抗体合格率如低于70%，应分析原因，及时调整免疫程序。

发现口蹄疫隐性带毒或临床疑似病例时，应按照国家有关规定处理，同时加强同舍猪群免疫监测，做好消毒及生物安全控制。

5. 监测效果评价

当种猪群、后备猪群及育肥猪群抽检抗体合格率达到90%以上，常年具有优秀的免疫保护屏障。种猪群口蹄疫非结构蛋白抗体阳性率逐年降低，并逐渐维持在一个较低水平，且连续两年以上无临床病例，认为达到有效的免疫控制。

（三）免疫净化

1. 阶段目标

种猪群、后备猪群和待售种猪口蹄疫免疫抗体合格率达到90%以上，非结构蛋白抗体阳性率控制在较低水平，病原学检测阴性，连续两年以上无临床病例。

2. 监测内容及比例

本阶段，以猪口蹄疫抗体合格和病原阴性的种猪构建假定阴性群。对假定阴性群分期开展全群普检，构建真正的猪口蹄疫阴性群，具体监测情况见表7-8-3。

表7-8-3 口蹄疫免疫净化阶段监测情况

种群	监测比例	监测频率	监测内容	备注
生产母猪	25%	4次/年	免疫抗体、非结构蛋白抗体	非结构蛋白抗体阳性再结合病原学检测
后备猪群	100%	混群前1次；混群后纳入生产母猪/种公猪监测范畴	免疫抗体、非结构蛋白抗体	免疫抗体合格/非结构蛋白抗体阴性方可继续留用
种公猪	100%	1次/半年	免疫抗体、非结构蛋白抗体	非结构蛋白抗体阳性再结合病原学检测
育肥猪	30头以上	与生产母猪同步监测（采样）	免疫抗体	10周龄育肥猪，了解免疫抗体保护水平和非结构蛋白水平稳定性

对于工作初期生产母猪数量较多的种猪场，为降低生产成本和工作难度，生产母猪群可以分批次进行血清学筛查；通过生产母猪的定期更新和口蹄疫非结构蛋白抗体阴性后备猪的不断补充，间接构建生产母猪口蹄疫感染阴性群。

3. 监测结果处理

生产母猪、后备种猪、种公猪和引种猪群发现猪口蹄疫抗体不合格者，立即加强免疫。

4. 监测效果评价

种猪群、后备猪群和待售种猪口蹄疫抗体合格率达到90%以上，非结构蛋白抗体维持在较低水平，病原学检测阴性，且连续两年以上无临床病例，可基本认为达到猪口蹄疫的免疫净化状态，可按照程序申请净化评估认证。

（四）净化维持

1. 阶段目标

达到口蹄疫的免疫净化状态或通过农业农村部评估认证后，养殖场可开展净化维持性监测，以保证净化的持续有效性。

2. 监测内容及比例

维持性监测期间，如发现种群非结构蛋白抗体异常升高，应及时分析管理因素及技术因素，加大监测密度，及时开展病原学监测，调整免疫程序，评估生物安全措施有效性，评估感染风险。

发现口蹄疫隐性带毒或临床疑似病例时，应按照国家有关规定处理，并做好消毒及生物安全控制。

维持性监测期间，有条件的养殖场，可探索哨兵动物监测预警机制，于每栋猪舍两头各设置一栏非免疫小猪，跟踪观察，定期监测。

具体监测情况见表7-8-4。

表7-8-4 口蹄疫净化维持阶段监测情况

种群	监测比例	监测频率	监测内容	备注
生产母猪	30头以上	1次/季度	免疫抗体、非结构蛋白抗体	非结构蛋白抗体阳性再结合病原学检测
后备猪群	100%	混群前1次；混群后纳入生产母猪/种公猪监测范畴	免疫抗体、非结构蛋白抗体	免疫抗体合格/非结构蛋白抗体阴性方可继续留用
种公猪	100%	1次/半年	免疫抗体、非结构蛋白抗体	非结构蛋白抗体阳性再结合病原学检测
育肥猪	30头以上	与生产母猪同步监测（采样）	免疫抗体、非结构蛋白抗体	10周龄育肥猪，了解免疫抗体保护水平和非结构蛋白水平稳定性

3. 检测方法

猪口蹄疫检测方法，免疫抗体检测应优先选用 LPB-ELISA（灭活疫苗）或 VPI-ELISA（多肽疫苗），或其他经试剂比对和有效验证可靠的方法。非结构蛋白抗体检测应选用 ELISA 方法。病原学检测方法应选用敏感性等于或高于 RT-PCR 的方法。

4. 检测试剂

由养殖场或检测机构自行选购。试剂选择应坚持质量至上，应优先考虑重复性、特异性和敏感性。

为提高检测结果的科学性和可比性，确保以检测为基础的各项处理措施的严谨性，检测试剂的选择应以尽可能降低随机误差为目的，保持试剂的相对稳定，不宜频繁更换。养殖场可参考农业农村部净化评估认证标准的相关内容选择监测净化试剂。

第八章

猪伪狂犬病净化成功案例

本章旨在通过介绍规模种猪场猪伪狂犬病的净化实践情况，为其他猪场或其他病种的净化提供参考。

实施净化的种猪场需要具备一定的基础条件：一是企业负责人净化的决心。2013年起，我国全面开展动物疫病净化工作，净化技术日臻成熟，净化程序和净化标准得到改进和优化，为猪伪狂犬病的净化工作积累宝贵经验。然而猪伪狂犬病的净化是一个长期持续投入的过程，关键是企业下定决心组织好人力、物力和财力。净化进程主要取决于企业领导层的决心与净化目标的制定。二是要组建执行力强的净化工作团队。净化工作团队负责人需要有绝对的话语权，并懂得生物安全管理，这样才能确保在遇到问题时及时处理，及时整改和调整净化方案。三是猪场功能布局要合理，设施设备较为完善。猪场应具备良好的防疫屏障，远离主要交通干道和居民区，距其他屠宰场、养殖场、集贸市场最好3km以上。生活区、生产管理区、生产区、隔离区和粪污处理区布局要合理，净区、污区、净道、污道实现有效隔离，防疫设施设备配置齐全并正常运转。四是具有完善的生物安全防控体系。生物安全防控体系建设和生猪健康养殖技术改进、生产程序优化是保证净化效果的重要措施。成立生物安全小组，结合本场实际情况，制定完善的车辆、人员、物资、废弃物及病死动物等管理制度及操作规程，并严格执行。五是制定科学、合理、具有操作性的净化方案。在净化过程中，必须结合猪伪狂犬病流行特点、本场摸底调查结果，制定科学合理、适合本场并具有可操作性的净化方案，严格遵照净化方案执行，并在执行中严格控制试验结果的准确性，确保能准确发现感染动物，及时隔离和淘汰阳性动物，避免持续排毒、持续感染。

猪伪狂犬病净化速度和成效，取决于各项措施的落实情况，并没有一成不变的固定模式，更不能生搬硬套。各场需结合各自企业的人员素质、环境、条件、硬件设施、育种操作、生产管理等实际情况，深入分析本企业的影响因素，找到关键控制点，参考净化标准程序，做出相应调整，并在净化实践过程中持续改进。

在以下两个净化案例中，各自结合本场的净化方案与关键生物安全管理措施进行阐述，为动物疫病净化场建设作参考。

第一节　闭群生产，科学净化
——重庆市六九畜牧科技股份有限公司原种场

自 2012 年起，重庆市六九畜牧科技股份有限公司原种场（以下简称重庆 69 原种场）开展猪伪狂犬病净化工作，依照《中华人民共和国动物防疫法》《规模化种猪场主要动物疫病净化技术指南》等相关规定，结合本场实际，制定合理的监测淘汰净化方案，持续多年监测-淘汰，并取得较好成绩，成为首批国家级猪伪狂犬病净化场和首批国家级无非洲猪瘟小区。

一、闭群生产，自繁自养，全进全出

重庆 69 原种场是国家生猪核心育种场（图 8-1-1），建有公猪站，从事曾祖代、祖代良种繁育，自主育种制种。采取闭群育种、闭群生产措施，不从外界引入活体种猪。必要时，从全国联合育种平台引入精液，更新血（种）缘。引入精液配种前进行猪伪狂犬病、非洲猪瘟等检测，检测合格才用于配种。

图 8-1-1　重庆 69 原种场

二、持续开展生物安全体系升级改造

2015 年，引进欧美先进的建设理念及设施设备，投资建成全封闭、空气过滤、自动化猪舍。自动通风、自动温控、自动饮水、自动投料、自动清粪，有利于各项生物安全措施落实。自 2018 年国内发生非洲猪瘟疫情以来，该场又投入 1 000 万元进行设施的升级改造。

（一）建立车辆三级洗消点（洗消中心）

本场洗消点（洗消中心）分三级管理，在场外设置1级洗消点（预清洗＋消毒）和2级洗消点（精清洗＋消毒），在场区门口设置洗消中心（清洗＋消毒＋烘干）（图8-1-2）。洗消中心严格实施分区管理、单向流动、规范操作、监督管理等运行管理原则，确保能真正达到切断病毒传播的目的。

图8-1-2 猪场洗消中心

对车辆实行分类分级管理。饲料车、外运中转车、生产场内专用车、无害化处理车、运精车等实行专车、专场、专用，禁止私人车辆及公司其他无关生产车辆靠近场区。车辆运输路线固定，并做好统筹安排，不同类型车辆运行时尽量不接触。在场内运输粪渣时，按场内最大贮存量外拉一次，避免运粪车与外来车辆接触。

清洗前，要对车辆进行认真检查，确认车牌号与报检信息一致，确认车辆清洁干净，车辆中无猪肉和肉制品。运猪车、饲料车、运精车、猪粪车、垃圾车在靠近猪场前，需要经过非洲猪瘟检测，检测合格才能在洗消中心按照清洗程序进行清洗、消毒、烘干。

车辆清洗严格按照3次分级清洗与消毒。根据风险评估结果，高风险车辆按照场外运猪车和饲料车洗消程序进行，场内车辆和低风险车辆按照场内中转车洗消程序进行。

（1）场外运猪车和饲料车洗消程序（图8-1-3）。场外1级和2级清洗点主要采用1∶250过硫酸氢钾和1∶400戊二醛（安灭杀）对车辆进行消毒，洗消中心主要采用1∶250过硫酸氢钾消毒。

检查合格车辆 → 第一次冲洗+泡沫清洗剂，消毒（场外1清洗点） → 第二次冲洗+泡沫清洗剂，消毒（场外2清洗点） → 洗消中心 → 清洗消毒 → 30min烘干 → 中转猪台装猪

图8-1-3 场外运猪车和饲料车洗消程序

（2）场内中转车洗消程序（图8-1-4）。

场内中转车 → 冲洗+泡沫清洗剂，消毒（洗消中心）→ 沥水10min → 1：400戊二醛/1：250过硫酸氢钾消毒 → 下次使用前 → 1：400戊二醛/1：250过硫酸氢钾消毒 → 静置30min，驶向场内上猪台

图8-1-4 场内中转车洗消程序

（二）建立人员换乘中心

所有入场人员必须到换乘中心洗澡、更衣、隔离24h，个人物品需在换乘中心臭氧熏蒸、紫外线照射24h。猪场员工入场前，必须在猪场隔离区域洗澡并更换猪场工作服，还需在猪场隔离区隔离24h后才能进入猪场工作。

（三）建立物资中心库房

所有物资必须在中心库房和物资库房（图8-1-5和图8-1-6）消毒并静置一段时间，才能发放到各场。公司建立了场外物资消毒中转室，加强入场物资管理。所有入场物资必须在场外物资消毒中转室臭氧熏蒸消毒24h后，再由公司专车配送到猪场，物资入场前必须脱包进入消毒室臭氧熏蒸消毒24h。圈舍内设有臭氧消毒设备，可有效降低舍内细菌繁殖。

图8-1-5 公司中心库房

图8-1-6 猪场物资库房

（四）建立饲料运输车队与料线系统

使用本场专用密封式饲料罐车运输饲料，确保饲料从出厂到进入圈舍均处于封闭状态。同时，猪场对每批饲料的原料来源、质量检测、烘干、收贮、生产工艺、生产批次、车辆标识、运输线路与过程、公司饲料罐车承运司机、到场时间、运输车辆洗消、贮存条件及生物安全防护措施和台账等进行记录，确保饲料可追溯（图8-1-7、图8-1-8、图8-1-9）。

图 8-1-7 公司罐车

图 8-1-8 猪场料塔

图 8-1-9 猪场料线

（五）建立供水系统

猪场配备了独立的蓄水池，并配置次氯酸钠自动发生系统（图 8-1-10），对猪场用水进行彻底消毒。

图 8-1-10 次氯酸钠自动发生器

（六）建立自有车队

公司建立了自有车队，配备了饲料罐车、全封闭式生猪运输车、猪销售中转车、入场人员运输专用车、物资专用车（图 8-1-11 至图 8-1-13）。通过规范管理，标准化操作，最大限度降低了物资运输、人员入场、猪销售过程中的疫病风险。

图 8-1-11 饲料罐车

图 8-1-12 运猪车

图 8-1-13　物资运输车

（七）建立销售中转台

公司为猪场建设了独立的猪销售中转台和专用赶猪通道（图 8-1-14 至图 8-1-16），转运猪时，要求外围人员、出猪台人员都穿上一次性防护服，运猪车人员和车辆不与本场人员和车辆有任何接触，转运完成后，严格消毒。

图 8-1-14　猪销售中转台

图 8-1-15　专用赶猪通道

图 8-1-16　分段接龙赶猪

（八）建立粪污资源化利用系统

生产过程中实行雨污分流、干湿分离，干粪供农业园区水果（脆红李、猕猴桃、枇杷、草莓等）和蔬菜基地处理使用，污水经沼气处理，沼液再经污水处理站深度处理后（图 8-1-17），进入人工湿地、鱼塘等供当地养鱼及周边特色种植使用。

图 8-1-17 污水处理站

（九）建立病死猪无害化处理中心

猪场建立了专用病死猪无害化处理中心（图 8-1-18），配备了病死猪专用运输车辆，采用高温降解法处理病死猪，病死猪处理后的成品与干粪混合可制成高品质有机肥。无害化处理中心能满足本场需要，为猪场开展疫病净化奠定了基础。

图 8-1-18 病死猪无害化处理中心

三、精准检测，科学评估，持续改进

（一）建立快速准确的检测系统

建成面积 300m²、设备总价值 500 余万元的疫病检测实验室。实验室配备全自动细菌鉴定系统、核酸提取工作站、荧光定量 PCR 仪、梯度 PCR 仪、多功能酶标仪、超纯水仪、荧光正置显微镜、荧光倒置显微镜、凝胶成像系统等先进精密诊断检测设备。检测技术团队由 7 名人员组成，学历均本科及以上，可确保在 4h 内提供实验室结果，最大程度保障猪场安全生产。公司每年划拨 30 万元以上的专项检测经费用于猪瘟、口蹄疫、猪伪狂犬病等猪病的病原、抗体水平监测和常规细菌病的病原学检测、细菌药敏试验、消毒药效果检测、抗生素筛选、饮用水总大肠菌群数检测等工作。

（二）全群监测与排查

自 2012 年启动猪伪狂犬病净化工作以来，经摸底调查，gE 抗体阳性率 4.8%。结合临床评估和实验室检测，采取全群检测、一次性淘汰的方式进行净化，经过 3 次循环淘汰后，2017—2021 年猪群一直维持猪伪狂犬病阴性状态。公司猪伪狂犬病净化具体进展详情见表 8-1-1。

表 8-1-1　净化进展

年份	所处阶段	净化措施	进展状况
2012	本底调查	血清检测	gB 抗体阳性率为 88.9%，gE 抗体阳性率为 4.8%
2013	初始净化	净化方案	形成净化方案
2014—2015	猪伪狂犬病列入常规监测	检测 gB、gE 抗体水平，调整免疫程序	gB 抗体阳性率为 94.5%，gE 抗体阳性率为 2%
2016—2017	净化	种猪全检，淘汰 gE 抗体阳性个体	gB 抗体阳性率为 96.1%，gE 抗体阳性率为 0
2018—2020	净化维持	优化净化方案，完善生物安全体系，种猪二次全检	gB 抗体阳性率为 96.6%，gE 抗体阳性率为 0
2021	净化维持	持续改进，持续监测	完成对猪伪狂犬病净化，通过国家猪伪狂犬病净化场评审验收

（三）科学评估，持续改进

制定了适合本场实际的生物安全管理手册，从猪群、人员、物资、车辆、物理屏障、消毒管理等各个方面进行了规范。成立生物安全管理工作小组，加强宣传培训，定期开展生物安全风险评估、安全检查和督查，定期对生物安全设施、设备、人员操作、记录进行检查，并将日常生物安全工作落实情况纳入绩效考核，查漏补缺，持续改进。此外，公司充分发挥 26 名技术人员的聪明才智，并与中国农业大学、重庆市动物疫病预防控制中心、重庆市畜牧科学院、四川农业大学建立了长期合作关系，定期邀请兽医专家进行交流、学习外部先进经验与最新研究成果，不断升级生物安全措施、方法，持续改进。

四、积极与政府沟通协作

与当地动物防疫部门建立紧密联系，实时掌握疫情动态，对防疫部门提出的整改意见进行落实，不断升级防疫硬件，制定合理的防疫流程。对猪场 3km 范围内的散养户进行规范管理和消毒。对入场道路和周边环境、地区进行定期监测和消毒，确保大环境安全。

五、科学分析评估投入成本与成效

(一) 投入成本

重庆 69 原种场为持续开展猪病净化工作，在基础建设与改造、技术团队建设、猪病检测实验室建设、猪病检测等方面投入了大量资金，保障了猪病净化工作能够持续、高效地开展。

(1) 育种场圈舍、道路、区域的改造费用约 1 000 万元。

(2) 增加人力资源成本投入 120 万元，含 1 位技术员 30 万元/年，其他新增员工费用 90 万元/年。

(3) 淘汰猪损失费用，平均每年 160 万元。

(4) 检测费用，30 万元/年。

(5) 猪病检测实验室建设费用 500 万元，运行维护费用每年 30 万元。

(二) 净化成效

1. 保持阴性

2018 年至 2021 年 11 月按计划采集样品监测本场疫病情况。共计检测猪伪狂犬病 gE 抗体 6 102 份，均为阴性，连续 3 年保持阴性状态；检测猪伪狂犬病 gB 抗体 3 195 份，其中 gB 抗体阳性 3 116 份，阳性率 98%。具体情况见表 8-1-2 和表 8-1-3。

表 8-1-2　2018—2021 年种猪猪伪狂犬病监测情况

猪群	PRV-gB			PRV-gE		
	检测数 (头)	阳性数量 (头)	阳性率 (%)	检测数 (头)	阳性数量 (头)	阳性率 (%)
种母猪	1 096	1 056	96.35	2 039	0	0
种公猪	634	615	97.00	988	0	0
合　计	1 730	1 671	96.59	3 027	0	0

表 8-1-3　2018—2021 年后备猪、生长猪猪伪狂犬病监测情况

猪群	PRV-gB			PRV-gE		
	检测数 (头)	阳性数量 (头)	阳性率 (%)	检测数 (头)	阳性数量 (头)	阳性率 (%)
后备猪	756	745	98.54	1 758	0	0
生长猪	709	700	98.73	1 317	0	0
合　计	1 465	1 445	98.63	3 075	0	0

2. 提升生产性能

2018—2021 年，重庆 69 原种场严格按照净化方案执行，没有发生过重大疫情，口蹄疫、猪瘟、猪伪狂犬病、猪流行性乙型脑炎、猪细小病毒病在种猪群的免疫率达到 100%，免疫抗体水平整齐且维持在较高水平。通过猪伪狂犬病净化，显著提升了猪场生产成绩，2021 年母猪窝均产活仔 12.24 头，猪成

活率达 91.14％，年产胎次 2.23 以上，每头母猪提供 26.01 头断奶仔猪，种猪品质稳定在较高水平。

3. 产生显著经济效益

经过猪伪狂犬病净化，重庆 69 原种场猪的猪群健康、安全、生产性能好，质量得到客户认可，销往重庆、四川、贵州、云南等地区，影响力逐渐向全国辐射，纯种猪每年销售收入突破 1 亿元。

同时，公司通过推广"四统一"生猪人工授精模式，每年外销优质猪精液 30 多万份（主要销往黔江、彭水、酉阳等周边区县），每年在黔江及周边地区改良生猪 10 万余胎。2012—2021 年，重庆黔江区生猪品种改良比例由 30％提高到 85％，带动养殖户人均增收 6 254 元，带动了周边养猪业的蓬勃发展。

第二节　开展疫病净化，助推产业升级
——重庆正大农牧食品有限公司金龙种猪场

一、做好疫病风险评估

重庆正大农牧食品有限公司（以下简称重庆正大农牧）金龙种猪场（图 8-2-1）于 2013 年 10 月 20 日建成投产，坐落于重庆市永川区金龙镇洞子口村，远离村镇居民点、工厂、风景区，具有良好的防疫隔离条件。种猪场实行全封闭、全自动生产工艺。

图 8-2-1　金龙种猪场全景图

开展疫病净化是做好猪场主要疫病防控工作的最佳捷径，随着集团猪业的蓬勃发展，金龙种猪场每年需要向其他种猪场提供大量健康的后备种猪，补充到生产种猪群中以维持高效健康生产。所以，金龙种猪场率先开展疫病净化意义重大。

重庆正大农牧要求每年对所辖猪场进行风险评估。为此，生物安全小组制定了风险分析图（图 8-2-2）和风险评估表（表 8-2-1），每年对猪场周围环境、选址布局、设施设备、防疫管理、人员管理、物资管理和运输管理等风险因素进行评估，寻找关键风险点并予以及时纠正。

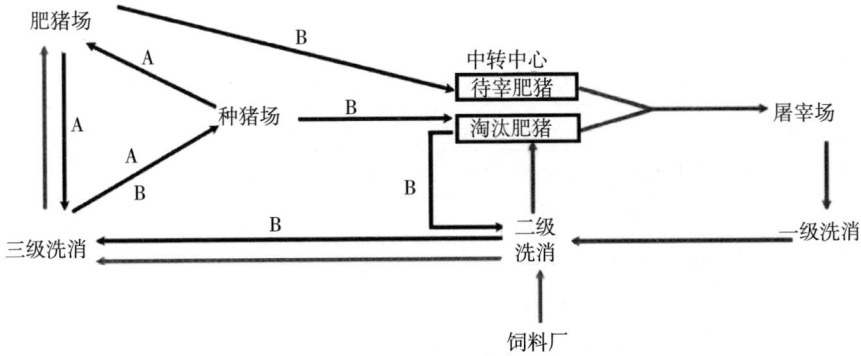

图 8-2-2　运输环节生物安全风险分析图

表 8-2-1　金龙种猪场生物安全风险评估表

序号	风险因素	风险描述	风险等级
1	周边环境	无候鸟、野生动物迁徙地带	低
		未曾报道有野猪、钝缘蜱出现，无栖息环境条件	低
		未报道有非洲猪瘟疫情发生	低
		春秋季多阴雨，夏季炎热，气温在 20~28℃	中
		远离主干道，独立山头，猪场位于山区，四周铁丝网围墙围蔽，外界动物难进入	低
2	选址布局	3km 内无其他大型养殖场、屠宰场、集贸市场	低
		生产区、生活区有围墙隔开	低
		流程布局合理，全进全出	低
		生活区门岗入口处建有车辆洗消棚、烘干车间、消毒池	低
		设有门岗，控制外来人员自由进入	低
3	设施设备	净污道完全分离	低
		生产区建有更衣室，沐浴间，消毒池	低
		生产区无车辆进入	低
		生产线栋舍间设有洗手盆、脚踩盆	低
		生产区排水明暗沟分离，不存积水	低
		生产线设有消毒设备、流动消毒车	低
		制定有防鸟、防鼠、防蚊蝇措施，整个生产区为全封闭	中
		猪舍采用全密闭湿帘负压通风	低
		门岗处有消毒间，能够对外购投入品进行紫外线和臭氧消毒，之后再送入生产区	低

（续）

序号	风险因素	风险描述	风险等级
4	防疫管理	制定有《兽医卫生防疫制度》《日常消毒制度》及消毒程序	低
		制定《防范非洲猪瘟疫情方案》，能按方案执行	低
		饮用水采用深井水	低
		饲料采购由分公司提供	中
		实行健康养殖，能做好基础性疾病的疫苗免疫	低
		采用全进全出饲养模式，空栏期彻底清洗消毒并空舍 2～7d	低
		建有三级洗消制度，对体系内其他车辆洗消、烘干	低
		制定有《重大动物疫情报告制度》，能够按报告程序报告疫情，处置疫情	低
		制定有《无害化处理制度》，能够按制度处理病死猪及消毒场地	低
5	人员管理	制定有《培训计划》，能够如期开展	低
		设有门岗，严格控制外来人员自由进入	低
		门岗处设有人员雾化消毒通道、沐浴间，设有隔离房，休假人员回场隔离 72h	中
		生产线独立，不串线，生产线内不串岗	低
		定期开展员工健康体检	低
		设有更衣室、人员雾化消毒通道、消毒池、沐浴间，供内部人员进入生产区沐浴、消毒、更衣	中
		生产线办公室设有消毒池、沐浴间，供人员进入生产线沐浴、消毒、更衣	低
6	投入品管理	兽药、疫苗、消毒剂选择正规合法厂家采购	低
		制定免疫程序、兽药管理的规定，在兽医指导下使用	低
		药房配备有冷藏柜、冷冻柜储存疫苗，符合要求	低
		制定有消毒剂的日常消毒使用剂量，紧急消毒使用剂量	低
7	运输管理	制定《运辆管理制度》，禁止外来车辆进入生产区，对内部车辆采取专车专用、专区停放，严格洗消	低
		净道污道安全分开	低
		设有中途消毒点，饲料车进出生产线途中需清洗、消毒、烘干	中
		运猪车规定停放区域，启用前后严格洗消，烘干	低
		运输病死猪、废弃物车辆在污道行驶，专区停放，启用前后严格洗消和检测	中

二、制定科学净化方案

（一）严把后备关

由专业团队在后备猪培育场对后备猪严格进行逐头选育和抽样检测。为了保证引入合格的健康后备猪，引种时除对后备猪逐头检测 PRVgE 抗体外，还运用 ELISA 方法检测 PRVgB、猪口蹄疫 ELISA O 型、NSP、猪瘟、猪繁殖与呼吸综合征 5 种疫病的抗体，同时采用荧光 PCR/RT-PCR 方法对 PRV、非洲猪瘟、猪瘟、猪繁殖与呼吸综合征、猪圆环病毒 2 型 5 种疫病的抗原进行检测。

（二）发挥兽医实验室作用，及时监测和淘汰阳性动物

重庆正大农牧建有独立的动保中心，实验室面积 300m^2，配置有 500 万元先进的实验仪器设备，中心成员共 8 人，其中硕士研究生 6 名，取得执业兽医师资格证的 5 名。可开展兽医微生物学、血清学、寄生虫学、分子生物学、抗生素残留等常规项目检测，目前已开展检测项目 60 多个，能满足养殖场常规检测需求。

（三）制定净化流程（图 8-2-3）

1. 淘汰 gE 抗体阳性猪

2014 年，实施净化初期猪伪狂犬病 gE 抗体阳性率为 0.3%，2014—2016 年，采取检测-淘汰方式开展猪伪狂犬病净化，对全群每年开展两次猪伪狂犬病毒 gE 基因病原、gB 抗体监测，整个生产种猪群和引入后备猪均保持 PRVgE 病原、抗体阴性状态，2016 年通过农业部净化创建场验收，2017 年起，进入净化维持阶段。

2. 免疫疫苗

按照公司免疫程序免疫进口 Bartha-K61 基因缺失活疫苗，并持续监测猪场不同阶段生产猪群（种母猪、保育猪、公猪、哺乳仔猪）gE 抗体和 gB 免疫抗体，对 PRVgE 抗体阳性猪/猪群进行淘汰和净化处理。

3. 持续监测

在 PRVgE 阴性的种猪群，其所产的仔猪极少存在先天带毒的情况下，坚持自繁自养，种猪和后备猪坚持免疫接种基因缺失疫苗，种猪场分娩舍实行"全进全出"，并严格做到空栏消毒等。严格淘汰猪伪狂犬病 gE 抗体阳性猪、猪瘟免疫耐受的猪、高致病性猪繁殖与呼吸综合征带毒猪和口蹄疫 NSP 抗体阳性的猪，提高猪群整体健康度。

4. 引入 PRgE 抗体阴性合格后备猪

后备猪群混群前开展严格检测，项目参照后备猪引种规则，只有 PRgE 抗体检测为阴性的后备猪才可转入猪场。严把引种关，引进的种猪必须是从

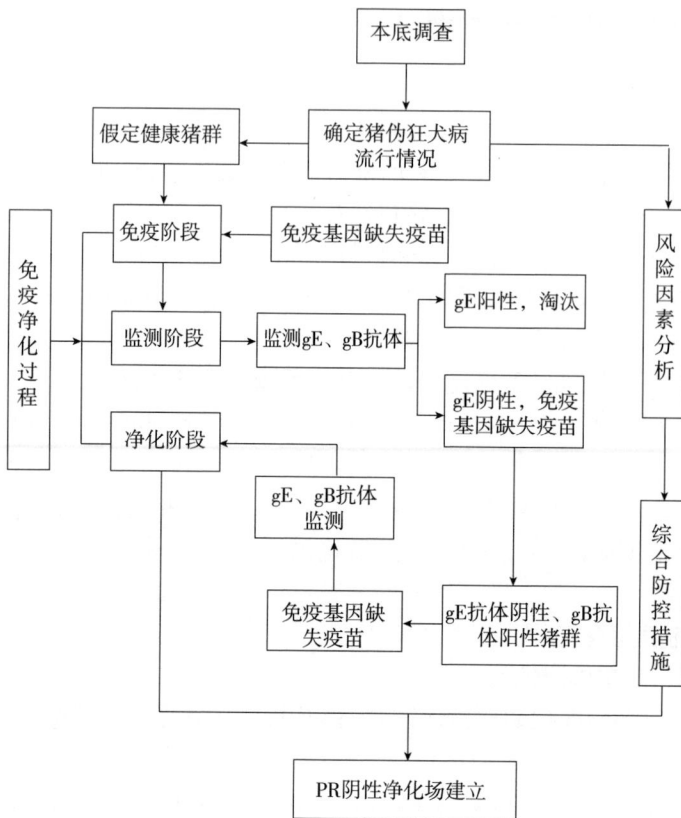

图 8-2-3　金龙种猪场 PR 净化方案总技术路线

PRgE 抗体阴性的原种猪场引进，引进后必须隔离饲养 45d 以上，经检测合格后才可转入种猪场饲养。对 PRgE 抗体阴性场引入后备猪的检测以及对生产种公猪和种母猪的检测，按照公司规定的 PR 净化场主要疫病检测方案（表 8-2-2）进行普查和抽查。

表 8-2-2　PR 净化场主要疫病检测方案

种猪类别	频率	检测时间	检测项目
后备猪	每次	引入前	CSF 病原、CSF 抗体、猪伪狂犬病 gB 抗体、猪伪狂犬病 gE 抗体、口蹄疫 Nsp 抗体、口蹄疫 O 型抗体、猪繁殖与呼吸综合征抗体、猪繁殖与呼吸综合征抗原、非洲猪瘟病原、圆环病毒 2 型抗原
种公猪、种母猪	1 次/年	9 月	猪伪狂犬病 gE 抗体、猪伪狂犬病 gB 抗体
各阶段生产种母猪	4 次/年	3 月、6 月、9 月、11 月	猪伪狂犬病 gE 抗体、猪伪狂犬病 gB 抗体

三、完善生物安全管理

(一)构建高效生物安全管理体系

公司成立健康管理部(图8-2-4),统筹管理动保部、兽医部、生物安全科和洗消部,各部门相互配合,提高猪场生物安全日常监控管理效率。

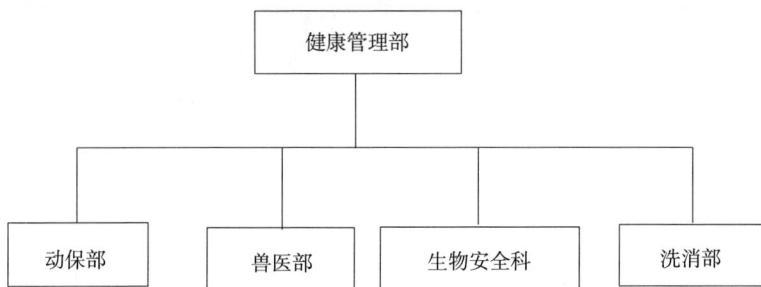

图8-2-4 公司健康管理部组织架构图

(二)严格执行消毒规程

日常消毒:进入猪舍的人员必须踏入每天更新消毒剂的脚踏盆(池)消毒或者更换猪舍内部的胶鞋,并且洗手消毒;猪舍内部消毒应选择低湿度天气,每周带猪喷雾消毒1次。

场区内消毒:猪舍外的走道、装猪台、生物坑为消毒重点,每周消毒1次。

空舍消毒:清洗消毒完成后,要求室内设备表面清洁,无可见颗粒物及污垢,棉拭子采样细菌检测合格。

(三)做好全员培训与管理

公司定期组织相关内容培训并进行考核,让场内每一位员工熟悉猪场的生物安全操作守则并落实到位。为了有效切断人员带病毒风险,公司狠抓人员管理并优化人员洗消流程。回场人员在入场前应有效隔离,所有进入猪场的人员都需采样进行非洲猪瘟检测,在隔离房等待结果,结果阴性后,在进场前必须洗澡、更衣、换鞋方可进入,随身行李物品需放在门口紫外线消毒间过夜消毒后方可进入。

场内人员亦严格执行人员入场生物安全流程。按照"一洗、一更、四换"原则,一次洗澡、一次换衣、四次换鞋后进入猪舍。生产区工作人员的午饭及午休均在生产区内进行。

(四)做好车辆管理

种猪场料车、运猪车、淘汰猪中转车、肥猪销售车实行专车专用,避免交叉污染导致病原传入风险。车辆使用前后均需进行严格洗消。

车辆到达猪场洗消中心（图8-2-5）进行清洗、消毒、采样检测，检测结果合格后才能开到猪场，车辆洗消干净后，70℃烘干30min以上。

图8-2-5 洗消中心

车辆洗消、运行等全程由钉钉软件进行管理（图8-2-6）。

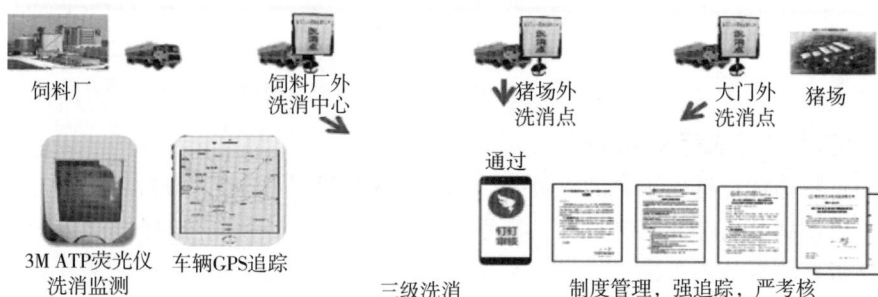

图8-2-6 饲料车辆三级洗消示意图

（五）做好养殖场物料管理

所有物资需采样检测非洲猪瘟，结果阴性后方可入库。偶蹄类动物鲜活食品（猪牛羊肉、鲜奶等）不能进入猪场。新鲜蔬菜、瓜果、米面等食材须在指定地点购买，送货至猪场大门口进行浸泡消毒。疫苗与药品进场前，行政助理须用消毒液将外包装表面浮灰与污垢擦拭干净，放置紫外线消毒间消毒12h以上。饲料通过散装料塔传送至生产区。特殊物品进入场区时，须在兽医指导下，按照特批流程进入。

（六）做好猪的管理

对后备猪、断奶仔猪、淘汰猪、种猪实行分类管理，及时监控猪群状况。后备猪做好引种检测、隔离和驯化工作；出售猪和未被选上的猪执行严格全身消毒；淘汰猪使用专用淘汰猪转运车运输并做好消毒。

（七）做好粪污和病死猪的无害化处理

本场粪污处理流程主要采取干湿分离，沼液发酵后再还林还田，固体发酵制作有机肥。

公司购置病死动物无害化处理机
（图8-2-7），采用高温降解法处理病
死猪。病死动物无害化处理机对病死猪
进行机械分割、高温发酵、高温灭菌、
高温干燥等工艺流程处理，所有步骤均
在同一箱体内完成，最大程度保证了处
理过程的生物安全。

四、科学评估净化效果

（一）猪场保持阴性状态

图8-2-7　病死动物无害化处理机

2013年底，猪伪狂犬病gE抗体阳性率为0.3%，口蹄疫NSP抗体阳性率
为0.2%。2014—2016年每年对公猪、母猪、后备猪进行每年两次全群
PRVgE病原、抗体普检，整个生产种猪群和引入后备猪均保持PRVgE病
原、抗体阴性状态。于2016年成功申报农业部种猪场猪伪狂犬病净化创建
场且通过验收，并获授牌。自2017年起，实施维持净化。2014—2021年金
龙种猪场伪狂犬病gE基因抗原、抗体持续下降直至阴性，猪伪狂犬病gB抗
体、猪瘟抗体、口蹄疫O型抗体阳性率均高于90%，具体数据详见表8-2-3
至表8-2-5。

表8-2-3　2014—2021年猪伪狂犬病gE抗体监测情况

单位：%、份

年份	猪伪狂犬病原PCR阳性率	猪伪狂犬病gE抗体阳性率			
		基础群	后备群	仔猪和保育猪	合计
2014	0 (0/40)	1.04 (3/288)	0.62 (2/325)	0 (0/90)	0.71 (5/703)
2015	0 (0/40)	0.65 (2/308)	0.34 (1/296)	0 (0/100)	0.43 (3/704)
2016	0 (0/40)	0.34 (1/294)	0 (0/320)	0 (0/120)	0.14 (1/734)
2017	0 (0/40)	0.29 (1/340)	0 (0/445)	0 (0/150)	0.11 (1/935)
2018	0 (0/40)	0 (0/468)	0 (0/417)	0 (0/120)	0 (0/1005)
2019	0 (0/40)	0 (0/530)	0 (0/360)	0 (0/100)	0 (0/990)
2020	0 (0/40)	0 (0/55)	0 (0/155)	0 (0/30)	0 (0/240)
2021	0 (0/40)	0 (0/235)	0 (0/286)	0 (0/90)	0 (0/611)
合计	0 (0/320)	0.28 (7/2518)	0.12 (3/2604)	0 (0/800)	0.17 (10/5922)

表 8-2-4 2014—2021 年猪伪狂犬病 gB 抗体阳性率监测情况

单位:%、份

年份	基础群	后备群	仔猪和保育猪	合计
2014	91.47 (236/258)	87.78 (158/180)	79.17 (95/120)	87.63 (489/558)
2015	90.00 (252/280)	90.74 (245/270)	87.50 (105/120)	89.85 (602/670)
2016	96.25 (308/320)	95.71 (268/280)	91.67 (110/120)	95.27 (686/720)
2017	99.71 (339/340)	95.06 (423/445)	93.33 (140/150)	96.47 (902/935)
2018	98.93 (463/468)	82.01 (342/417)	90.00 (108/120)	90.85 (913/1005)
2019	99.53 (428/430)	99.17 (357/360)	99.00 (99/100)	99.33 (884/890)
2020	100.00 (55/55)	100.00 (155/155)	100.00 (30/30)	100.00 (240/240)
2021	99.44 (356/358)	97.61 (286/293)	95.00 (114/120)	98.05 (756/771)
合计	97.13 (2437/2509)	93.08 (2234/2400)	91.02 (801/880))	94.52 (5472/5789)

表 8-2-5 2014—2021 年其他动物疫病阳性率监测情况

单位:%、份

年份	猪瘟抗体	猪繁殖与呼吸综合征抗体	口蹄疫O型抗体	口蹄疫非结构抗体	非洲猪瘟病原	猪瘟病原	猪繁殖与呼吸综合征病原	口蹄疫病原
2014	90.46 (588/650)	77.68 (435/560)	94.82 (550/580)	1.14 (4/350)	/	0 (0/320)	0 (0/240)	0 (0/260)
2015	87.5 (595/680)	80.38 (418/520)	97.50 (585/600)	0.71 (3/420)	/	0 (0/250)	0 (0/260)	0 (0/180)
2016	83.29 (608/730)	82.40 (515/625)	93.38 (705/755)	0.53 (2/380)	/	0 (0/280)	0 (0/240)	0 (0/120)
2017	92.98 (729/784)	78.22 (614/785)	97.00 (806/831)	0.20 (1/525)	/	0 (0/425)	0 (0/445)	/
2018	87.91 (778/885)	72.50 (601/829)	93.23 (606/650)	0.93 (4/432)	/	0 (0/473)	0 (0/433)	0 (0/70)
2019	89.33 (795/890)	74.84 (711/950)	91.67 (715/780)	0.13 (1/800)	0 (0/50)	0 (0/78)	0 (0/78)	0 (0/30)
2020	83.33 (250/300)	82.08 (197/240)	100.00 (380/380)	0 (0/130)	0 (0/2731)	0 (0/13)	/	/
2021	91.71 (763/832)	86.47 (588/680)	99.23 (640/645)	0 (0/550)	0 (0/2876)	0 (0/5)	0 (0/106)	0 (0/15)
合计	88.78 (5106/5751)	78.61 (4079/5189)	95.52 (4987/5221)	0.42 (15/3587)	0 (0/5657)	0 (0/1844)	0 (0/1802)	0 (0/675)

（二）生产成绩显著提高

2014—2021 年，在猪伪狂犬病净化过程中，随着疫病的净化，种猪场生产成绩提高显著，窝均健仔数平均增加了 0.54 头/窝；窝均断奶数平均增加了 0.44 头/窝；断奶仔猪成活率平均增长了 1.24%；种猪分娩率平均增长了 4.17%。

（三）种猪场疫病净化效益显著，助推集团猪业产业升级

1. 直接经济效益

随着净化工作的推进，逐步取得了以下 4 个方面的经济效益：一是种猪场直接解决 10 人就业，肥猪场带动 10 人就业，合计 20 人。二是种猪场年消耗饲料 1 200t，肥猪消耗饲料 9 000t，合计消耗饲料 10 200t，带动周边种植业发展。三是每年转运猪 80 车次，运送饲料 800 车次，带动了当地运输业的发展。四是猪场每年提供猪肉 3 000t，为公司和当地创造了良好的经济效益。

2. 间接经济效益

通过金龙种猪场疫病净化的成功，为重庆正大农牧、重庆正大猪业和贵州正大农牧培养了一批专业养猪人才，并源源不断地提供健康后备种猪群，为重庆与贵州正大猪业扩大规模奠定了坚实的基础。

REFERENCES 参考文献

包菲，2018. 我国猪瘟病毒流行毒株遗传衍化分析及分离鉴定 ［D］. 扬州：扬州大学 .

鲍建芳，沈建根，2006. 免疫学实验技术 ［M］. 杭州：浙江大学出版社：26-30.

蔡宝祥，2004. 家畜传染病学 ［M］. 4 版 . 北京：中国农业出版社 .

常华，花群义，段纲，等，2007. 非洲猪瘟的研究进展 ［J］. 中国畜牧兽医，34 （1）：
116-118

陈焕春，何启盖，2015. 伪狂犬病 ［M］. 北京：中国农业出版社 .

陈锴，2011. 猪瘟慢性感染对猪免疫功能影响的细胞和分子机制 ［D］. 雅安：四川农业
大学.

陈陆，郭万柱，徐志文，等，2000. 伪狂犬病基因缺失疫苗株（SA215）某些生物学特性研
究 ［J］. 中国预防兽医学报，22 （s1）：153-156.

陈太平，龚人雄，1986. 猪瘟兔化弱毒株形态的初步观察 ［J］. 电子显微学报，3：113.

邓光明，2016. 口蹄疫流行态势及国家防控策略 ［J］. 兽医导刊 （17）：5-6.

邓桦，李慧，杨鸿，等，2020. 急性非洲猪瘟的实验病理学研究 ［J］. 畜牧兽医学报，51
（11）：2836-2848.

邓仕伟，薛春芳，汪勇，等，2007. 我国规模化猪场对猪伪狂犬病的控制 ［J］. 中国畜牧兽
医，34 （2）：112-115.

邓志欢，伍少钦，吴志君，等，2018. 猪瘟净化案例及效果分析 ［J］. 猪业科学，35 （4）：
111-113.

翟新验，张淼洁，张倩，等，2020. 推进动物疫病净化配套政策研究 ［J］. 中国畜牧业
（13）：30-32.

翟新验，张倩，张淼洁，等，2020. 我国规模化猪场主要疫病净化及成效分析 ［J］. 中国猪
业，15 （4）：39-42.

刁新育，2017. 规模化养殖场主要动物疫病净化技术指南 ［M］. 北京：中国农业出版社 .

房春林，杨光友，古小彬，等，2006. 琼脂扩散试验检测附红细胞体抗体 ［J］. 中国畜牧兽
医，33 （9）：43-47.

冯俊吾，潘志荣，2008. 口蹄疫流行现状的分析及防控措施 ［J］. 养殖技术顾问 （3）：
100-101.

冯丽苹，2013. 2014—2015 年我国猪瘟病毒的分子流行病学分析 ［D］. 荆州：长江大学 .

付元芳，2020. 口蹄疫病毒非结构蛋白 3AB 双抗体夹心 ELISA 方法的建立 ［J］. 生物工程
学报，36 （11）：2357-2366.

高顺平，吴国华，张强，等，2012. 病毒受体及其研究进展 ［J］. 中国兽医科学，42 （2）：

211-215.

高雅，2018. 热稳定性 O 型口蹄疫基因工程病毒的构建及其特性分析［D］. 北京：中国农
业科学院.

高媛，2019. 非洲猪瘟的流行病学、临床症状和防控措施［J］. 现代畜牧科技，7：77-78.

龚人雄，陈太平，张晓琴，等，1987. 用 DEAE 纤维素层析法对猪瘟兔化毒株形态结构的
观察［J］. 兽医药品通讯（2）：4-7.

龚文杰，史记暑，涂长春，等，2016. 猪瘟病毒的遗传多样性与进化［J］. 生命科学，28
（3）：303-310.

顾贝，刘佳，2021. 非洲猪瘟病理特征及其防控［J］. 兽医导刊（10）：7-8.

郭年丰，马文杰，潘燕燕，等，2020. 规模化养猪场疫病防控技术［M］. 北京：中国农业
科学技术出版社.

郭锐，田永祥，周丹娜，等，2014. 猪伪狂犬病病毒湖北株 gG 基因的克隆与序列分析［J］.
安徽农业科学，42（25）：8502-8503，8515.

何继军，郭建宏，刘湘涛，等，2015. 我国口蹄疫流行现状与控制策略［J］. 中国动物检
疫，32（6）：10-14.

何启盖，2000. 猪伪狂犬病基因缺失疫苗研究［D］. 武汉：华中农业大学.

华利忠，冯志新，张永强，等，2019. 以史为鉴，浅谈中国非洲猪瘟的防控与净化［J］. 中
国动物传染病学报，27（2）：96-104.

黄律，杨龙波，2019. 非洲猪瘟知识手册［M］. 北京：中国农业出版社.

姜平，郭爱珍，邵国青，等，2012. 兽医全攻略：猪病［M］. 北京：中国农业出版社.

康健峋，许雅茹，王宇翔，等，2022. 非洲猪瘟病毒基因 I 型流行趋势与临床诊断要点
［J］. 猪业科学，39（12）：70-73.

蓝养金，2017. 猪场伪狂犬病净化成效及体会［J］. 农家参谋（17）：123.

雷桂花，张冰，周远成，等，2018. 伪狂犬病实验室诊断技术研究进展［J］. 今日养猪业
（5）：31-33.

李峰，2009. 猪伪狂犬病控制技术研究［D］. 福州：福建农林大学.

李健，陈沁，熊炜，等，2009. 口蹄疫病毒 RT-LAMP 检测方法的建立［J］. 病毒学报，25
（2）：137-142.

李晶，2020. 非洲猪瘟的流行病学介绍及生物学防控要点［J］. 山东畜牧兽医（8）：27-28.

李克斌，2021. 2021 年秋冬口蹄疫防控策略［J］. 兽医导刊（19）：4-5.

李克斌，2017. 口蹄疫流行近况与防控注意事项［J］. 兽医导刊（17）：14-16.

李敏杰，许智强，刘彦玲，等，2020. A 型口蹄疫抗体固相竞争 ELISA 检测方法的建立
［J］. 中国预防兽医学报，42（9）：899-904.

练蓓，程安春，汪铭书，2009. 疱疹病毒 gC 基因及其编码蛋白研究进展［J］. 中国动物传
染病学报，17（2）：82-86.

林彦星，曹琛福，杨俊兴，等，2018. 非洲猪瘟病毒实验室诊断方法的研究进展［J］. 中国
兽医学报，38（10）：2020-2024.

刘丑生，刘继军，陈瑶生，等，2020. 生猪养殖与非洲猪瘟生物安全防控技术［M］. 北京：

中国农业科学技术出版社.

刘发强, 2021. 猪口蹄疫的感染机理 [J]. 今日养猪业 (6): 24-26.

刘吉山, 李峰, 姚春阳, 等, 2015. 猪伪狂犬病的流行特点与防控误区 [J]. 北方牧业 (15): 18-19.

刘建柱, 李克鑫, 李克钦, 等, 2019. 非洲猪瘟的临床排查与其他猪瘟的鉴别诊断 [J]. 猪业科学, 36 (10): 50-52.

刘俊, 王琴, 范学政, 等, 2009. 急性感染猪瘟病毒猪体外排毒规律的观察 [J]. 中国兽医杂志, 45 (4): 15-17.

刘俊磊, 2007. 伪狂犬病病毒基因组在潜伏感染中的时空表达 [D]. 武汉: 华中农业大学.

刘林青, 张淼洁, 2018. 美国伪狂犬病监测计划 (1.01 版): 概述 [J]. 中国畜牧业 (17): 50-52.

刘娜, 2018. 非洲猪瘟的临床症状与防治对策 [J]. 当代畜牧 (36): 5-7.

刘胜利, 刘玲玲, 吕玉金, 等, 2019. 多重 PCR 结合基因芯片技术检测 5 种猪繁殖障碍性病毒病方法的研究 [J]. 中国畜牧兽医, 46 (5): 1532-1540.

刘孝刚, 于金玲, 吴宝君, 2006. 猪伪狂犬病的病理学诊断与防治 [J]. 中国兽医杂志, 42 (3): 22-23.

刘莹, 路平, 刘建文, 等, 2020. 天津市一起非洲猪瘟疫情的流行病学调查 [J]. 中国动物检疫, 37 (2): 10-14.

刘玉斌, 苟仕金, 1989. 动物免疫学实验技术 [M]. 长春: 吉林科学技术出版社.

刘正飞, 陈焕春, 吴斌, 等, 2004. 伪狂犬病病毒鄂 A 株 TK-/gE-/gI-基因缺失疫苗的安全性和保护力研究 [J]. 畜牧兽医学报, 35 (1): 70-73.

刘志鹏, 欧阳达, 黄小波, 等, 2018. 口蹄疫病毒 O、A 和 Asia I 型分型基因芯片的构建与评价 [J]. 农业生物技术学报, 26 (2): 330-338.

陆继爽, 格日勒图, 2015. 非洲猪瘟流行病学研究进展 [J]. 中国畜牧兽医, 42 (12): 3377-3382.

栾培贤, 肖建华, 赵靓, 等, 2013. 猪瘟国内外流行情况概述 [J]. 东北农业大学学报, 44 (9): 155-160.

罗宁, 王群, 张小龙, 等, 2018. 10 种猪常见病毒基因芯片检测方法的建立及初步应用 [J]. 畜牧兽医学报, 49 (10): 2249-2260.

吕蓓, 程海荣, 严庆丰, 等, 2010. 用重组酶介导扩增技术快速扩增核酸 [J]. 中国科学 (生命科学), 40 (10): 983-988.

吕建亮, 2019. 新发猪口蹄疫病毒 VP1 基因遗传衍化规律研究 [D]. 兰州: 甘肃农业大学.

吕宗吉, 涂长春, 余兴龙, 等, 2001. 我国猪瘟的流行病学现状分析 [J]. 中国预防兽医学报, 23 (4): 300-303.

马巧妮, 王萌, 朱兴全, 2021. 重组酶介导扩增技术及其在病原微生物快速检测中的应用进展 [J]. 中国生物工程杂志, 41 (6): 45-49.

马帅, 郑世磊, 赵明, 等, 2022. 我国猪瘟的流行病学及疫苗研究进展 [J]. 中国动物传染病学报, 30 (6): 211-218.

马雪青，2014. 口蹄疫 O 型病毒 3A 和 3B 基因对病毒宿主嗜性的影响［D］. 北京：中国农业科学院.

南文龙，李林，巩明霞，等，2020. 非洲猪瘟病原学检测方法研究进展［J］. 中国动物检疫，37（1）：46-51.

聂浩，2010. 弓形虫-伪狂犬病病毒重组二价基因工程疫苗研究［D］. 武汉：华中农业大学.

宁宜宝，王琴，丘惠深，等，2004. 猪瘟病毒持续性感染对母猪繁殖性能及仔猪猪瘟疫苗免疫效力的影响［J］. 畜牧兽医学报，35（4）：449-453.

欧云文，阎传忠，张杰，等，2017. 非洲猪瘟病毒的分子病原学及致病机理研究进展［J］. 中国畜牧兽医，44（7）：2139-2146.

任科研，邵洪泽，刘永钢，等，2012. 一例猪伪狂犬病的诊治［J］. 国外畜牧学（猪与禽），32（7）：68-70.

石国宁，张涛，王无为，2020. 中国非洲猪瘟疫情的时空演化特征及影响因素［J］. 干旱区资源与环境，34（3）：137-142.

石明，唐鑫，伏刚，等，2019. 非洲猪瘟与几种猪病的鉴别诊断［J］. 四川畜牧兽医，46（5）：37-38.

孙广忠，盛巧玲，元博，等，2021. 猪伪狂犬病的流行病学、临床表现、实验室诊断和防控措施［J］. 现代畜牧科技（10）：109-110.

孙怀昌，2006. 非洲猪瘟病毒研究进展［J］. 中国预防兽医学报（1）：117-120.

孙金福，史于学，郭焕成，等，2008. 猪瘟病毒感染猪外周血白细胞凋亡及 CD4$^+$ 和 CD8$^+$ T 淋巴细胞亚群的变化［J］. 中国兽医科学，38（4）：342-345.

孙颖，王雪莹，梁婉，等，2020. 2018 年伪狂犬病病毒的流行特征及其遗传变异分析［J］. 畜牧兽医学报，51（3）：584-593.

孙元，仇华吉，2018. 中国猪瘟净化之路：离我们还有多远［J］. 中国农业科学，51（21）：4167-4176.

田克恭，2005. 猪繁殖与呼吸综合征［M］，北京：中国农业出版社.

田克恭，李明，2014. 动物疫病诊断技术：理论与应用［M］. 北京：中国农业出版社.

童光志，陈焕春，1999. 伪狂犬病流行现状及我国应采取的防制措施［J］. 中国兽医学报，19（1）：1-2.

涂长春，2004. 中国猪瘟流行病学现状与防制研究［D］. 北京：中国农业大学.

王伯沄，李玉松，黄高昇，等，2001. 病理学技术［M］. 北京：人民卫生出版社.

王达勇，2015. 猪瘟、蓝耳病、伪狂犬病鉴别及处置［J］. 四川畜牧兽医，42（5）：55.

王功民，田克恭，2010. 非洲猪瘟［M］. 北京：中国农业出版社.

王颢然，2020. 2008—2018 年我国猪巴氏杆菌病、猪丹毒和猪瘟的流行情况与空间聚集性分析及监测系统的研制［D］. 哈尔滨：东北农业大学.

王洪梅，2017. 口蹄疫病毒致病分子机制的研究进展［J］. 内蒙古大学学报（自然科学版），48（4）：458-463.

王晋磊，2019. 非洲猪瘟与猪瘟的鉴别诊断［J］. 中国畜牧业（19）：73-74.

王君玮，张玲，王志亮，等，2009. 非洲猪瘟传入我国危害风险分析［J］. 中国动物检疫，

26（3）：63-66.

王琴，涂长春，2015. 猪瘟［M］. 北京：中国农业出版社 .

王琴，2019. 猪瘟研究进展［J］. 兽医导刊（21）：5-6.

王世杰，王春新，卢菲，等，2018. O 型口蹄疫病毒抗体高通量液相阻断 CLIA 检测方法的建立［J］. 生物学杂志，35（6）：102-106.

王韦华，刘桂梅，吴奇强，等，2019. 猪瘟病毒 RT-LAMP 检测方法的建立及初步应用［J］. 中国动物检疫，36（7）：68-75.

王鑫，何忠伟，刘芳，等，中国非洲猪瘟疫情的时空演化分析［J］. 中国畜牧兽医杂志，57（9）：241-248.

王艳丰，张丁华，2007. 再谈猪瘟的危害及防制［J］. 中国猪业，2（7）：39-41.

王一鹏，王亚文，徐瑞涛，等，2019. 一株分离自免疫猪场的伪狂犬病病毒的鉴定与变异分析［J］. 畜牧兽医学报，50（10）：2070-2078.

王玉玲，张俊哲，王可，等，2015. 国内外口蹄疫非结构蛋白 3ABC 抗体 ELISA 检测方法的比较［J］. 中国兽医杂志，51（8）：79-81，85.

王志亮，吴晓东，王君玮，等，2015. 非洲猪瘟［M］. 北京：中国农业出版社 .

韦瑞强，2009. 非洲猪瘟研究概况［J］. 畜禽业（3）：58-59.

魏春霞，孙淼，赵炜，等，2019. 牛布鲁氏菌病、结核、炭疽、口蹄疫、病毒性腹泻黏膜病、副流感、传染性鼻气管炎可视化基因芯片检测方法的建立［J］. 中国兽药杂志，53（4）：6-15.

吴思敏，王钊哲，许瑞，等，2017. 猪瘟病毒表面抗原 E2 基因的克隆与原核表达［J］. 中国动物传染病学报，25（5）：32-36.

辛德章，刘超，韩立平，等，2014. 猪瘟与猪链球菌病的鉴别诊断［J］. 畜牧与饲料科学，35（11）：123.

许智强，李敏杰，刘彦玲，等，2020. 基于单克隆抗体的 O 型口蹄疫病毒抗体固相竞争 ELISA 检测方法的建立［J］. 中国预防兽医学报，42（2）：145-149.

杨汉春，2010. 盘点养猪 2009 之：我国主要猪病流行概况［J］. 猪业科学，27（1）：42.

杨汉春，2014. 2013 年猪病流行情况与 2014 年流行趋势及防控对策［J］. 猪业科学，31（2）：42-43.

杨汉春，2015. 2014 年猪病流行情况与 2015 年流行趋势及防控对策［J］. 猪业科学，32（2）：38-40.

杨汉春，周磊，2017. 2016 年猪病流行情况与 2017 年流行趋势及防控对策［J］. 猪业科学，34（2）：36-37.

杨汉春，周磊，2018. 2017 年猪病流行情况与 2018 年流行趋势及防控对策［J］. 中国畜牧兽医文摘，34（4）：1-2.

杨汉春，周磊，2019. 2018 年猪病流行情况与 2019 年流行趋势及防控对策［J］. 猪业科学，36（2）：38-40.

杨汉春，周磊，高元元，等，2020. 2019 年猪病流行情况与 2020 年流行趋势及防控对策［J］. 猪业科学，37（2）：52-54.

杨汉春，周磊，周信荣，等，2021.2020 年猪病流行情况与 2021 年流行趋势及防控对策
　　[J]. 猪业科学，38（2）：50-52.

杨汉春，1996. 动物免疫学 [M]. 北京：中国农业大学出版社.

杨红杰，于长青，2015. 伪狂犬病病毒 gB 基因荧光定量 PCR 检测方法的建立 [J]. 北京农
　　学院学报，30（3）：48-51.

杨林，张淼洁，付雯，等，2016. 种猪场主要疫病净化程序 [J]. 中国畜牧业（1）：48-56.

杨杨，2019. 非洲猪瘟流行特点、临床症状及防控措施 [J]. 畜牧兽医科学（14）：61-62.

姚文生，范学政，王琴，等，2011. 我国猪瘟流行现状与防控措施建议 [J]. 中国兽药杂
　　志，45（9）：44-47，55.

叶建兴，江斌.2008. 猪瘟和高致病性猪繁殖与呼吸综合征在临床上的鉴别诊断 [J]. 福建
　　畜牧兽医，4（30）：45-46.

殷震，刘景华，1997. 动物病毒学 [M]. 北京：科学出版社：1197-1206.

于清磊，2003. 动物防疫关键技术 [M] // 重点动物疫病防治技术. 兰州：甘肃科学技术
　　出版社.

于世彬，2018. 非洲猪瘟的流行病学、临床症状、病理变化及防控 [J]. 现代畜牧兽医
　　（11）：97.

于新友，李天芝，2018. 非洲猪瘟病原学、流行病学、诊断及防治进展 [J]. 饲料博览
　　（10）：39-41.

余以刚，黄韵，陶文扬，等，2013. 猪瘟病毒野生株和疫苗株荧光 RT-PCR 鉴别方法的建
　　立 [J]. 现代食品科技，29（8）：1978-1983.

张冰斌，2021. 非洲猪瘟临床鉴别诊断及防治措施 [J]. 兽医导刊（6）：111-112.

张桂云，甘孟侯，邓同炜，等，1997. 仔猪人工感染伪狂犬病的病理学观察 [J]. 中国兽医
　　杂志，23（7）：16-17.

张海峰，2020.2019 年生猪市场主要特征及 2020 年趋势 [J]. 中国猪业，15（2）：13-19.

张家峥，2004. 猪瘟 [J]. 养猪（2）：30-31.

张淼洁，付雯，刘祥，等，2015. 动物疫病净化概述 [J]. 中国畜牧业（19）：24-25.

张淼洁，杨文欢，2018. 伪狂犬病及其根除：美国经历的回顾：伪狂犬病控制/根除计划第
　　七草案（9/11/86）[J]. 中国畜牧业（16）：50-52.

张青占，2013. 变异猪伪狂犬病病毒的分离鉴定及生物学特性分析 [D]. 北京：中国农业
　　科学院.

张睿，黄旖童，鲍晨沂，等，2019. 非洲猪瘟流行病学及其在中国扩散的因素分析 [J]. 病
　　毒学报，35（3）：512-522.

张书存，郭海军，廖智慧，等，2013. 猪繁殖与呼吸综合征净化：美国的目标与措施[J].猪
　　业科学，30（6）：49-52.

张野，2021. 国内外猪瘟流行态势及防治措施 [J]. 今日畜牧兽医，37（8）：34.

张永光，2019. 猪口蹄疫现状与防控 [J]. 兽医导刊（19）：7-8.

张玉杰，2016. 猪瘟病毒在急性和亚急性感染猪组织器官中的分布规律与组织嗜性研究
　　[D]. 北京：中国兽医药品监察所.

张元英，郑和林，林仕青，等，2009. 猪伪狂犬病的类症鉴别诊断要点 [J]. 当代畜牧 (3)：18-21.

张志，范伟兴，2001. 伪狂犬病病毒囊膜糖蛋白的研究进展 [J]. 山东农业大学学报（自然科学版），32（1）：85-89.

张志，李晓成，2015. 我国猪瘟流行现状和防控建议 [J]. 中国动物检疫，32（8）：8-12，23.

张志，刘爽，吴发兴，等，2012.2011 年我国猪病流行特征分析 [J]. 猪业科学，29（2）：52-53.

赵建军，2007. 鉴别猪瘟病毒野毒株和兔化弱毒疫苗株的复合实时荧光定量 RT-PCR 方法的建立与评价 [D]. 北京：中国农业科学院.

赵硕，王若木，党佳佳，等，2020.2013—2018 年广西地区猪伪狂犬病病毒 gE、gB 与 TK 基因遗传变异分析 [J]. 畜牧兽医学报，11（4）：810-819.

赵应强，2020. 非洲猪瘟与猪瘟的鉴别诊断 [J]. 兽医导刊 (3)：24.

赵耘，宁宜宝，王在时，等，2003. 实验室人工感染诱发猪瘟野毒垂直传播 [J]. 中国兽医学报，23（3）：234-236.

周华玲，曹征勤，2011. 浅谈猪口蹄疫的流行病学及诊断技术 [J]. 中国动物保健，13（3）：41-42.

周莎莎，李坤，王省，等，2020. 口蹄疫病毒 O 型和 A 型交互反应性单克隆抗体的筛选与鉴定 [J]. 中国兽医科学，50（4）：403-411.

周泰冲，1980. 猪瘟病毒与防制猪瘟的研究进展 [J]. 兽医科技杂志 (4)：23-33.

周远成，王琴，范学政，等，2009. 人工接种猪瘟病毒对猪外周血白细胞的影响 [J]. 病毒学报，25（4）：303-308.

纵丰学，张春堂，2006. 猪肺疫、猪丹毒、猪瘟的鉴别诊断 [J]. 现代农业科技 (11)：94-95.

祖立闯，李娇，谢金文，等，2018. 非洲猪瘟流行现状分析及诊断方法研究进展 [J]. 养猪 (5)：3-5.

ABU ELZEIN E M，CROWTHER J R，et al.，1978. Enzyme-labelled immunosorbent assay techniques in foot-and-mouth disease virus research [J]. J Hyg（Lond），80（3）：391-399.

ALBINA E，CARRAT C，Charley B，et al.，1998. Interferon-alpha response to swine arterivirus（PoAV），the porcine reproductive and respiratory syndrome virus [J]. J. Interf. cytokine Res.，18：485-490.

AN D J，LIM S I，CHOE S，et al.，2018. Evolutionary dynamics of classical swine fever virus in South Korea：1987—2017 [J]. Vet Microbiol，225：79-88.

ANDERSEN A A，CAMPBELL C H，et al.，1976. Experimental placental transfer of foot-and-mouth disease virus in mice [J]. Am J Vet Res，37（5）：585-589.

ANDERSON E C，HUTCHINGS G H，MUKARATI N，et al.，1998. African swine fever virus infection of the bushpig（Potamochoerus porcus）and its significance in the epidemiology of the disease [J]. Vet Microbiol, 62 (1): 1-15.

AN T G, PENG J M, TIAN Z J, et al. , 2013. Pseudorabies virusvariantin Bartha - K61-vaccinated pigs, China, 2012 [J]. Emerg Infect Dis, 19 (11): 1749-1755.

AUJESZKY A, 1902. A veszettséggel összetéveszthetö, oktanilag ismeretlen fertözö betegségröl [J]. Veterinarius: 387-396.

BABALOBI OO, OLUGASA BO, OLUWAYELU DO, et al. , 2007. Analysis and evaluation of mortality losses of the 2001 African swine fever outbreak, Ibadan, Nigeria [J]. Trop Anim Health Prod, 39: 533-542.

BACHRACH H L, 1968. Foot-and-mouth disease [J]. Annu Rev Microbiol, 22: 201-244.

BASTO A P, PORTUGAL R S, NIX R J, et al. , 2006. Development of a nested PCR and its interal control for the detection of African swine fever virus (ASFV) in Ornithodoros erraticus [J]. Arch Virol, 151 (4): 819-826.

BASTOS A D S, PENRITH M L, MACOME F, et al. , 2004. Co-circulation of two genetically distinct viruses in an outbreak of African swine fever in Mozambique: no evidence for individual co-infectoin [J]. Veterinary Microbiology, 103 (3-4): 169-182.

BASTOS A D, PENRITH M L, CRUCIÈRE C, et al. , 2003. Genotyping field strains of African swine fever virus by partial p72 gene characterization [J]. Archives of Virology, 148 (4): 693-706.

BAUTISTA M J, RUIZ-VILLAMOR E, SALGUERO F J, et al. , 2002. Early platelet aggregation as a cause of thrombocytopenia in classical swine fever [J]. Vet Pathol, 39 (1): 84-91.

BELÁK, K, KOENEN, F, VANDERHALLEN, H, et al. , 2008. Comparative studies on the pathogenicity and tissue distribution of three virulence variants of classical swine fever virus, two field isolates and one vaccine strain, with special regard to immunohistochemical investigations [J]. Acta Vet Scand, 50: 34.

BELSHAM G J, 2005. Translation and replication of FMDV RNA [J]. Curr Top Microbiol Immunol, 288: 43-70.

BENFIELD D A, NELSON E, COLLINS J E, et al. , 1992. Characterization of Swine Infertility and Respiratory Syndrome (SIRS) Virus (Isolate ATCC VR 2332) [J]. J. Vet. Diagnostic Investig, 4: 127-133.

BLOME S, STAUBACH C, HENKE J, et al. , 2017. Classical Swine Fever-An Updated Review [J]. Viruses, 9 (4): 86.

BOHÓRQUEZ J A, MUÑOZ-GONZÁLEZ S, PÉREZ-SIMÓM, et al. , 2019. Identification of an immunosuppressive cell population during classical swine fever virus infection and its role in viral persistence in the host [J]. Viruses, 11: 822.

BOHÓRQUEZ J A, MUÑOZ-GONZÁLEZ S, PÉREZ-SIMÓ M, et al. , 2020. Immune Response Activation and High Replication Rate during Generation of Classical Swine Fever Congenital Infection [J]. Pathogens, 9 (4): 285.

BOHÓRQUEZ JA, WANG M, PÉREZ-SIMÓ M, et al., 2019. Low CD4/CD8 ratio in classical swine fever postnatal persistent infection generated at 3 weeks after birth [J]. Transbound Emerg Dis. 66 (2): 752-762.

BOSHOFF C I, BASTOS A D, GERBER L J, et al., 2007. Genetic characteri-zation of African swine fever viruses from outbreaks in southern Africa (1973—1999) [J]. Veterinary Microbiology, 121 (1-2): 45-55.

BOULANGER P, BANNISTER G L, GRAY D P, et al., 1967. African swine fever. 3. The use of the agar double-diffusion precipitation test for the detetion of the virus in swine tissue [J]. Can J Comp Med Vet Sci, 31 (1): 12-15.

BROWN A A, PENRITH M L, FASINA F O, et al., 2018. The African swine fever epidemic in West Africa, 1996—2002 [J]. Transbound Emerg Dis, 65: 64-76.

BRUKMAN A, ENQUIST L W, 2006. Suppression of the interferon-mediated innate immune response by pseudorabies virus [J]. Journal of virology, 80: 6345-6356.

BRUSCHKE C J, HULST M M, MOORMANN R J, et al., 1997. Glycoprotein Erns of pestiviruses induces apoptosis in lymphocytes of several species [J]. J Virol, 71 (9): 6692-6696.

BURRAGE T G, 2013. African swine fever virus infection in Ornithodoros ticks [J]. Virus Research, 173 (1): 131-139.

CAGATAY GN, ANTOS A, MEYER D, et al., 2018. infection of wild boar with atypical porcine pestivirus (APPV) [J]. Transbound Emerg Dis, 65 (4): 1087-1093.

CALZADA-NOVA G, SCHNITZLEIN W M, HUSMANN R J, et al., 2011. North American Porcine Reproductive and Respiratory Syndrome Viruses Inhibit Type I Interferon Production by Plasmacytoid Dendritic Cells [J]. J. Virol. 85: 2703-2713.

CAO X, et al., 1995. Functional analysis of the two alternative translation initiation sites of foot-and-mouth disease virus [J]. J Virol, 69 (1): 560-563.

CAO Y, et al., 2017. Rational design and efficacy of a multi-epitope recombinant protein vaccine against foot-and-mouth disease virus serotype A in pigs [J]. Antiviral Research, 140 (Complete): 133-141.

CARBREY E A, STEWART W C, KRESSE J I, et al., 1980. Persistent hog cholera infection detected during virulence typing of 135 field isolates [J]. American journal of veterinary research, 41 (6): 946-949.

CARRASCO C P, RIGDEN R C, VINCENT I E, et al., 2004. Interaction of classical swine fever virus with dendritic cells [J]. J Gen Virol, 85 (6): 1633-1641.

CHAND R J, TRIBLE B R, ROWLAND R R R, et al., 2012. Pathogenesis of porcine reproductive and respiratory syndrome virus [J]. Curr. Opin. Virol., 2: 256-263.

CHÉNARD G, 2003. A solid-phase blocking ELISA for detection of type O foot-and-mouth disease virus antibodies suitable for mass serology [J]. J Virol Methods, 107 (1): 89-98.

CHEON DS, CHAE C, 2001. Distribution of porcine reproductive and respiratory syndrome virus in stillborn and liveborn piglets from experimentally infected sows [J]. J Comp Pathol, 124 (4): 231-237.

CHO H J, MCNAB B, DUBUC C, et al. , 1997. Comparative study of serological methods for the detection of antibodies to porcine reproductive and respiratory syndrome virus [J]. Can J Vet Res, 61 (3): 161-166.

CHOI C, CHAE C, 2003. Glomerulonephritis associated with classical swine fever virus in pigs [J]. Vet Rec, 153 (1): 20-22.

CHRISTOPHER-HENNINGS J, NELSON E A, NELSON J K, et al. , 1997. Effects of a modified-live virus vaccine against porcine reproductive and respiratory syndrome in boars [J]. Am J Vet Res, 58 (1): 40-45.

CHUNG H K, CHOI C, KIM J, et al. , 2002. Detection and differentiation of North American and European genotypes of porcine reproductive and respiratory syndrome virus in formalin-fixed, paraffin-embedded tissues by multiplex reverse transcription-nested polymerase chain reaction [J]. J Vet Diagn Invest, 14 (1): 56-60.

COOK D, HILL H, SNYDER M, et al. , 1990. The detection of antibodies to the glycoprotein X antigen of pseudorabies virus [J]. Journal of Veterinary Diagnostic Investigation, 2 (1): 24-28.

CORONADO L, BOHÓRQUEZ J A, MUÑOZ-GONZÁLEZ S, et al. , 2019. Investigation of chronic and persistent classical swine fever infections under field conditions and their impact on vaccine efficacy [J]. BMC Vet Res, 5 (1): 247.

COUACY-HYMANN E, KOUAKOU KV, ACHENBACH JE, et al. , 2018. Re-emergence of genotype I of African swine fever virus in Ivory Coast [J]. Transbound Emerg Dis, 66: 882-896.

COWAN K M, GRAVES J H, et al. , 1966. A third antigenic component associated with foot-and-mouth disease infection [J]. Virology, 30 (3): 528-540.

CUESTA-GEIJO M A, CHIAPPI M, GALINDOI, et al. , 2015. Cholesterol flux is required for endosomal progression of African swine fever virions duringthe initial establishment of infection [J]. Journal of Virology, 90 (3): 1534-1543.

DANZETTA M L, MARENZONI M L, IANNETTI S, et al. , 2020. African Swine Fever: Lessons to Learn From Past Eradication Experiences. A Systematic Review [J]. Frontiers in veterinary science (7): 296.

DE SMIT AJ, BOUMA A, TERPSTRA C, et al. , 1999. Transmission of classical swine fever virus by artificial insemination [J]. Vet Microbiol, 67 (4): 239-249.

DE SMIT AJ, EBLE PL, DE KLUIJVER EP, et al. , 2000. Laboratory experience during the classical swine fever virus epizootic in the Netherlands in 1997—1998 [J]. Vet Microbiol, 73 (2-3): 197-208.

DECHAMMA H J, 2008. Processing of multimer FMD virus VP1-2A protein expressed in E. coli into monomers [J]. Indian J Exp Biol, 46 (11): 760-763.

DEE S, SPRONK G, REICKS D, et al., 2010. Further assessment of air filtration for preventing PRRSV infection in large breeding pig herds [J]. J Vet Rec, 167 (25): 976-977.

DEE SA, JOO HS, 1994. Prevention of the spread of porcine reproductive and respiratory syndrome virus in endemically infected pig herds by nursery depopulation [J]. Vet Rec, 135 (1): 6-9.

DEPNER K, BAUER T, LIESS B, et al., 1992. Thermal and pH stability of pestiviruses [J]. Rev Sci Tech, 11 (3): 885-893.

DEWULF J, LAEVENS H, KOENEN F, et al., 2001. An experimental infection with classical swine fever virus in pregnant sows: transmission of the virus, course of the disease, antibody response and effect on gestation [J]. J Vet Med B Infect Dis Vet Public Health, 48 (8): 583-591.

DU Y, 2014. 3Cpro of foot-and-mouth disease virus antagonizes the interferon signaling pathway by blocking STAT1/STAT2 nuclear translocation [J]. J Virol, 88 (9): 4908-4920.

EBWANGA E J, GHOGOMU S M, PAESHUYSE J, et al., 2021. African Swine Fever in Cameroon: A Review [J]. Pathogens (Basel, Switzerland), 10: 421.

EDWARDS S, FUKUSHO A, LEFEVRE P C, et al., 2000. Classical swine fever: the global situation [J]. Vet Microbiol, 73: 103-119.

ELBER A R, STEGEMAN A, MOSER H, et al., 1999. Classical swine fever epidemic 1997-1998 in The Netherlands: descriptive epidemiology [J]. Prev Vet Med, 2 (3-4): 157-184.

SUN E, HUANG L Y, ZHANG X F, et al., 2021. Genotype I African swine fever viruses emerged in domestic pigs in China andcaused chronic infection [J]. Emerging Microbes & Infections, 10 (1): 2183-2193.

ETTER E M, SECK I, GROSBOIS V, et al., 2011. Seroprevalence of African swine fever in Senegal, 2006 [J]. Emerg Infect Dis, 17: 49-54.

EVERETT H, CROOKE H, GURRALA R, et al., 2011. Experimental infection of common warthogs (Phacochoerus africanus) and bushpigs (Potamochoerus larvatus) with classical swine fever virus. I: Susceptibility and transmission [J]. Transbound Emerg Dis, 58 (2): 128-134.

VILLINGER F, GENOVESI EV, GERSTNER D J, et al., 1990. Inhibition of African swinefever virus inculured swine monocytes by phosphonoacetic acid (PAA) and by phosphonoformic acid (PFA) [J]. Arch Virol, 115: 163-184.

FABLET C, RENSON P, POL F, et al., 2017. Oral fluid versus blood sampling in group-housed sows and finishing pigs: Feasibility and performance of antibody detection for porcine reproductive and respiratory syndrome virus (PRRSV) [J]. Vet Microbiol, 204: 25-34.

FAREZ S, MORLEY R S, 1997. Potential animal health hazards of pork and pork products [J]. Rev Sci Tech, 16 (1): 65-78.

FLOEGEL G, WEHREND A, DEPNER K R, et al. , 2000. Detection of classical swine fever virus in semen of infected boars [J]. Vet Microbiol, 77 (1-2): 109-116.

FRANZONI G, GRAHAM S P, GIUDICI S D, et al. , 2016. Characterization of the interaction of African swine fever virus with monocytes and derived macrophage subsets [J]. Veterinary Microbiology, 198 (1): 88-98.

FRITZEMEIER J, TEUFFERT J, GREISER-WILKE I, et al. , 2000. Epidemiology of classical swine fever in Germany in the 1990s [J]. Vet Microbiol, 77 (1-2): 29-41.

GALINDO I, VINUELA E, CARRASCOSA A L, et al. , 2000. Characterization of the African swine fever virus protein p49: Anew late structural polypeptide [J]. Journal of General Virology, 81 (1): 59-65.

GALLARDO C, MWAENGO DM, MACHARIA JM, et al. , 2009. Enhanced discrimination of African swine fever virus isolates through nucleotide sequencing of the p54, p72, and pB602L (CVR) genes [J]. Virus Genes, 38: 85-95.

GAO Y, SUN S Q, GUO H C, 2016. Biological function of Foot-and-mouth disease virus non-structural proteins and non-coding elements [J]. Virol J, 13: 107.

GAO Y, SUN S Q, GUO H C, et al. , 2016. Biological function of Foot- and- mouth disease virus non-structural proteins and non-coding elements [J]. Virology Journal, 13 (1): 1-17.

GARCÍA-NUÑEZ S, et al. , 2014. Enhanced IRES activity by the 3' UTR element determines the virulence of FMDV isolates [J]. Virology, 448: 303-313.

GEERING G, ENDRIS R G, HASLETT T M, et al. , 1986. Identification of Africanswine fever viral antigens in the hemolymph of soft ticks (Argasidae: Ornithodoros) by the immunodot blot test [J]. Am J Trop Med Hyg, 35 (5): 1027-1034.

GOLDE W T, NFON C K, TOKA F N, et al. , 2008. Immune evasion during foot-and-mouth disease virus infection of swine [J]. Immunol Rev, 225 (1): 85-95.

GÓMEZ-VILLAMANDOS J C, GARCÍA DE LEÁNIZ I, NÚÑEZ A, et al. , 2006. Neuropathologic study of experimental classical swine fever [J]. Vet Pathol, 43 (4): 530-540.

GÓMEZ-VILLAMANDOS J C, RUIZ-VILLAMOR E, BAUTISTA M J, et al. , 2001. Morphological and immunohistochemical changes in splenic macrophages of pigs infected with classical swine fever [J]. J Comp Pathol, 125 (2-3): 98-109.

GÓMEZ-VILLAMANDOS J C, SALGUERO F J, RUIZ-VILLAMOR E, et al. , 2003. Classical Swine Fever: pathology of bone marrow [J]. Vet Pathol, 40 (2): 157-163.

GRUBMAN M J, BAXT B, 2004. Foot-and-mouth disease [J]. Clin microbiol rev, 17 (2): 465-493.

GUO Z, CHEN X X, ZHANG G, et al., 2021. Human PRV Infection in China: An Alarm to Accelerate Eradication of PRV in Domestic Pigs [J]. Virologica Sinica, 36 (4): 823-828.

HAMBLIN C, BARNETT I T, HEDGER R S, et al., 1986. A new enzyme-linked immunosorbent assay (ELISA) for the detection of antibodies against foot-and-mouth disease virus. I. Development and method of ELISA [J]. J Immunol Methods, 93 (1): 115-21.

HAMDY F M, GS COLGROVE, E M DE RODRIGUEZ, et al., 1981. Field evaluative of enzymelinked immunosorbent assay for detection of antibody to African swine fever virus [J]. Am J Vet Res, 42 (8): 1441-1443.

HEIMANN M, ROMAN-SOSA G, MARTOGLIO B, et al., 2006. Core protein of pestiviruses is processed at the C terminus by signal peptide peptidase [J]. J Virol, 80 (4): 1915-1921.

HENNECKEN M, STEGEMAN J A, ELBERS A R, et al., 2000. Transmission of classical swine fever virus by artificial insemination during the 1997—1998 epidemic in The Netherlands: a descriptive epidemiological study [J]. Vet Q, 22 (4): 228-233.

HESS W R, B F COXAND, W P HEUSCHELE, et al., 1965. Propagation and modification of Afrian swine fever virus in cellcultures [J]. Am J Vet Res. 26: 141-146.

HEUSCHELE W P, COGGINS L, STONES S, et al., 1966. Fluorescent antibody studies on African swine fever virus [J]. Am J Vet Res, 27 (117): 477-484.

HJERTNER B, MEEHANB, MCKILLEN J, et al., 2005. Adaptation of an Invader® assay for the detection of African swine fever virus DNA [J]. Journal of Virological Methods, 124 (1-2): 1-10.

HOFFMANN R, HOFFMANN-FEZER G, WEISS E, et al., 1971. Bone marrow lesions in acute hog cholera with special reference to thrombopoietic cells [J]. Berl Munch Tierarztl Wochenschr, 84 (16): 301-305.

HUTCHINGS G H, FERRIS N P, et al., 2006. Indirects andwich ELISA for antigendetection of African swine fever virus: comparison of polyclonal and monoclonal antibodies [J]. J Virol Methods, 131 (2): 213-217.

ISODA N, BABA K, ITO S, et al., 2020. Dynamics of Classical Swine Fever Spread in Wild Boar in 2018—2019, Japan [J]. Pathogens, 9 (2): 119.

ITO S, JURADO C, BOSCH J, et al., 2019. Role of Wild Boar in the Spread of Classical Swine Fever in Japan [J]. Pathogens, 8 (4): 206.

IYER L A, BALAJI S, KOONIN E V, et al., 2006. Evolutionary genomics of nucleo-cytoplasmic large DNA viruses [J]. Virus Research, 117: 156-184.

JAMIN A, GORIN S, CARIOLET R, et al., 2008. Classical swine fever virus induces activation of plasmacytoid and conventional dendritic cells in tonsil, blood, and spleen of infected pigs [J]. Vet Res, 39 (1): 7.

JEFFREY J. ZIMMERMAN, LOCKE A. KARRIKER, ALEJANDRO RAMIREZ, et al., 2014. 猪病学 [M]. 赵德明，张仲秋，周向梅，杨利峰，译. 10 版. 北京：中国农业出版社.

JIANG DL, GONG WJ, LI RC, et al., 2013. Phylogenetic analysis using E2 gene of classical swine fever virus reveals a new subgenotype in China [J]. Infect Genet Evol, 17: 231-238.

JO W K, VAN ELK C, VAN DE BILDT M, et al., 2019. An evolutionary divergent pestivirus lacking the N pro gene systemically infects a whale species [J]. Emerg Microbes Infect (1): 1383-1392.

JOAN K LUNNEY, YING FANG, ANDREA LADINIG, et al., 2016. Porcine Reproductive and Respiratory Syndrome Virus (PRRSV): Pathogenesis and Interaction with the Immune System [J]. Annu Rev Anim Biosci, 4: 129-154.

JOHNS HL, DOCEUL V, EVERETT H, et al., 2010. The classical swine fever virus N-terminal protease N (pro) binds to cellular HAX-1 [J]. J Gen Virol, 91: 2677-2686.

JORI F, BASTOS A D, 2009. Role of Wild Suids in the Epidemiology of African Swine Fever [J]. Ecohealth, 6: 296-310.

JOUVENET N, MONAGHAN P, WAY M, et al., 2004. Transport of African swine fever virus from assembly sites tothe plasma membrane is dependent on microtu buLesand conventional kinesin [J]. Journal of Virology, 78 (15): 7990-8001.

K J SØRENSEN 1, B STRANDBYGAARD, A BØTNER, et al., 1998. Blocking ELISA's for the distinction between antibodies against European and American strains of porcine reproductive and respiratory syndrome virus [J]. Vet Microbiol, 60 (2-4): 169-177.

KIT S, AWAYA Y, OTSUKA H, et al., 1990. Blocking ELISA to distinguish pseudorabies virus-infected pigs from those vaccinated with a glycoprotein g Ⅲ deletion mutant [J]. Journal of Veterinary Diagnostic Investigation, 2 (1): 14-23.

LA ROCCA S A, HERBERT R J, CROOKE H, et al., 2005. Loss of interferon regulatory factor 3 in cells infected with classical swine fever virus involves the N-terminal protease, Npro [J]. J Virol, 79 (11): 7239-7247.

LAMP B, SCHWARZ L, HÖGLER S, et al., 2017. Novel Pestivirus Species in Pigs, Austria, 2015 [J]. Emerg Infect Di, 23 (7): 1176-1179.

LAWRENCE P, et al., 2016. Pathogenesis and micro-anatomic characterization of a cell-adapted mutant foot-and-mouth disease virus in cattle: Impact of the Jumonji C-domain containing protein 6 (JMJD6) and route of inoculation [J]. Virology, 492: 108-117.

LAWRENCE P, et al., 2016. Role of Jumonji C-domain containing protein 6 (JMJD6) in infectivity of foot-and-mouth disease virus [J]. Virology, 492: 38-52.

LI D, et al., 2016. Foot-and-mouth disease virus non-structural protein 3A inhibits the interferon-β signaling pathway [J]. Sci Rep, 6: 21888.

LI D, WEI J, YANG F, et al., 2016. Foot-and-mouth disease virus structural protein VP3 degrades Janus kinase 1 to inhibit IFN-γ signal transduction pathways [J]. Cell Cycle, 15 (6): 850-860.

LI D, et al., 2016. The VP3 structural protein of foot-and-mouth disease virus inhibits the IFN-β signaling pathway [J]. Faseb j, 30 (5): 1757-1766.

LI Y, et al., 2012. Evaluation of the solid phase competition ELISA for detecting antibodies against the six foot-and-mouth disease virus non-O serotypes [J]. J Virol Methods, 183 (2): 125-131.

LIESS B, 1984. Persistent infections of hog cholera: A review, Preventive [J]. Veterinary Medicine, 2 (1-4): 109-113.

LIN M, LIN F, MALLORY M, et al., 2000. Deletions of structural glycoprotein E2 of classical swine fever virus strain alfort/187 resolve a linear epitope of monoclonal antibody WH303 and the minimal N-terminal domain essential for binding immunoglobulin G antibodies of a pig hyperimmune serum [J]. J Virol, 2000, 74 (24): 11619-11625.

LIN Z, LIANG W, KANG K, et al., 2014. Classical swine fever virus and p7 protein induce secretion of IL-1β in macrophages [J]. J Gen Virol, 95 (12): 2693-2699.

LIU Z X, 2015. Progress and Prospect of the Technologies to Control Foot-and-Mouth Disease and Its Pathogen Characteristics Worldwide [J]. Scientia Agricultura Sinica, 17 (48): 3547-3564.

LIU Y, et al., 2015. Multifunctional roles of leader protein of foot-and-mouth disease viruses in suppressing host antiviral responses [J]. Vet Res, 46: 127.

LOWINGS P, IBATA G, NEEDHAM J, et al., 1996. Classical swine fever virus diversity and evolution [J]. J Gen Virol, 77 (6): 1311-1321.

LUBISI B A, BASTOS A D, DWARKA RM, et al., 2005. Molecular epidemiology of African swine fever in East Africa [J]. Archives of Virology, 150 (12): 2439-2452.

LUO YUZI, LI SU, SUN YUAN, et al., 2014. Classical swine fever in China: a minireview. [J]. Vet Microbiol, 172: 1-6.

MACKAY D K, et al., 2001. A solid-phase competition ELISA for measuring antibody to foot-and-mouth disease virus [J]. J Virol Methods, 97 (1-2): 33-48.

MADIN B, 2011. An evaluation of Foot-and-Mouth Disease outbreak reporting in mainland South-East Asia from 2000 to 2010 [J]. Preventive Veterinary Medicine, 102 (3): 230-241.

MALIK YS, BHAT S, KUMAR ORV, et al. 2020. Classical Swine Fever Virus Biology, Clinicopathology, Diagnosis, Vaccines and a Meta-Analysis of Prevalence: A Review from the Indian Perspective [J]. Pathogens, 9 (6): 500.

MALMQUIST W A, HAY D, 1960. Hemadsorption and cytopathic effet produced by African Swine Fever virus in swine bone marrow and buffy coat cuLtures [J]. Am J Vet Res, 21: 104-108.

MALMQUISTW A, 1963. Serologic and immunologic studies with Afrian swinefever virus

[J]. Am J Vet Res, 24: 450-459.

MALOGOLOVKIN A, BURMAKINA G TITOVI, et al., 2015. Comparative analysis of African swine fever virus genotypes and serogroups [J]. Emerg Infect Dis, 21 (2): 312-315.

MALOGOLOVKIN A, BURMAKINA G, TULMAN E R, et al., 2015. African swine fever virus CD2v and C-type lectin geneloci mediate serological specificity [J]. Journal of General Virology, 96 (4): 866-873.

MARIANO OLIVEROS, RAMON GARCIA-ESCUDERO, ALI ALEJO, et al., 1999. African swinefever virus dUT-Pase is a highly specific enzyme required for efficient replication in swine macrophages [J]. Journal of Virology, 73 (11): 8934-8943.

MAURER F D, GRIEMER R A, 1958. The pathology of African swine fever, acomparison with hogcholera [J]. Am J Vet Res, 19 (72): 517-539.

MCCULLOUGH KC, RUGGLI N, SUMMERFIELD A, et al., 2009. Dendritic cells—at the front-line of pathogen attack [J]. Vet Immunol Immunopatho, 128 (1-3): 7-15.

MCCULLOUGH K C, CROWTHER J R, BUTCHER R N, et al., 1985. A liquid-phase ELISA and its use in the identification of epitopes on foot-and-mouth disease virus antigens [J]. J Virol Methods, 11 (4): 329-338.

MCFERRAN J B, CLARKE J K, CONNOR T J, et al., 1972. A survey of the viruses of farm animals in Northern Ireland [J]. The British veterinary journal, 128 (12): 636-641.

MCINERNEY J, KOOIJ D, 1997. Economic analysis of alternative AD control programs [J]. Vet Microbiol, 55 (1-4): 113-121.

MEDINA G N, et al., 2017. Interaction between FMDV L (pro) and transcription factor ADNP is required for optimal viral replication [J]. Virology, 505: 12-22.

MENGELING W L, CHEVILLE N F, 1968. Host response to persistent infection with hog cholera virus [J]. Proc Annu Meet U S Anim Health Assoc, 72: 283-296.

MILLER G Y1, TSAI J S, FORSTER D L, et al., 1996. Benefit-cost analysis of the national pseudorabies virus eradication program [J]. J Am Vet Med Assoc, 208 (2): 208-213.

MINOUNGOU G L, DIOP M, DAKOUO M, et al., 2021. Molecular characterization of African Swine fever viruses in Burkina Faso, Mali, and Senegal 1989—2016: Genetic diversity of ASFV in West Africa [J]. Transbound Emerg Dis, 68: 2842-2852.

MOENNIG V, FLOEGEL-NIESMANN G, GREISER-WILKE I, et al., 2003. Clinical signs and epidemiology of classical swine fever: a review of new knowledge [J]. Vet J, 165 (1): 11-20.

MUÑOZ-GONZÁLEZ S, RUGGLI N, ROSELL R, et al., 2015. Postnatal persistent infection with classical Swine Fever virus and its immunological implications [J]. PLoS One, 10 (5): e0125692.

NDLOVU S, WILLIAMSON AL, MALESA R, et al., 2020. Genome Sequences of Three

African Swine Fever Viruses of Genotypes I, III, and XXII from South Africa and Zambia, Isolated from Ornithodoros Soft Ticks [J]. Microbiol Resour Announc 9: 1376-1319.

NEILAN J G, ZSAK L, LU Z, et al., 2004. Neutralizing antibodies to African swine fever virus proteins p30, p54, and p72 are not sufficient for antibody-mediatedprotection [J]. Virology, 319 (2): 337-342.

NELSEN C J, MURTAUGH M P, FAABERG K S, et al., 1999. Porcine Reproductive and Respiratory Syndrome Virus Comparison: Divergent Evolution on Two Continents [J]. J Virol, 73: 270-280.

O'DONNELL V, HOLINKA L G, SANFORD B, et al., 2016. African swine fever virus georgia isolate harboring deletions of 9GL and MGF360/505 genes is highly attenuated in swine but does not confer protection against parental vinus challenge [J]. Vinus Res, 221: 8-14.

O'DONNELL V, et al., 2014. Virus-host interactions in persistently FMDV-infected cells derived from bovine pharynx [J]. Virology, 468-470: 185-196.

OIRSCHOT J T, TERPSTRA C, 1977. A congenital persistent swine fever infection. I. Clinical and virological observations. II. Immune response to swine fever virus and unrelated antigens [J]. Veterinary Microbiology, 2: 121-42.

OLIVEIRA S, BATISTA L, TORREMORELL M, et al., 2001. Experimental colonization of piglets and gilts with systemic strains of Haemophilus parasuis and Streptococcus suis to prevent disease [J]. Can J Vet Res, 65 (3): 161-167.

OPHUIS R J, MORRISSY C J, BOYLE D B, et al., 2006. Detection and quantitative pathogenesis study of classical swine fever virus using a real time RT-PCR assay [J]. J Virol Methods, 131 (1): 78-85.

PACHECO J M, et al., 2003. Role of nonstructural proteins 3A and 3B in host range and pathogenicity of foot-and-mouth disease virus [J]. J Virol, 77 (24): 13017-13027.

PAIBA G A, et al., 2004. Validation of a foot-and-mouth disease antibody screening solid-phase competition ELISA (SPCE) [J]. J Virol Methods, 115 (2): 145-158.

PAN I C, HESS W R, 1984. ViruLence in African swine fever: its measurement and implications [J]. Am J Vet Res, 45 (2): 361-366.

PARIDA M, SANNARANGAIAH S, DASH P K, et al., 2008. Loop mediated isothermal amplification (LAMP): a new generation of innovative gene amplification technique; perspectives in clinical diagnosis of infectious diseases [J]. Rev. Med. Virol, 18: 407-421.

PASTOR M J, ARIAS M, ESCRIBANO J M, et al., 1990. Comparison of two antigens for us in anenzyme-linked immunosorbent assay to detet African swine feverantibody [J]. Am J Vet Res, 51 (10): 1540-1543.

PATON D J, MCGOLDRICK A, GREISER-WILKE I, et al., 2000. Genetic typing of classical swine fever virus [J]. Vet Microbiol, 73: 137-157.

PENRITH M L, VOSLOO W, 2009. Review of African swine fever: transmission, spred and control [J]. J S Afr Vet Assoc, 80 (2): 58-62.

PEREDA A J, GREISER-WILKE I, SCHMITT B, et al., 2005. Phylogenetic analysis of classical swine fever virus (CSFV) field isolates from outbreaks in South and Central America [J]. Virus Res, 110 (1-2): 111-118.

PETROV A, BLOHM U, BEER M, et al., 2014. Comparative analyses of host responses upon infection with moderately virulent classical swine fever virus in domestic pigs and wild boar [J]. Virol J, 11: 134.

PORPHYRE T, CORREIA-GOMES C, CHASE-TOPPING ME, et al., 2017. Vulnerability of the British swine industry to classical swine fever [J]. Scientific Report, 7: 42992

POSTEL A, AUSTERMANN-BUSCH S, PETROV A, et al., 2018. Epidemiology, diagnosis and control of classical swine fever: recent developments and future challenge [J].Transbound Emerg Dis, 65: 248-261.

POSTEL A, NISHI T, KAMEYAMA KI, et al., 2019. Reemergence of Classical Swine Fever, Japan, 2018 [J]. Emerg Infect Dis, 25 (6): 1228-1231.

POSTEL A, SCHMEISER S, PERERA CL, et al., 2013. Classical swine fever virus isolates from Cuba form a new subgenotype 1. 4 [J]. Veterinary Microbiology , 161 (3-4): 334-338.

WARDLEY R C, HAMILTON F, WILKINSON P J, et al., 1979. The replication of virulent and attenuated strains of African swine fever virus in porcine macrophages [J]. Archives of Virology, 61: 217-225.

RAJKHOWA TK, HAUHNAR L, LALROHLUA I, et al., 2014. Emergence of 2. 1. subgenotype of classical swine fever virus in pig population of India in 2011 [J]. Vet Q, 34 (4): 224-228.

REBECCA J R, VINCENT M, LIVIO H, et al., 2008. African swine fever virus isolate, Georgia, 2007 [J]. Emerging Infectious Disease, 14 (12): 1870-1874.

RESSANG A A, 1973. Studies on the pathogenesis of hog cholera. II. Virus distribution in tissue and the morphology of the immune response [J]. Zentralbl Veterinarmed B, 20 (4): 272-288.

RIBBENS S, DEWULF J, KOENEN F, et al., 2004. An experimental infection (II) to investigate the importance of indirect classical swine fever virus transmission by excretions and secretions of infected weaner pigs [J]. J Vet Med B Infect Dis Vet Public Health, 51 (10): 438-442.

RIEBER. N, GILLE C, KÖSTLIN N, et al., 2013. Neutrophilic myeloid-derived suppressor cells in cord blood modulate innate and adaptive immune responses [J]. Clin Exp Immunol, 174: 45-52.

RISATTI G R, CALLAHAN J D, NELSON W M, et al., 2003. Rapid detection of classical swine fever virus by a portable real-time reverse transcriptase PCR assay [J]. J

Clin Microbiol，41 (1)：500-505.

ROBERTSON A，BANNISTER G L，BOULANGER P，et al.，1965. Hog cholera. V. Demonstration of the antigen in swine tissues by the fluorescent antibody technique [J]. Can J Comp Med Vet Sci，29 (12)：299-305.

ROBERTSON B H，et al.，1985. Nucleotide and amino acid sequence coding for polypeptides of foot-and-mouth disease virus type A12 [J]. J Virol，54 (3)：651-660.

RODRIGUEZ J M，SALAS M L，2013. African swine fever virus transcription [J]. Virus Research，173 (1)：15-28.

RUGGLI N，BIRD B H，LIU L，et al.，2005. N (pro) of classical swine fever virus is an antagonist of double-stranded RNA-mediated apoptosis and IFN-alpha/beta induction [J]. Virology，340 (2)：265-276.

RUIZ-SÁENZ J，et al.，2009. Cellular receptors for foot and mouth disease virus [J]. Intervirology，52 (4)：201-212.

RYAN E，et al.，2007. Foot-and-mouth disease virus crosses the placenta and causes death in fetal lambs [J]. J Comp Pathol，136 (4)：256-265.

SAATKAMP H W，BERENTSEN P B，HORST H S，et al.，2000. Economic aspects of the control of classical swine fever outbreaks in the European Union [J]. Vet Microbiol，73 (2-3)：221-237.

SALAS M L，ANDRES G，2013. African swine fever virus morphogenesis [J]. Virus Research，173 (1)：29-41.

SANCHEZC B，1970. Indirect immune of luorescence for the investigation of African swine fever antibodies. Its value for diagnosis [J]. Rev Patron Biol，14：159-180.

SÁNCHEZ-CORDÓN P J，NÚÑEZ A，SALGUERO F J，et al.，2005. Lymphocyte apoptosis and thrombocytopenia in spleen during classical swine fever：role of macrophages and cytokines [J]. Vet Pathol，42 (4)：477-488.

SÁNCHEZ-CORDÓN P J，ROMANINI S，SALGUERO F J，et al.，2002. Apoptosis of thymocytes related to cytokine expression in experimental classical swine fever [J]. J Comp Pathol，127 (4)：239-248.

SANZ A. GARCIA-BARRENO B，NOGAL M L，et al.，1985. Monoclonal antibodies specific for African swine fever virus proteins [J]. J Virol，54 (1)：199-206.

SEMENIKHIN V I，PUZYREV A T，ORESHKOVA S F，et al.，1999. Detection of the hog cholera virus using the polymerase chain reaction [J]. Mol Gen Mikrobiol Virusol (1)：27-30.

SHENG C，ZHU Z，YU J，et al.，2010. Characterization of NS3，NS5A and NS5B of classical swine fever virus through mutation and complementation analysis [J]. Vet Microbiol，140 (1-2)：72-80.

SHOPE R E，1958. The swine lungworm as a reservoir and intermediate host for hog cholera virus I. The provocation of masked hog cholera virus in lungworm- intested swine by ascaris larvae [J]. J ExpMed, 107 (5): 609-622.

SINGANALLUR N B, et al., 2019. Probe capture enrichment next-generation sequencing of complete foot-and-mouth disease virus genomes in clinical samples [J]. J Virol Methods, 272: 113703.

SMITH D B, MEYERS G, BUKH J, et al., 2017. Proposed revision to the taxonomy of the genus Pestivirus, family Flaviviridae [J]. J. Gen. Virol, 98: 2106-2112.

SOBRINO F, et al., 2001. Foot-and-mouth disease virus: A long known virus, but a current threat [J]. Veterinary Research, 32 (1): 1-30.

SOZZI E, LAVAZZA A, GAFFURI A, et al, 2019. Isolation and Full-Length Sequence Analysis of a Pestivirus from Aborted Lamb Fetuses in Italy [J]. Viruses, 11 (8): 744.

STEGEMAN J A, BOUMA A, ELBERS A R, et al., 2000. The leukocyte count is a valuable parameter for detecting classical swine fever [J]. Tijdschr Diergeneeskd, 125 (17): 511-518.

STENFELDT C, et al., 2014. Infection dynamics of foot-and-mouth disease virus in pigs using two novel simulated-natural inoculation methods [J]. Research in Veterinary Science, 96 (2): 396-405.

STENFELDT C, et al., 2016. The Foot-and-Mouth Disease Carrier State Divergence in Cattle [J]. J Virol, 90 (14): 6344-6364.

SUMMERFIELD A, ALVES M, RUGGLI N, et al., 2006. High IFN-alpha responses associated with depletion of lymphocytes and natural IFN-producing cells during classical swine fever [J]. J Interferon Cytokine Res, 26 (4): 248-255.

SUMMERFIELD A, KNÖTIG S M, MCCULLOUGH K C, et al., 1998. Lymphocyte apoptosis during classical swine fever: implication of activation-induced cell death [J]. J Virol, 72 (3): 1853-1861.

SUMMERFIELD A, MCNEILLY F, WALKER I, et al., 2001. Depletion of CD4 (+) and CD8 (high+) T-cells before the onset of viraemia during classical swine fever [J]. Vet Immunol Immunopathol, 78 (1): 3-19.

SUMMERFIELD A, RUGGLI N, 2015. Immune Responses Against Classical Swine Fever Virus: Between Ignorance and Lunacy [J]. Front Vet Sci, 2: 10.

SUMMERFIELD A, ZINGLE K, INUMARU S, et al., 2001. Induction of apoptosis in bone marrow neutrophil-lineage cells by classical swine fever virus [J]. J Gen Virol, 82 (6): 1309-1318.

SUN ENCHENG, ZHANG ZHENJIANG, WANG ZILONG, et al., 2021. Emergence and prevalence of naturally occurring lower virulent African swine fever viruses in domestic pigs in China in 2020. [J]. Sci China Life Sci, 64: 752-765.

SUN YUAN, LUO YUZI, WANG CHUN-HUA, et al., 2016. Control of swine pseudorabies in China: Opportunities and limitations. [J]. Vet Microbiol, 183: 119-124.

SUSA M, KÖNIG M, SAALMÜLLER A, et al., 1992. Pathogenesis of classical swine fever: B-lymphocyte deficiency caused by hog cholera virus [J]. J Virol, 66 (2): 1171-1175.

TANG Q, GUO K, KANG K, et al. , 2011. Classical swine fever virus NS2 protein promotes interleukin-8 expression and inhibits MG132-induced apoptosis [J]. Virus Genes, 42 (3): 355-362.

TANG QH, ZHANG YM, FAN L, et al. , 2010. Classic swine fever virus NS2 protein leads to the induction of cell cycle arrest at S-phase and endoplasmic reticulum stress [J]. Virol J, 7: 4.

TATSUYA NISHI, KATSUHIKO FUKAI, TOMOKO KATO, et al. , 2021. Genome variability of classical swine fever virus during the 2018—2020 epidemic in Japan [J]. Veterinary Microbiology, 258: 109-128.

TERPSTRA C, 1991. Hog cholera: an update of present knowledge [J]. The British veterinary journal, 147 (5): 397-406.

TESSLER J, STEWART W C, KRESSE J I, et al. , 1975. Stabilization of hog cholera virus by dimethyl sulfoxide [J]. Can J Comp Med, 39 (4): 472-473.

TIAN K, YU X, ZHAO T, et al. , 2007. Emergence of Fatal PRRSV Variants: Unparalleled Outbreaks of Atypical PRRS in China and Molecular Dissection of the Unique Hallmark [J]. PLoS One, 2: e526.

TOKA F N, GOLDE W T, 2013. Cell mediated innate responses of cattle and swine are diverse during foot-and-mouth disease virus (FMDV) infection: a unique landscape of innate immunity [J]. Immunol Lett, 152 (2): 135-143.

TONG-QING ANA, JIANG-NAN LIA, CHIA-MING SUB, et al. , 2020. Molecular and Cellular Mechanisms for PRRSV Pathogenesis and Host Response to Infection [J]. Virus Research, 286: 1-11.

TRAUTWEIN G, 1988. Pathology and pathogenesis of the disease In: Liess B, editor. Classical Swine Fever and related viral infections [J]. Boston Martinus Nijhoff Publishing, 1: 27-54.

TU C, LU Z, LI H, et al. , 2001. Phylogenetic comparison of classical swine fever virus in China [J]. Virus Res, 81 (1-2): 29-37.

TUBIASH H, 1963. Quantity production of leukocyte cultures for use inhemadsorption tests with African swine fever virus [J]. Am J Vet Res, 24 : 381-384.

TULMAN E R, DELHON G A, KU B K, et al. , 2009. African swine fever virus [J].Curr Top Microbiol Immunol, 328: 43-87.

UTTENTHAL A, STORGAARD T, OLEKSIEWICZ MB, et al. , 2003. Experimental infection with the Paderborn isolate of classical swine fever virus in 10-week-old pigs: determination of viral replication kinetics by quantitative RT-PCR, virus isolation and antigen ELISA [J]. Vet. Microbiol, 92 (3): 197-212.

VAN OIRSCHOT J T, GIELKENS A L J, 1984. Some characteristics of four attenuated vaccine virus strains and a virulent strain of Aujeszky's disease virus [J]. Veterinary Quarterly, 6 (4): 225-229.

VANNIER P, PLATEAU E, TILLON JP, et al., 1981. Congenital tremor in pigs farrowed from sows given hog cholera virus during pregnancy [J]. American journal of veterinary research, 42 (1): 135-137.

VERGUN LIU, 2005. Isolation of classical swine pest virus from homologous and heterologic cell lines [J]. Mikrobiol Z, 67 (1): 59-66.

VERPOST S, CAY A B2, DE REGGE N3, et al., 2014. Molecular characterization of Belgian pseudorabies virus isolates from domestic swine and wild boar [J]. Vet Microbiol, 172 (1-2): 72-77.

VERPOST S, CAY A B2, DE REGGE N3, et al., 2014. Melecular characterization of Belgian pseudorabies virus isolates from demestic swine and wild boar [J]. Vet Microbiol, 172 (1-2): 72-77.

VIDAL M I, STIENE M, HENKEL J, et al., 1997. A solid-phase enzyme linked immunosorbent assay using monoclonal antiboxdies, for the detection of African swine fever virus antigens and antibodies [J]. J Virol Methods, 66 (2): 211-218.

WANG D, et al., 2012. Foot-and-mouth disease virus 3C protease cleaves NEMO to impair innate immune signaling [J]. J Virol, 86 (17): 9311-9322.

WARDLEY R C, E E ABU, J R CROWTHER, et al., 1979. A solid-phase enzymelinked immunosorbent assay for the detection of African swine fever virus antigen and antibody [J]. J Hyg (Lond), 83 (2): 363-369.

WEESENDORP E, BACKER J, LOEFFEN W, et al., 2014. Quantification of different classical swine fever virus transmission routes within a single compartment [J]. Vet Microbiol, 174 (3-4): 353-361.

WEESENDORP E, STEGEMAN A, LOEFFEN W, et al., 2009. Dynamics of virus excretion via different routes in pigs experimentally infected with classical swine fever virus strains of high, moderate or low virulence [J]. Vet Microbiol, 133 (1-2): 9-22.

WENSVOORT G, TERPSTRA C, POL J M A, et al., 1991. Mystery swine disease in the Netherlands: The isolation of Lelystad virus [J]. Vet Q (13): 121-130.

WINDSOR M, HAWES P, MONAGHAN P, et al., 2012. Mechanism of collapse of endoplasmic reticulum cisternae during African swine fever virus infection [J]. Traffic, 13 (1): 30-42.

WU Z, LIU B, DU J, et al., 2018. Discovery of Diverse Rodent and Bat Pestiviruses With Distinct Genomic and Phylogenetic Characteristics in Several Chinese Provinces [J]. Front Microbiol, 9: 2562.

XING C, LU Z, JIANG J, et al., 2019. Sub-subgenotype 2.1c isolates of classical swine fever virus are dominant in Guangdong province of China, 2018 [J]. Infect Genet Evol, 68: 212-217.

XU H, HONG HX, ZHANG Y M, et al., 2007. Cytopathic effect of classical swine fever virus NS3 protein on PK-15 cells [J]. Intervirology, 50 (6): 433-438.

YAEGER M J, 2002. The diagnostic sensitivity of immunohistochemistry for the detection of porcine reproductive and respiratory syndrome virus in the lung of vaccinated and unvaccinated swine [J]. J Vet Diagn Invest, 14 (1): 15-19.

YU X L, ZHOU Z, HU D M, et al., 2014. Pathogenic pseudorabies virus, China, 2012 [J]. Emerg Infect Dis, 20 (1): 102-104.

ZHAO K, LI L W, JIANG Y F, et al., 2019. Nucleocapsid protein of porcine reproductive and respiratory syndrome virus antagonizes the antiviral activity of TRIM25 by interfering with TRIM25-mediated RIG-I ubiquitination [J]. Vet Microbiol, 233: 140-146.

ZHENG H, GVO J, JIN Y, et al., 2013. Engineering Foot-and-Mouth Disease Viruses with Improved Growth Properties for Vaccine Development [J]. Plos One, 8 (1): e55228.

ZHOU BIN, 2019. Classical Swine Fever in China-An Update Minireview [J]. Front Vet Sci, 6: 187.

ZHOU S H, CUI SJ, CHEN C M, et al., 2009. Development and validation of an immunogold chromatographic test for on-farm detection of PRRSV [J]. J Virol Methods, 160 (1-2): 178-184.

ZHOU J, LI S, WANG X, et al., 2017. Bartha-k61 vaccine protects growing pigs against challenge with an emerging variant pseudorabies virus [J]. Vaccine, 35: 1161-1166.

ZHU Z., WANG G, FAN Y, et al., 2016. Foot-and-Mouth Disease Virus Viroporin 2B Antagonizes RIG-I-Mediated Antiviral Effects by Inhibition of Its Protein Expression [J]. J of Virol, 90 (24): 11106-11121.

ZIMMERMAN J J, YOON K J, PIRTLE E C, et al., 1997. Studies of porcine reproductive and respiratory syndrome (PRRS) virus infection in avian species [J]. Vet Microbiol, 55 (1-4): 329-336.